高职高专公共基础课系列教材

计算机文化基础

○ 主　编　吴志勇　陈国荣　李长华
○ 副主编　何春旺　陈小攀　曾继勇　何韦玲
○ 参　编　汤建军　李艳琴　黎小龙　淦容容

西安电子科技大学出版社

内容简介

  本书是编者多年一线教学经验的结晶,内容涵盖了计算机应用基础课程及全国计算机等级考试二级 WPS Office 高级应用与设计考试大纲中所要求的基础知识点,且每个知识点都结合实例进行讲解,可帮助读者快速掌握 WPS 的使用方法,提高等级考试的备考复习效率。全书共 7 个模块,内容包括计算机信息基础知识、Windows 10 操作系统、WPS 文字处理、WPS 表格处理、WPS 演示处理、计算机网络与信息安全、多媒体基础知识等。

  本书可作为高职高专院校计算机应用基础课程的教材,也适合作为全国计算机等级考试二级备考的复习资料以及 WPS 办公软件培训的资料。

图书在版编目(CIP)数据

计算机文化基础 / 吴志勇,陈国荣,李长华主编. --西安:西安电子科技大学出版社,2023.9
ISBN 978-7-5606-7046-1

Ⅰ.①计… Ⅱ.①吴… ②陈… ③李… Ⅲ.①电子计算机—基本知识 Ⅳ.①TP3

中国国家版本馆 CIP 数据核字(2023)第 167967 号

策　　划	李鹏飞　李　伟
责任编辑	李鹏飞
出版发行	西安电子科技大学出版社(西安市太白南路 2 号)
电　　话	(029) 88202421　88201467　　　　邮　　编　710071
网　　址	www.xduph.com　　　　电子邮箱　xdupfxb001@163.com
经　　销	新华书店
印刷单位	陕西天意印务有限责任公司
版　　次	2023 年 9 月第 1 版　2023 年 9 月第 1 次印刷
开　　本	787 毫米×1092 毫米　1/16　印张 20
字　　数	475 千字
印　　数	1~4000 册
定　　价	56.00 元

ISBN　978-7-5606-7046-1 / TP

XDUP 7348001-1

如有印装问题可调换

前　言

当今，计算机技术的飞速发展和广泛应用，正在不断地改变着人们的生产、工作、学习和生活方式，对推动全球经济与社会发展起到了重要的作用。新时代的青年要以时不我待的奋斗姿态，践行工匠精神，撸起袖子加油干，用新的伟大奋斗创造新的伟业，为实现伟大的中国式现代化贡献力量。全民使用国产办公软件 WPS，要从学生做起，从教材出发，考证促学。本书结合计算机的最新发展技术以及高等学校计算机基础课程改革的最新动向，针对应用型本科人才培养模式编写而成，突出了"应用"的特点。

WPS Office 是由北京金山办公软件股份有限公司自主研发的办公软件，具有内存占用低、运行速度快、云功能多，强大插件平台支持，提供在线存储空间及文档模板等优点，且自 2021 年 3 月起，WPS Office 正式成为全国计算机等级考试(NCRE)的二级考试科目之一。鉴于此，本书以 WPS Office 为载体，介绍计算机信息技术以及办公软件最常用的文字、表格、演示处理等相关操作方法。

本书共 7 个模块：模块 1 介绍计算机信息基础知识，包含信息编码、计算机新技术等；模块 2 介绍 Windows 10 操作系统的安装、基本使用，文件和文件夹管理，显示及个性化设置，Windows 用户账户及应用软件的安装、升级与卸载；模块 3 介绍 WPS 文字处理、文档表格处理及文档排版等；模块 4 介绍 WPS 表格处理基础，函数使用基础及数据处理等；模块 5 介绍 WPS 演示处理的基本操作，演示媒体、幻灯片操作，动作按钮与超链接以及幻灯片模板和母版的设置等；模块 6 介绍计算机网络基础，因特网及信息安全等；模块 7 介绍多媒体计算机系统和多媒体信息等。各模块间相对独立，读者可根据实际情况有选择地学习。

本书的主要特点如下：

(1) 内容具有先进性。本书涵盖了计算机应用基础课程及全国计算机等级考试二级 WPS Office 高级应用与设计考试大纲所要求的基础知识点，并遵照高等教育教学改革的新思想，注重反映计算机发展中的新技术。

(2) 体系完整、结构清晰、内容全面、实例丰富、讲解细致、图文并茂，便于教师备课和学生自主学习。各小节后所设置的"训练场"可帮助学生巩固提高，学以致用。

(3) 面向应用，突出应用，理论部分简明，应用部分翔实。书中所举实例，都是作者从多年积累的教学案例中精选出来的，具有很强的实用性和可操作性。

本书由江西软件职业技术大学组织编写，参与本书编写工作的有吴志勇、陈国荣、李长华、何春旺、陈小攀等。编者真切希望读者在阅读本书之后，可以开阔视野，增长实践操作技能，并从中学习和总结操作的经验和规律，达到灵活运用的水平。

由于编者水平有限，书中不妥之处在所难免，欢迎读者批评指正，以便我们日后修订。

编　者

2023 年 4 月

目　录 CONTENTS

模块 1　计算机信息基础知识

在信息技术飞速发展的今天，计算机已成为人们工作和生活不可缺少的部分，并且在科学计算、工程设计、数据处理等方面发挥着巨大的作用。计算机的发展和应用水平，已经成为衡量一个国家现代化水平的重要标志。

本模块的主要内容包括计算机概述、信息编码、计算机新技术等。

1.1　计算机概述

本节主要介绍计算机的诞生和发展过程，计算机的特点、分类和应用，以及计算机的未来发展方向等内容。

1.1.1　计算机的诞生和发展过程

1. 计算机的诞生

1946 年 2 月，世界上第一台电子数字积分式计算机在美国宾夕法尼亚大学诞生，取名为 ENIAC(Electronic Numerical Integrator and Calculator，称为"埃尼阿克")。它使用了 18 000 多个真空电子管、1500 个继电器、70 000 个电阻以及其他各类电子元件，占地约 170 平方米，重达 30 吨，是一个名副其实的"庞然大物"。

ENIAC 的出现标志着计算机时代的到来，然而它与现代计算机存在着一些差异，主要体现在以下两个方面：

(1) 工作的数据采用十进制。

(2) 未采用存储程序控制原理。

美籍匈牙利数学家冯·诺依曼对 ENIAC 的研制过程进行了总结，并提出了以下三大重要的改进意见。

(1) 计算机内部数据采用二进制数进行运算。

(2) 将计算机的指令和数据存储起来，由程序控制计算机自动执行。

(3) 计算机硬件系统由五个部分组成：运算器、控制器、存储器、输入设备和输出设备。

现代计算机采用了冯·诺依曼所提出的体系结构，因此称为冯·诺依曼计算机。由于冯·诺依曼对现代计算机技术的突出贡献，因此他又被称为"现代计算机之父"。

2. 计算机的发展过程

根据计算机所使用的基本元件的不同，计算机的发展经历了电子管计算机、晶体管计算机、中小规模集成电路计算机、大规模和超大规模集成电路计算机四代。

1) 第一代计算机——电子管计算机(1946—1957 年)

第一代计算机采用的主要元件是电子管，因此称之为电子管计算机，如图 1-1 所示。它的操作指令是为特定任务编制的，每种机器都有自己的机器语言，功能不仅受限，速度也慢。这个时期的计算机的主要特征如下：

(1) 采用电子管元件，体积庞大，耗电量高，可靠性差，维护困难。

(2) 运算速度慢，一般为每秒运算一千次到一万次。

(3) 使用机器语言，几乎没有系统软件。

(4) 主要用于科学计算。

图 1-1　第一代计算机

2) 第二代计算机——晶体管计算机(1958—1964 年)

晶体管的发明给计算机技术的发展带来了革命性的变化。第二代计算机采用的主要元件是晶体管，因此称之为晶体管计算机，如图 1-2 所示。这个时代的计算机的主要特征如下：

图 1-2　第二代计算机

(1) 采用晶体管元件，体积大大缩小，可靠性增强，寿命延长。

(2) 运算速度加快，一般为每秒运算几万次到几十万次。

(3) 提出了操作系统的概念，出现了汇编语言，产生了 FORTRAN 和 COBOL 等高级程序设计语言和批处理系统。

(4) 普遍采用磁芯作为内存储器，磁盘、磁带作为外存储器，容量大大提高。

(5) 计算机应用领域扩大，除科学计算外，还用于数据处理和实时过程控制。

IBM-7000 系列机是第二代计算机的代表。

3) 第三代计算机——中小规模集成电路计算机(1965—1970 年)

20 世纪 60 年代中期，随着半导体工艺的发展，成功制造了集成电路。集成电路可以在几平方毫米的单晶硅片上集成十几个甚至上百个电子元件。第三代中小规模集成电路成为计算机的主要部件。这一代计算机的主要特征如下：

(1) 采用中小规模集成电路，体积进一步缩小，寿命更长；运算速度加快，一般为每秒运算几百万次。

(2) 高级语言进一步发展，操作系统的出现，使得计算机功能更强，计算机开始广泛应用在各个领域。

(3) 普遍采用半导体存储器，存储容量进一步提高，而体积更小、价格更低。

IRM-360 系列是最早采用集成电路的通用计算机，也是影响最大的第三代计算机，如图 1-3 所示。

图 1-3　第三代计算机

4) 第四代计算机——大规模和超大规模集成电路计算机(1971 年至今)

第四代计算机的逻辑元件主要采用大规模集成电路(Large Scale Integration，LSI)和超大规模集成电路(Very Large Scale Integration，VLSI)，体积与第三代计算机相比进一步缩小，在硅半导体上集成了几十万甚至上百万个电子元件，可靠性更高，寿命更长。第四代计算机的主要特征如下：

(1) 运算速度加快，一般为每秒运算几千万次到几十亿次。

(2) 软件配置丰富，软件系统工程化、理论化，程序设计部分自动化。

(3) 发展了并行处理技术和多机系统，微型计算机大量进入家庭，产品更新速度加快。

以微处理器为核心的微型计算机属于第四代计算机，微处理器是大规模和超大规模集成电路，如图 1-4 所示。

图 1-4　第四代计算机

3. 我国计算机的发展过程

我国计算机事业起步虽晚，但发展很快。1956 年，我国开始规划电子计算机研制工作。1957 年，中国科学院计算技术研究所和北京有线电厂着手研制。1958 年我国第一台小型电子管通用计算机 103 机(八一型)研制成功，标志着我国第一台电子计算机的诞生。此后，随着计算机技术的迅速发展，我国相继研制出了每秒运算上亿次、百亿次、千亿次、万亿次、亿亿次的"银河""曙光""神威"等系列的巨型电子计算机。

2013 年，我国自主研制的"天河二号"超级计算机问世，峰值运算速度达到每秒 5.49 亿亿次，持续运算速度达到每秒 3.39 亿亿次。

2016 年，我国使用自主知识产权芯片制造的"神威·太湖之光"，以峰值运算速度 12.5 亿亿次/秒、持续运算速度 9.3 亿亿次/秒取代了"天河二号"，成为当时世界上运算速度最快的超级计算机。

1.1.2　计算机的特点

计算机的主要特点有运算速度快、计算精度高、存储容量大、可靠性高、具有逻辑判断功能、自动化程度高及通用性强等。

(1) 运算速度快。运算速度是计算机的一个重要性能指标。计算机的运算速度通常用每秒钟执行定点加法的次数或平均每秒钟执行指令的条数来衡量。计算机的运算部件采用的是电子器件，其运算速度远非其他计算工具所能比拟，而且运算速度还以每隔几个月提高一个数量级的速度在快速发展。

(2) 计算精度高。计算精度主要由计算机的字长决定。所谓字长，是指 CPU 一次能够同时加工、处理的二进制数的位数。由于计算机内部采用二进制进行计算，因此具有很高的计算精度。微型计算机的字长有 4 位、8 位、16 位、32 位、64 位等，字长越长，计算精度越高。

(3) 存储容量大。存储器(Memory)是现代信息技术中用于保存信息的记忆设备。计算机的存储器可以存储大量的数据和信息。存储器可分为内存储器(主存储器)和外存储器(辅助存储器)。目前磁盘的存储容量已达百万兆字节甚至更高。

(4) 可靠性高。现代计算机采用的大规模和超大规模集成电路具有非常高的可靠性，通常情况下可以长时间无故障运行，平均无故障时长可以达到几个月甚至几年。

(5) 具有逻辑判断功能。计算机的运算器除能完成基本的算术运算外，还可以实现逻辑运算。

(6) 自动化程度高，通用性强。冯•诺依曼提出的计算机的基本思想是将程序和数据先存放在计算机内，工作时按程序规定的操作自动完成，一般无须人工干预，因而自动化程度高。

计算机早期主要应用于科学计算、数据处理和实时过程控制等领域。随着计算机的不断发展，计算机几乎能求解自然科学和社会科学中的一切问题，广泛地应用于各个领域。

1.1.3　计算机的分类

随着计算机技术的发展和应用，尤其是微处理器的发展，计算机的类型越来越多样化。下面从三个不同角度对计算机进行分类。

1. 按计算机处理数据的方式分类

按计算机处理数据的方式的不同，计算机可分为数字计算机(Digital Computer)、模拟计算机(Analog Computer)和数模混合计算机(Hybrid Computer)三类。

(1) 数字计算机。数字计算机处理的是非连续变化的数据，这些数据在时间上是离散的，输入的是数字量，输出的也是数字量，如职工编号、年龄、工资等数据。基本运算部件是数字逻辑电路，因此其运算精度高、通用性强。

(2) 模拟计算机。模拟计算机处理和显示的是连续的物理量，所有数据用连续变化的模拟信号来表示，其基本运算部件是由运算放大器构成的各类运算电路。模拟信号在时间上是连续的，通常称为模拟量，如电压、电流、温度等。一般说来，模拟计算机不如数字计算机精确，通用性不强，但解题速度快，主要用于过程控制和模拟仿真。

(3) 数模混合计算机。数模混合计算机兼有数字计算机和模拟计算机的优点，既能接收、处理和输出模拟量，又能接收、处理和输出数字量。

2. 按计算机使用范围分类

按计算机使用范围的不同，计算机可分为通用计算机(General Purpose Computer)和专用计算机(Special Purpose Computer)两类。

(1) 通用计算机。通用计算机是指为解决各种问题而设计的计算机，具有较强的通用性。通用计算机具有较高的运算速度、较大的存储容量，并配备有较齐全的外部设备及软件，适用于科学计算、数据处理及实时过程控制等领域。

通用计算机按其规模、速度和功能等又可分为巨型机、大型机、中型机、小型机、微型机及单片机。

(2) 专用计算机。专用计算机是指专为解决某一特定问题而设计的电子计算机，一般拥有固定的存储程序。如控制轧钢过程的轧钢控制计算机，计算导弹弹道的专用计算机等，这些计算机解决特定问题的速度快、可靠性高，且结构简单、价格便宜。

3. 按计算机的规模和处理能力分类

规模和处理能力主要是指计算机的字长、运算速度、存储容量、外部设备、输入和输出能力等技术指标。按计算机的规模和处理能力的不同，计算机大体上可分为巨型计算机、大型计算机、小型计算机和微型计算机等几类。

(1) 巨型计算机(Super Computer)。巨型计算机是指运算速度快、存储容量大、功能强大的一类计算机，主要用于复杂、尖端的科学研究领域，特别是军事科学计算。我国自主生产的天河一号、天河二号、曙光-5000A 等均属于巨型计算机。

现代的巨型计算机主要用于核物理研究、核武器设计、航空航天飞行器设计、国民经济预测和决策、能源开发、24 小时或中长期天气预报、卫星轨道计算、卫星图像处理、情报分析、分子结构分析、生物制药、密码破译、大数据云计算和各种科学研究方面，是强有力的模拟和计算工具，对国民经济和国防建设具有特别重要的作用。

(2) 大型计算机(Mainframe Computer)。大型计算机是指通用性能好、外部设备负载能力强、处理速度快的一类计算机。这类计算机主要用于科学计算、数据处理或作为网络服务器。

(3) 小型计算机(Minicomputer)。小型计算机具有规模较小、结构简单、成本较低、操作简单、易于维护、与外部设备连接容易等特点。许多工业生产自动化控制和事务处理都采用小型计算机。

(4) 微型计算机(Microcomputer)。微型计算机是以运算器和控制器为核心，加上由大规模集成电路制作的存储器、输入/输出接口和系统总线，构成的体积小、结构紧凑、价格低但又具有一定功能的计算机。如果把这种计算机制作在一块印刷线路板上，就称为单板机。如果在一块芯片中包含运算器、控制器、存储器和输入/输出接口，就称为单片机。以微机为核心，再配以相应的外部设备(例如键盘、显示器、鼠标、打印机等)、电源、辅助电路和控制微机工作的软件就构成了一台完整的微型计算机系统。

1.1.4 计算机的应用

随着计算机技术与网络通信技术的不断发展，计算机的应用范围日益广泛，具体体现在以下五个方面。

1. 科学计算

科学计算又叫作数值计算，是指利用计算机完成科学研究及工程技术中的数学计算问题。科学计算是计算机应用的一个重要领域，如高能物理、工程设计、地震预测、气象预报、航天技术等的计算问题。由于计算机具有运算速度快、计算精度高以及逻辑判断功能，因此出现了计算力学、计算物理、计算化学、生物控制论等新的学科。

2. 数据处理

数据处理即信息处理，是以数据库管理系统为基础，利用计算机来加工、管理与操作任何形式的数据资料，如企业管理、物资管理、报表统计、账目计算、信息情报检索等。数据处理是目前计算机应用最广泛的一个领域。

3. 过程检测与控制

利用计算机对工业生产过程中的某些信号自动进行实时数据采集、数据分析，并把检测到的数据存入计算机，再根据需要对这些数据进行处理，这样的系统称为计算机检测系统。特别是仪器仪表引进计算机技术后所构成的智能化仪器仪表，将工业自动化推向了一个更高的水平，同时提高了控制的时效性、准确性，以及劳动生产率，目前广泛应用于机械、石油、电力等领域。

4. 计算机辅助系统

计算机辅助系统指通过人机对话，使计算机辅助人们进行设计、加工、计划和学习等工作。常见的计算机辅助系统有计算机辅助教学(Computer Aided Instruction，CAI)、计算机辅助设计(Computer Aided Design，CAD)、计算机辅助制造(Computer Aided Manufacturing，CAM)等。

CAD 是利用计算机的计算、逻辑判断、数据处理以及绘图等功能，并与人的经验和判断能力相结合，共同来完成各种产品或者工程项目的设计工作。CAD 可缩短设计周期、降低设计成本、提高设计质量。由于 CAD 良好的兼容性及丰富的管理功能，有助于提高图纸的复用率、设计的可维护性和管理性。

CAM 是使用计算机辅助人们完成工业产品的制造任务，可实现对工艺流程、生产设备等的管理和对生产装置的控制与操作。例如，在产品的制造过程中，用计算机控制机器的运行，处理生产过程中所需的数据，控制和处理材料的流动，对产品进行检验等。使用 CAM 可以提高产品的质量，降低成本，缩短生产周期。

CAI 是指在计算机辅助下进行的各种教学活动，是提高教学效率和教学质量的新途径。计算机辅助教学通过利用文字、图形、图像、动画、声音等多种媒体信息将教学内容开发成 CAI 软件的方式，使教学过程形象化，如以人机对话的方式与学生讨论教学内容，为不同学生安排不同的教学内容和进度，克服了传统教学情景方式上单一、片面的缺点，不仅有利于提高学生的学习兴趣，更适用于学生个性化、自主化的学习。

5. 人工智能

人工智能(Artificial Intelligence，AI)是通过计算机来模拟人类的某些智能活动，如图像和语言的识别，逻辑推理能力等。

人工智能是目前计算机研究最热门的方向之一。人工智能是计算机应用的一个新的领域，目前已有一些 AI 技术获得了实际应用，如机器视觉、指纹识别、人脸识别、视网膜识别、虹膜识别、掌纹识别、专家系统、自动规划、智能搜索、定理证明、自动程序设计、智能控制、机器人学、语言和图像理解、遗传编程、人机博弈、无人驾驶、模式识别等。

1.1.5　计算机的发展趋势

计算机的发展趋势为巨型化、微型化、网络化、智能化。

1. 巨型化

巨型化是指发展高速度、大存储量和强功能的巨型计算机。这是诸如天文、气象、地质、核反应堆等尖端科学的需要，也是记忆巨量的知识信息以及使计算机具有类似人脑的学习和复杂推理的功能所必需的。巨型计算机的发展集中体现了计算机科学技术的发展水平。

2. 微型化

微型化就是进一步提高集成度，利用高性能的超大规模集成电路研制质量更加可靠、性能更加优良、价格更加低廉、整机更加小巧的微型计算机。

3. 网络化

网络化就是把各自独立的计算机用通信线路连接起来，形成各计算机用户之间可以相互通信并能使用公共资源的网络系统。网络化能够充分利用计算机的宝贵资源并扩大计算机的使用范围，为用户提供方便、及时、可靠、广泛和灵活的信息服务。

4. 智能化

智能化是指让计算机具有模拟人的感觉和思维过程的能力。智能计算机具有解决问题和逻辑推理的功能以及知识处理和知识库管理的功能等。人与计算机的联系是通过智能接口，用文字、声音、图像等进行的。

【训练场】

1. 一般认为，世界上第一台电子数字计算机诞生于(　　)。
A. 1946 年　　　　B. 1952 年　　　　C. 1959 年　　　　D. 1962 年
2. 下列关于世界上第一台电子计算机 ENIAC 的叙述中，错误的是(　　)。
A. 世界上第一台计算机是 1946 年在美国诞生的
B. 它主要采用电子管作为电子元件
C. 它主要用于军事目的和科学计算，例如弹道计算
D. 确定使用高级语言进行程序设计
3. 早期的计算机体积大、耗电多、速度慢，其主要原因是受制于(　　)。
A. 元材料　　　　B. 工艺水平　　　　C. 设计水平　　　　D. 元器件
4. 计算机分为数字计算机、模拟计算机和数模混合计算机，这种分类是依据计算机的(　　)。
A. 功能和用途　　　　　　　　B. 处理数据的方式(或处理数据的类型)
C. 性能和规律　　　　　　　　D. 使用范围
5. 个人计算机简称 PC，这种计算机属于(　　)。
A. 微型计算机　　　　　　　　B. 小型计算机
C. 超级计算机　　　　　　　　D. 巨型计算机
6. 计算机的主要特点是(　　)。
A. 运算速度快、存储容量大、性能价格比低
B. 运算速度快、性能价格比低、程序控制
C. 运算速度快、自动控制、可靠性高
D. 性能价格比低、功能全、体积小
7. 现代计算机之所以能够自动、连续地进行数据处理，主要是因为(　　)。
A. 采用了开关电路　　　　　　B. 采用了半导体器件
C. 采用了二进制　　　　　　　D. 具有存储程序的功能
8. 计算机的通用性使其可以求解不同的算术和逻辑问题，这主要取决于计算机的(　　)。
A. 可编程性　　　　B. 指令系统　　　　C. 高速运算　　　　D. 存储功能
9. 计算机当前的应用领域非常广泛，但据统计其应用最广泛的领域是(　　)。

A. 数据处理　　　　B. 科学计算　　　　C. 辅助设计　　　　D. 过程控制

10. 当前气象预报已广泛采用数值预报方法，这主要涉及计算机应用中的(　　)。

A. 数据处理和辅助设计　　　　　　　B. 科学计算与辅助设计

C. 科学计算和过程控制　　　　　　　D. 科学计算和数据处理

1.2　信 息 编 码

本节主要介绍计算机中信息的表示、数制及其转换、计算机中数据的表示、计算机中字符的表示与编码等内容。

1.2.1　计算机中信息的表示

在计算机领域，信息是由客观事物得到的，使人们能够认识客观事物的各种消息、情报、数字、信号、图形、图像、语音等所包括的内容。把各种形式的信息转化为二进制代码的过程就是信息的数字化。

计算机内所有的数据都必须通过编码方式转换成二进制的形式表示和处理。计算机内部采用二进制编码的原因如下。

(1) 物理实现简单。计算机的电子元件是由逻辑电路组成的，而逻辑电路通常只有两种基本状态，例如电压的高、低，脉冲的有、无或者脉冲的正、负极性等，这两种基本状态刚好可以用二进制的两个数码"0"和"1"来表示。

(2) 数据运算规则简单。二进制数的编码、计数、算术运算规则简单。例如，两个一位二进制数的加法运算只有 4 种运算情况，即 $0+0=0$, $0+1=1$, $1+0=1$, $1+1=0$(有进位)，而两个一位十进制数的加法运算则有 100 种运算情况。

(3) 适合表示逻辑运算。二进制数的两个数码"0"和"1"正好与逻辑命题的两个值"假"和"真"相对应，为计算机实现逻辑运算和程序中的逻辑判断提供了便利的条件。

(4) 可靠性高。二进制中只使用 0 和 1 两个数码，在存储、处理和传输过程中不易出错，因而可以保障计算机具有很高的可靠性。

1.2.2　数制及其转换

在不同的场景需要用到不同的数制，例如，在日常生活中人们通常采用十进制进行计数，而在计算机的世界则使用二进制数进行运算和存储。所以在学习计算机时，我们需要对数制及其转换有所了解。

1. 进位计数制的概念

按进位的原则进行计数的方法称为进位计数制，简称数制。可以把数制通俗地理解为"逢几进一"。它是人类自然语言和数学中广泛使用的一类符号系统。在介绍各种数制之前，首先介绍数制中的几个名词术语。

(1) 数码(也称为数据编码)：一组用来表示某种数制的符号。例如，十进制的数码有 0、

1、2、3、4、5、6、7、8、9，二进制的数码有 0、1，十六进制的数码有 0、1、2、3、4、5、6、7、8、9、A、B、C、D、E、F。不同的进制其数据的表现形式不同，可以采用数字也可以采用字母或其他的形式表示。

(2) 基数：在表示数制时，所使用的数码个数，常用"R"表示，相应的数制称为 R 进制。例如，二进制的基数为 2，十进制的基数为 10。

(3) 位权：数码"1"在不同位置上所代表的数值，即权值。在进位计数制中，处于不同数位的数码代表的数值不同。如十进制 123，百位的位权为 100，十位的位权为 10，个位的位权为 1。通常位权可以通过基数表达。如百位的位权 100 用基数表示为 10^2，十位的位权 10 用基数表示为 10^1，个位的位权 1 用基数表示为 10^0。

2. 常见的几种进位计数制

1) 十进制(D)

十进制是人们最为熟悉的一种进位计数制，可用字母 D 或下标 10 的形式表示，由 0、1、2、3、4、5、6、7、8、9 这十个数码组成，基数为 10。十进制的特点是：逢十进一，借一当十。当在一个数据后面添加字母 D 时，表示该数据为十进制数。例如，123D 表示十进制的 123。

2) 二进制(B)

二进制由 0 和 1 这两个数码组成，基数为 2。二进制的特点是：逢二进一，借一当二。当在一个数据后面添加字母 B 时，表示该数据为二进制数。例如，100B 表示二进制的 100。

3) 八进制(O)

八进制由 0、1、2、3、4、5、6、7 这八个数码组成，基数为 8。八进制的特点是：逢八进一，借一当八。当在一个数据后面添加字母 O 时，表示该数据为八进制数。例如，123O 表示八进制的 123。

4) 十六进制(H)

十六进制由 0、1、2、3、4、5、6、7、8、9、A、B、C、D、E、F 这 16 个数码组成，基数为 16。十六进制的特点是：逢十六进一，借一当十六。当在一个数据后面添加字母 H 时，表示该数据为十六进制数。例如，123H 表示十六进制的 123。

3. 数制的转换

1) 非十进制(二进制、八进制、十六进制)数转换为十进制数

对于十进制数，可以将其按位权展开，写成每位数字乘以其对应的位权，然后相加的形式。例如，$123 = 1 \times 10^2 + 2 \times 10^1 + 3 \times 10^0$，这种转换方法称为"位权展开求和"法。十进制的这种运算规则，在其他进制中同样适用，这也是其他进制数转换为相应十进制数的方法。例如：

$$1110B = 1 \times 2^3 + 1 \times 2^2 + 1 \times 2^1 + 0 \times 2^0 = 8 + 4 + 2 + 0 = 14D$$

$$1110O = 1 \times 8^3 + 1 \times 8^2 + 1 \times 8^1 + 0 \times 8^0 = 512 + 64 + 8 + 0 = 584D$$

$$1110H = 1 \times 16^3 + 1 \times 16^2 + 1 \times 16^1 + 0 \times 16^0 = 4096 + 256 + 16 + 0 = 4368D$$

在二进制数、八进制数、十六进制数转换为十进制数的过程中，整数转换时，最后一位数决定了其奇偶性。例如，1101B 为奇数，而 1100B 为偶数。

2) 十进制数转换为非十进制(R 进制：二进制、八进制、十六进制)数

将十进制数转换为 R 进制数时，由于整数部分的转换规则与小数部分的转换规则不同，因此应将此十进制数的整数和小数两个部分分别进行转换，然后拼接起来。

整数部分：采用"除 R 取余，先余为低，后余为高"法，即用十进制整数反复除以 R，记录每次得到的余数，直到商为 0 为止。将所得余数倒序输出，即为转换结果。

小数部分：采用"乘 R 取整，先整为高，后整为低"法，即用十进制小数乘 R，得到一个乘积，记录乘积的整数部分数值，并将乘积的小数部分继续乘 R，重复以上过程，直至某一步乘积的小数部分为 0，或者满足转换精度要求为止。将每一步记录的整数部分数值正序输出，即为转换结果。

例如，把十进制数 78.125 转换为对应的二进制数的具体过程如下：

$78.125 = 78 + 0.125$

先转换整数部分，即

```
2 | 78
2 | 39    0   ↑
2 | 19    1
2 |  9    1
2 |  4    1
2 |  2    0
2 |  1    0
  |  0    1
```

故 $78D = (1001110)_2 = 1001110B$。

再转换小数部分，即

$$0.125 \times 2 = 0.25(取整数部分得 0)$$
$$0.25 \times 2 = 0.5(取整数部分得 0)$$
$$0.5 \times 2 = 1.0(取整数部分得 1，整数部分取出后，该数为 0.0，即结束)$$

故 $0.125D = (0.001)_2 = 0.001B$。

最后合并整数部分和小数部分的数据，得

$$78.125D = 78D + 0.125D = 1001110B + 0.001B = 1001110.001B$$

在数制转换过程中，不是所有的十进制小数都可以精确地转换为二进制小数的。

3) 二进制数、八进制数和十六进制数的相互转换

二进制在表示数据时，数据位数偏多，长度较长，为简化数据长度，可以使用八进制和十六进制来表示二进制的数据。此时需要把二进制数转换为对应的八进制数和十六进制数，转换过程如下：

(1) 二进制数与八进制数的互换。在转换时，可以借助数制之间存在的关系，直接转换。由于 $2^3 = 8^1$，故可把 3 位二进制数当作 1 位八进制数来转换。把二进制数转换为八进制数的方法为：以小数点为界，整数部分从右向左划分，每 3 位为一组(不足 3 位，则向前补 0，也可不补)，小数部分从左向右划分，每 3 位为一组(不足 3 位，则后面必须补 0)，然后把每一组转换成对应的一位八进制数即可。例如，将二进制数 1110111.0101 转换为八进

制数时，以小数点为基准线，整数部分从右向左每 3 位为一组，小数位部分从左向右每 3 位为一组，则有

$$0\ \ 0\ \ 1\ \ 1\ \ 1\ \ 0\ \ 1\ \ 1\ \ 1\ .\ 0\ \ 1\ \ 0\ \ 1\ \ 0\ \ 0$$

$$2^2\ 2^1\ 2^0 \qquad\qquad 2^2\ 2^1\ 2^0\ 2^2\ 2^1\ 2^0$$

每组数据在计算时相对独立，第一组数据转换的结果为 $0\times2^2+0\times2^1+1\times2^0=1$，第二组数据转换的结果为 $1\times2^2+1\times2^1+0\times2^0=6$，第三组数据转换的结果为 7，其他的分别为 2 和 4。因此，二进制数 1110111.0101 转换为八进制数是 167.24。

(2) 二进制数与十六进制数的互换。在转换时，可以借助数制之间存在的关系，直接转换。由于 $2^4=16^1$，故可把 4 位二进制数当作 1 位十六进制数来转换。把二进制数转换为十六进制数的方法为：以小数点为界，整数部分从右向左划分，每 4 位为一组(不足 4 位，则向前补 0)，小数部分从左向右划分，每 4 位为一组(不足 4 位，则后面必须补 0)，然后把每一组转换成对应的一位十六进制数即可。例如，将二进制数 1110111.0101 转换为十六进制数时，以小数点为基准线，整数部分从右向左每 4 位为一组，小数部分从左向右每 4 位为一组，则有

$$0\ \ 1\ \ 1\ \ 1\ \ 0\ \ 1\ \ 1\ \ 1\ .\ 0\ \ 1\ \ 0\ \ 1$$

$$2^3\ 2^2\ 2^1\ 2^0 \qquad\qquad 2^3\ 2^2\ 2^1\ 2^0$$

每组数据在计算时相对独立，第一组数据转换的结果为 $0\times2^3+1\times2^2+1\times2^1+1\times2^0=7$，第二组数据转换的结果为 7，第三组数据转换的结果为 5。因此，二进制数 1110111.0101 转换为十六进制数是 77.5。

1.2.3　计算机中数据的表示

1. 整数在计算机中的表示

在计算机中，所有的数据都需要转换成二进制，所以只有"0"和"1"两种形式，为了表示数值的正(+)、负(-)，就要将数的符号以"0"和"1"编码。通常把一个数的最高位定义为符号位，用数字"0"表示正，用"1"表示负。这种把一个数的数值部分及其符号一起数字化的数称为机器数。机器数是数在计算机内的表示形式，这个数的数值部分称为真值。

下面以整数为例，并且假定字长为 8，介绍原码、反码和补码的表示方法。

1) 原码

整数 X 的原码中，最高位为符号位(0 表示正，1 表示负)，剩下的 7 位是数值位，即 X 绝对值的二进制表示。通常用 $[X]_原$ 表示 X 的原码。例如：对于 12，其为正数，符号位为 0，剩下 7 位 0001100 表示数值，所以 $[12]_原=00001100$；而对于 -12，其为负数，符号位为 1，剩下 7 位 0001100 表示数值 12，所以 $[-12]_原=10001100$。

使用原码时，需要注意以下事项：

(1) 在原码表示中，0 有两种表示形式，即 $[+0]_原=00000000$，$[-0]_原=10000000$。零的

二义性给机器判断带来了不便。

(2) 使用原码进行四则运算时，符号位需要单独处理，这增加了运算规则的复杂性。

2) 反码

对于正整数 X，其反码与原码是相同的；而对于负整数 X，其反码为符号位不变，数值位按位取反，即 0 变 1，1 变 0。例如：对于 12，$[12]_原 = 00001100$，其对应的反码为$[12]_反 = 00001100$；而对于 -12，$[-12]_原 = 10001100$，其对应的反码的最高位(即符号位)1 保持不变，数值位按位取反变为 1110011，所以$[-12]_反 = 11110011$。

3) 补码

对于正整数 X，其补码与原码、反码是相同的，即三码合一；而对于负整数 X，其补码为符号位不变，数值位在反码的基础上加 1。例如：对于 12，$[12]_原 = 00001100$，其对应的反码为$[12]_反 = 00001100$，补码为$[12]_补 = 00001100$；而对于 -12，$[-12]_反 = 11110011$，其对应的补码的符号位仍为 1，数值位变为 1110011 + 1 = 1110100，所以$[-12]_补 = 11110100$。

2. 浮点数在计算机中的表示

在计算机中小数点是不占位置的，因此规定使用小数所在的位置来表示，一般有定点整数、定点小数和浮点数三种形式。

(1) 定点整数：小数点隐含固定在机器数的最右边。定点整数是纯整数。

(2) 定点小数：约定小数点位置在符号位、有效数值部分之间。定点小数是纯小数，即所有数绝对值均小于 1。

(3) 浮点数：由阶码和尾数两部分组成。其中，尾数用定点小数表示，尾数所占的位数确定了数的精度；阶码用定点整数表示，阶码所占的位数确定了数的范围。浮点数的表示方法和科学记数法相似，任意一个数均可通过改变其指数部分，使小数点发生移动，如十进制数 12.45 可以表示为 1.245×10^1、0.1245×10^2、0.01245×10^3 等各种不同形式。在计算机中，浮点数的一般表示形式为 $N = 2^E \times D$，其中，D 为尾数，E 为阶码。阶码和尾数的表示形式与机器的规定有直接关系，不同的机器表示的阶码与尾数的数位不同。

1.2.4　计算机中字符的表示与编码

1. ASCII 码

ASCII(American Standard Code for Information Interchange，美国信息交换标准代码)是由美国信息交换标准委员会制定的，是国际上使用最广泛的字符编码。

根据编码规则的不同，ASCII 码分为两种。一种是标准 ASCII 码，其编码规则为正常情况下，最高位(最左边位)固定为 0，剩余 7 位进行编码。这种采用 7 位二进制的编码，可以表示 2^7 即 128 个字符，如表 1-1 所示。表中，十进制码值 0～32 和 127(即 NUL～SP 和 DEL)共 33 个字符，称为非图形字符(又称为控制字符)，其余 95 个字符称为图形字符(又称为普通字符)，在这些字符中，从 0 到 9、从 A 到 Z、从 a 到 z 都是顺序排列的，并且小写字母比大写字母的码值大 32，这有利于大小写字母之间的编码转换。在计算机的内部存储与操作中常以字节(即 8 个二进制位)为单位，因此 ASCII 中的一个字符在计算机内实际是用一个字节(即 8 位)表示的。另一种 ASCII 码的最高位固定为 1，本书不对其进行讨论。

表 1-1　标准 ASCII 码表

十进制	字符	十进制	字符	十进制	字符	十进制	字符
0	NUL	32	SP	64	@	96	`
1	SOH	33	!	65	A	97	a
2	STX	34	"	66	B	98	b
3	ETX	35	#	67	C	99	c
4	EOT	36	$	68	D	100	d
5	ENQ	37	%	69	E	101	e
6	ACK	38	&	70	F	102	f
7	BEL	39	`	71	G	103	g
8	BS	40	(	72	H	104	h
9	HT	41	)	73	I	105	i
10	NL	42	*	74	J	106	j
11	VT	43	+	75	K	107	k
12	FF	44	,	76	L	108	l
13	ER	45	0	77	M	109	m
14	SO	46	.	78	N	110	n
15	SI	47	/	79	O	111	o
16	DLE	48	0	80	P	112	p
17	DC1	49	1	81	Q	113	q
18	DC2	50	2	82	R	114	r
19	DC3	51	3	83	S	115	s
20	DC4	52	4	84	T	116	t
21	NAK	53	5	85	U	117	u
22	SYN	54	6	86	V	118	v
23	ETB	55	7	87	W	119	w
24	CAN	56	8	88	X	120	x
25	EM	57	9	89	Y	121	y
26	SUB	58	:	90	Z	122	z
27	ESC	59	;	91	[	123	{
28	FS	60	<	92	\	124		
29	GS	61	=	93	]	125	}
30	RE	62	>	94	^	126	~
31	US	63	?	95	_	127	DEL

2. 汉字编码

在计算机中，汉字的处理相对较复杂，因为汉字是象形文字，种类繁多，不能通过键盘直接输入，编码比较困难，而且在一个汉字处理系统中，输入、内部处理，输出对汉字编码的要求不尽相同，因此需要进行一系列的汉字编码及转换。汉字信息处理过程如图 1-5 所示。

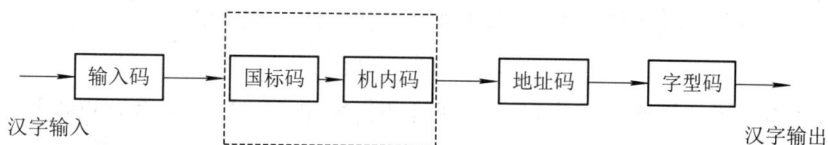

图 1-5　汉字信息处理过程

从图 1-5 可知，汉字存在四种编码，即输入码、国标码、机内码、字型码。

1) 输入码

首先，汉字需要从外部输入到计算机内部，此时采用的是汉字的输入码。汉字的输入码一般是指通过计算机标准键盘上的按键产生不同排列组合而形成的汉字编码。目前汉字输入法的研究和发展迅速，已有上百种汉字输入法。常用的汉字编码主要分为以下两类。

(1) 音码。音码主要是指以汉语拼音为基础的编码，如全拼、双拼、简拼和智能 ABC 等输入法。目前比较流行的拼音输入法有搜狗拼音输入法、谷歌拼音输入法等。音码的重码率高，单字输入速度慢，但容易掌握。

(2) 形码。形码主要是根据汉字的特点，按汉字固有的形状，把汉字进行拆分，然后利用拆分后部件的代码依据规则进行组合编码，如五笔字型输入法、郑码输入法等。形码的重码率较低，单字输入速度快，但学习和掌握较困难。

对于同一个汉字，采用不同的输入法时，得到的输入码是不同的，即汉字的输入码是不唯一的。例如"中"字，采用全拼输入法输入时，输入码为"zhong"，而采用五笔字型输入法输入时，输入码为"kh"。当采用全拼输入法输入"zhong"后，可得到多个汉字，这称为重码问题，为解决重码问题，需要借助区位码。区位码是一种将汉字与字符组成一个 94×94 的矩阵，其中每一行称为一个"区"，每一列称为一个"位"。区位码可以表示 94×94 = 8836 个不同字符。

2) 国标码

汉字在不同计算机系统之间进行交换时，所用的编码为国标。现行国标码是我国 1980 年发布的《信息交换用汉字编码字符集——基本集》(GB2312—80)，是中文信息处理的国家标准，也称汉字交换码，简称 GB 码。国标码把最常用的 6763 个汉字分成两级：一级汉字有 3755 个，按汉语拼音排列；二级汉字有 3008 个，按偏旁部首排列。一个国标码占两个字节，每个字节最高位为"0"。

为了与 ASCII 码对应，区位码每个区、位分别加 32(20H)就构成了国标码，即区位码 + 2020H = 国标码。例如，"中"的区位码为 3630H，国标码为 5650H。国标码中每个汉字用两个字节表示，每个字节的编码取值范围为 33～126，与 ASCII 码中可打印字符的取值范围一致，共 94 个。

3) 机内码

为了在计算机内部能够区分是汉字编码还是 ASCII 码，引入了机内码(机器内部编码)。机内码是计算机内部加工、处理和存储汉字使用的编码。ASCII 码在编码时最高位为 0，为了在计算机内区分 ASCII 码和汉字编码，将国标码的每个字节的最高位由"0"变为"1"，变换后的国标码称为机内码，即机内码 = 汉字国标码 + 8080H。例如，"中"的国标码为 5650H，则"中"的机内码为 DED0H。由于国标码 = 区位码 + 2020H，因此也可以使用区位码计算机内码，其计算公式为：机内码＝区位码＋A0A0H。

4) 字型码

字型码又称字模，用于汉字在显示屏或打印机输出。字型码通常有点阵和矢量两种表示方式。

用点阵表示字型时，字型码指的是这个汉字字型点阵的代码。简易型汉字为 16×16 点阵，普通型汉字为 24×24 点阵，提高型汉字为 32×32 点阵、48×48 点阵等。点阵规模越大，字型越清晰，但汉字占用的存储空间也越大，如一个 32×32 点阵的汉字占用的存储空间为 32×32/8＝128 字节，一个 48×48 点阵的汉字占用的存储空间为 48×48/8＝288 字节。使用点阵表示汉字"中"字的效果如图 1-6 所示。

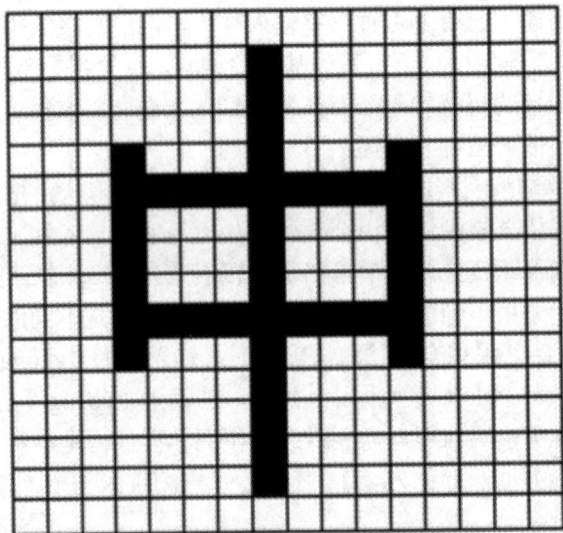

图 1-6 "中"字的点阵字形

字型码的矢量表示方式主要描述汉字字型的轮廓特征，当要输出汉字时，通过计算机的计算，由汉字字型描述生成所需大小和形状的汉字点阵。用矢量表示方式描述的字型与最终文字显示的大小、分辨率无关，其可以产生高质量的汉字输出，并且节省存储空间。

【训练场】

1. 计算机中的所有信息(包括文字、图像，音频和视频等)都是以二进制方式表示的，主要理由是(　　)。

　　A. 所需的物理元件最简单　　　　　　B. 节约元件

　　C. 运算速度快　　　　　　　　　　　D. 信息处理方便

2. 下列四组数依次为二进制数，八进制数和十六进制数，符合要求的是(　　)。

　　A. 11，78，19　　　　　　　　　　　B. 12，77，10

　　C. 11，77，1E　　　　　　　　　　　D. 12，80，10

3. 二进制数 10110001B 转换为十进制数应是(　　)。

　　A. 123　　　　　　B. 177　　　　　　C. 179　　　　　　D. 167

4. 与十进制数 4625 等值的十六进制数为(　　)。

A. 1121H　　　　B. 1211H　　　　C. 1122H　　　　D. 1221H

5. 十六进制数 CDH 转换为十进制数是(　　)。

A. 204　　　　　B. 206　　　　　C. 205　　　　　D. 203

6. 一个字长为 6 位的无符号二进制数能表示的十进制数值范围是(　　)。

A. 0～64　　　　B. 1～64　　　　C. 0～63　　　　D. 1～63

7. 在下列字符中，其 ASCII 码值最大的一个是(　　)。

A. 8　　　　　　B. H　　　　　　C. a　　　　　　D. h

8. 7 位二进制编码的 ASCII 码可表示的字符个数为(　　)。

A. 127　　　　　B. 255　　　　　C. 128　　　　　D. 256

9. 存储一个汉字的内码所需的字节数是(　　)。

A. 1 个　　　　　B. 2 个　　　　　C. 4 个　　　　　D. 8 个

10. 汉字"学"的区位码是 4907(十进制)，它的机内码(十六进制)是(　　)。

A. 5127H　　　　B. B187H　　　　C. D1A7H　　　　D. 3107H

1.3　计算机新技术

本节主要介绍计算机新技术，包括人工智能、虚拟现实、区块链、大数据、深度学习和物联网等。

1. 人工智能

人工智能是计算机科学的一个重要分支。它是研究使用计算机来模拟人的某些思维过程和智能行为(如学习、推理、证明、思考、规划等)的学科，主要包括计算机实现智能的原理、制造类似于人脑智能的计算机，使计算机能实现更高层次的应用。人工智能涉及计算机科学、心理学、哲学和语言学等学科。

人工智能的关键技术主要包括机器学习、计算机视觉、生物特征识别、自然语言处理、语音识别、机器人技术等。

2. 虚拟现实

虚拟现实(Virtual Reality，VR)技术又称虚拟实境或灵境技术，是 20 世纪发展起来的一项全新的实用技术。虚拟现实技术囊括计算机、电子信息、仿真技术，其基本实现方式是以计算机技术为主，利用并综合三维图形技术、多媒体技术、仿真技术、显示技术、伺服技术等多种高科技的最新发展成果，借助计算机等设备产生一个逼真的三维视觉、触觉、嗅觉等多种感官体验的虚拟世界，从而使处于虚拟世界中的人产生一种身临其境的感觉。随着社会生产力和科学技术的不断发展，各行各业对 VR 技术的需求日益旺盛。VR 技术也取得了巨大进步，并逐步成为一个新的科学技术领域。虚拟现实技术有以下特征：

(1) 沉浸性。沉浸性是虚拟现实技术最主要的特征，就是让用户成为并感受到自己是计算机系统所创建的虚拟世界中的一部分。虚拟现实技术的沉浸性取决于用户的感知系统，当用户感知到虚拟世界的刺激时，包括触觉、味觉、嗅觉、运动感知等，便会产生思维共鸣，造成心理沉浸，从而感觉到自己如同进入真实世界。

(2) 交互性。交互性是指用户对模拟环境内物体的可操作程度和从环境得到反馈的自然程度。用户进入虚拟空间后，相应的技术会使用户跟环境产生相互作用，当用户进行某种操作时，周围的环境也会做出某种反应。例如，用户用手去触摸虚拟空间中的物体时，手应有触摸感，若对物体有所动作，物体的位置和状态也应发生改变。

(3) 多感知性。多感知性表示计算机技术应该拥有很多感知方式，比如听觉、触觉、嗅觉等。理想的虚拟现实技术应该具有一切人所具有的感知功能。由于相关技术，特别是传感技术的限制，目前大多数虚拟现实技术所具有的感知功能仅限于视觉、听觉、触觉、运动等。

(4) 构想性。构想性也称为想象性，用户在虚拟空间中可以与周围物体进行互动，可以拓宽认知范围，创造出客观世界中不存在的场景或不可能出现的环境。构想也可以理解为用户进入虚拟空间中，根据自己的感觉与认知能力来吸收知识、发散拓宽思维、创立新的概念和环境。

(5) 自主性。自主性是指虚拟环境中物体依据物理定律动作的程度。如当物体受到力的推动时，会向力的方向移动、翻倒，或从桌面掉落到地面等。

3. 区块链

区块链起源于比特币。2008 年 11 月 1 日，中本聪(Satoshi Nakamoto)发表了《比特币：一种点对点的电子现金系统》一文，此文中阐述了基于 P2P 网络技术、加密技术、时间戳技术、区块链技术等的电子现金系统的构架理念，这标志着比特币的诞生。两个月后理论步入实践，2009 年 1 月 3 日第一个序号为 0 的创世区块诞生，2009 年 1 月 9 日出现序号为 1 的区块，并与序号为 0 的创世区块相连接形成了链，标志着区块链的诞生。广义来讲，区块链技术是一种全新的分布式基础架构与计算范式，其利用块链式数据结构来验证与存储数据，利用分布式节点共识算法来生成和更新数据，利用密码学的方式来保证数据传输和访问的安全，利用由自动化脚本代码组成的智能合约来编程和操作数据。

狭义来讲，区块链是一种在对等网络环境下，通过透明和可信规则，构建不可伪造、不可篡改和可追溯的块链式数据结构，实现和管理事务处理的模式。区块链是比特币的底层技术。

4. 大数据

对于"大数据"，研究机构 Gartner 给出了这样的定义：大数据是需要新处理模式才能具有更强的决策力、洞察发现力和流程优化能力的海量、高增长率和多样化的信息资产。现在的社会是一个高速发展的社会，科技发达，信息流通，人们之间的交流越来越密切，生活也越来越方便，大数据就是这个高科技时代的产物。

在维克托·迈尔-舍恩伯格及肯尼斯·库克耶编写的《大数据时代》中，大数据指不用随机分析法(抽样调查)这样的捷径，而采用所有数据的方法来分析的巨量数据。IBM 提出了大数据的"5V"特征，即 Volume(大量)、Velocity(高速)、Variety(多样)、Value(低价值密度)、Veracity(真实性)。

5. 深度学习

深度学习(Deep Learning, DL)是机器学习(Machine Learning, ML)领域中一个新的研究方向。深度学习是学习样本数据的内在规律和表示层次，从这些学习过程中获得的信息对理解诸如文字、图像和声音等数据有很大的帮助。它的最终目标是让机器能够像人一样具有分析学习能力，能够识别文字、图像和声音等数据。深度学习是一个复杂的机器学习算法，它在语音和图像识别方面取得的效果，远远超过先前相关技术。

深度学习在搜索技术、数据挖掘、机器学习、机器翻译、自然语言处理、多媒体学习、语音、推荐和个性化技术以及其他相关领域都取得了很多成果。深度学习使机器模仿视听和思考等人类的活动，解决了很多复杂的模式识别难题，使得人工智能相关技术取得了很大进步。

6. 物联网

物联网(Internet of Things，IoT)起源于传媒领域，是信息科技产业的第三次革命。物联网是指通过信息传感设备，按约定的协议，将任何物体与网络相连接，物体通过信息传播媒介进行信息交换和通信，以实现智能化识别、定位、跟踪、监管等功能。物联网的基础是 Internet，是 Internet 的延伸。

物联网有三层基本架构，分别是感知层、网络层、应用层。感知层位于物联网三层架构的最底层，是物联网基础和核心的一层，是信息采集的关键部分，它通过相关的传感设备感知采集环境信息；网络层主要负责传递和处理由感知层传递过来的数据信息，进行相关处理后再传输给应用层；应用层处于物联网三层架构最顶层，基于物联网技术提供丰富的物联网应用，对不同的行业有着不同的应用结果，实现不同行业物联网的智能运用是物联网技术的根本目标。

【训练场】

1. 下列不属于物联网应用的是(　　)。
A. 智能公交系统　　　　　　　　B. 电视遥控器遥控电视
C. 智能家电远程控制　　　　　　D. 快递物品的位置查询服务
2. 物联网的支撑技术不包括(　　)。
A. 传感器技术　　　　　　　　　B. 射频识别技术
C. 全球定位技术　　　　　　　　D. 语音识别技术
3. 人工智能的应用领域不包括(　　)。
A. 模式识别　　　B. 定理证明　　　C. 博弈　　　　　D. 图像处理
4. 人工智能研究中应用最广泛的两大领域是(　　)。
A. 专家系统和自动规划　　　　　B. 机器学习和自动规划
C. 机器学习和自然语言处理　　　D. 专家系统和机器学习
5. 以下关于区块链说法不正确的是(　　)。
A. 区块链是一个共享数据库，存储于其中的数据或信息
B. 区块链按照时间顺序，将数据区块以顺序相连的方式组合成的链式数据结构
C. 区块链利用块链式数据结构验证与存储数据
D. 区块链技术需要一个强大的数据中心
6. 大数据具有"5V"特征，包括大量、多样、高速、低价值密度及(　　)。
A. 可用性　　　　B. 高可用　　　　C. 真实性　　　　D. 易维护

7. AI 是研究、开发用于模拟、延伸和扩展人的智能的理论、方法、技术及应用系统的一门新的技术科学，它的全称是(   )。

A. Automatic Intelligence

B. Automatic Information

C. Artifical Intelligence

D. Artifical Information

8. 虚拟现实的特性是(   )。

A. 沉浸性、交互性、多感知性、构想性和自主性

B. 沉浸性、交互性、多感知性

C. 沉浸性、多感知性、构想性和自主性

D. 沉浸性、交互性、多感知性和自主性

9. 以下说法不正确的是(   )。

A. 数字经济是以数据资源为关键要素

B. 数字经济是人类通过大数据的应用而发展的经济形态

C. 数字经济无需计算机网络和传统的计算机技术

D. 数字经济包括了大数据、云计算、物联网、区块链、人工智能、5G 通信等新兴技术

10. 比特币的核心技术是(   )。

A. 人工智能　　　B. 量子计算　　　C. 超级计算　　　D. 区块链

模块 2　Windows 10 操作系统

操作系统(Operating System，OS)是管理和控制计算机硬件与软件资源的计算机程序，是直接运行在"裸机"上的最基本的系统软件，任何其他软件都必须在操作系统的支持下才能运行。根据使用环境和运行环境的不同，各大 IT 公司纷纷推出自己的操作系统，其中市场占有率最高的是微软的 Windows 操作系统。本模块主要介绍与操作系统相关的知识，重点是 Windows 10 操作系统的相关操作。

2.1　Windows 概述

2.1.1　Windows 的发展史

Windows 10 是由微软公司(Microsoft)开发的操作系统，广泛应用于计算机和平板电脑等设备。Windows 10 在易用性和安全性方面有了极大的提升，除了针对云服务、智能移动设备、自然人机交互等新技术进行融合外，还对固态硬盘、生物识别、高分辨率屏幕等硬件进行了优化完善与支持。

在介绍如何使用 Windows 10 操作系统之前，我们先来了解一下 Windows 的发展历程，从最初借鉴苹果公司的图形界面伊始产生的简陋的初代 Windows 系统，到 Windows 95 诞生引发的轰动效应和产生的巨大影响，再到 Windows 98 发布后微软的 Windows 就垄断了全世界的桌面操作系统。Windows 操作系统使得计算机操作更加便捷，更容易上手，它的系统稳定性得到广大用户的认可。Windows 操作系统使人们的工作、学习、生活更加简单、更加便捷、更加高效，它已经深刻改变了用户使用电脑的习惯，使广大用户对 Windows 操作系统产生依赖。

微软自 1985 年推出 Windows 1.0 以来，Windows 系统经历了十多年变革。从最初运行在 DOS 下的 Windows 3.0，到现在风靡全球的 Windows XP、Windows 7 和至今仍坚持每年更新的 Windows 10。

微软真正被国内外所熟知，还是要归功于后来 MS-DOS 进化版的 Windows。1985 年，微软为 DOS 模拟环境加入了用户图形界面，并由此推出了第一版的 Windows。微软新纪元就此正式开启，在后来的历史长河中，一代又一代的 Windows 版本接踵而至。

1. Windows 1.0

1985 年，Windows 1.0 发布。采用了 16 位操作系统 MS-DOS 的图形界面，它用窗口替换了命令提示符，还自带了日历、记事本、计算器等简单的应用程序，使得电脑操作更为简单，如图 2-1 所示。

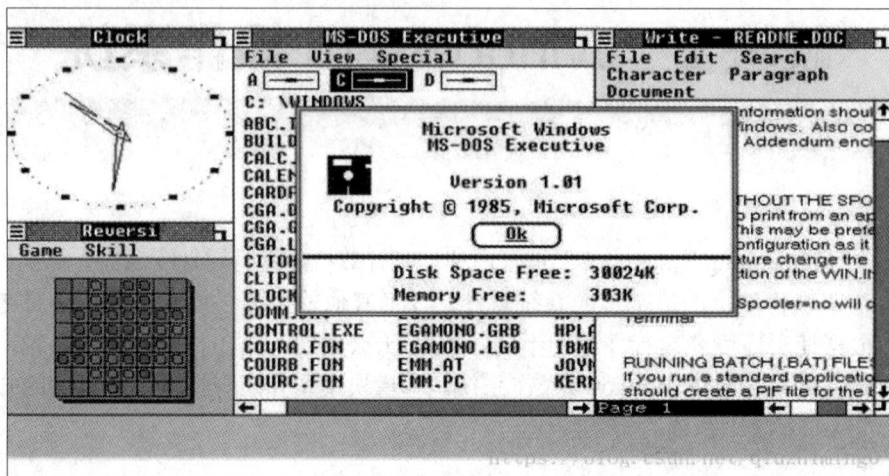

图 2-1　Windows 1.0

2. Windows 2.0

1988 年，Windows 2.0 发布，它依旧是基于 MS-DOS 操作系统，但是看起来像 Mac OS 图形用户界面的 Windows 版本。它最大的变化是允许应用程序的窗口在另一个窗口之上显示，从而构建出层次感或深度感，但这个版本依然没有获得用户认同，如图 2-2 所示。

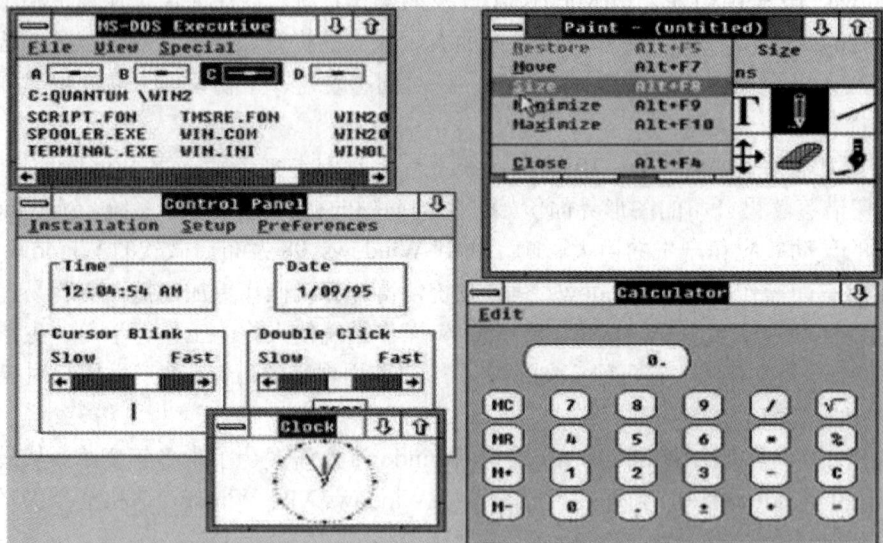

图 2-2　Windows 2.0

3. Windows 3.0

1990 年，Windows 3.0 发布。它是微软第一个真正在世界上获得巨大成功的图形用户界面版本。这个版本的图形用户界面与苹果的 Mac OS 图形用户界面类似。笔者在大学机房首次接触电脑的时候，使用的就是 Windows 3.0，如图 2-3 所示。

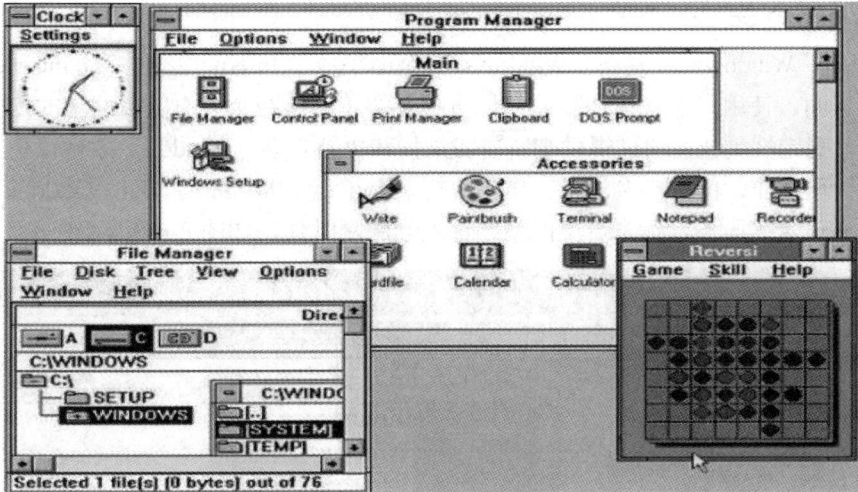

图 2-3　Windows 3.0 界面

4. Windows 95

1995 年，微软推出具有里程碑意义的 Windows 95 操作系统，第一次引进了"开始"菜单、桌面和桌面任务栏，支持 FAT32 文件系统，如图 2-4 和图 2-5 所示。

图 2-4　Windows 95 启动界面

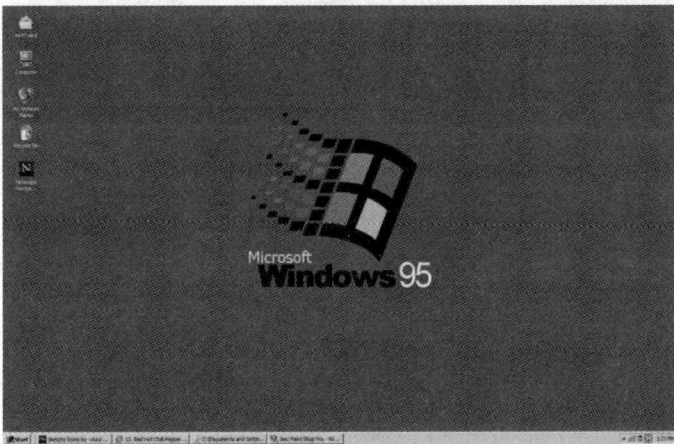

图 2-5　Windows 95 桌面

5. Windows 98

1998 年，Windows 98 发布。Windows 98 全面集成了 Internet 标准，以 Internet 技术统一并简化桌面，使用户能够更快捷简易地查找及浏览存储在个人电脑及网上的信息，并且速度更快，稳定性更佳。通过提供全新自我维护和更新功能，Windows 98 可以免去用户的许多系统管理工作，使用户专注于工作或游戏。Windows 98 带来了 IE4、Outlook Express、Windows 通讯录等服务，标志着桌面系统进入互联网时代，如图 2-6 所示。

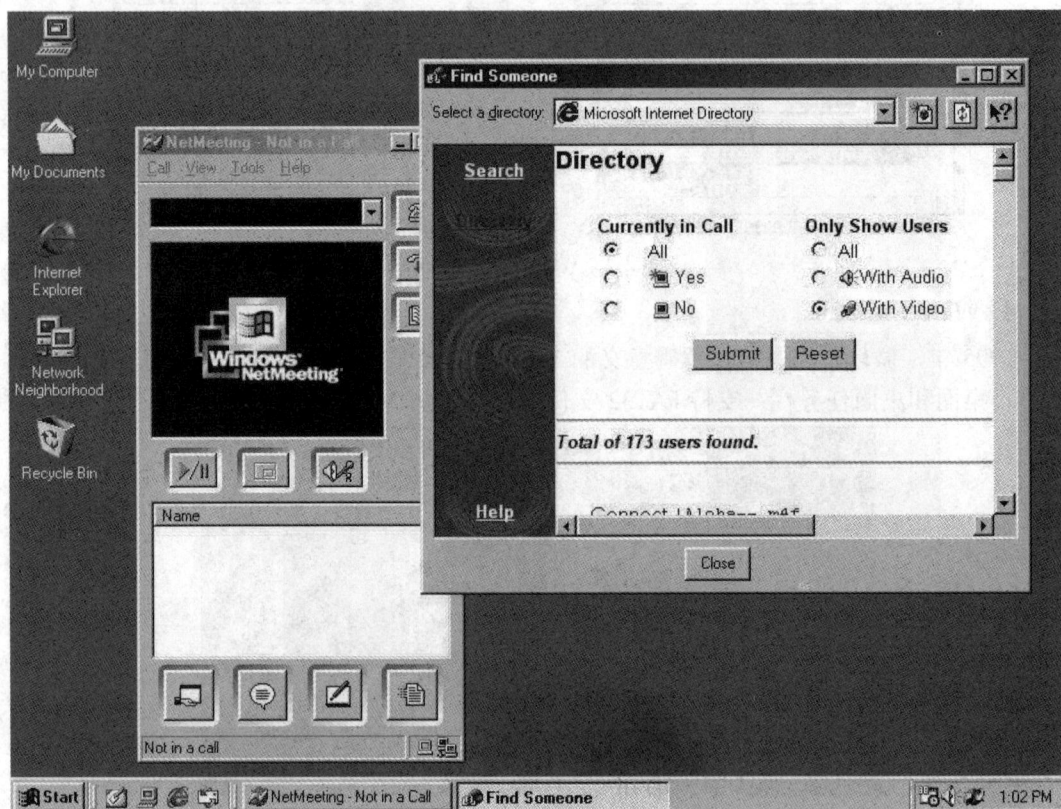

图 2-6　Windows 98

6. Windows 2000

2000 年，Windows 2000 发布，基于 Windows NT 内核，它成功地部署在服务器和工作站市场上。Windows 2000 升级完善了活动目录功能，增强存储服务，开始支持新型设备，并采用了 NTFS 5.0 文件系统，系统的稳定性和安全性相对较高。Windows 2000 是 IT 业界众望所归、呼声很高的一个产品，被业内分析家称为"一个软件新世纪的开端"，作为 NT 内核的代表作，Windows 2000 为微软奠定了更加稳固的市场地位。Windows 2000 在稳定性、可靠性及处理能力等诸多方面都有了巨大的改进，如图 2-7 所示。

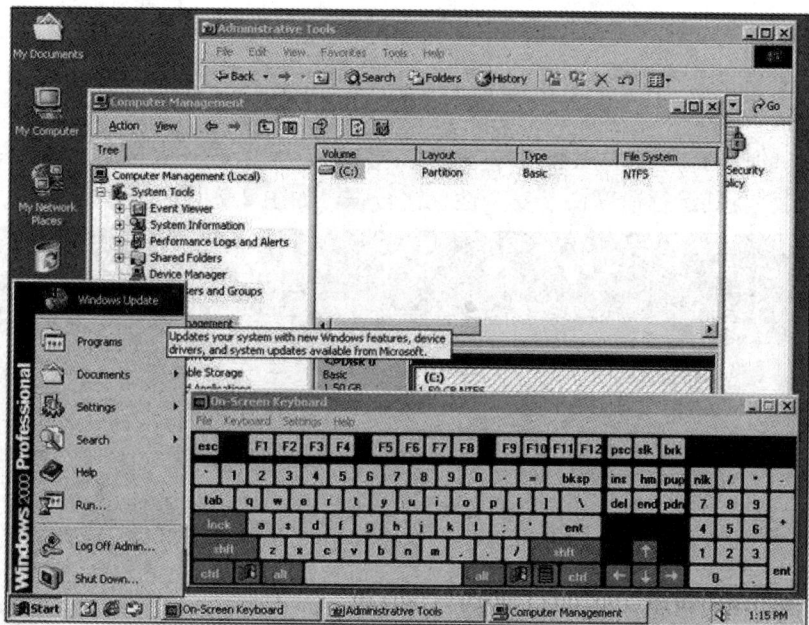

图 2-7　Windows 2000

7. Windows XP

2001 年，Windows XP 发布，它是继取得巨大成功的 Windows 95 之后，另一个意义非凡、影响深远的产品，它基于 Windows NT 5.1 开发。它的发布标志着 Windows NT 开始普及并进入家庭用户的市场，以及 16 位时代的终结。Windows XP 所代表的早已不只是一款操作系统，而是一个时代的印记，Windows XP 是迄今为止最流行的操作系统之一，拥有庞大的用户群体，如图 2-8 所示。

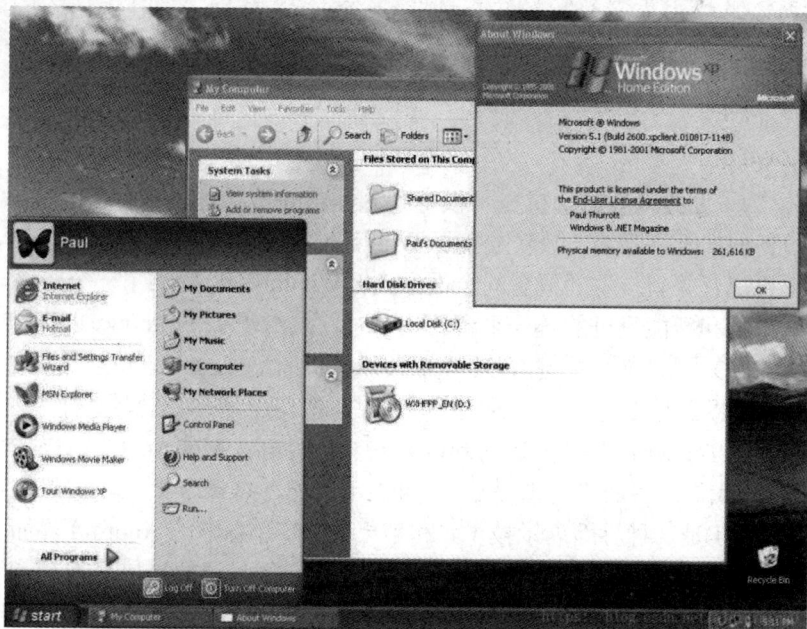

图 2-8　Windows XP

8. Windows 7

吸取了 Windows Vista 失败的经验教训，Windows 7 于 2009 年隆重发布，而且采用了新的命名方式，Windows 7 不仅完美地解决了 Vista 所面临的所有问题和批评，并且带来更稳定，更流畅的使用体验。Windows 7 功能相当完备，尤其是 areo 透明毛玻璃效果使界面显得更漂亮，并且其运行速度快，安全性也比较强，如图 2-9 所示。

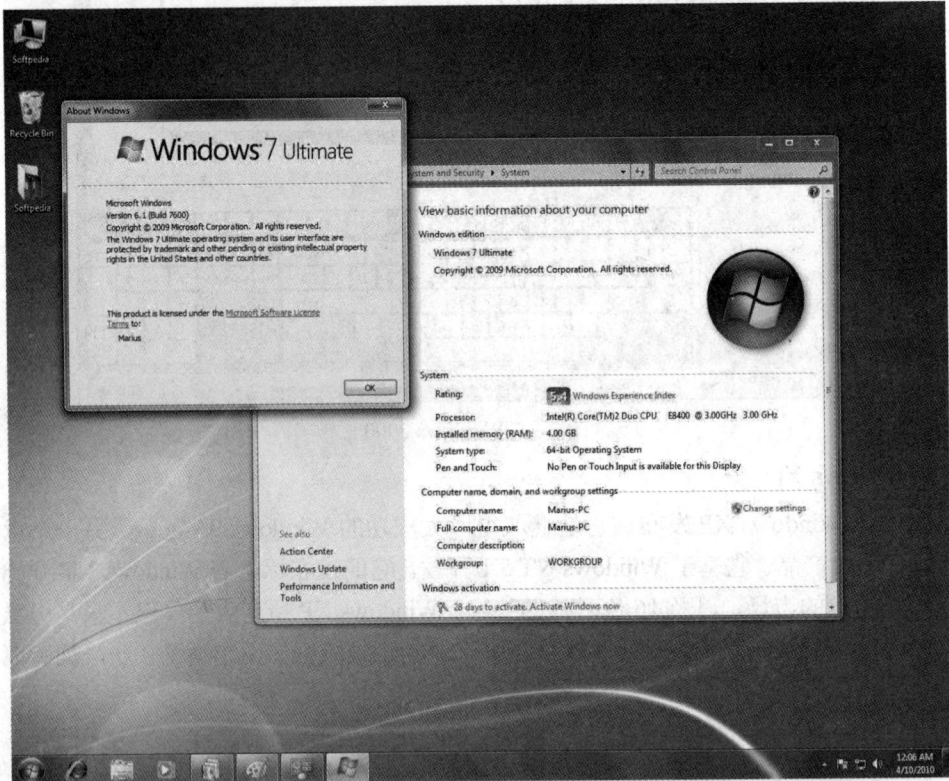

图 2-9　Windows 7

9. Windows 8

2012 年，为了迎接以智能手机、平板电脑为标志的移动互联网时代的来临，实现 PC 和手持智能设备间的互联互通，微软发布了 Windows 8。Windows 8 是对云计算、智能移动设备、自然人机交互等新技术新概念的全面融合。Windows 8 提供了一个跨越电脑、笔记本电脑、平板电脑和智能手机的统一平台。比尔·盖茨给予了 Windows 8 高度评价，他称这个新平台对微软来说"绝对关键"，对"个人计算机的发展方向来说至关重要"。

Windows 8 的界面是专为触摸式控制而设计的，取消了用户熟悉的"开始"按钮和"开始"菜单，加入了 Modern UI，和 Windows 传统界面并存。Modern UI 新操作界面被称为"开始屏幕"，即我们所称的"动态磁贴"，可显示信息，可调节大小，调整位置，也可选择隐藏。Modern UI 是一种界面展示技术，和苹果的 IOS、谷歌的 Android 界面最大的区别在于，后两种都是以应用为主要呈现对象，而 Metro 界面强调的是信息本身。这使得各种应用程序、快捷方式等能以"动态磁贴"的样式展现在屏幕上，让人们的日常操作更加简单和快捷，如图 2-10 所示。

图 2-10　Windows 8

10. Windows 10

2015 年，Windows 10 发布。微软在 Windows 10 当中带回了用户期盼已久的"开始"菜单功能，并将其与 Windows 8 开始屏幕的特色相结合。

Windows 10 系统成为智能手机、PC、平板、Xbox One、物联网和其他各种办公设备的心脏，使设备之间达到无缝的操作体验。Windows 10 在易用性和安全性方面有了极大的提升，除了针对云服务、智能移动设备、自然人机交互等新技术进行融合外，还对固态硬盘、生物识别、高分辨率屏幕等硬件进行了优化完善与支持，如图 2-11 所示。

图 2-11　Windows 10

2.1.2 Windows 10 的新特性

随着智能化设备日渐普及，工作协调性与同步性也开始被提到一个新的高度，便提出了多端融合与信息流同步概念。一个最简单的例子，就是当你在一台设备上进行某项工作时，可以随时切换到另一台设备，即实现移动端平板、智能手机和桌面系统的软硬件统一、融合。Windows 10 系统中具有比如云剪贴板、就近共享、OneDrive、DLNA 等一系列多终端功能。Windows 10 操作系统结合了 Windows 7 和 Windows 8 操作系统的优点，更符合用户的操作习惯，下面就来简单介绍 Windows 10 操作系统的新特性。

Windows 10 重新启用了"开始"按钮，但采用全新的"开始"菜单，在菜单右侧增加了磁贴风格的区域，将改进的传统风格和新的现代风格有机地结合起来，兼顾了老版本系统用户的使用习惯。如图 2-12 所示，为最新版 Windows 10 2021 开始屏幕。

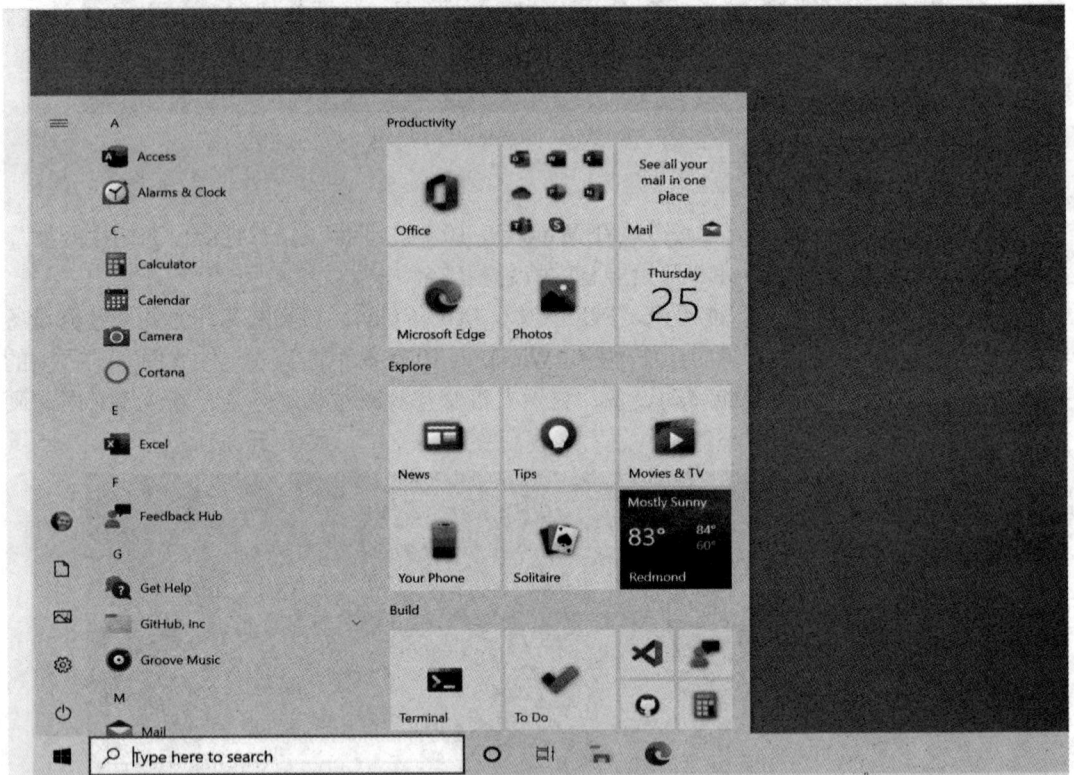

图 2-12　最新版 Windows 10 2021 开始菜单

在 Windows 10 中，增加了个人智能助理——Cortana(小娜)，它可以记录并了解用户的使用习惯，帮助用户在电脑上查找资料、管理日历、跟踪程序包、查找文件，还可以跟用户聊天，为用户推送关注的资讯等，类似于苹果 IOS 的 Siri、小米的小爱同学。此外，Windows 10 还增加了许多新功能，如增加了云存储、OneDrive，用户可以将文件保存在网盘中，方便在不同电脑或手机中访问；增加了通知中心，可以查看各应用推送的信息；增加了 Task View(任务视图)，可以创建多个桌面；另外还有平板模式、手机助手等。Windows 10的新特性如下：

1. 生物识别技术

Windows 10 所新增的 Windows Hello 功能将带来一系列对于生物识别技术的支持。除了常见的指纹扫描之外，系统还能通过面部或虹膜扫描来让你进行登录。

2. Cortana 搜索功能

Cortana 可以用来搜索硬盘内的文件，系统设置，安装的应用，甚至是互联网中的其他信息。作为一款私人助手服务，Cortana 还能像在移动平台那样帮你设置基于时间和地点的备注。

3. 平板模式

随着智能化设备日渐普及，为了实现多端融合，微软在照顾老用户的同时，也没有忘记随着触控屏幕成长的新一代用户。Windows 10 提供了针对触控屏设备优化的功能，同时还提供了专门的平板电脑模式，"开始"菜单和应用都将以全屏模式运行。如果设置得当，系统会自动在平板电脑与桌面模式间切换。

4. 多桌面

如果用户没有多显示器配置，但依然需要对大量的窗口进行重新排列，那么 Windows 10 的虚拟桌面应该可以帮到用户。在该功能的帮助下，用户可以将窗口放进不同的虚拟桌面当中，并在其中进行轻松切换。

5. 窗口贴靠辅助

Windows 10 不仅可以让窗口占据屏幕左右两侧的区域，还能将窗口拖拽到屏幕的四个角落使其自动拓展并填充 1/4 的屏幕空间。在贴靠一个窗口时，屏幕的剩余空间内还会显示出其他开启应用的缩略图，点击之后可将其快速填充到这块剩余的空间当中。

6. 任务切换器

Windows 10 的任务切换器不再仅显示应用图标，而是通过大尺寸缩略图的方式内容进行预览。

7. 任务栏的微调

在 Windows 10 的任务栏当中，新增了 Cortana 和任务视图按钮，与此同时，系统托盘内的标准工具也匹配上了 Windows 10 的设计风格。可以查看到可用的 Wi-Fi，或是对系统音量和显示器亮度进行调节。

8. 通知中心

通知中心功能也被加入到了 Windows 10 当中，方便用户查看来自不同应用的通知。此外，通知中心底部还提供了一些系统功能的快捷开关，比如平板模式、便签和定位等。

9. 文件资源管理器升级

Windows 10 的文件资源管理器会在主页面上显示出用户常用的文件和文件夹，使用户可以快速获取到自己需要的内容。

10. 设置和控制面板

Windows 10 当中提供了新版的设置和控制面板，该应用会提供系统的一些关键设置选项，用户界面也和传统的控制面板相似，而从前的控制面板也依然会存在于系统当中。

2020 年，在 Windows 10 20H2 最新版本中，Windows 控制面板链接入口单击后将不再打开经典控制面板，取而代之的将是设置应用，同时资源管理器、第三方应用中的快捷方式，也都被从控制面板改到了设置应用。

11. 兼容性增强

只要能运行 Windows 7 操作系统，就能更加流畅地运行 Windows 10 操作系统。针对固态硬盘、生物识别、高分辨率屏幕等都进行了优化支持与完善。

12. 安全性增强

除了继承旧版 Windows 操作系统的安全功能之外，还引入了 Windows Hello、Microsoft Passport、Device Guard 等安全功能。

13. 新技术融合

在易用性、安全性等方面进行了深入的改进与优化。针对云服务、智能移动设备、自然人机交互等新技术进行融合。

2.1.3 Windows 10 的版本

Windows 10 系统主要分为 7 个版本，4 个 PC 端和 3 个移动端。7 个版本之间基础功能性能并无差别，主要差别就在各自针对性的功能上。

1. Windows 10 Home(家庭版)

Windows 10 Home(家庭版)面向使用 PC、平板电脑和二合一设备的用户，其拥有 Windows 10 的主要功能[Cortana 语音助手(选定市场)、Edge 浏览器]。该系统支持面向触控屏设备的 Continuum 平板电脑模式、Windows Hello(脸部识别、虹膜、指纹登录)功能，同时还具备串流 Xbox One 游戏的能力、微软开发的通用 Windows 应用(Photos、Maps、Mail、Calendar、Music 和 Video)。

2. Windows 10 Professional(专业版)

Windows 10 Professional(专业版)面向使用 PC、平板电脑和二合一设备的企业用户。除具有 Windows 10 家庭版的功能外，用户还能管理设备和应用，保护敏感的企业数据，支持远程和移动办公，使用云计算技术。另外，它带有 Windows Update for Business 功能，微软承诺该功能可以降低管理成本、控制更新部署，让用户更快地获得安全补丁软件。

3. Windows 10 Enterprise(企业版)

Windows 10 Enterprise(企业版)以专业版为基础，增添了大中型企业用来防范针对设备、身份、应用和敏感企业信息的现代安全威胁的先进功能，供微软的批量许可(Volume Licensing)客户使用，用户能选择部署新技术，其中包括使用 Windows Update for Business 的选项。作为部署选项 Windows 10 企业版将提供长期服务分支(Long Term Servicing Branch)。

4. Windows 10 Education(教育版)

Windows 10 Education(教育版)以 Windows 10 企业版为基础，面向学校的教师和学生。它将通过面向教育机构的批量许可计划提供给客户，学校将能够升级 Windows 10 家庭版和 Windows 10 专业版设备。

5. Windows 10 Mobile(移动版)

Windows 10 Mobile(移动版)面向尺寸较小、配置触控屏的移动设备，例如智能手机和小尺寸平板电脑，集成有与 Windows 10 家庭版相同的通用 Windows 应用和针对触控操作优化的 Office。部分新设备可以使用 Continuum 功能，因此连接外置大尺寸显示屏时，用户可以把智能手机用作 PC。

6. Windows 10 Mobile Enterprise(企业移动版)

Windows 10 Mobile Enterprise(企业移动版)以 Windows 10 移动版为基础，面向企业用户。它将提供给批量许可客户使用，增添了企业管理更新，以及及时获得更新和安全补丁软件的方式。

7. Windows 10 IoT Core(物联网版)

Windows 10 IoT Core(物联网版)面向小型低价设备，主要针对物联网设备，例如 ATM、零售终端、手持终端和工业机器人等。

2.1.4　国产操作系统的发展

我们在使用 Windows 操作系统的同时，应该学习和借鉴 Windows 操作系统的巨大成功经验，用以发展和壮大国产的操作系统，这不仅关乎我国计算机软硬件产业的发展，更关乎国家安全。可喜的是，随着中国整体科技力量的大幅跃升，在国内一众科技巨头及广大科技工作者的不懈努力之下，国产操作系统取得

图 2-13　鸿蒙

了显著的发展。尤其是面向万物互联的 5G 时代，华为鸿蒙系统(HUAWEI Harmony OS)(如图 2-13 所示)更是后起之秀。华为于 2019 年 8 月 9 日在东莞举行的开发者大会上正式发布了鸿蒙系统，2021 年 2 月 22 日晚，华为正式宣布 Harmony OS 将于 4 月上线。2021 年 3 月，华为表示，今年搭载鸿蒙操作系统的物联网设备有望达到 3 亿台，手机将超过 2 亿台。华为鸿蒙系统(HUAWEI Harmony OS)是一款基于微内核的面向全场景的分布式操作系统。该系统实现模块化耦合，对应不同设备可弹性部署，可用于手机、平板、PC、汽车等各种不同的设备，是一个可将所有设备串联在一起的通用性系统。智能手机业务仅仅是其中的一个应用场景，鸿蒙操作系统就是我们基于未来万物联网的"基础设施"。鸿蒙操作系统是首个真正为全场景时代打造的分布式操作系统，不仅仅针对智能手机、智能手表还要对其他设备、无人驾驶、远程操作等均可以应用，是可以实现万物联网的操作系统。鸿蒙操作系统具有低延时、高安全性的优点，其分布式操作系统、分布式软总线，让传输更加高效、更加简洁、更加快捷。鸿蒙操作系统瞄准的不是安卓和 iOS，而是面向智能家居，万物互联、万物智能时代 IoT，目的是让所有家电智能化。

令人振奋的消息接踵而来，2021 年 4 月 15 日，龙芯发布新一代自主指令系统架构——龙芯架构(LoongArch)。从顶层规划到各部分的功能定义，再到每条指令的编码、名称、含义，龙芯架构都进行了自主重新设计，同时也能兼容多种主流指令系统。指令系统是计算机软硬件的

基础界面，如果把设计芯片比作写文章，指令系统就好比汉字或字母。基于二十年的 CPU 研制和生态建设积累，龙芯中科推出了龙芯架构，包括基础架构部分和向量指令、虚拟化、二进制翻译等扩展部分，近 2000 条指令，具有完全自主、技术先进、兼容生态三方面特点。此前的国产 CPU 指令集，无论 X86、ARM、MIPS、RISC-V、Alpha、Power，不管封闭、授权还是开源，根基其实都掌握在别人手里，一旦出现意外根本不堪一击，如今龙芯中科发布完全自主指令系统架构，标志着，我国的芯片市场将进入全新发展阶段。虽说龙芯完全自主指令架构及生态建设还有很长一段路要走，但是这最为基础也是最为重要的一步已经迈出去了。

有不少人认为，中科院新成果龙芯架构的发布与华为鸿蒙系统形成了互补。一方面，华为鸿蒙系统是切合国产全方面的第一套操作系统，不仅打破了谷歌和苹果移动操作系统的垄断，未来还有望进军 PC 领域。

另一方面，龙芯架构作为国内第一套完全自主研发的指令集架构，也将打破英特尔和ARM 在指令集架构的垄断，其意义与华为鸿蒙系统一样重要。尤为重要的是，无论是华为鸿蒙系统，还是龙芯架构等到技术成熟后，将形成以国产操作系统加上国产芯片向国外发起的总攻。有朝一日，中国人必将会有强大的国产芯片和国产操作系统，让我们拭目以待。

【训练场】

1. Windows 10 操作系统是一个(　　　)。
A. 单用户多任务操作系统　　　　B. 单用户单任务操作系统
C. 多用户多任务操作系统　　　　D. 多用户单任务操作系统
2. 关于 Windows 10 操作系统，下列说法正确的是(　　　)。
A. 不是图形用户界面操作系统　　B. 是用户与计算机的接口
C. 属于应用软件　　　　　　　　D. 是用户与软件的接口
3. Windows 10 操作系统包含 7 个版本，其中(　　　)面向尺寸较小，配置控屏的移动设备。
A. 家庭版　　　　B. 企业版　　　　C. 教育版　　　　D. 移动版
4. Windows 10 是一种(　　　)。
A. 工具软件　　　　　　　　　　B. 操作系统
C. 文字处理软件　　　　　　　　D. 图形处理系统
5. Windows 10 中，下列叙述错误的是(　　　)。
A. 可支持鼠标操作　　　　　　　B. 不支持即插即用
C. 桌面上可同时容纳多个窗口　　D. 可同时运行多个程序

2.2　安装 Windows 10

随着 Windows 10 系统多年来的大规模普及，它已经成为当前市场占有率最高的Windows 版本，用户新购买的台式机或者笔记本都已经预装好了 Windows 10，不过几乎都是 Windows 10 家庭版。在使用体验上，Windows 10 家庭版可以满足大部分用户的绝大部分功能需求，但想追求更加出色的流畅度、稳定性和极致的用户体验，那么还是需要给设备安装更高级的 Windows 10 版本，比如 Windows 10 专业版。无论是升级已有的 Windows 10 版本，还是重新安装更高级的 Windows 10 版本，我们都需要先了解 Windows 10 的安装。

2.2.1　Windows 10 安装过程详解

1. Windows 10 安装分类

一般来说，Windows 10 的安装大概有以下三种情况：

(1) 将旧的 Windows 版本在线升级到 Windows 10。

(2) 通过 Windows 10 ISO 镜像文件升级到 Windows 10。

(3) 使用 Windows 10 官方原版镜像优盘重新安装。

2. Windows 10 安装准备

安装系统不仅需要花费一些时间来作准备，还要承担相应的一些风险，为了将风险减至最少，避免造成不必要的数据丢失，在安装 Windows 10 之前，我们需要做好以下几项准备：

(1) 备份 C 盘和桌面重要文件；

(2) 当前系统可以正常运行，且需要 Windows 7 以上版本；

(3) 电脑必须有网络连接，以便在线下载系统升级文件。

本文使用 U 盘来安装 Windows 10 系统，用 U 盘安装 Windows 10 系统是目前最主流的方法。微软官方推荐使用 U 盘安装正版 Windows 10 系统，为用户提供 MediaCreationTool 工具，用以制作 Windows 10 启动 U 盘。在做好了上述准备后，接下来，我们就要开始安装 Windows 10 专业版了，整个安装过程分成两大过程：制作 Windows 10 启动 U 盘和通过 U 盘安装 Windows 10。

在正式安装 Windows 10 之前，我们必须先制作 Windows 10 启动 U 盘，制作 Windows 10 启动 U 盘需要专门的工具来完成，现在成熟的 Windows 10 U 盘制作工具非常多，比如大白菜，老毛桃等。

3. 制作 Windows 10 启动 U 盘

本文使用大白菜工具制作 Windows 10 22h2 专业版启动 U 盘，具体操作步骤如下。

(1) 下载大白菜装机维护版(http：//www.winbaicai.com/)，在大白菜装机维护版下载界面中选择"装机版 UEFI"，运行安装程序，根据提示安装好，如图 2-14 所示。

图 2-14　大白菜装机维护版下载界面

(2) 插入 U 盘，在桌面或"开始"菜单中打开"大白菜超级 U 盘装机工具"，如图 2-15 所示。

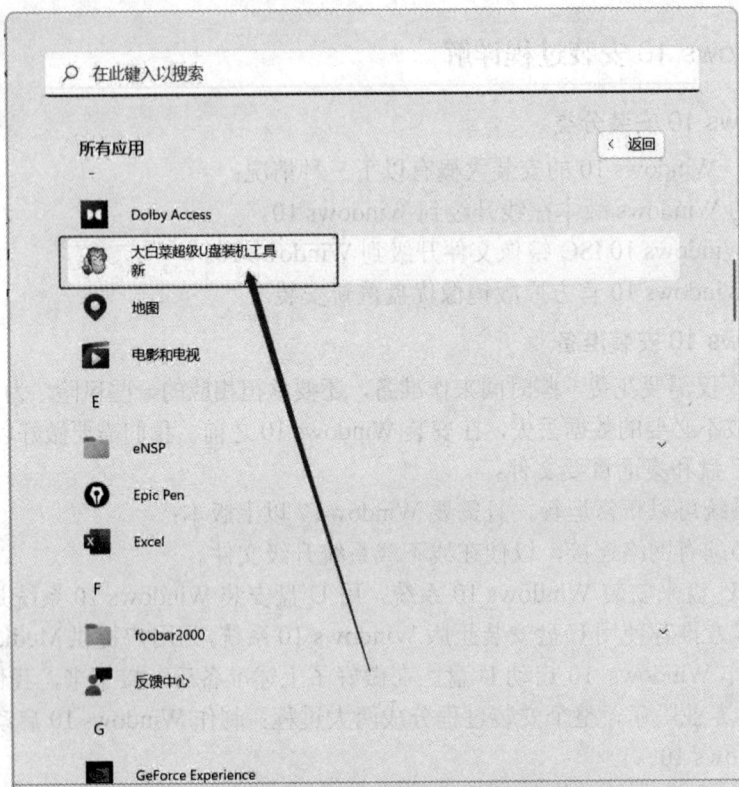

图 2-15　大白菜超级 U 盘装机工具开始菜单界面

(3) 电脑自动识别到 U 盘，点击"一键制作启动 U 盘"，如图 2-16 所示。

图 2-16　大白菜一键制作启动 U 盘界面

(4) 开始格式化 U 盘，并执行制作过程，如图 2-17 所示。

图 2-17　大白菜 U 盘一键制作过程

(5) 制作完成后，弹出提示框，单击"确定"，打开模拟器，如图 2-18 所示。

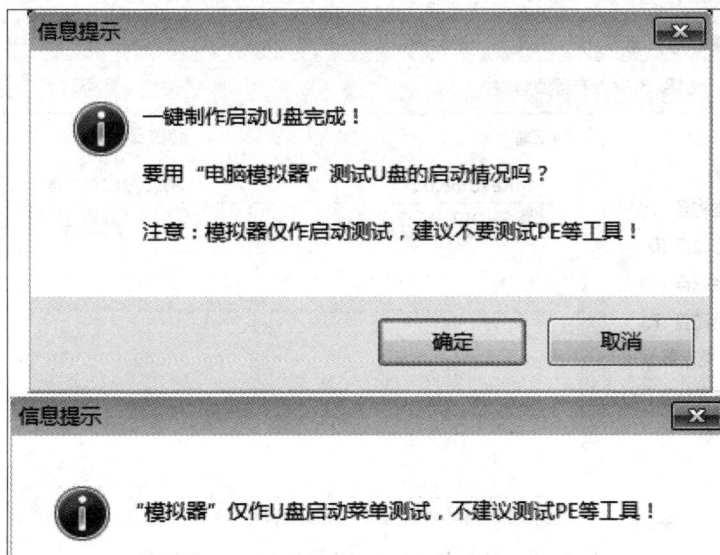

图 2-18　大白菜 U 盘启动模拟器

（6）打开大白菜 PE 启动模拟界面，就表示大白菜 U 盘已经制作成功，如图 2-19 所示。

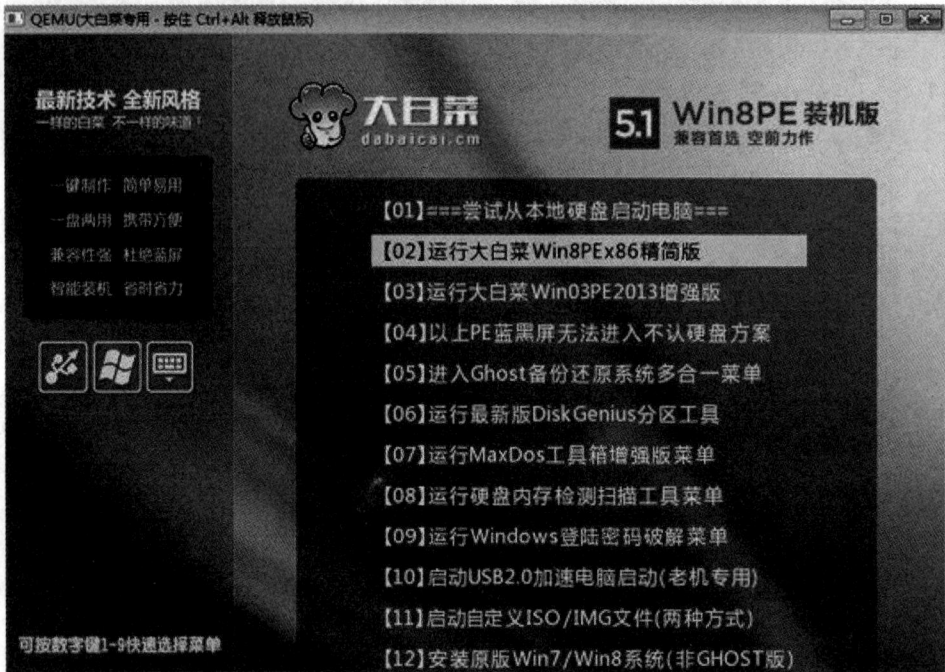

图 2-19　大白菜 U 盘启动模拟界面

（7）最后将下载好的 Windows10 22h2 专业版 ISO 镜像直接复制到 U 盘的 GHO 目录，如图 2-20 所示。

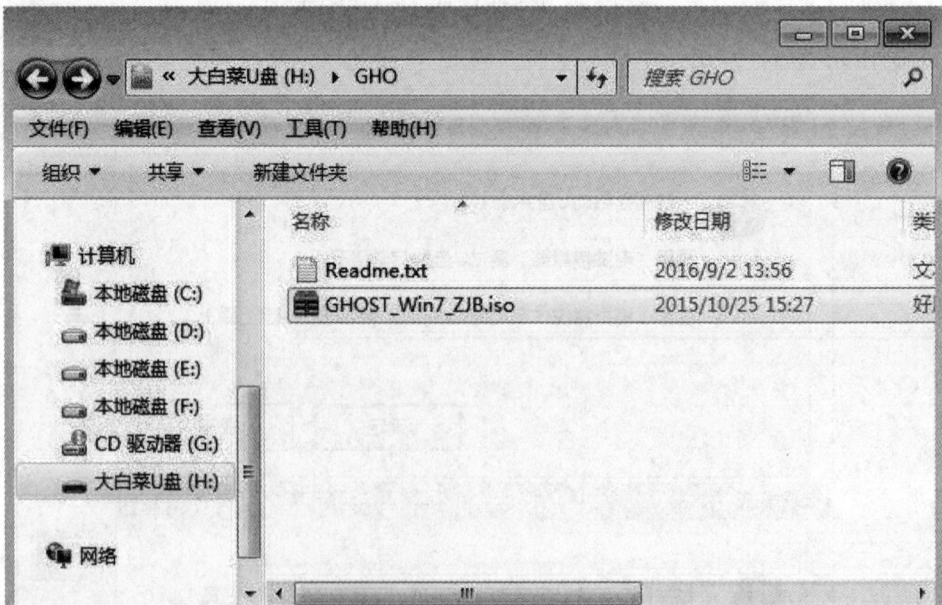

图 2-20　复制 Windows 10 镜像至大白菜 U 盘

制作大白菜启动 U 盘非常简单，大家只需按照上述步骤操作就可以轻松完成。

4. 安装 Windows 10

使用 U 盘安装 Windows 10，需要设置 U 盘为系统第一启动项，这就需要设置用户主机的 BIOS。电脑主板的品牌不同，进入 BIOS 的启动快捷键也不同；同品牌的台式机和笔记本有的时候进入 BIOS 的方法也不一样。如果你不知道电脑主板的品牌，通用的进入 BIOS 的启动快捷键是 Delete、F2、Esc，笔记本可能还需要配合 Fn 键。各种主板及品牌机进入 BIOS 的启动快捷键参考一览表如图 2-21 所示。

组装电脑主板		品牌笔记本		品牌台式电脑	
主板品牌	启动快捷键	笔记本品牌	启动快捷键	台式电脑品牌	启动快捷键
华硕主板	F8	联想笔记本	F12	联想台式电脑	F12
技嘉主板	F12	宏基笔记本	F12	惠普台式电脑	F12
微星主板	F11	华硕笔记本	ESC	宏基台式电脑	F12
映泰主板	F9	惠普笔记本	F9	戴尔台式电脑	ESC
梅捷主板	ESC或F12	联想Thinkpad	F12	神舟台式电脑	F12
七彩虹主板	ESC或F11	戴尔笔记本	F12	华硕台式电脑	F8
期巴达克主板	ESC	神舟笔记本	F12	清华同方台式电脑	F12
昂达主板	F11	东芝笔记本	F12	海尔台式电脑	F12
双敏主板	ESC	三星笔记本	F12	明基台式电脑	F8
翔升主板	F10	IBM笔记本	F12		
精英主板	ESC或F11	海尔笔记本	F12		
冠盟主板	F11或F12	方正笔记本	F12		
富士康主板	ESC或F12	清华同方笔记本	F12		
顶星主板	F11或F12	微星笔记本	F11		
铭瑄主板	ESC	明基笔记本	F9		
盈通主板	F8	技嘉笔记本	F12		
捷波主板	ESC	Gateway笔记本	F12		
Intel主板	F12	eMachines笔记本	F12		
杰微主板	ESC或F8	索尼笔记本	ESC		
致铭主板	F12	苹果笔记本	长按option		
磐英主板	ESC	富士通笔记本	F12		
磐正主板	ESC				
冠铭主板	F9				
华擎主板	F11				
其它类型品牌电脑请尝试或参考以上品牌常用启动快捷键					

图 2-21　各种主板及品牌机进入 BIOS 的快捷键参考一览表

安装 Windows 10 具体步骤如下：

(1) 在电脑 USB 接口上插入制作好 Windows 10 安装 U 盘，然后重启电脑且不停按 F12、F11、Esc 等启动快捷键，并选择从 U 盘启动，如图 2-22 所示为 U 盘启动选项界面。

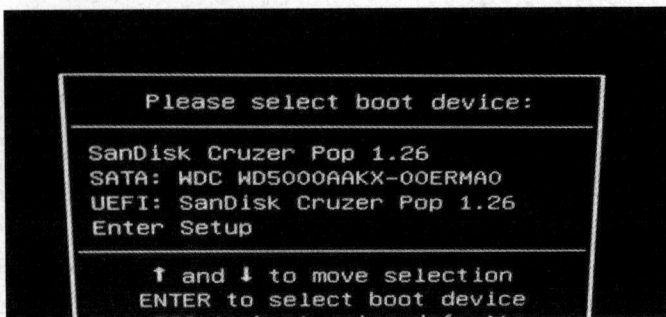

图 2-22 U 盘启动选项界面

(2) 从 U 盘启动后，进入如图 2-23 所示的启动界面，开始启动安装。

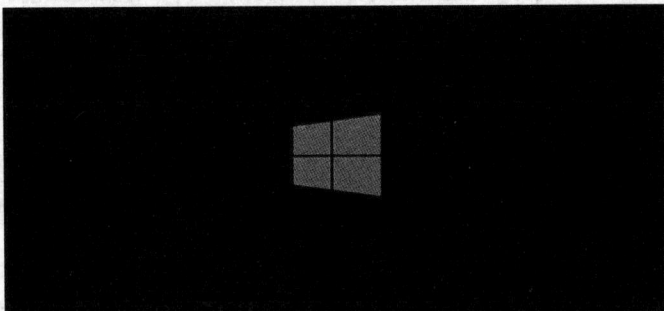

图 2-23 启动界面

(3) 打开 Windows 安装程序窗口，在语言选择界面中，语言和输入法等设置都保持默认即可，单击"下一步"，如图 2-24 所示。

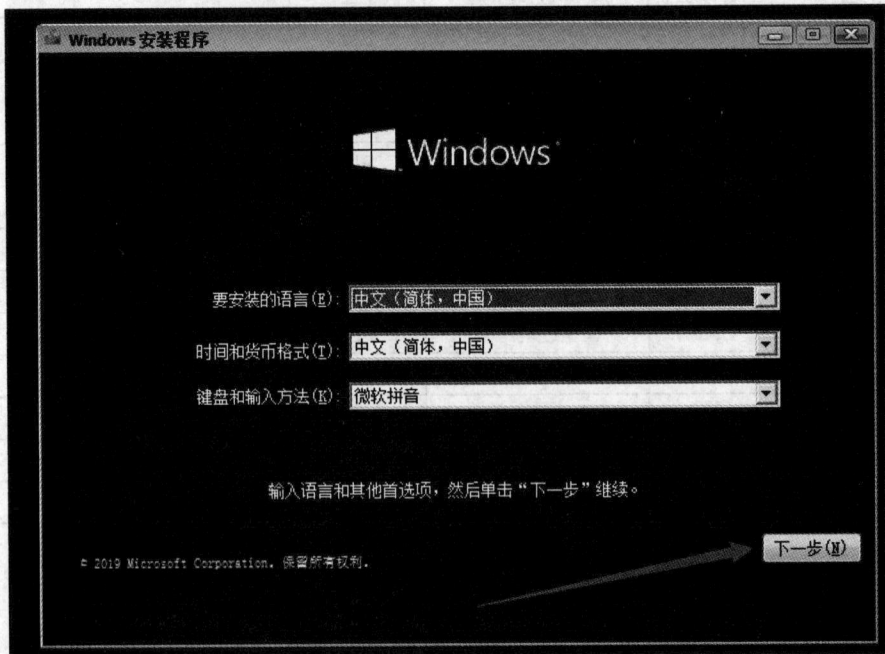

图 2-24 语言选择界面

(4) 跳转到如图 2-25 所示的安装界面，单击"现在安装"。

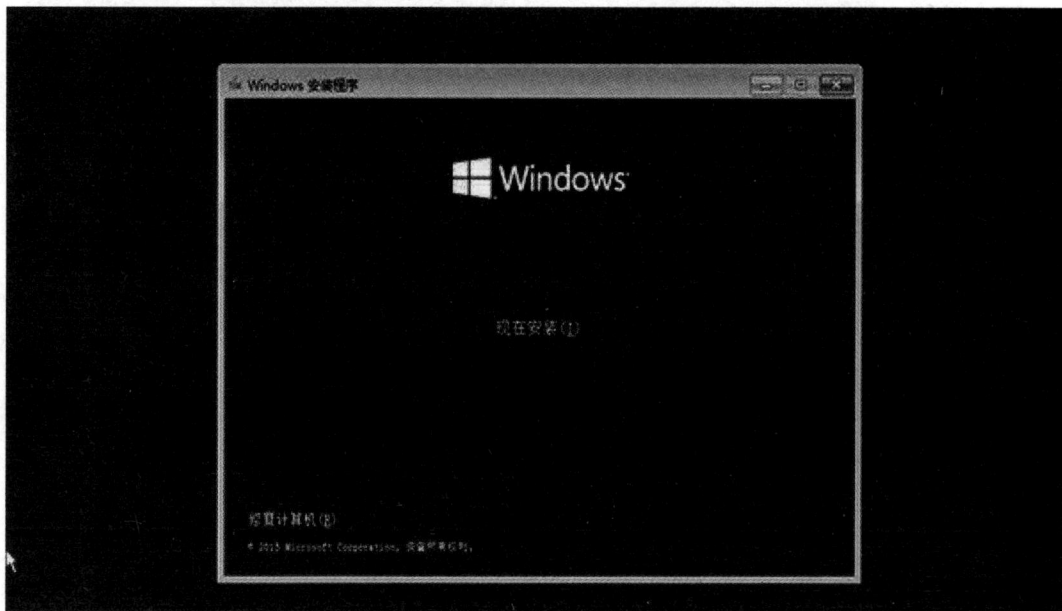

图 2-25　安装界面

(5) 接下来出现激活 Windows 界面，并提示输入产品密钥，如图 2-26 所示，选择"我没有产品密钥"。

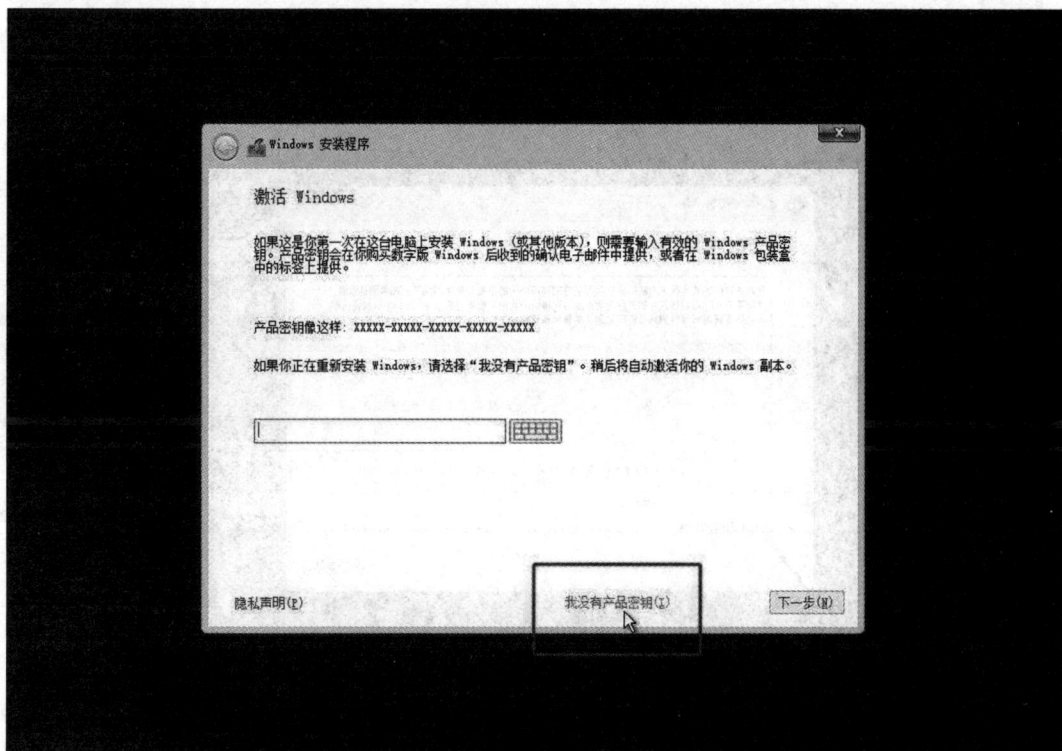

图 2-26　激活 Windows 界面

(6) 跳转至版本选择界面,我们选择安装"Windows 10 专业工作站版",单击"下一步",如图 2-27 所示。

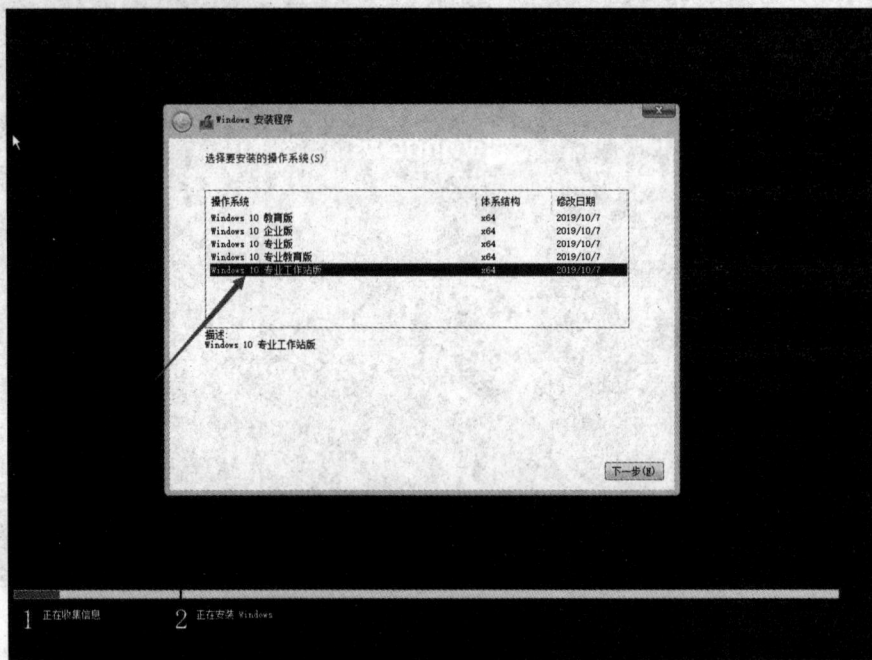

图 2-27   版本选择界面

(7) 在适合声明和许可条款界面中勾选"我接受许可条款",单击"下一步",如图 2-28 所示。

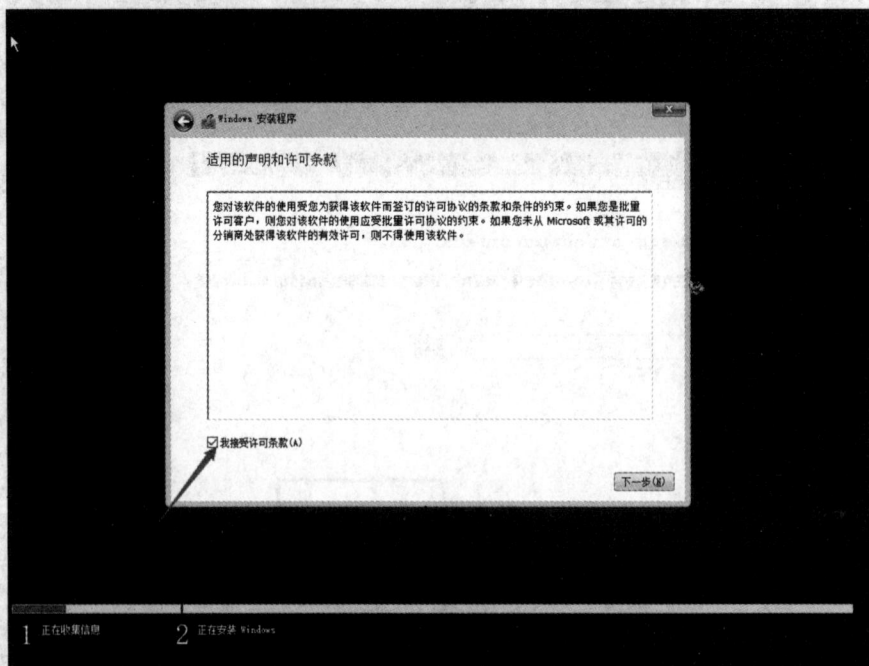

图 2-28   适用声明和许可条款界面

（8）在安装类型选择界面中选择"自定义：仅安装 Windows(高级)(C)"，即表示采用全新安装，如图 2-29 所示。

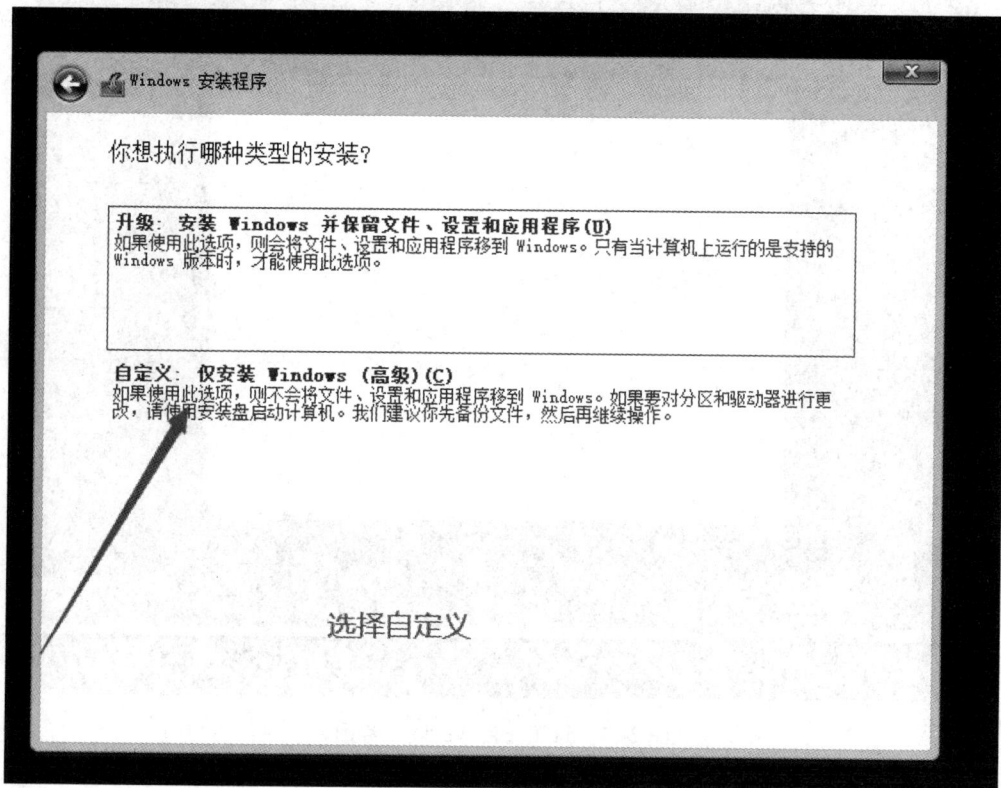

图 2-29　安装类型选择界面

（9）在系统分区界面中选择系统所在分区，如图 2-30 所示，选择"分区 2"，再选择"格式化"，即表示将系统安装在分区 2，单击"下一步"。

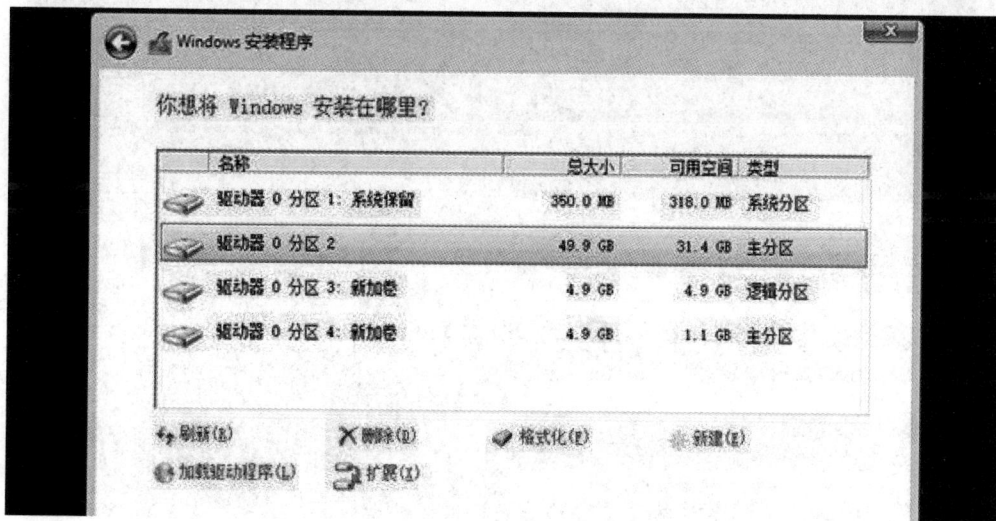

图 2-30　系统分区界面

(10) 跳转到正在安装 Windows 界面，开始执行 Windows 10 安装过程，如图 2-31 所示。

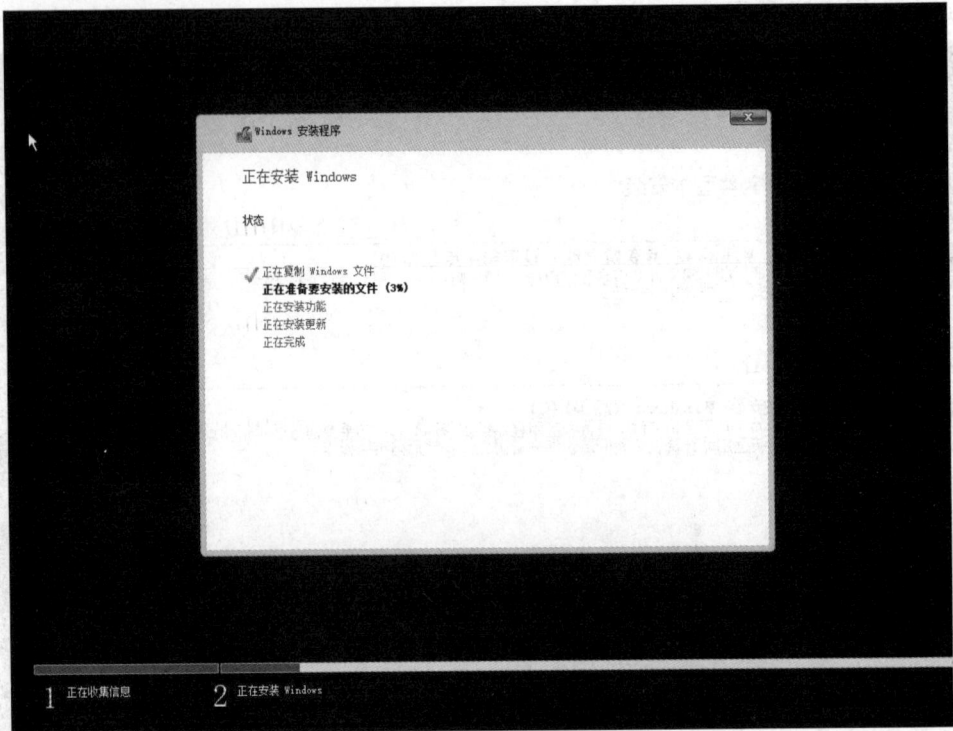

图 2-31　正在安装 Windows 界面

(11) 系统安装过程中，计算机会重启 2 次，安装过程完成后进入系统设置界面，国家地区和语言等设置都保持默认即可，单击"下一步"，如图 2-32 所示。

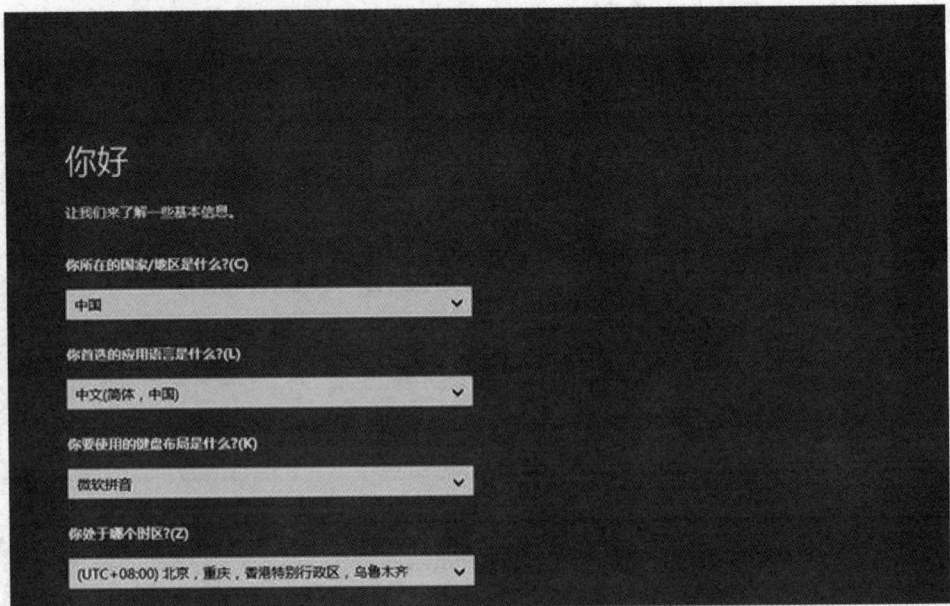

图 2-32　系统设置界面

(12) 在快速上手设置界面，可以选择"使用快速设置"，也可以选择"自定义"，如图 2-33 所示。

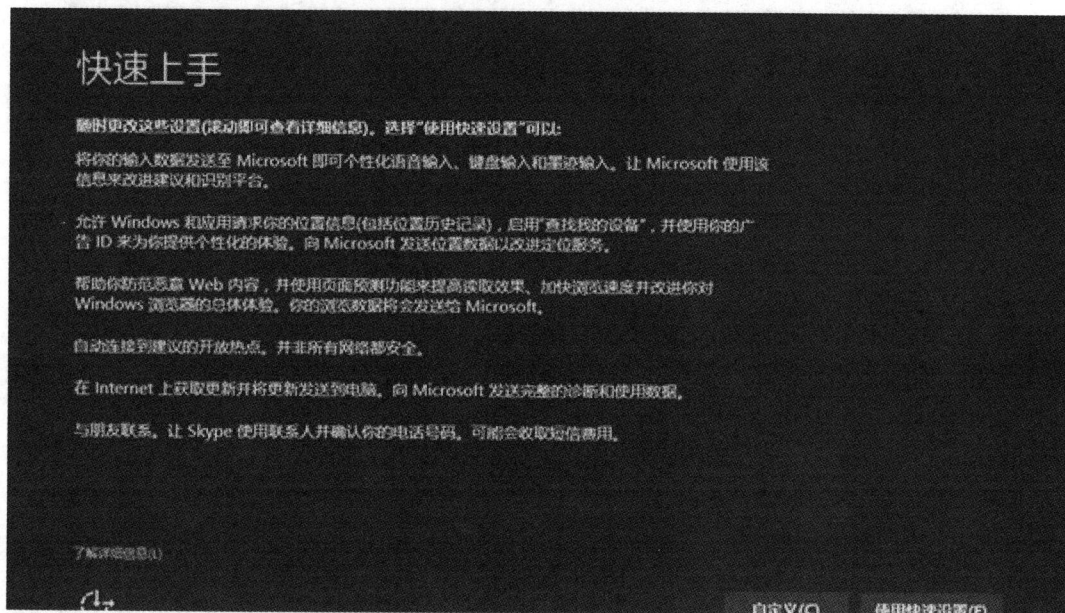

图 2-33　快速上手设置界面

(13) 进入个性化设置界面，提示输入 Microsoft 账户(编者注：由于软件原因，图中用的是"帐户"二字，后文同)和密码，若没有此账户，可以选择"跳过此步骤"，如图 2-34 所示。

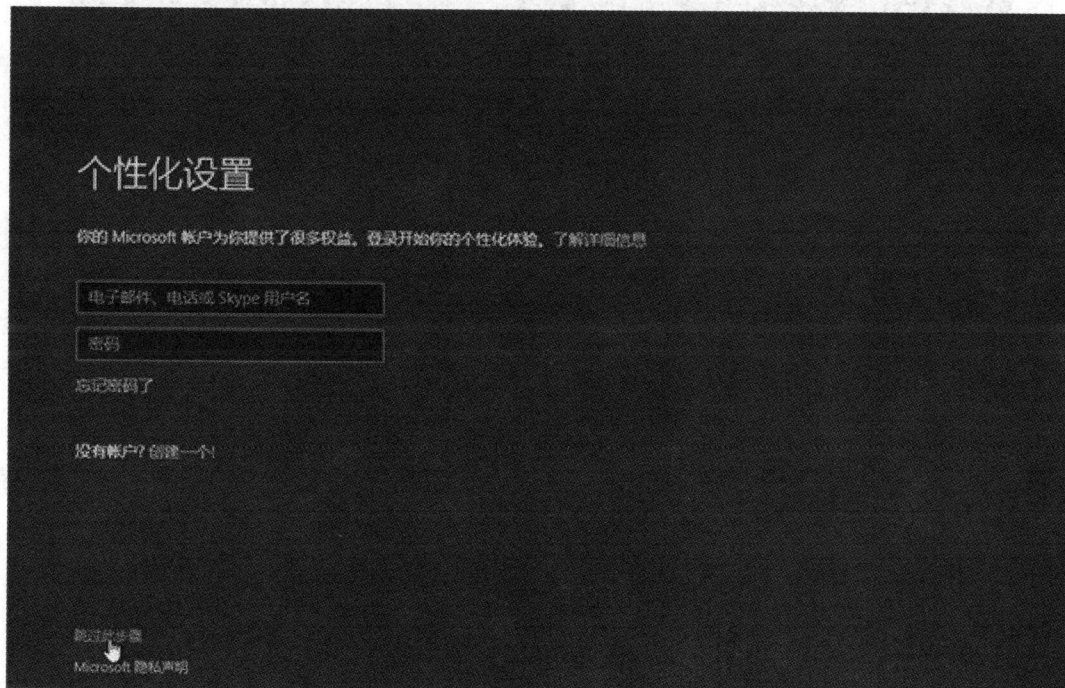

图 2-34　个性化设置界面

(14) 跳转至创建登录账户界面，需要手动创建一个本地登录账户，密码可以不设置，单击"下一步"，如图 2-35 所示。

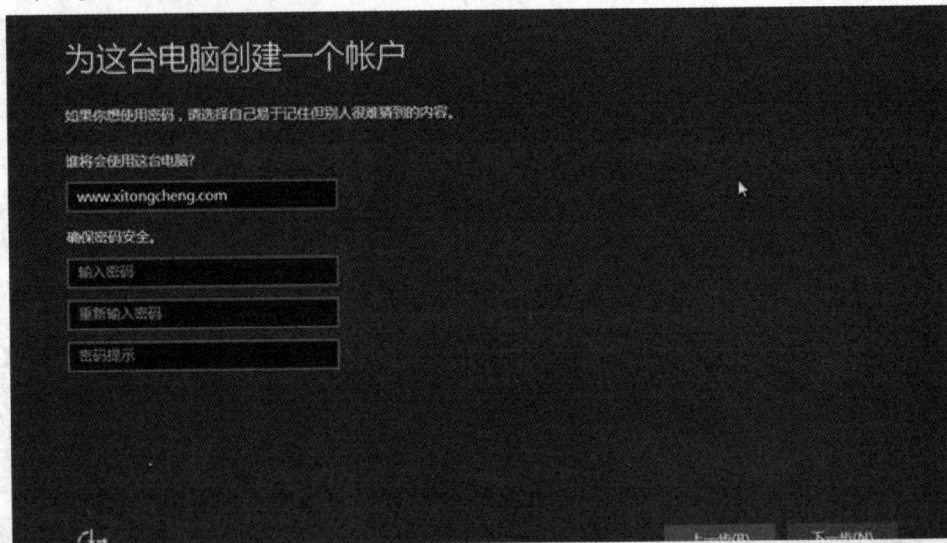

图 2-35　创建登录账户界面

(15) 继续等待系统配置过程完成，待进入 Windows 10 界面后，Windows 10 全新安装过程结束，如图 2-36 所示为 Windows 10 桌面。

图 2-36　Windows 10 桌面

Windows 10 全新安装有别于升级安装，全新安装不会在 C 盘留下旧系统备份，比较适合 C 盘容量较小的电脑。

2.2.2　查看系统信息

当一台电脑使用时间长了，会有升级或更换电脑硬件的需要，或者当电脑出现故障需联系厂商获取技术支持时，都需要了解当前电脑的一些硬件信息，比如 CPU 型号、硬盘型号、容量大小等。下面介绍 Windows 10 查看系统信息的 4 种方法。

(1) 用户可以在设备管理器中查看电脑型号，具体操作步骤如下。

右击桌面"此电脑"弹出菜单，选择"属性"，或者使用【Windows+Break】组合键，打开"系统"对话框。在系统对话框界面上，呈现着本机的一些硬件信息，比如 CPU 型号、制造商、主频和内存容量等信息，如图 2-37 所示。如果要知道更详细的设备硬件信息，则要单击"设备管理器"超链接。

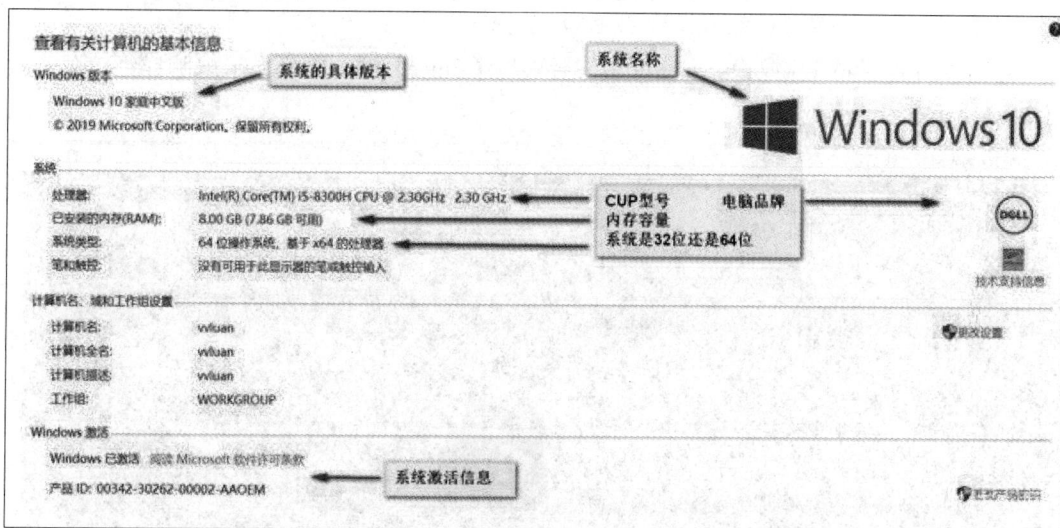

图 2-37　系统对话框界面

在"系统"的左边栏中找到"设备管理器"并单击进入，可以看到 CPU、显卡、声卡、网卡等配置信息。如图 2-38 所示，可以看到电脑 CPU 信息(Core i5 8400，6 核)及磁盘信息[HP SSD EX900 250GB(HP，250G SSD)，ST2000DM001(希捷，Seagate，2T 硬盘)]。

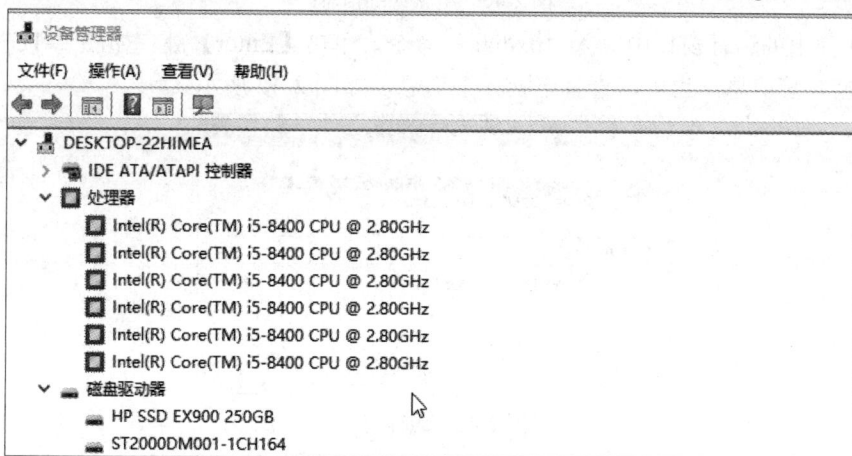

图 2-38　设备管理器界面

(2) 使用 Windows 10 任务栏，在搜索框中输入"CMD"或者使用【Windows+R】组合键，在弹出的运行窗口输入"CMD"，点击"确定"，如图 2-39 所示。

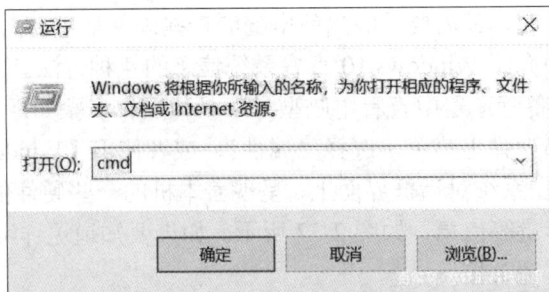

图 2-39　运行窗口

在命令行提示符下输入"systeminfo"后再按【Enter】键,即可显示电脑详细信息,如图 2-40 所示。

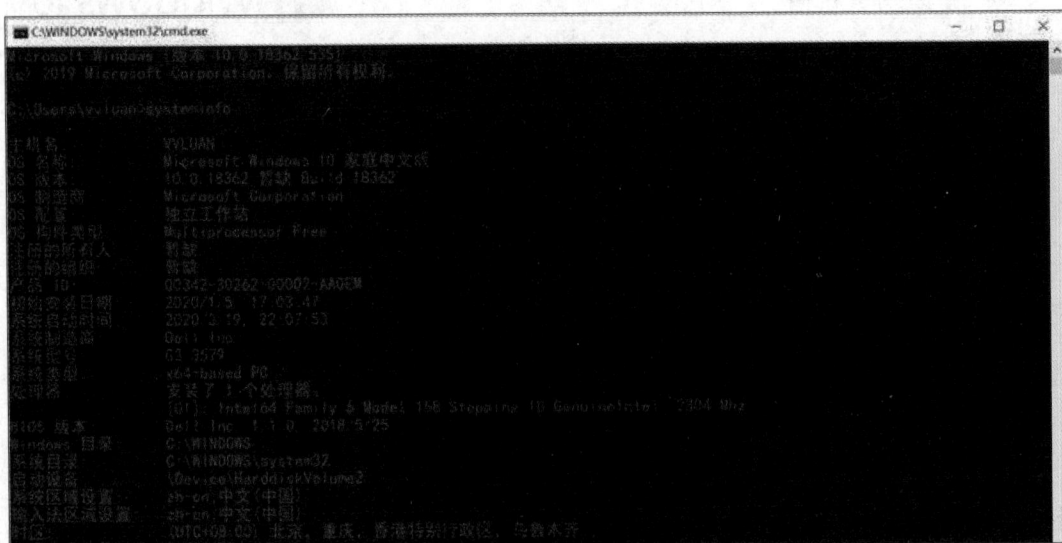

图 2-40　电脑详细信息

(3) 在弹出的运行窗口中输入"dxdiag"命令,单击【Enter】键,如图 2-41 所示。可以查看电脑系统信息,也可以查看电脑详细信息,如图 2-42 所示。

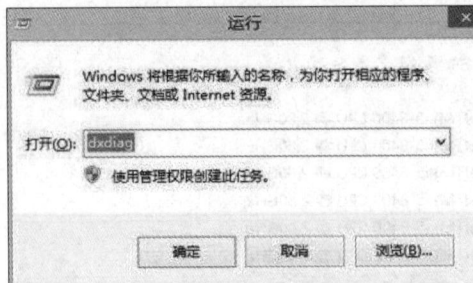

图 2-41　运行窗口

主板为 Gigabyte Technology Co.,Ltd,制造商为技嘉,主板型号为 B360 M AORUS Gaming3,主控芯片为 Intel B360);

BIOS 进入的快捷键为 F2;

CPU 处理器型号为 Intel(R)Core(TM)i5-8400)。

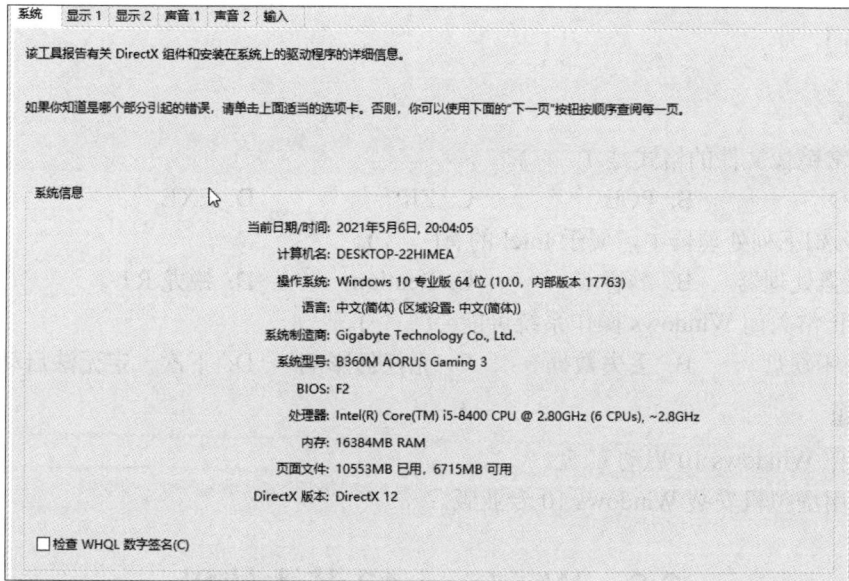

图 2-42　电脑详细信息

　　(4) 使用第三方软件检查设备。如果要获取电脑设备更详细的硬件信息，需要借助第三方软件的硬件检测工具来检查当前设备的硬件信息，如 360 硬件大师、鲁大师、腾讯电脑管家等。在众多检测软件中，鲁大师使用最为广泛。本文以鲁大师为例，它不仅可以显示详细的设备型号、制造商、硬件参数等，还有其他丰富的功能，比如硬件检测、性能测试、系统优化、驱动程序检测、升级及管理等，可以说是一款功能非常强大的检测软件，如图 2-43 所示为鲁大师的硬件检测信息。

图 2-43　鲁大师的硬件检测信息

【训练场】

选择题

1. 通常镜像文件的格式是（　　）。

A. ISO　　　　　　　B. PCE　　　　　　C. ZIP　　　　　　D. EXE

2. [多选]下列处理器中，属于 Intel 的有（　　）。

A. 至强处理器　　　B. 酷睿 i7　　　　　C. Pentium　　　　D. 锐龙 R7

3. 不正常关闭 Windows 操作系统可能会（　　）。

A. 烧坏硬盘　　　　B. 丢失数据　　　　C. 无任何影响　　　D. 下次一定无法启动

操作题

1. 制作 Windows 10 启动 U 盘。

2. 使用虚拟机安装 Windows 10 专业版。

2.3　Windows 10 基本使用

　　Windows 10 被微软称为是"有史以来最优秀的 Windows 系统"，它加入了语音助手 Cortana、新浏览器 Microsoft Edge、游戏及 xbox 功能整合以及一系列的安全功能等。很多计划安装 Windows 10 的用户都在担心不会使用的问题，本节带来最实用的 Windows 10 新手使用教程，在学习之后，能尽快掌握 Windows 10 使用方法。

2.3.1　认识 Windows 桌面

　　进入 Windows 10，用户首先看到的是"桌面(Desktop)"，Windows 10 的桌面组成元素主要包括桌面背景、桌面图标、任务栏、通知区域和"开始"按钮等。

1. 桌面背景

　　桌面背景可以是个人收集的图片、Windows 提供的图片，也可以显示幻灯片图片。Windows 10 操作系统自带了很多漂亮的背景图片，用户可以从中选择自己喜欢的图片作为桌面背景。除此之外，用户还可以把自己收藏的精美图片设置为背景图片。

2. 桌面图标

　　Windows 10 操作系统中，所有的文件、文件夹和应用程序都由相应的图标表示。桌面图标一般是由文字和图片组成的，文字说明图标的名称或功能，图片是它的标识符。

　　新安装的系统桌面中只有一个"回收站"图标，如图 2-44 所示。

图 2-44　新安装的系统桌面

双击桌面上的图标，可以快速打开相应的文件、文件夹或者应用程序，如双击桌面上的"回收站"标，即可打开"回收站"窗口。

3. 任务栏

"任务栏"是位于桌面的最底的长条，显示系统正在运行的程序、当前时间等，任务栏主要由"开始"按钮、搜索框、任务视图、快速启动区、系统图标、显示区、通知栏和"显示桌面"等按钮组成，如图 2-45 所示。和以前的 Windows 操作系统相比，Windows 10 中的任务栏设计得更加人性化，使用更加方便，功能和灵活性更强大。用户可以使用【Alt+Tab】组合键在不同的窗口之间执行切换操作，如图 2-46 所示。

图 2-45　任务栏

图 2-46　窗口之间执行切换

4. 通知区域

默认情况下，通知区域位于任务栏的右侧。它包含一些程序图标，这些程序图标提供有关常用应用程序的通知、更新等，以及网络连接状态、音量调节，时间日期显示等。新的电脑在通知区域经常已有一些图标，而且某些程序在安装过程中会自动将图标添加到通知区域。用户可以更改出现在通知区域中的图标，对于某些特殊图标(称为"系统图标")，还可以选择是否显示它们。用户可以通过拖动图标到所需的位置来更改图标在通知区域中的顺序，以及隐藏图标，如图 2-47 所示为展开通知区域，如图 2-48 所示为折叠通知区域。

图 2-47　展开通知区域

图 2-48 折叠通知区域

5. "开始"按钮

单击桌面左下角的"开始"按钮或按下"Windows"键，可打开"开始"菜单，左侧依次为用户账户头像、常用的应用程序列表及快捷选项、系统设置、电源按钮，如图 2-49 所示。

图 2-49 开始按钮

2.3.2 操作开始菜单

1. 在"开始"菜单中查找程序

打开"开始"菜单，即可看到最常用程序列表以及所有应用选项。最常用程序列表主要显示了最近使用最频繁的应用程序，可以查看最常用的程序。下面则是显示系统中安装的所有程序，以数字和首字母升序排列，单击排列的首字母，可以显示排序索引，通过索引可以快速查找应用程序。另外，也可以在"任务栏"的"搜索框"中，输入应用程序关键词，速查找应用程序，如图 2-50 所示。

图 2-50 快速查找

2. 将应用程序固定到"开始"屏幕

在系统默认情况下，"开始"屏幕主要包含了生活动态及主要应用，用户可以根据需要添加程序到"开始"屏幕上。

打开"开始"菜单，在最常用程序列表或所有应用列表中，选择要固定到"开始"屏幕的程序，单击鼠标右键，在弹出的菜单中选择"固定到'开始'屏幕"命令，即可固定到"开始"屏中，如图 2-51 所示。

图 2-51 将应用程序固定到开始屏幕

如果要从"开始"屏幕取消固定，右键单击"开始"屏幕中的程序，在弹出的菜单中选择"从'开始'取消固定"命令即可，如图 2-52 所示。

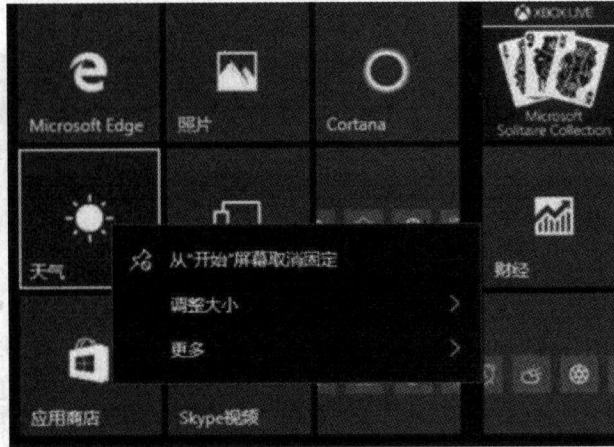

图 2-52　将应用程序从开始屏幕取消固定

3. 将应用程序固定到任务栏

用户除了可以将程序固定到"开始"屏幕外，还可以将程序固定到任务栏中的快速启动区域以方便使用，当需要启动该应用程序时，单击图标可以快速启动。

单击"开始"菜单，选择要固定到任务栏的程序，单击鼠标右键，在弹出快捷菜单中，选择"固定到任务栏"命令，即可将其固定到任务栏中，如图 2-53 所示。

图 2-53　将应用程序固定到任务栏

对于不常用的程序图标，用户也可以将其从任务栏中删除。右键单击需要删除的程序图标，在弹出的快捷菜单中选择"从任务栏取消固定此程序"命令即可，如图 2-54 所示。

图 2-54　将应用程序从任务栏取消固定

2.3.3　使用动态磁贴

动态磁贴(Live Tiles)是"开始"屏幕界面中的图形方块，通过它可以快速打开应用程序，磁贴中的信息是根据时间变化而动态更新的。

1. 调整磁贴大小

在磁贴上单击鼠标右键，在的快捷菜单中选择"调整大小"命令，在弹出的子菜单中有 4 种显示方式，包括小、中、宽和大，选择对应的命令，即可调整磁贴大小，如图 2-55 所示。

图 2-55　调整磁贴大小

2. 打开/关闭动态磁贴

在磁贴上单击鼠标右键，在弹出的快捷菜单中选择"关闭动态磁贴"或"打开动态磁贴"命令，即可关闭/打开磁贴的动态显示，如图 2-56 所示。

图 2-56 关闭屏幕动态磁贴

3. 调整磁贴位置

在磁贴上按住鼠标左键不放，拖拽至任意位置松开鼠标即可完成磁贴位置调整。

4. 调整"开始"屏幕大小

在 Windows 8 系统中"开始"屏幕是全屏显示的，而在 Windows 10 中其大小并不是一成不变的，用户可以根据需要调整大小，也可以将其设置为全屏幕显示。

调整"开始"屏幕大小是极为方便的，用户只要将鼠标放在"开始"屏幕边栏右侧，待鼠标光标变为双箭头后拖动，可以横向和斜向调整其大小，如图 2-57 和图 2-58 所示。

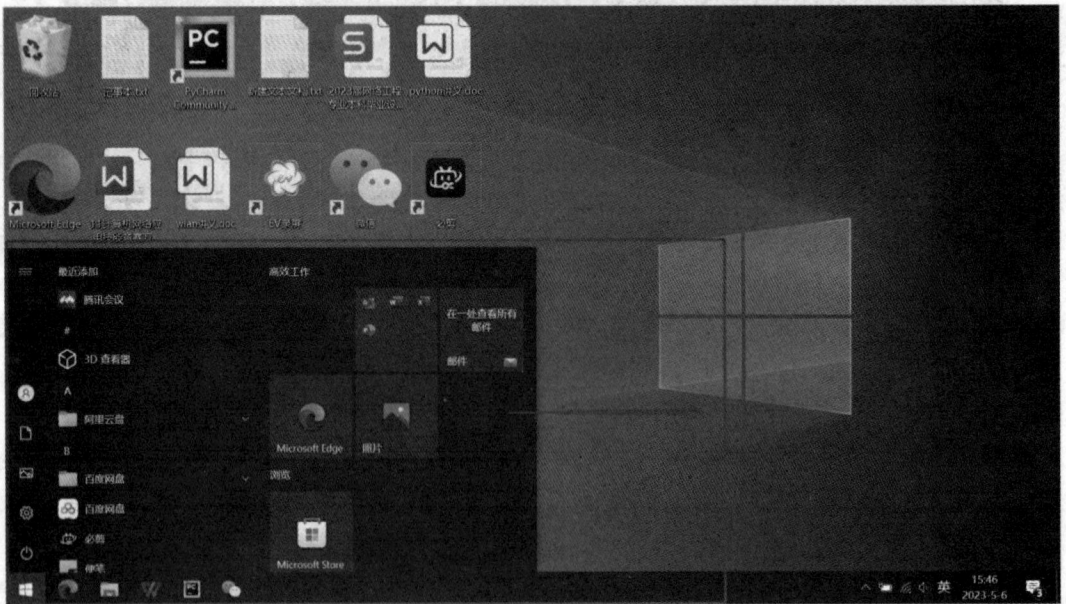

图 2-57 横向调整"开始"屏幕大小

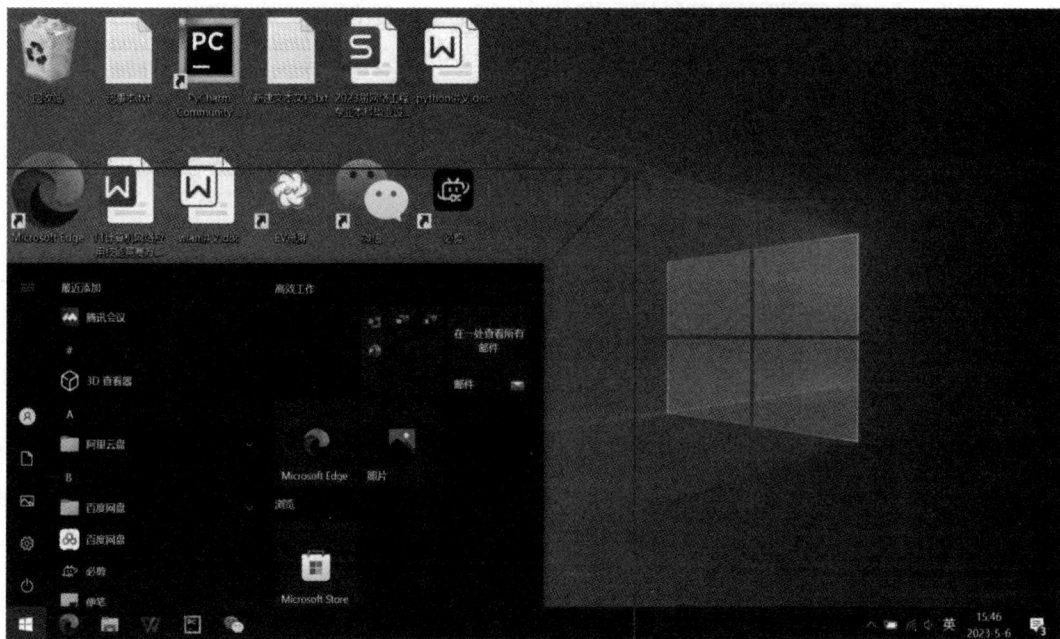

图 2-58　斜向调整"开始"屏幕大小

　　如果要全屏幕显示"开始"屏幕，按【Windows+I】组合键，打开"设置"对话框，依次单击"个性化"和"开始"选项，在个性化设置界面右侧，将"使用全屏幕'开始'菜单"设置为"开"即可，如图 2-59 和图 2-60 所示。

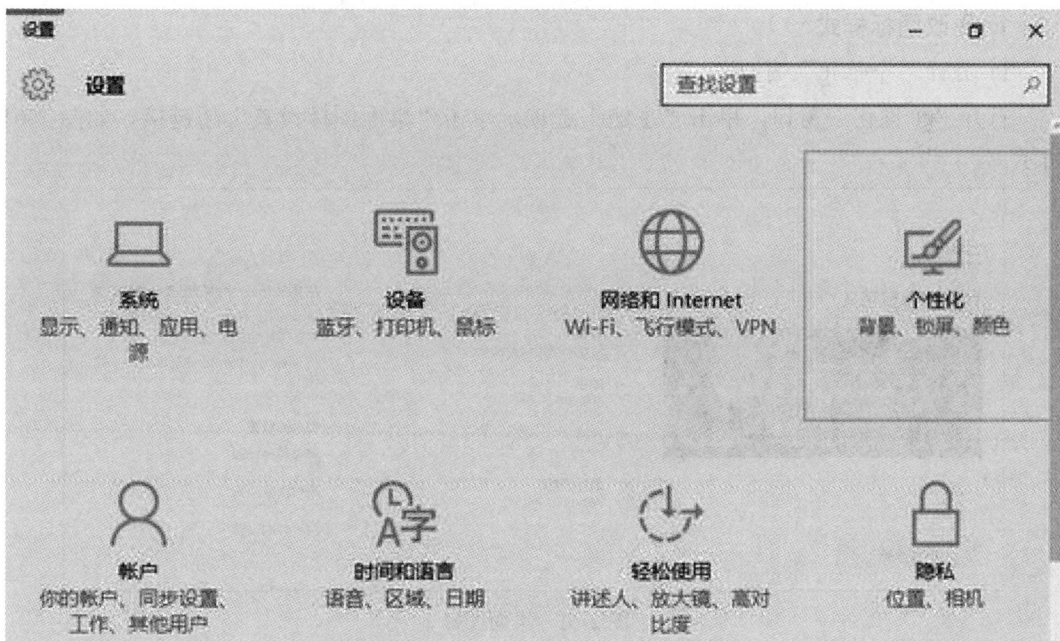

图 2-59　设置对话框

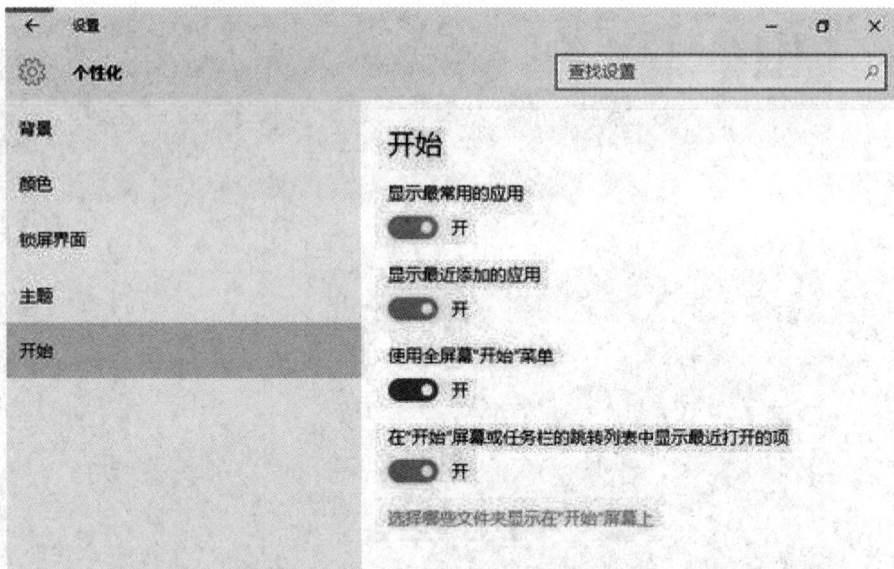

图 2-60   个性化设置界面

2.3.4   修改桌面图标样式

图标是具有明确指代含义的计算机图形。其中桌面图标是软件标识，界面中的图标是功能标识。因此有人说："Windows 是用户的天堂，它充满了美丽的图标、画面和菜单"。根据需要，用户还可以对桌面图标的样式进行修改。

1. 更改图标样式

1) 打开"个性化"窗口

打开"个性化"窗口，单击"主题"选项，单击"桌面图标设置"超链接，如图 2-61 所示。

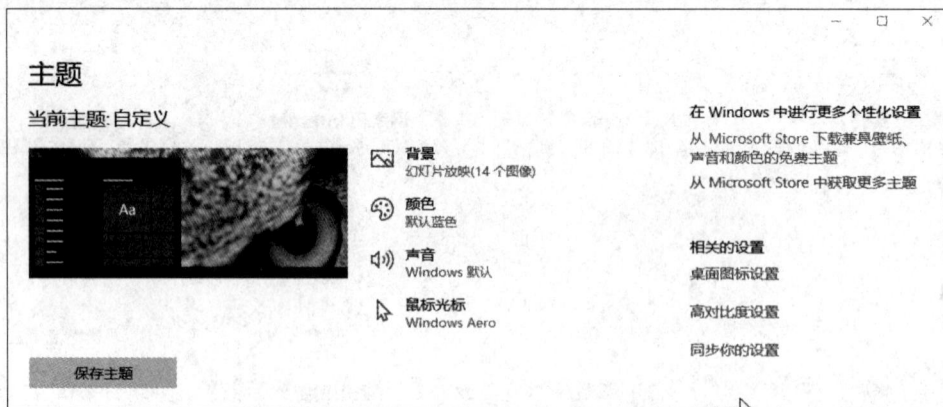

图 2-61   桌面图标

2) 单击"更改图标"按钮

打开"桌面图标设置"对话框，在"桌面图标"选项卡中选择要更改标识的桌面图标。例如选择"此电脑"选项，单击"更改图标"按钮，如图 2-62 所示。

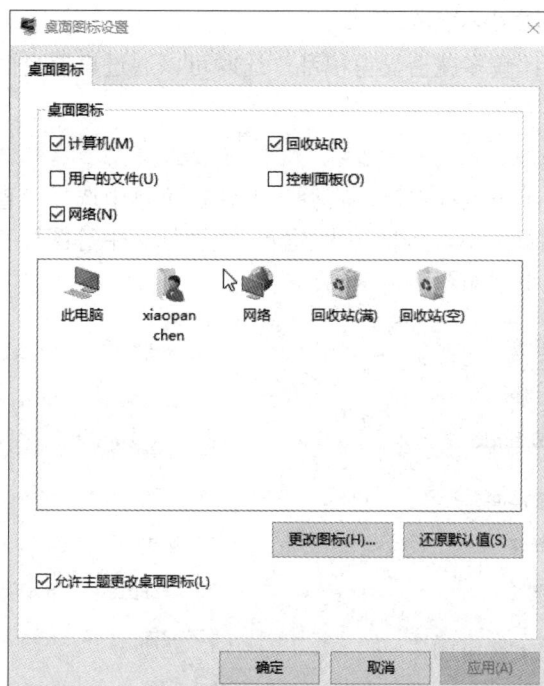

图 2-62　桌面图标设置窗口

3）单击"确定"按钮

弹出"更改图标"对话框，从"从以下列表中选择一个图标"列表框中选择一个自己喜欢的图标，然后单击"确定"按钮，如图 2-63 所示。

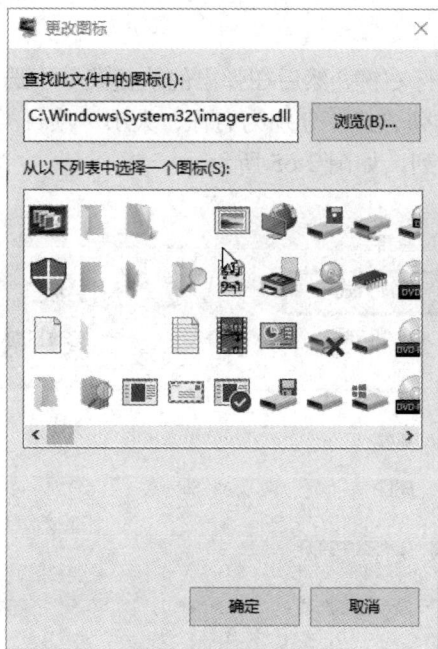

图 2-63　更改图标窗口

2. 设置桌面图标的大小和排列方式

如果桌面上的图标比较多就会显得很乱，这时可以通过设置桌面图标的大小和排列方式等来整理桌面。

1) 设置图标大小

在菜桌面的空白处单击鼠标右键，在弹出的快捷菜单中选择"查看"菜单名，在弹出的子菜单中显示 4 种图标大小，包括超大图标、大图标、中等图标和小图标。选择对应的命令，即可调整图标大小，如图 2-64 所示。

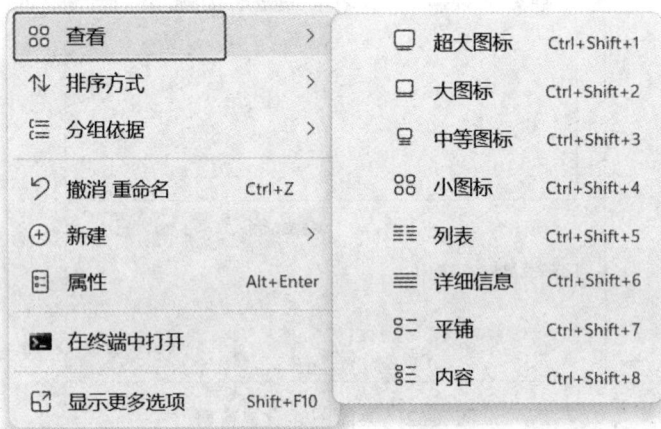

图 2-64　设置图标大小菜单

另外，按住【Ctrl】键不放，向上滚动鼠标滑轮，则缩小图标，向下滚动鼠标滑轮，则放大图标。

2) 排列图标顺序

在桌面的空白处单击鼠标右键，然后在弹出的快捷菜单中选择"排列方式"菜单命令，在弹出的子菜单中有 4 种排列方式，分别为名称、大小、项目类型和修改日期。选择对应的命令，即可对图标进行排列，如图 2-65 所示。

图 2-65　设置排序方式菜单

3) 删除桌面图标

对于不常用的桌面图标，可以将其删除，这样有利于管理，同时使桌面看起来更简洁美观。

(1) 使用快捷键删除。选择需要删除的桌面图标，按下【Delete】键，即可弹出"删除快捷方式"对话框，然后单击"是"按钮，即可将图标删除。

如果想彻底删除桌面图标，按下【Delete】键的同时按下【Shift】键，此时会弹出"删除快捷方式"对话框，提示"你确定要永久删除此快捷方式吗？"，单击"是"按钮即可，如图 2-66 所示。

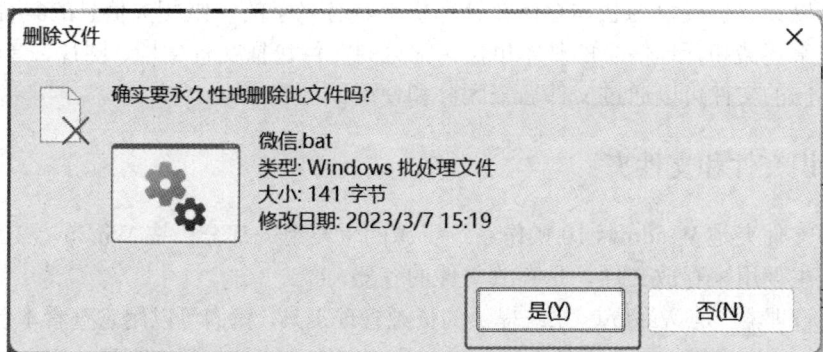

图 2-66　删除快捷方式

(2) 使用删除命令。选择要删除的图标，单击鼠标右键，并在弹出的快捷菜单中选择"删除"菜单命令。在弹出的"删除快捷方式"对话框，单击"是"按钮即可。

【训练场】

1. [多选]在 Windows 10 中，完成窗口切换的方法有(　　)。

A. 【Alt+Tab】组合键

B. 【Windows+Tab】组合键

C. 单击要切换窗口的任何可见部分

D. 单击任务栏上要切换的应用程序按钮

2. Windows 10 操作系统的(　　)组件，默认位于桌面的底部，显示为一个小长条。

A. 窗口　　　　　B. 搜索栏　　　　　C. 任务栏　　　　　D. 标题栏

3. 在 Windows 的"回收站"中，存放的(　　)。

A. 只能是硬盘上被删除的文件或文件夹

B. 只能是软盘上被删除的文件或文件夹

C. 可以是硬盘或软盘上被删除的文件或文件夹

D. 可以是所有外存储器中被删除的文件或文件夹

4. 在 Windows 的文件夹窗口中，为更加直观地显示图片文件，应选择的显示方式是(　　)。

A. 缩略图　　　　　B. 列表　　　　　C. 小图标　　　　　D. 大图标

5. Windows 10 中，下列关于"任务栏"的操作，正确的是(　　)。

A. 只能改变位置不能改变大小　　　　　B. 只能改变大小不能改变位置

C. 既能改变位置也能改变大小　　　　D. 既不能改变位置也不能改变大小

2.4　文件和文件夹的管理

当用户要在计算机中保存数据(照片、文档等)的时候就要用到文件。随着用户保存文件的增多，为方便保存和查找，用户可以通过文件夹对各类文件进行归类、整理。计算机中的文件是以计算机硬盘为载体存储在计算机上具有名字的一组相关信息的集合，文件是操作系统用来存储和管理信息的基本单位。常见的文件包括文本文档、图片、音频、视频、程序等，不同的文件可以通过文件名来区分和使用。

2.4.1　认识文件和文件夹

文件和文件夹是 Windows 10 操作系统资源的重要组成部分。在 Windows 10 操作系统中，文件夹主要用来存放文件，是存放文件的容器。

"资源管理器"是 Windows 系统提供的资源管理工具，我们可以用它查看本台电脑的所有资源，特别是它提供的树形文件系统结构，使我们能更清楚、更直观地认识电脑的文件和文件夹。另外，在"资源管理器"中还可以对文件进行各种操作，如打开、复制、移动等。

双击桌面上的"此电脑"图标，任意进入一个本地磁盘，即可看到分布的文件夹，如图 2-67 所示。

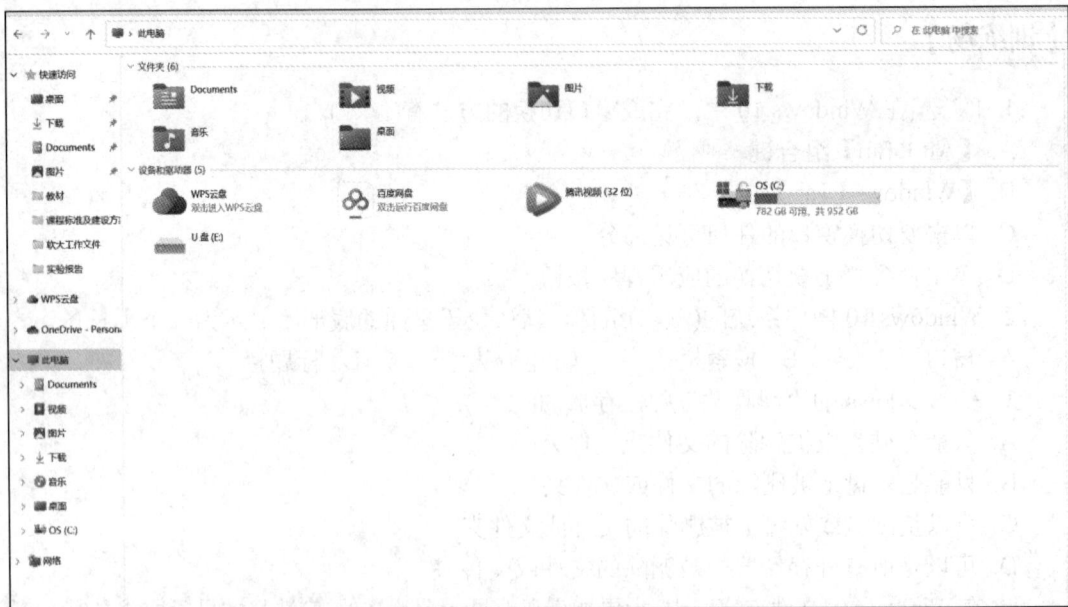

图 2-67　此电脑窗口

文件是 Windows 存取磁盘信息的基本单位,一个文件是磁盘上存储的信息的一个集合,可以是文字、图片、影片和应用程序等。每个文件都有自己唯一的名称，Windows 10 正是通过文件的名称来对文件进行管理的。

　　Windows 系统文件按照不同的格式和用途分很多种类，为便于管理和识别，在对文件命名时，是以扩展名加以区分的，即文件名格式为"主文件名.扩展名"。这样就可以根据文件的扩展名，判定文件的种类，从而知道其格式和用途。在 Windows 10 中，文件名(包括扩展名)可高达 255 个字符。文件名可以包含除？、" "、/、\、<>、*、|、：之外的大多数字符，文件名不区分大小写。Windows 系统下文件名长度为 255 个英文字符(DOS 下 8.3 格式)，包括文件名和扩展名在内。

　　文件的种类是由文件的扩展名来标示的，由于扩展名是无限制的，所以文件的类型自然也就是无限制的。文件的扩展名是 Windows 10 操作系统识别文件的重要方法，因而了解常见的文件扩展名对于学习和管理文件有很大的帮助，表 2-1 为文件扩展名表。

表 2-1　文件扩展名表

文件类型	扩展名及打开方式
文档文件	txt(所有文字处理软件或编辑器都可打开)、doc、docx(Word 及 WPS 等软件可打开)、wps(WPS 软件可打开)、rtf(Word 及 WPS 等软件可打开)、html(各种浏览器可打开、用写字板打开可查看其源代码)、pdf(Adobe Acrobat Reader 和各种电子阅读软件可打开)
压缩文件	rar(WinRAR 可打开)、zip(WinZip 可打开)、arj(用 ARJ 解压缩后可打开)、gz(Unix 系统的压缩文件，用 WinZip 可打开)、z(Unix 系统的压缩文件，用 WinZip 可打开)
图形文件	bmp、gif、jpg、pic、png、tif(用常用图像处理软件可打开，如，自带图片查看工具、Adobe Photoshop、美图秀秀、ImageGlass 等)
声音文件	wav(媒体播放器可打开)、aif(常用声音处理软件可打开)、au(常用声音处理软件可打开)、mp3(由 Winamp 播放)、ram(由 RealPlayer 播放)、wma、mmf、amr、aac、flac
动画文件	avi(常用动画处理软件可播放)、mpg(由 vmpeg 播放)、mov(由 ActiveMovie 播放)、swf(用 Flash 自带的 Players 程序可播放)
系统文件	int、sys、dll、adt
可执行文件	exe、com
语言文件	c、c++、py、asm、for、lib、lst、msg、obj、pas、wki、bas、java，IDE 编程工具如 Visual Studio
备份文件	bak(被自动或是通过命令创建的辅助文件，它包含某个文件的最近一个版本)
临时文件	tmp(Word、Excel 等软件在操作时会产生此类文件)
模板文件	dot(通过 Word 模板可以简化一些常用格式文档的创建工作)
批处理文件	bat、cmd(在 MS-DOS 中，BAT 与 CMD 文件是可执行文件，由一系列命令构成，其中可以包含对其他程序的调用)

　　文件夹是用来组织和管理磁盘文件的一种数据结构。文件夹是一种计算机磁盘空间里面为了分类管理文件而建立独立路径的目录，"文件夹"就是一个目录名称，我们称之为"文件夹"；它提供了指向对应磁盘空间的路径地址，它可以有扩展名，但不具有文件扩展名的

作用，也就不像文件那样用扩展名来标识格式。但它有几种类型，如文档、图片、相册、音乐等。使用文件夹最大优点是为文件的共享和保护提供方便。

为了分门别类和有序存放文件，文件夹一般采用多层次结构(树状结构)，在这种结构中每一个磁盘有一个根文件夹，它包含若干文件和文件夹。文件夹不但可以包含文件，而且可包含下一级文件夹，这样类推下去形成的多级文件夹结构既帮助了用户将不同类型和功能的文件分类储存，又方便文件查找，还允许不同文件夹中文件拥有同样的文件名，如图 2-68 所示。注：文件名不能超过 255 个字符(包括空格)。

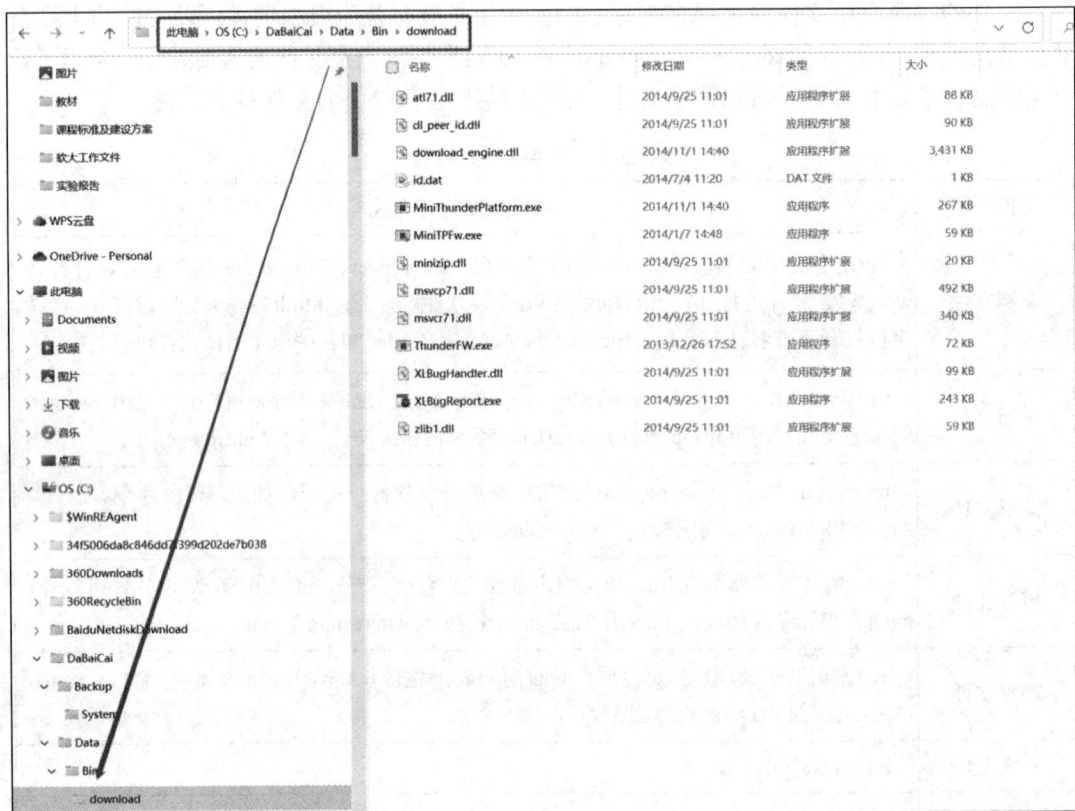

图 2-68　文件层次结构窗口

2.4.2　认识资源管理器

相比 Windows 7 而言，Windows 10 操作系统在界面上采用了扁平化的设计，而且几乎是全面扁平化。在 Windows 10 操作系统中，文件资源管理器窗口采用了 Ribbon 界面，其实它并不是首次出现，从 Office 2007 到 Office 2016 都采用了 Ribbon 界面，最明显的标识就是采用了标签页和功能区的形式，便于用户管理。

本节介绍 Ribbon 界面，主要目的是方便用户通过新的功能区对文件和文件夹进行管理。

在文件资源管理器中，默认隐藏功能区，用户可以单击窗口最右侧的向下按钮或按【Ctrl+F1】组合键展开或隐藏功能区。另外，单击标签页选项卡，也可显示功能区，如图 2-69 所示。

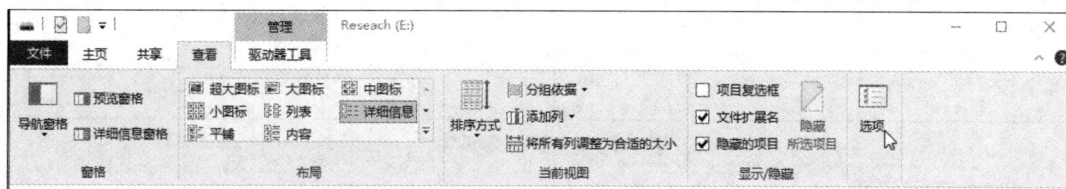

图 2-69　资源管理器

在 Ribbon 界面中，主要包含计算机、主页、共享和查看 4 种标签页，单击不同的标签页，则包含不同类型的命令。

1. 计算机标签页(如图 2-70 所示)

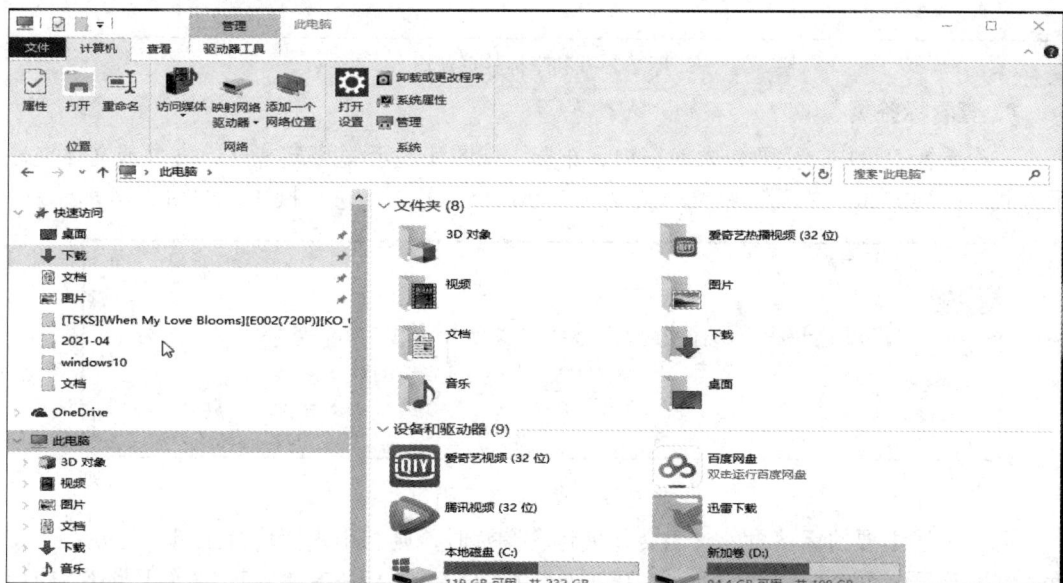

图 2-70　计算机标签页

双击"此电脑"图标，进入"此电脑"窗口，则默认显示计算机标签页，主要包含了对电脑的常用操作，如磁盘操作、网络位置、打开设置、程序卸载、查看系统属性等，如图 2-71 所示。

图 2-71　此电脑窗口

2. 主页标签页

打开任意磁盘或文件夹，则看到显示主页标签页，如图 2-72 所示。主要包含对文件或文件夹的复制、移动、粘贴、重命名、删除、查看属性和选择等操作。

图 2-72　主页标签页窗口

3. 共享标签页

在共享标签页，主要包括对文件的发送和共享操作，如文件压缩、刻录、打印等，如图 2-73 所示。

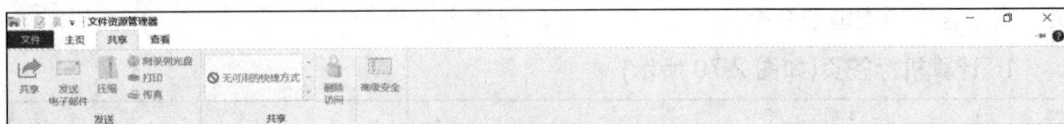

图 2-73　共享标签页窗口

4. 查看标签页

在查看标签页中，主要包含对窗口、布局、视图和显示/隐藏等操作，文件或文件夹显示方式、排列方式、显示/隐藏文件或文件夹都在该标签页下进行操作，如图 2-74 所示。

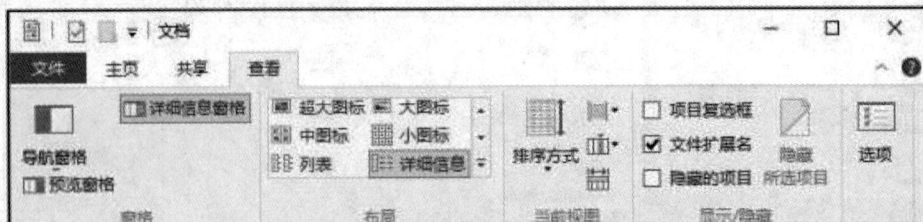

图 2-74　查看标签页窗口

除了上述主要的标签页外，当文件夹包含图片时，则会出现"图片工具"标签；当文件夹包含音乐文件时，则会出现"音乐工具"标签。另外，还有"管理""解压缩""应用程序工具"等标签，如图 2-75 和图 2-76 所示。

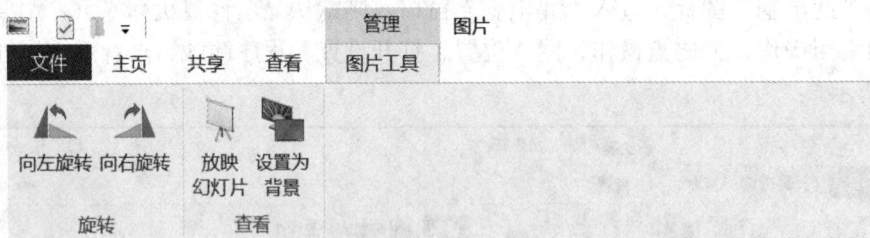

图 2-75　图片工具

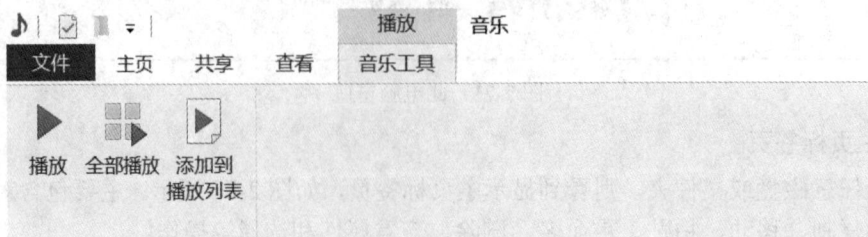

图 2-76　音乐工具

2.4.3　操作文件和文件夹

接下来，介绍 Windows 10 中文件及文件夹的一些基本操作，这也是用户日常使用电脑时最频繁的操作，熟练掌握文件与文件夹的使用，能够提高工作效率。

1. 打开文件或文件夹

对文件或文件夹进行最多的操作就是打开和关闭，下面就介绍打开和关闭文件或文件夹的常用方法，图 2-77 所示为文本文件图标。

windows10.txt

图 2-77　文本文件图标

（1）最简单、直观的操作，就是双击要打开的文件。正常情况下，Windows 10 会打开默认的关联应用程序，打开已双击的文件，比如.txt 文件，则会打开"记事本"；比如.jpg 文件，则会打开新版"图片程序"。

（2）除了双击左键打开文件之外，还可以在需要打开的文件名上单击鼠标右键，在弹出的快捷菜单中选择"打开"菜单命令。

（3）如果要打开的文件没有对应的应用程序关联，可以利用"打开方式"选择应用程序或软件打开，具体操作步骤为：在需要打开的文件名上单击鼠标右键，在弹出的快捷菜单中选择"打开方式"菜单命令，在其子菜单中选择相关的软件，如这里选择"写字板"方式打开记事本文件，如图 2-78 所示。

(a) 用记事本打开　　　　　　　　　　(b) 用写字板打开

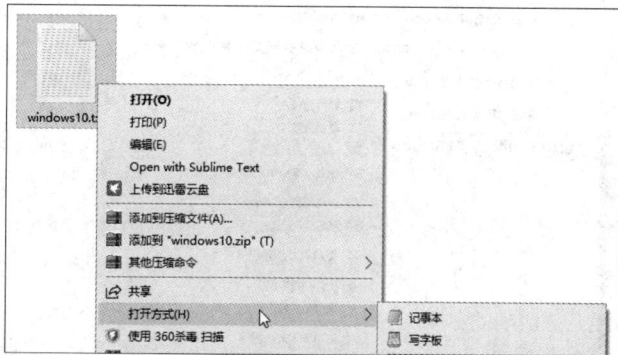

图 2-78　利用打开方式菜单命令

2. 更改文件或文件夹的名称

新建文件或文件夹后，会有一个默认的名称作为文件名，用户可以根据需要给新建的或已有的文件或文件夹重新命名。

更改文件或文件夹名称的操作与重命名类似，主要有 3 种方法。

1）使用功能区

选择要重新命名的文件或文件夹，单击"主页"标签，在"组织"功能区中，单击"重命名"按钮，文件或文件夹即可进入编辑状态，输入要命名的名称，单击【Enter】键进行确认，或者在空白区域单击一下即可，如图 2-79 所示。

图 2-79　重命名工具栏

2) 右键菜单命令

选择要重新命名的文件或文件夹，单击鼠标右键，在弹出的菜单命令，选择"重命名"菜单命令，文件或文件夹的名称即进入编辑状态，输入新名称，单击【Enter】键进行确认，或者在空白区域单击一下即可，如图 2-80 所示。

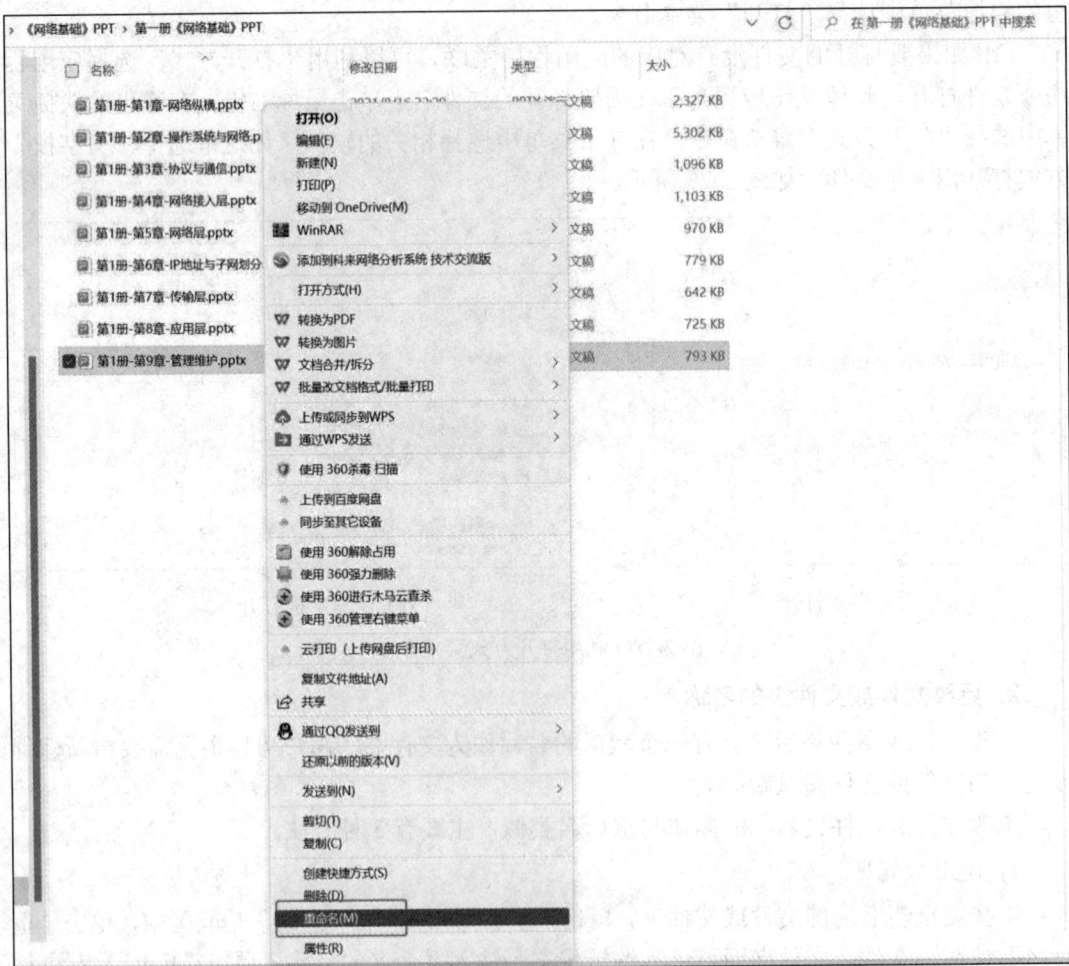

图 2-80　重命名快捷菜单

3)【F2】快捷键

选择要重新命名的文件或文件夹，按【F2】键，文件或文件夹的名称即进入编辑状态，输入新名称，单击【Enter】键进行确认，或者在空白区域单击一下，如图 2-81所示。

提示：在重命名文件时，不能改变已有文件的扩展名，否则可能会导致文件不可用，以致不能正确打开该文件，如图 2-82 所示。

图 2-81　重命名功能键

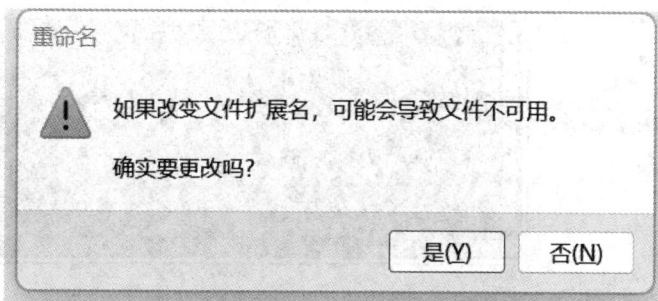

图 2-82　扩展文件名重命名窗口

3. 选择文件或文件夹操作

在进行文件或文件夹的移动、复制、删除等操作前，我们必须选择要操作的一个或多个文件或文件夹，那么如何快速、高效、正确地选择文件或文件夹呢？接下来，介绍如何选择文件或文件夹。

1) 单选

选定单个文件或文件夹：只需要用鼠标单击该文件或文件夹即可，如图 2-83 所示。

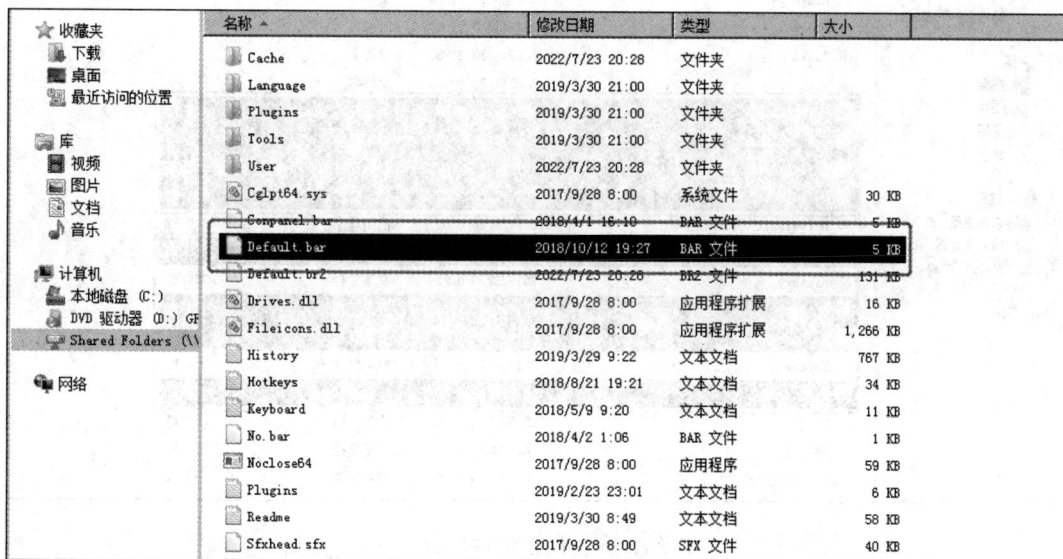

图 2-83　单选操作

2) 连续多选

选定连续多个文件或文件夹：先单击要选定的第一个文件或文件夹，再按住【Shift】

键不放，再单击要选定的最后一个文件或文件夹，如图 2-84 所示。

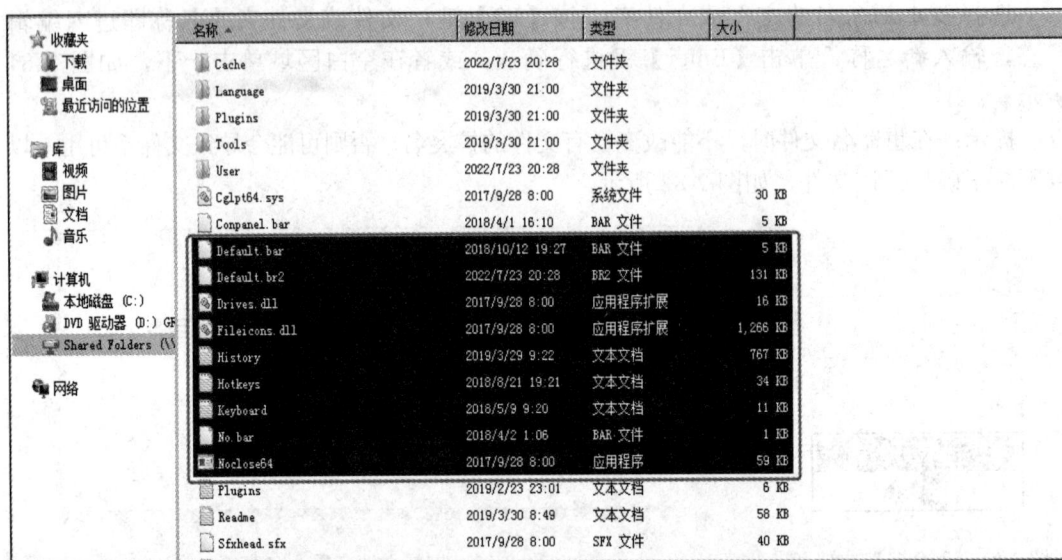

图 2-84　连续多选操作

3) 不连续多选

选定多个不连续的文件或文件夹：先按住【Ctrl】键不放，然后再逐个单击要选定的文件或文件夹，如图 2-85 所示。

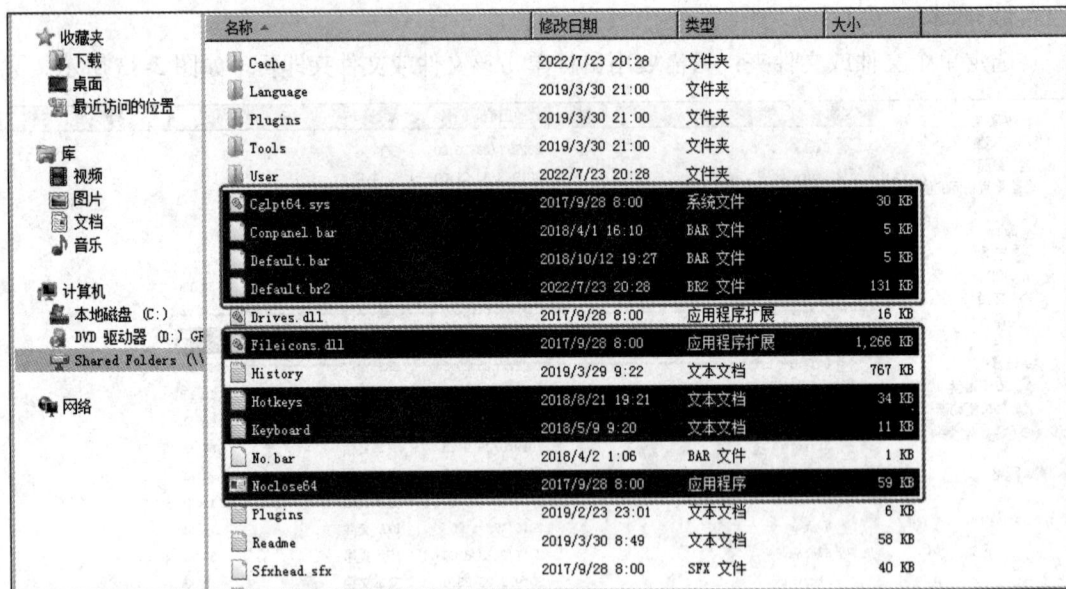

图 2-85　不连续选择操作

4) 全选

选定全部文件或文件夹：按住【Ctrl+A】组合键，可以快速选中全部文件或文件夹，如图 2-86 所示。

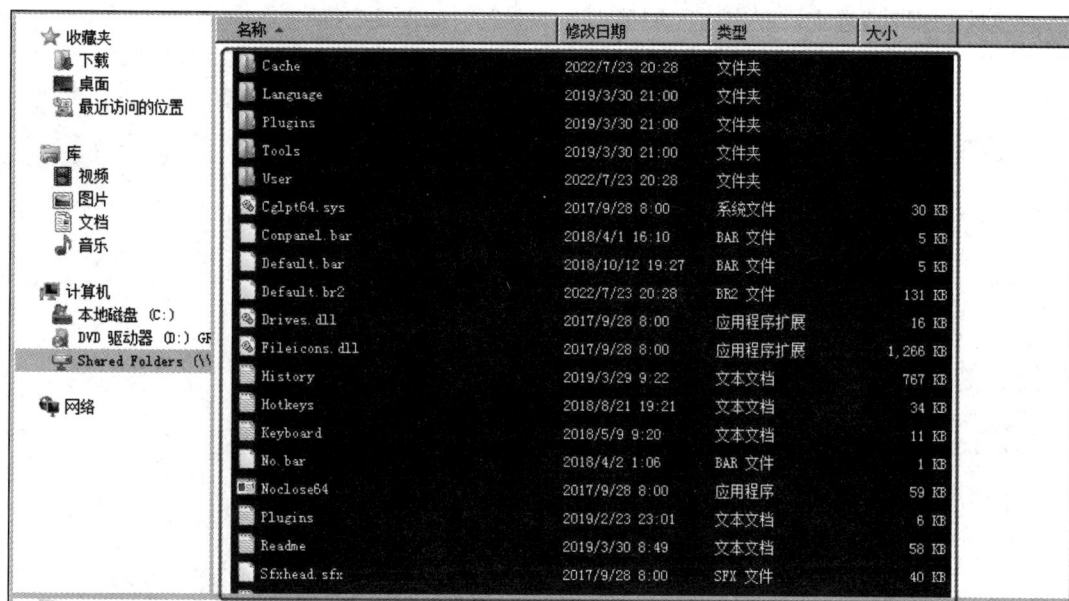

图 2-86　全选操作

5）鼠标框选

选定连续多个文件或文件夹，最简单的方法是用鼠标框选，在第一个文件或文件夹旁单击鼠标左键不放，从第一个文件或文件夹开始拖动框选，直到最后一个文件或文件夹。

6）取消选择

在选定的多个文件或文件夹中取消选定个别文件或文件夹时，按住【Ctrl】键不放，单击要取消选定的文件或文件夹，如图 2-87 所示。

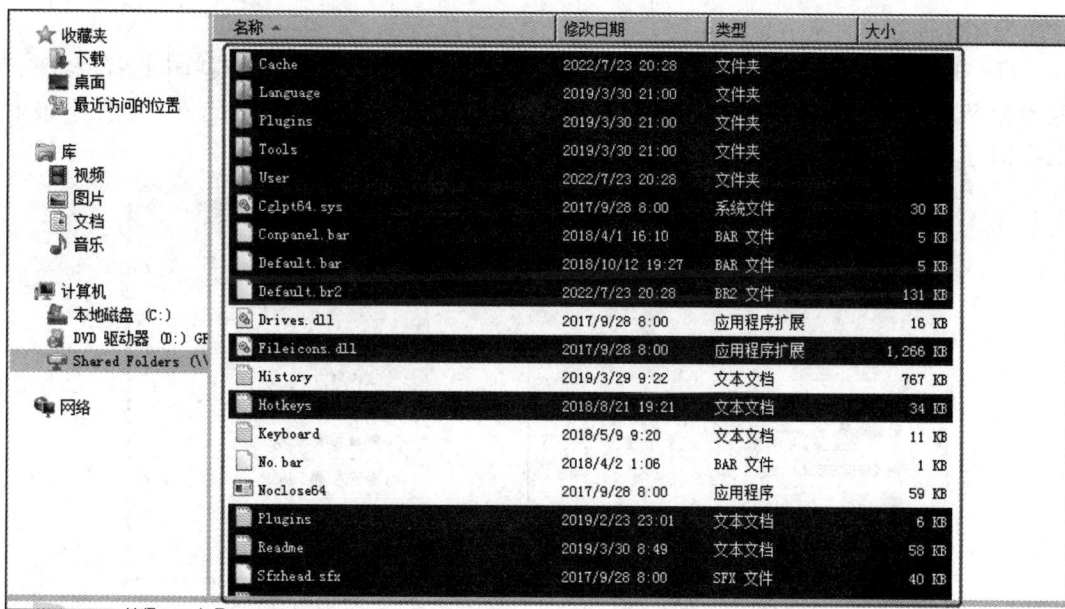

图 2-87　取消选择操作

若要全部取消选定，在空白区域单击一下即可，如图 2-88 所示。

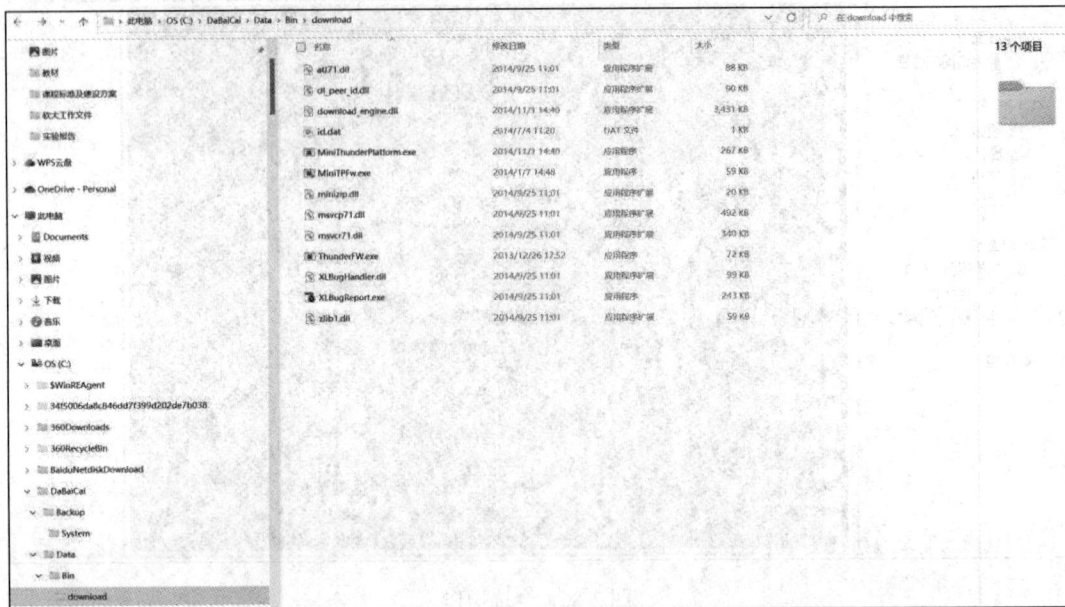

图 2-88　取消选择操作

4. 复制/移动文件或文件夹

电脑中储存着一些重要的文件，比如工作文档、照片、视频等，如果丢失或损坏，将会给我们带来很大麻烦。因此，备份重要文件是非常必要的，比如保存到其他盘或者 U 盘中，这就需要对文件或文件夹进行复制或移动操作。

1）复制文件或文件夹

复制文件或文件夹有以下 4 种方法。

（1）在需要复制的文件或文件夹上单击鼠标右键，并在弹出的快捷菜单中选择"复制"菜单命令。选定目标存储位置，并单击鼠标右键，在弹出的快捷菜单中选择"粘贴"菜单命令即可，如图 2-89 所示。

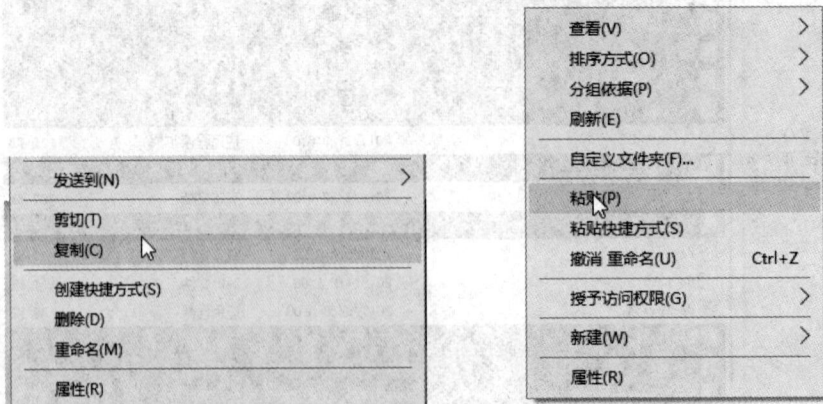

（a）复制快捷菜单　　　　　　　　　　（b）粘贴快捷菜单

图 2-89　复制粘贴快捷菜单

(2) 选择要复制的文件或文件夹，按住【Ctrl】键并拖动到目标位置并释放。

(3) 选择要复制的文件，按住鼠标右键并拖动到目标位置，在弹出的快捷菜单中选择"复制到当前位置"命令，如图 2-90 所示。

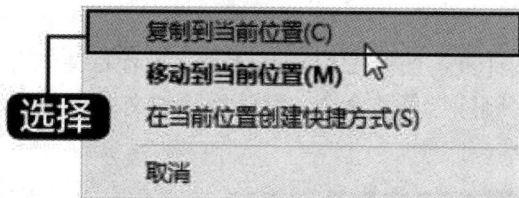

图 2-90　复制到目标位置快捷菜单

(4) 也可以使用键盘快捷键操作，选择要复制的文件或文件夹，按【Ctrl+C】组合键，然后在目标位置按【Ctrl+V】组合键即可。

2) 移动文件或文件夹

移动文件或文件夹有以下 4 种方法。

(1) 在需要移动的文件或文件夹名上单击鼠标右键，并在弹出的快捷菜单中选择"剪切"菜单命令，如图 2-91 所示。

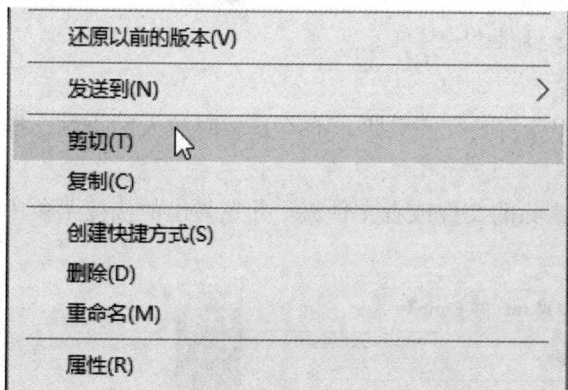

图 2-91　剪切快捷菜单

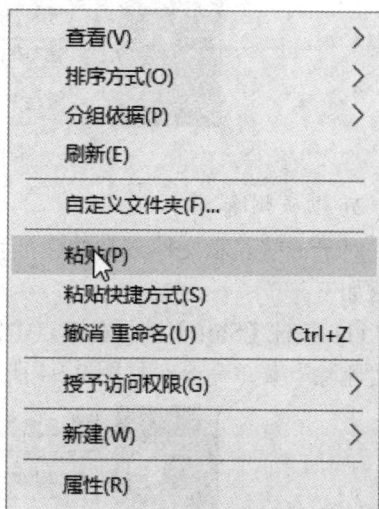

图 2-92　粘贴快捷菜单

(2) 选定目标存储位置，并单击鼠标右键，在弹出的快捷菜单中选择"粘贴"菜单命令即可，如图 2-92 所示。

(3) 如果移动的文件或文件夹的目标位置和当前所在位置同处于一个盘中，选择要移动的文件或文件夹，按住【Shift】键并拖动到目标位置。

(4) 如果移动的文件或文件夹的目标位置和当前所在位置处于不同的两个盘中，则选中要移动的文件或文件夹，用鼠标直接拖动到目标位置，即可完成文件或文件夹的移动，这也是最简单的一种方法。

(5) 使用键盘快捷键操作，选择要移动的文件或文件夹，按【Ctrl+X】组合键，然后在目标位置按【Ctrl+V】组合键即可。

5. 删除文件或文件夹

对于不需要的文件或文件夹，我们可以对其进行删除操作，普通的删除操作只是将文件或者文件夹放到回收站中，是可以恢复的，操作过程如下。

1) 普通删除

选择要删除的文件或文件夹，直接按【Delete】键，或者右键单击需要删除的文件，并在单击的快捷菜单中选择"删除"菜单命令，默认删除的文件或者文件夹放入回收站，如图 2-93 所示。

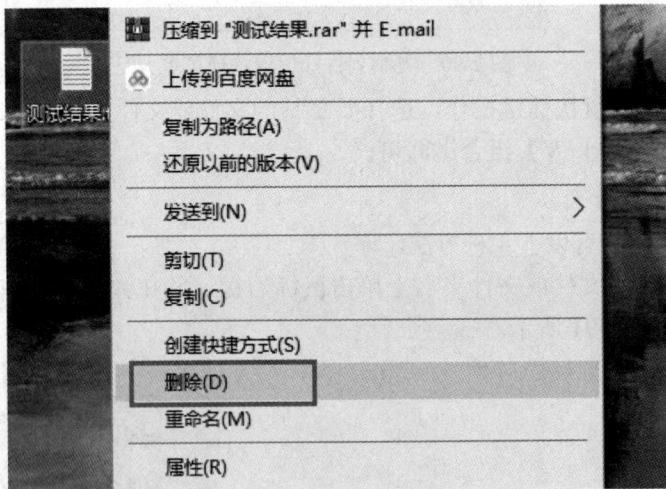

图 2-93　删除快捷菜单

2) 彻底删除

对于一些隐私文件或文件夹，我们想要将其彻底删除，而不是暂时放入回收站，操作方法如下。

(1) 按住【Shift】键，右键点击需要删除的文件或者文件夹，并在弹出的快捷菜单中选择"删除"菜单命令，如图 2-94 所示。

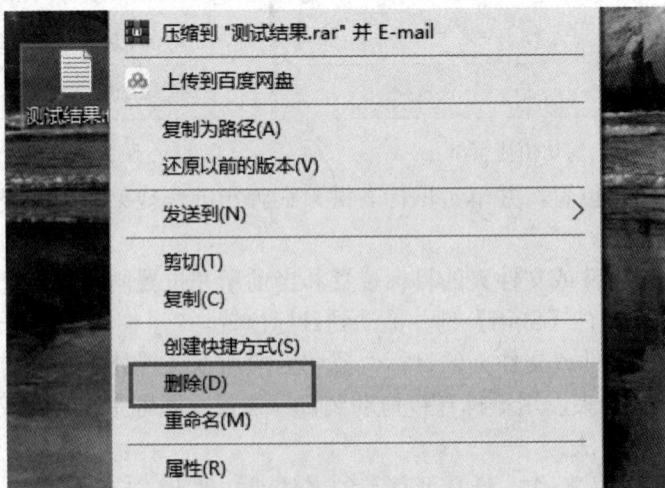

图 2-94　删除快捷菜单

(2) 此时会弹出一个提示框，提示"确定要永久地删除此文件吗？"在框内单击"是"即可彻底删除文件，如图 2-95 所示。

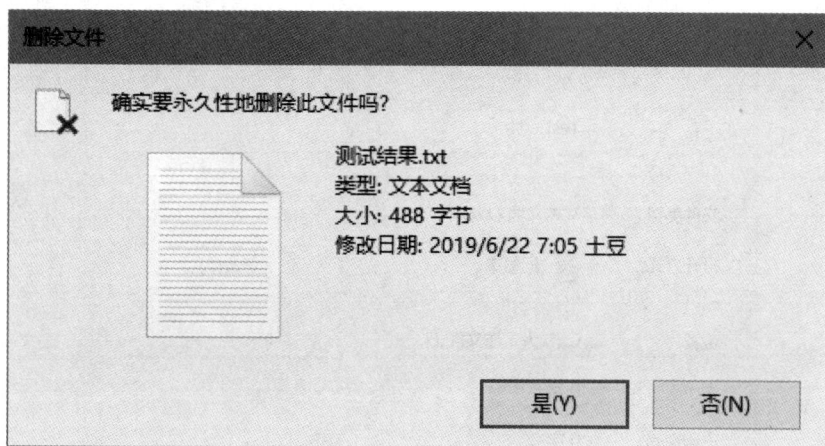

图 2-95   删除快捷菜单

6. 隐藏/显示文件或文件夹

隐藏文件或文件夹可以增强文件的安全性，同时可以防止误操作导致的文件丢失现象。隐藏与显示文件或文件夹的操作步骤类似，本节以隐藏和显示文件为例。

1) 隐藏文件

具体的操作步骤如下。

(1) 选择"属性"菜单命令。选择需要隐藏的文件并单击鼠标右键，在弹出的快捷菜单中选择"属性"菜单命令，如图 2-96 所示。

图 2-96   属性快捷菜单

(2) 在弹出的"属性"对话框中，选择"常规"选项卡，然后勾选"隐藏"复选框，单击"确定"钮，选择的文件被成功隐藏，如图 2-97 所示。

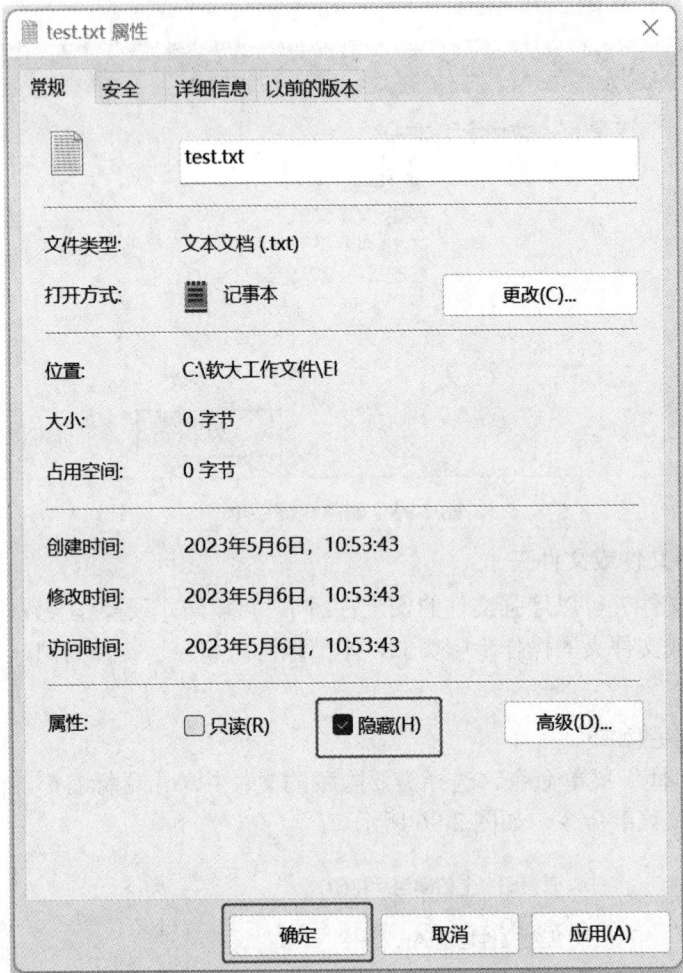

图 2-97　文件属性对话框

2) 显示文件

文件被隐藏后，用户要想查看隐藏文件，有两种方式，具体操作步骤如下。

(1) 选择"查看"标签页，单击勾选"显示/隐藏"的"隐藏的项目"复选框，即可看到隐藏的文件，如图 2-98 所示。

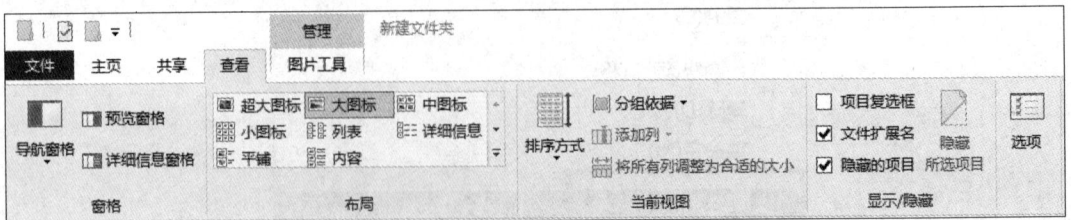

图 2-98　查看标签页

(2) 右键单击该文件，在弹出的快捷菜单中选择"属性"命令，如图 2-99 所示。

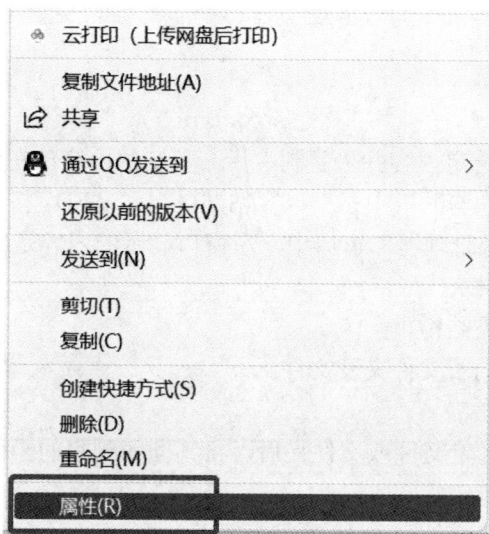

图 2-99　属性快捷菜单

　　在弹出的"属性"对话框中，选择"常规"选项卡，然后取消勾选"隐藏"复选框，单击"确定"按钮，即成功显示隐藏的文件，如图 2-100 所示。

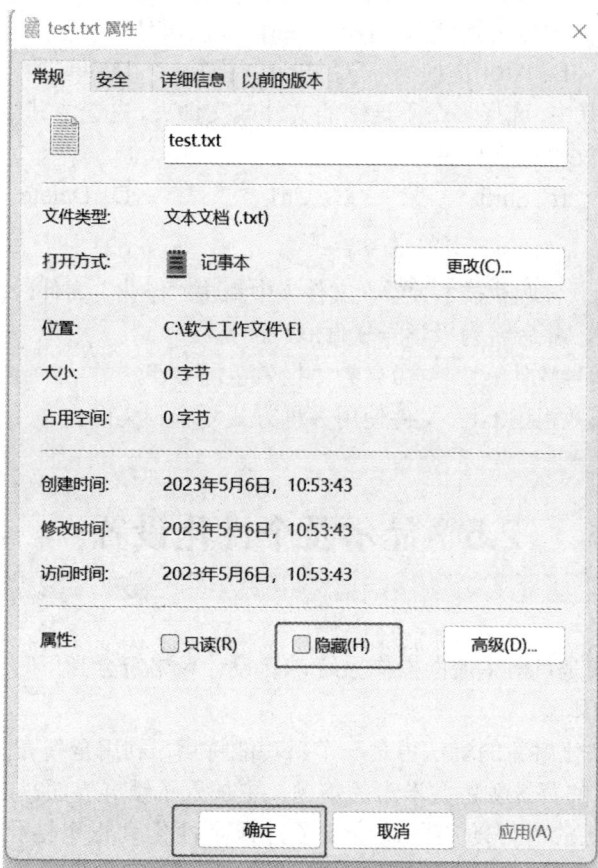

图 2-100　属性对话框

【训练场】

选择题

1. 在 Windows 中，选定内容并"复制"后，复制的内容放在(　　)。

A. 任务栏中　　　　B. 剪贴板中　　　　C. 粘贴区　　　　D. 格式刷中

2. 在 Windows "资源管理器"窗口中，左窗口显示的内容是(　　)。

A. 所有未打开的文件夹

B. 系统的树形文件夹结构

C. 打开的文件夹下的子文件夹及文件

D. 所有已打开的文件夹

3. Windows 中，在选定文件或文件夹后，将其彻底删除的操作是(　　)。

A. 用 Shift+Delete 键删除

B. 用 Delete 键删除

C. 用鼠标直接将文件或文件夹拖放到"回收站"中

D. 用窗口中"文件"菜单中的"删除"命令

4. 在 Windows 中，如果要把 A 盘某个文件夹中的一些文件复制到 C 盘中，在选定文件后，可以将选中的文件拖曳到目标文件夹中的鼠标操作是(　　)。

A. 直接拖拽　　　B. Alt+拖拽　　　C. Shift+拖拽　　　D. 单击

5. 在 Windows 10 中，选择多个不连续的文件或文件夹，先选中其中一个，再按住(　　)键不放，选完余下的文件或文件夹。

A. Tab　　　　B. Shift　　　　C. Ctrl　　　　D. Delete

操作题

1. 在"D：\江西软件职业技术大学"文件夹中新建"作业"文件，在新建的"作业"文件中，新建文本文件，并命名为"学号软件.txt"。

2. 将上题中"学号软件.txt"重命名为"报效祖国.txt"。

3. 将上题中"报效祖国.txt"文件使用多种方式复制到桌面。

2.5　显示及个性化设置

Windows 10 系统是目前主流的操作系统，UI 设计风格符合当下时代的审美潮流，给用户提供了更加舒适的体验。

Windows 10 个性化崭新的玩法也是一个新功能特点，利用全新布景照片、幻灯片放映模式、全面可自定义的背景颜色、丰富的主题，更加入了锁屏界面。对于爱好风格装饰的用户，可以根据自己的喜好随心所欲设置了，让个性化真正个性化。本节内容从认识 Windows 10 个性化展开，分别介绍设置系统主题，设置显示分辨率及设置 Windows 10 系统各屏显示。

2.5.1　认识 Windows 10 个性化

Windows 10 系统界面的个性化设置被集成到"个性化"窗口中。这是微软对 Windows 界面设置重新归类的结果。系统个性化设置可通过"开始"菜单的"设置"项进入，还可以通过右击 Windows 10 桌面空白处，再从"个性化"进入。具体操作步骤如下：

1. 选择"个性化"菜单命令

在桌面的空白处右击，在弹出的快捷菜单中选择"个性化"菜单命令，如图 2-101 所示。

2. 设置桌面背景

打开"个性化"窗口，单击"背景"选项，在其右侧区域即可设置桌面背景，如图 2-102 所示。

图 2-101　个性化快捷菜单

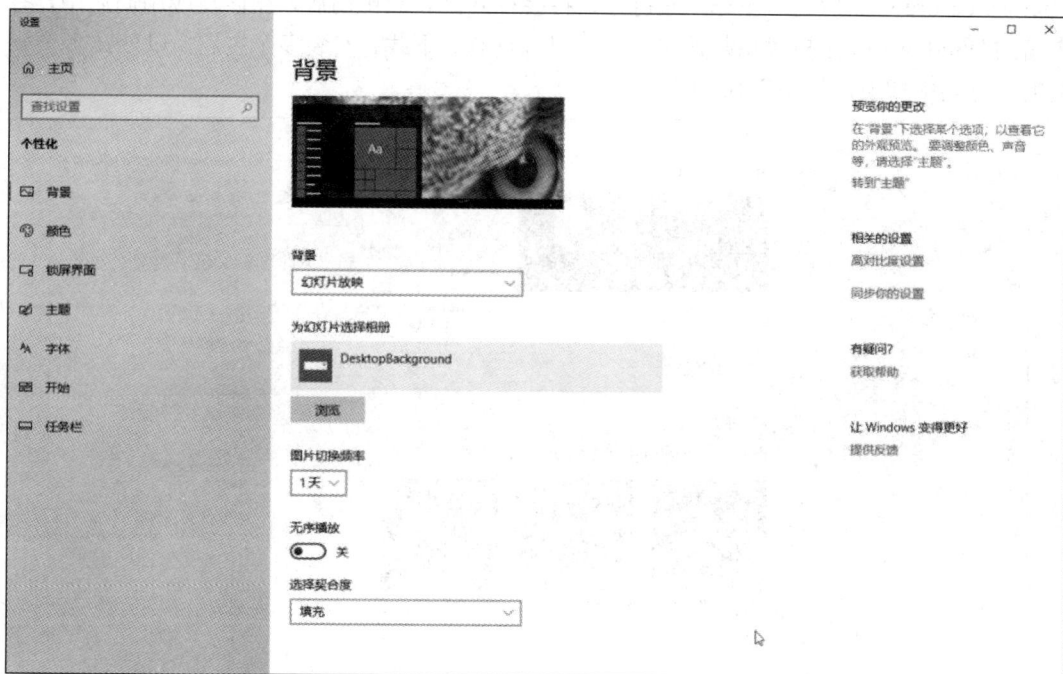

图 2-102　背景设置界面

3. 选择本地图片

单击"背景"下拉列表框右侧的下三角按钮，在弹出的下拉列表中可以对背景样书进行设置，包括"图片""纯色"和"幻灯片放映"三个选项，如图 2-103 所示。

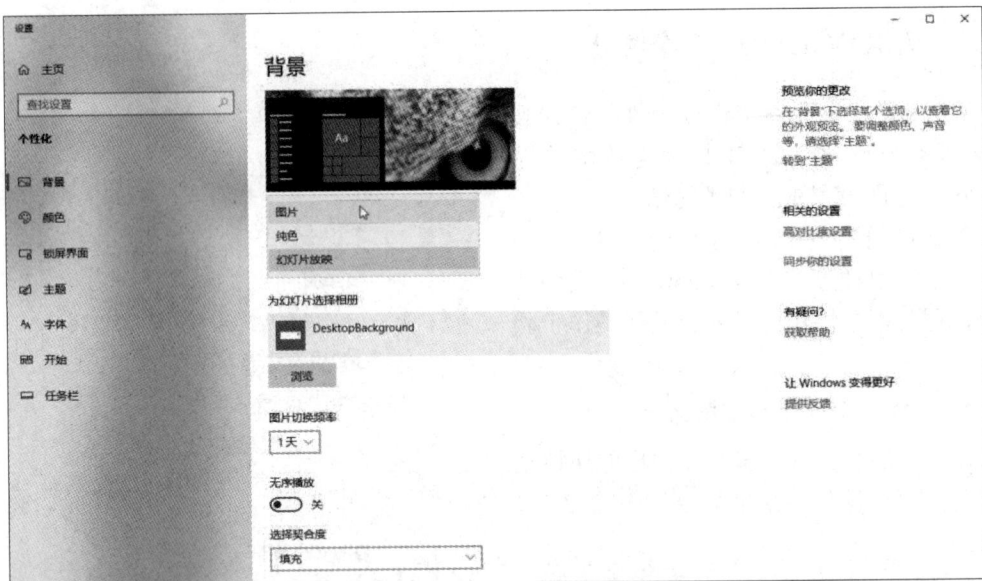

图 2-103　背景样式的设置

4. 选择喜欢的主题

打开"个性化"窗口，单击"主题"选项，可以选择自己喜欢的主题，也可以单击"在 Microsoft Store 中获取更多主题"超链接，将会打开微软应用商店，在微软应用商店中，有丰富的 Windows 10 主题供用户选择，用户可以选择、下载、安装多个主题，以便在多个安装的主题当中切换，如图 2-104 所示。

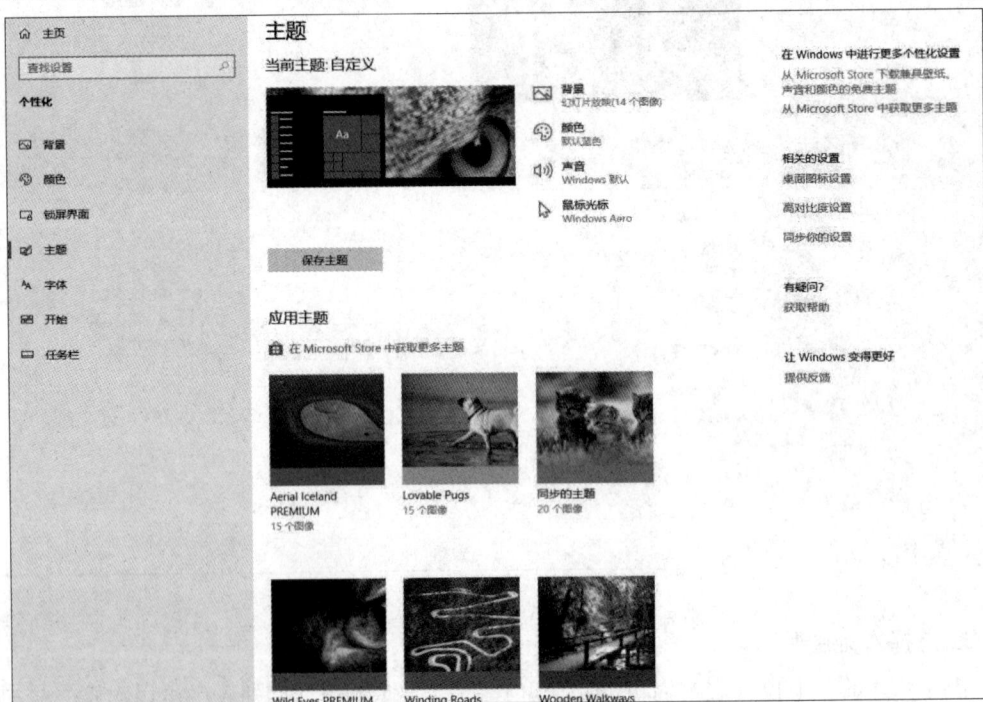

图 2-104　主题设置界面

5. 设置锁屏界面

用户可以根据自己的喜好，设置锁屏界面的背景、显示状态的应用等，具体操作步骤如下。

在"个性化"设置界面中单击"锁屏界面"选项，用户可以将背景设置为喜欢的图片或幻灯片。另外，也可以在界面中的"选择显示快速状态应用"中选择需要显示的应用的任意组合，以便向用户显示即将到来的日历事件、社交网络更新以及其他应用和系统通知，如图 2-105 所示。

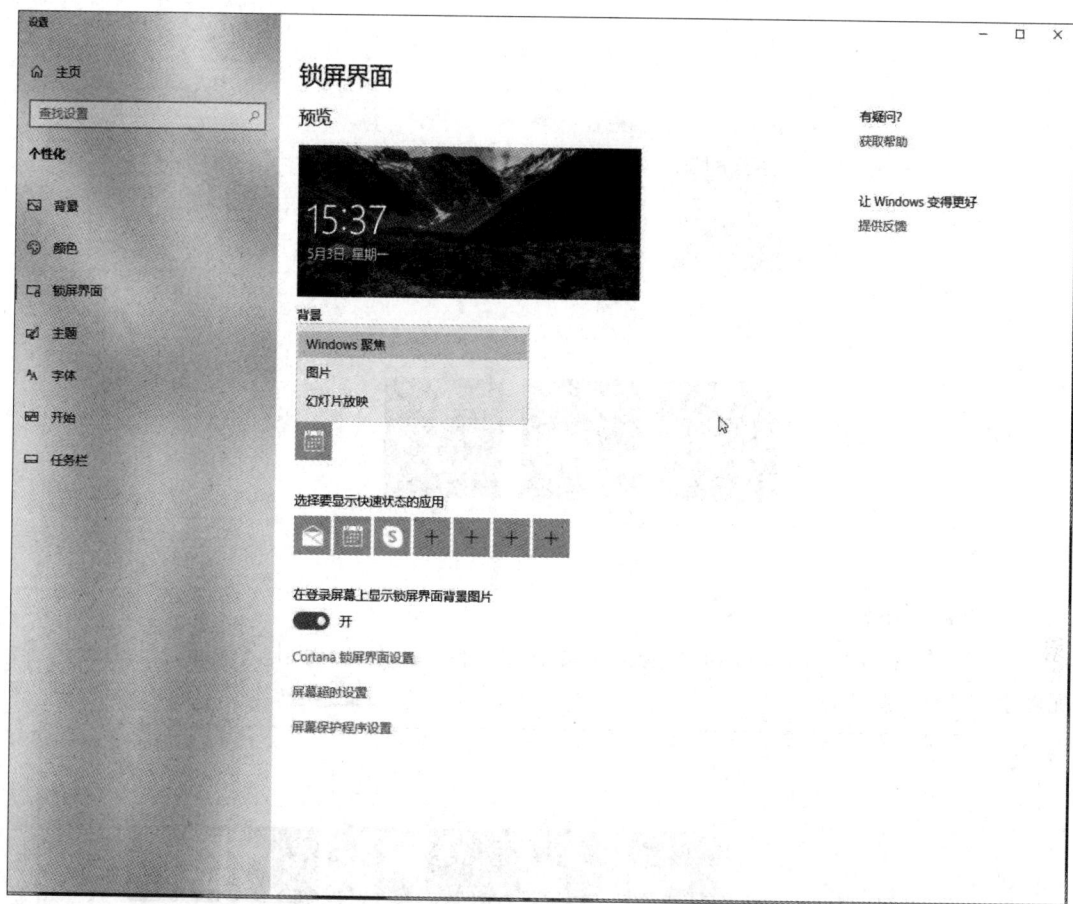

图 2-105　设置锁屏界面

2.5.2　设置系统主题

主题是桌面背景图片、窗口颜色和声音的组合，Windows 10 操作系统采用了新的主题方案，无边框设计的窗口、扁平化设计的界面等，使其更具现代感。本节主要介绍如何设置系统主题，具体操作步骤如下。

1. 打开"个性化"窗口

打开"个性化"窗口，单击"主题"选项，然后单击"主题设置"超链接，如图 2-106 所示。

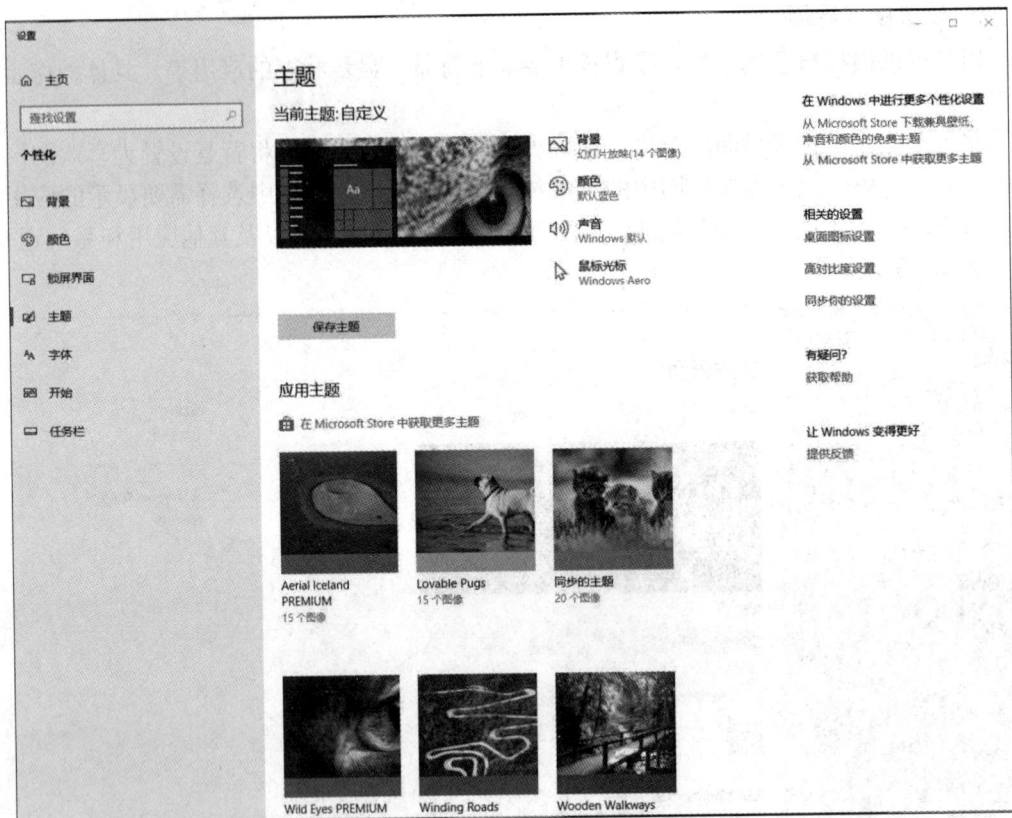

图 2-106　主题设置界面

2. 下载新主题

在打开的窗口中，即可看到 Windows 系统自带的默认主题，单击选择即可应用该主题，如图 2-107 所示。

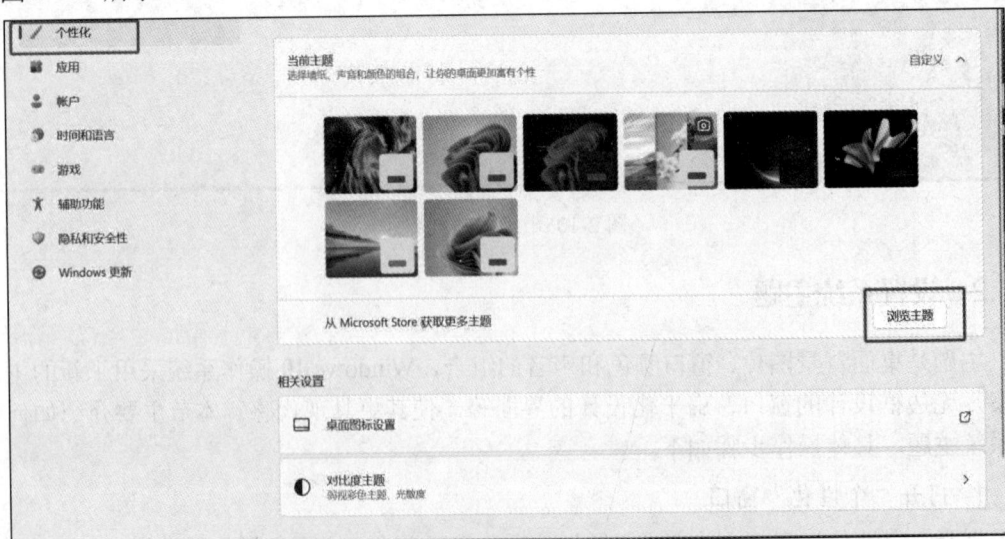

图 2-107　Windows 系统自带主题选择界面

当然，为了获取更丰富的 Windows 10 主题风格，也可以选择"在 Microsoft Store 中获取更多主题"超链接来下载更多的新主题，如图 2-108 所示。

图 2-108　Microsoft Store 中 Windows 主题选择界面

2.5.3　设置显示分辨率

屏幕分辨率指的是屏幕上显示的文本和图像的清晰度，是指纵横向上的像素点数，单位是 px。屏幕分辨率是确定计算机屏幕上显示多少信息的设置，以水平和垂直像素来衡量。就相同大小的屏幕而言，当屏幕分辨率低时(例如 640×480)，在屏幕上显示的像素少，单个像素尺寸比较大。屏幕分辨率高时(例如 1600×1200)，在屏幕上显示的像素多，单个像素尺寸比较小。

显示分辨率就是屏幕上显示的像素个数，分辨率 160×128 的意思是水平方向含有像素数为 160 个，垂直方向像素数 128 个。屏幕尺寸一样的情况下，分辨率越高，显示效果就越精细和细腻，同时屏幕上的项目越小，屏幕可以容纳的项目越多。分辨率越低，在屏幕上显示的项目越少，但尺寸越大。设置适当的分辨率有助于提高屏幕上图像的清晰度。

1. 主流显示器分辨率

屏幕分辨率是由屏幕比例、大小决定的，笔者整理出主流显示器屏幕分辨率如下，以方便读者进行显示器分辨率设置。

(1) 目前主流的显示器屏幕比例 16：9，常听到的 720p、1080p 都是这个比例，是一种适合视频观赏和办公操作(容纳两个文档并排处理)的屏幕格式。

(2) 1080p(1920×1080)-1080p 就是俗称的 Full HD，计算机显示器用 1920×1200 的比较多，27 英寸以下显示器推荐使用该分辨率。

(3) QHD(2560×1440)，全称 Quad High Definition，分辨率级别为 2560×1440，也是俗称的 2K 屏，27 英寸以上显示器推荐该分辨率，如图 2-109 所示。

图 2-109　27 英寸 2k 显示器

(4) UHD(3840×2160)，全称 Ultra High Definition，显示器的分辨率是 3840×2160，也是俗称的 4K 屏。27 英寸以上显示器推荐使用 4K 分辨率，如图 2-110 所示。

图 2-110　28 英寸 4K 显示器

(5) 带鱼屏是指长宽大于 21∶9 的显示器。因其又细又长，形似带鱼，所以被调侃为"带鱼屏"。4∶3 叫正屏，16∶10 叫宽屏，16∶9 当前也被商家称作宽屏。屏幕越长显示的内容越多，但是人并不能一下子看完屏幕所显示的所有内容。

目前带鱼屏应用的并不多，主要以 34 英寸为主(高度和普通 27 英寸一致)，分辨率推荐为 3440×1440，如图 2-111 所示。

图 2-111　带鱼屏显示器

2. 设置屏幕分辨率

确定了显示器尺寸和类型之后，接下来设置屏幕分辨率，具体操作步骤如下。

(1) 选择"显示设置"选项。在桌面上空白处单击鼠标右键，如图 2-112 所示。

图 2-112　显示设置快捷菜单

(2) 在弹出的快捷菜单中选择"显示设置"菜单命令,如图 2-113 所示。

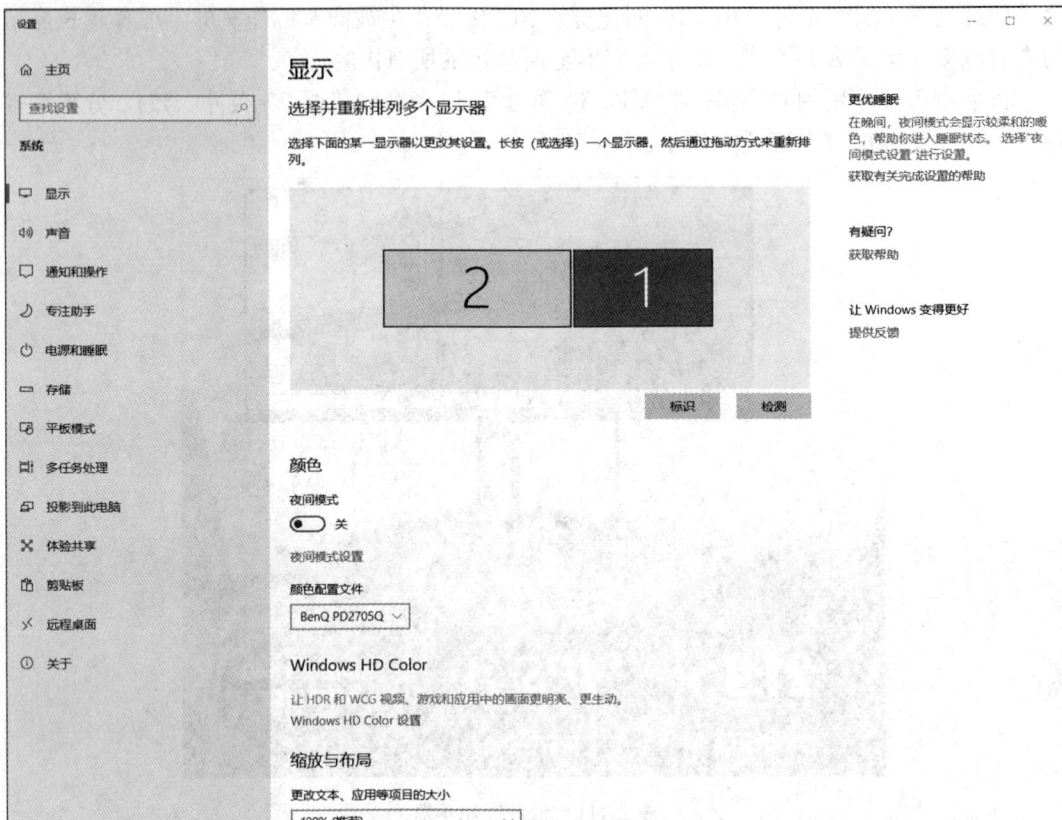

图 2-113　显示设置界面

(3) 拖动鼠标,滑动窗口至"分辨率"区域,在"分辨率"列表中选择适合的分辨率即完成设置,如图 2-114 所示。

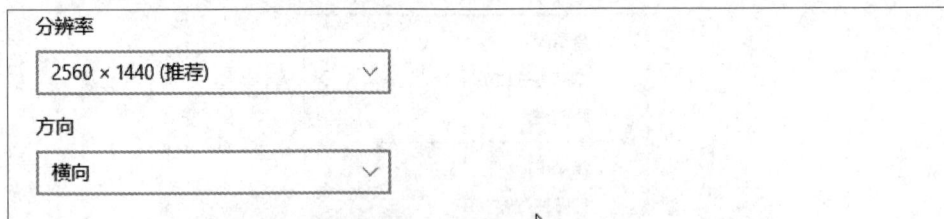

图 2-114　分辨率设置界面

提示:在显卡驱动安装正常的情况下,建议用户选择推荐的分辨率。更改屏幕分辨率会影响登录到此计算机上的所有用户,如果将监视器设置为它不支持的屏幕分辨率,那么该屏幕在几秒钟内将变为黑色,监视器则还原至原始分辨率。

2.5.4　设置 Windows 10 系统多屏互联

1. 认识多屏互联

一边上网聊天,一边看电影,追剧聊天同时进行,没有干扰、不需要切换;同时打开多篇 Word 文档、Excel 电子表格或者 PowerPoint 演示文稿，既可以高效便捷地进行复制粘贴等操作，又可以同时打开浏览器查找资料；在制作企划案文件资料时，同时参考搜索的相关网络资料，不会因为切换视窗而造成混乱，这就是多屏互联。

　　为了提高工作效率及使用体验，越来越多的人开始选择多屏互联，即一台主机，二台或二台以上显示器进行互联。多屏显示并不是简单的多个显示器显示多个相同内容，而是多个屏幕上显示各自不同的画面，并可显示拼接的组合大画面。比如分屏数为"三"的多屏显示既可以让这"三"台显示器分别显示画面的一部分，又可以一起组成一幅画面，还可以让这"三"台显示器各自显示不同的画面。鼠标及窗口还可以在各个屏幕间漫游移动，而无需软件的任何改动。如图 2-115 和图 2-116 所示分别为双屏操作多文档场景和三屏显示玩游戏场景。

图 2-115　双屏操作多文档场景

图 2-116　三屏显示玩游戏场景

　　现在显示器的类型越来越多，多屏的应用场景也越来越多，多屏互联广泛应用于图形图像编辑、三维动画、多媒体设计；安全领域的视频监控；工业领域的过程控制；证券交易、期货、银行信息显示；CAD/CAM 设计，排版编辑系统，视频图像编辑。如图 2-117 所示为笔记本电脑外接显示器进行程序设计场景。

图 2-117　笔记本电脑外接显示器进行程序设计场景

2. 设置多屏互联

　　那么，在 Windows 10 中怎么设置多屏显示呢？具体操作步骤如下。

(1) 右键单击桌面的空白处，然后选择"显示设置"进入，如图 2-118 所示。

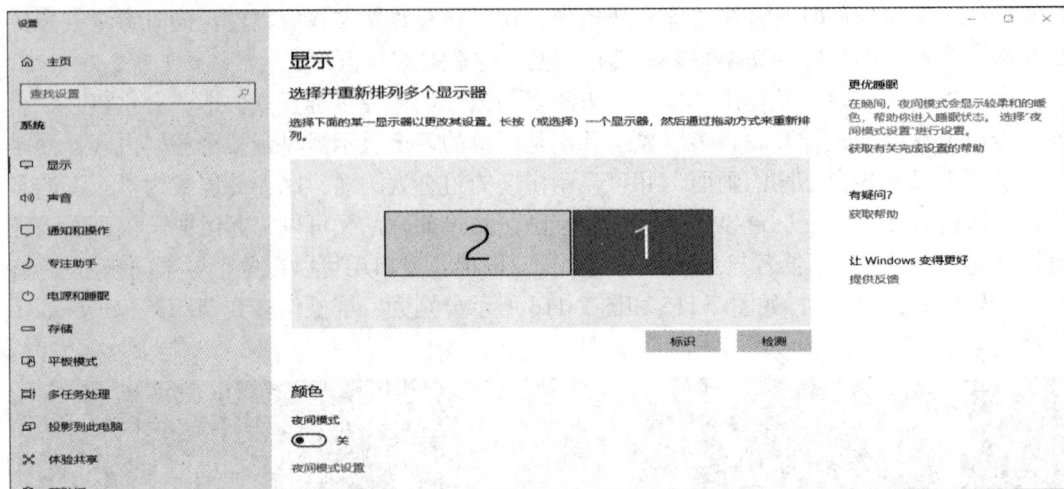

图 2-118　显示设置界面

(2) 单击"标识"，标出两个显示器，如图 2-119 所示。

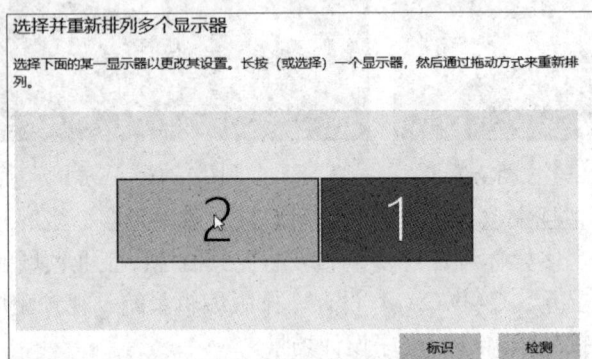

图 2-119　多个显示器设置

(3) 选择需要设置为主显示器的"显示屏标识"，下拉窗口至"缩放与布局"区域，选择"设为主显示器"复选框，就能够进行主显示器的设置了。此处选择"显示屏 2"为主显示器，如图 2-120 所示。

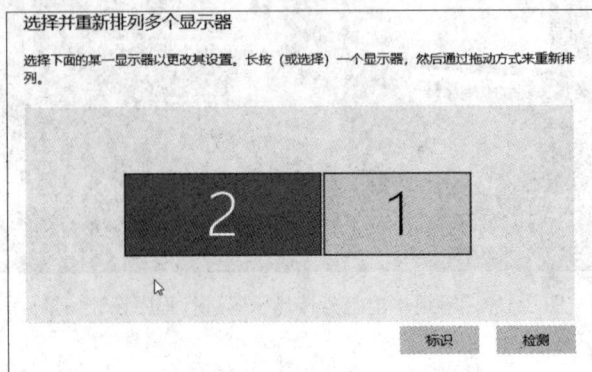

图 2-120　多个显示器设置

（4）勾选"设为主显示器"复选框，设置"显示屏 2"为主显示器，如图 2-121 所示。

（5）根据实际应用场景，选择显示模式。比如需要多窗口、多文本操作，可以选择"扩展这些显示器"；如果需要多屏显示内容一致，比如 PPT 演示文稿，可以选择"复制这些显示器"，如图 2-122 所示。

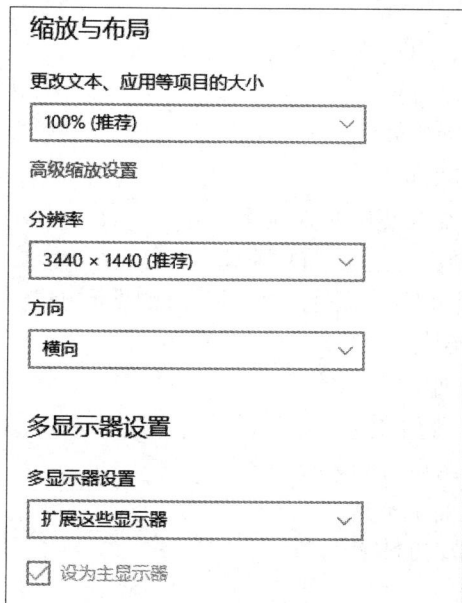

图 2-121　缩放与布局区域界面　　　　　　　　图 2-122　多显示器设置下拉框

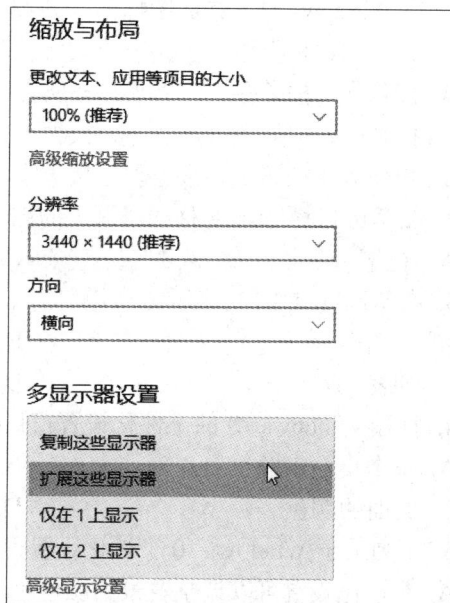

（6）为了最优化显示效果，每台显示器需要设置分辨率，如图 2-123 所示。

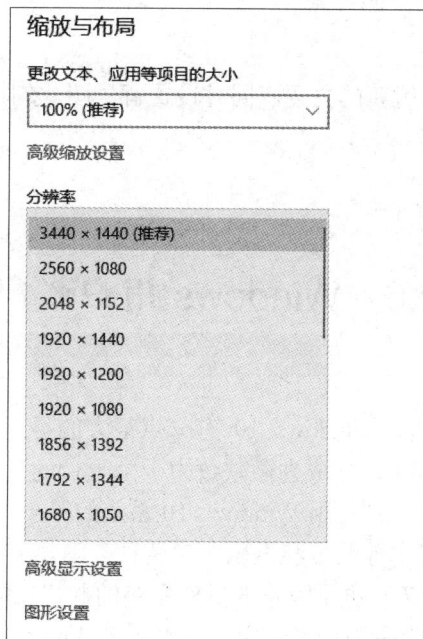

图 2-123　分辨率设置下拉框

【训练场】

选择题

1. 在 Windows 中，桌面图标的排列顺序有(　　)。

A. 按名称、按类型、按大小、按修改时间、自动排列

B. 按名称、按类型、按大小、按属性、自动排列

C. 按名称、按类型、按任务、按大小、自动排列

D. 按任务、按名字、按类型、按大小、自动排列

2. 在 Windows 中，要移动桌面上的图标，需要使用的鼠标操作是(　　)。

A. 单击　　　　　　B. 双击　　　　　　C. 拖放　　　　　　D. 右击

3. 在 Windows 中，可显示文件名、大小、类型、修改时间等内容，应选择的显示方式(　　)。

A. 大图标　　　　　　　　　　　B. 小图标

C. 列表　　　　　　　　　　　　D. 详细资料

4. 打开 Windows 10 的个性化设置窗口，不能设置(　　)。

A. 一个桌面主题　　　　　　　　B. 一组可自动更换的图片

C. 桌面的颜色　　　　　　　　　D. 桌面小工具

5. 下列关于 Windows 10 个性化设置说法错误的是(　　)。

A. 个性化设置可以调整背景的颜色

B. 个性化设置可以调整背景的主题

C. 个性化设置不可以调整屏幕的分辨率

D. 个性化设置可以调整桌面背景

操作题

1. 查看主题并下载及应用新的主题，同时设置背景图片幻灯片放映，图片切换频率为"6 小时"。

2. 查看屏幕分辨率。

2.6　Windows 用户账户

　　和 Windows 7 相比而言，Windows 10 有一点很大的不同就是登录 Windows 时可选 Microsoft 账户，这个 Microsoft 账户成为微软致力于全平台的重要一环。作为一个成熟的多用户系统，创建 Windows 账户是使用 Windows 10 系统的第一步。

　　Windows 10 用户类型有本地账户和微软账户两种类型。

　　本地账户就是 Windows 7 及更早版本的操作系统的账户。本地账户信息只保存在本机，所以本地账户在重装系统、删去账户时会完全消失。在 Windows 10 系统中，本地账户无权访问应用商店、OneDrive。

使用微软账户登录的方式叫联机登录。用户需要输入微软账户及密码。微软账户信息文件保存在云(OneDrive)中，当重装系统、删除账户时，并不会删除账户的信息。微软账户除了可以登录 Windows 10 操作系统，还可登录 Windows Surface 平板、Windows Phone 手机操作系统，实现电脑与其他智能设备的同步。还可以使用 Microsoft 账户同步设置功能，在多个 Windows 10 设备上同步设置。

2.6.1　创建 Microsoft 账户

"Microsoft 账户"是以前的"Windows Live ID"的新名称。Microsoft 账户是用于登录Hotmail、OneDrive、Windows Phone 或 Xbox LIVE 等服务的电子邮件地址和密码的组合。如果你使用电子邮件地址和密码登录这些或其他服务，说明你已经有了 Microsoft 账户，不过你随时可以注册新账户。从 Windows 8 系统开始，电脑账户就可以实现使用微软 Microsoft 账户登录了，并且可以实现与本地账号切换使用，成为 Microsoft 账户可以把你的相关的资料同步到 OneDrive 中，这样对备份资料比较实用。在 Windows 10 系统中有很多功能，都需要登录 Microsoft 账户才能使用。

在首次使用 Windows 10 时，系统会以计算机的名称创建本地账户，如果需要改用 Microsoft 账户，就需要注册并登录 Microsoft 账户。具体操作步骤如下。

(1) 更改账户设置。按【Windows】键，弹出"开始"菜单，单击本地账户头像，在弹出的快捷菜单中单击"更改账户设置"菜单命令，如图 2-124 所示。

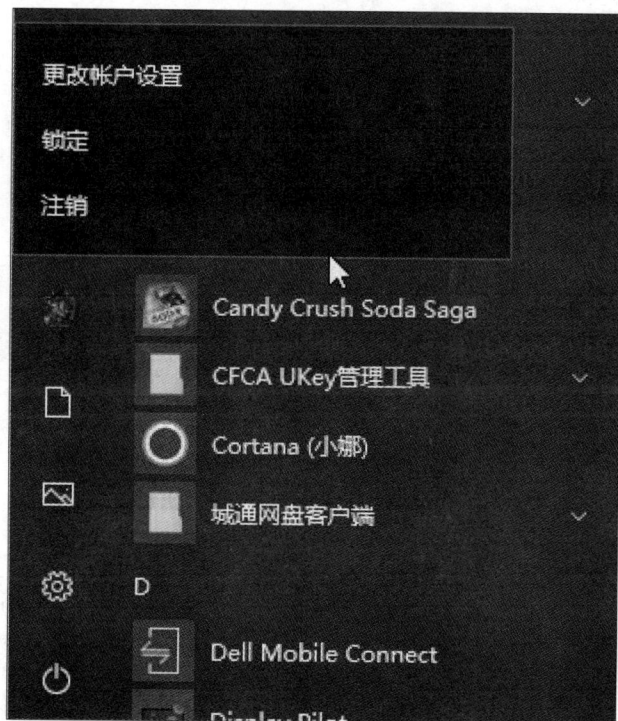

图 2-124　更改账户设置快捷菜单

(2) 设置更改。在弹出的"账户"界面中，单击"改用 Microsoft 账户登录"超链接，如图 2-125 所示。

图 2-125　更改账户设置

(3) 创建超链接。弹出"个性化设置"对话框，输入 Microsoft 账户和密码，单击"登录"按钮即可。

如果没有 Microsoft 账户，则单击"创建一个"超链接。这里我们单击"创建一个"超链接。如图 2-126 所示。

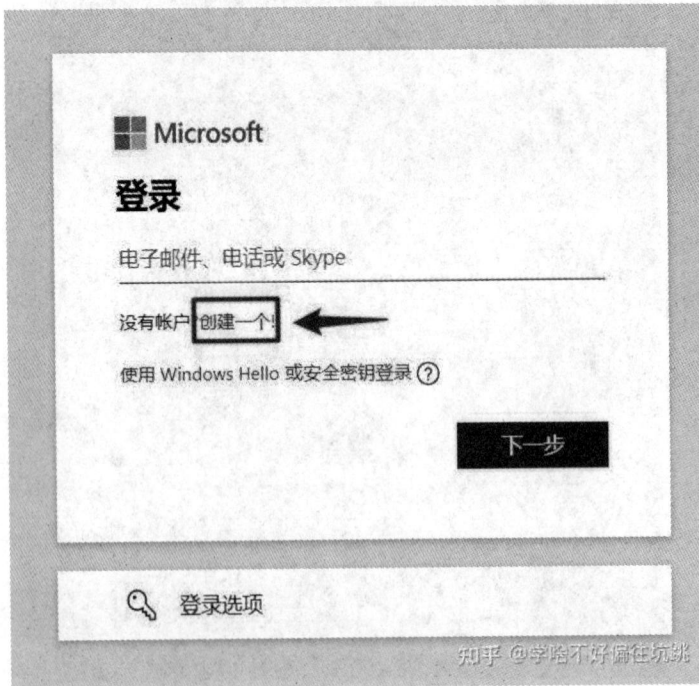

图 2-126　Microsoft 账户登录对话框

　　弹出"让我们来创建你的账户"对话框，在信息文本框中输入邮箱地址和使用密码等，单击"下一步"按钮。然后会进入到创建账户的流程中，只需跟着流程单击"下一步"即可。如图 2-127 所示。

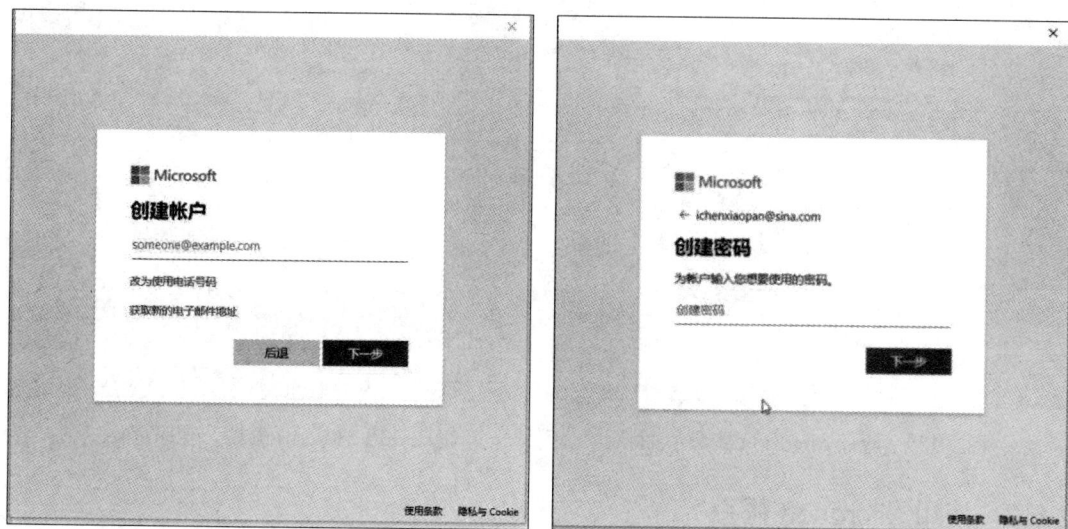

(a) 创建 Microsoft 账户界面　　　　　　　　(b) 创建 Microsoft 密码界面

图 2-127　Microsoft 账户密码界面

　　(4) 收集账户相关信息，如用户姓名、用户生日信息等，如图 2-128 所示。

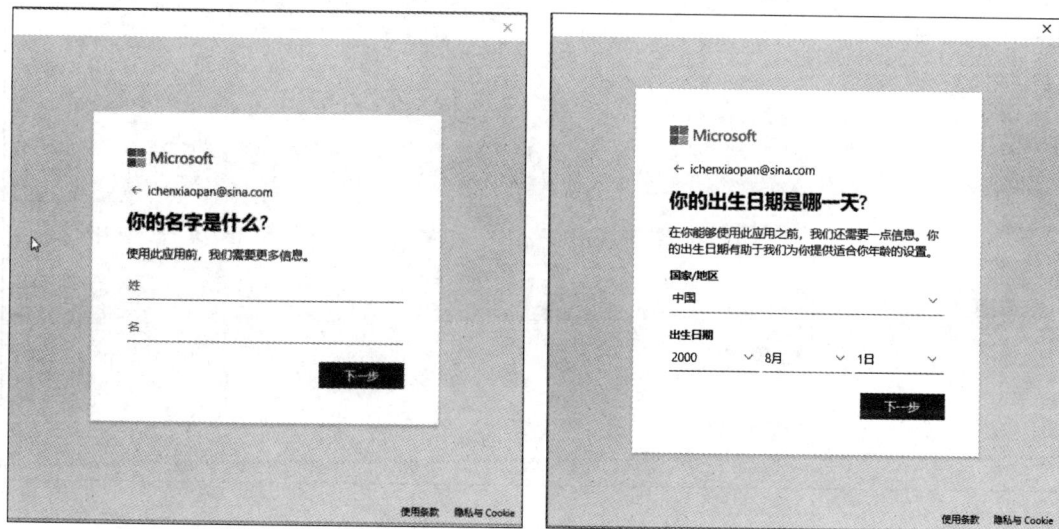

(a) 收集 Microsoft 用户姓名界面　　　　　(b) 收集 Microsoft 用户生日信息界面

图 2-128　收集 Microsoft 账户相关信息界面

　　(5) 完成了上述信息收集后，需要验证注册登录账户的有效性，如图 2-129 所示。验证完成后，再返回到电脑的 Microsoft 账户登录界面，此时输入账户名称和密码，如图 2-130 所示，单击"登录"即可。

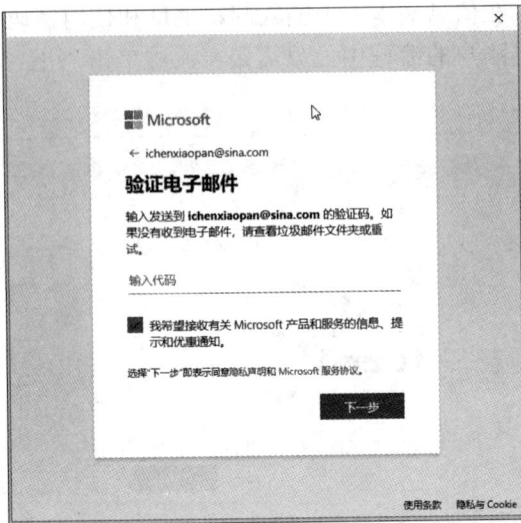

图 2-129　验证 Microsoft 账户界面

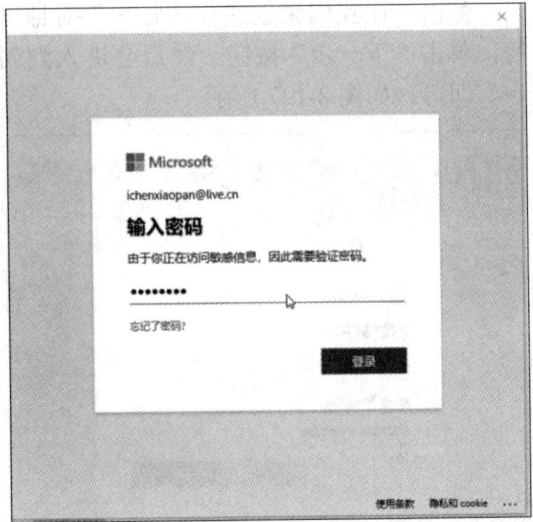

图 2-130　Microsoft 账户登录界面

2.6.2　使用 Microsoft 账户

Microsoft 账户登录后，用户可以根据需求对账户进行设置，以方便使用，如图 2-131 所示。

图 2-131　Microsoft 账户登录

1. 添加/更改账户头像

登录 Microsoft 账户后，默认没有任何头像，用户可以定制个性化头像，可以将喜欢的图片设置为该账户的头像，从而使你的 Windows 别具一格，具体操作步骤如下。

(1) 单击"浏览文件"按钮。在"账户"对话框中单击"调整照片"下的"浏览文件"按钮，如图 2-132 所示。

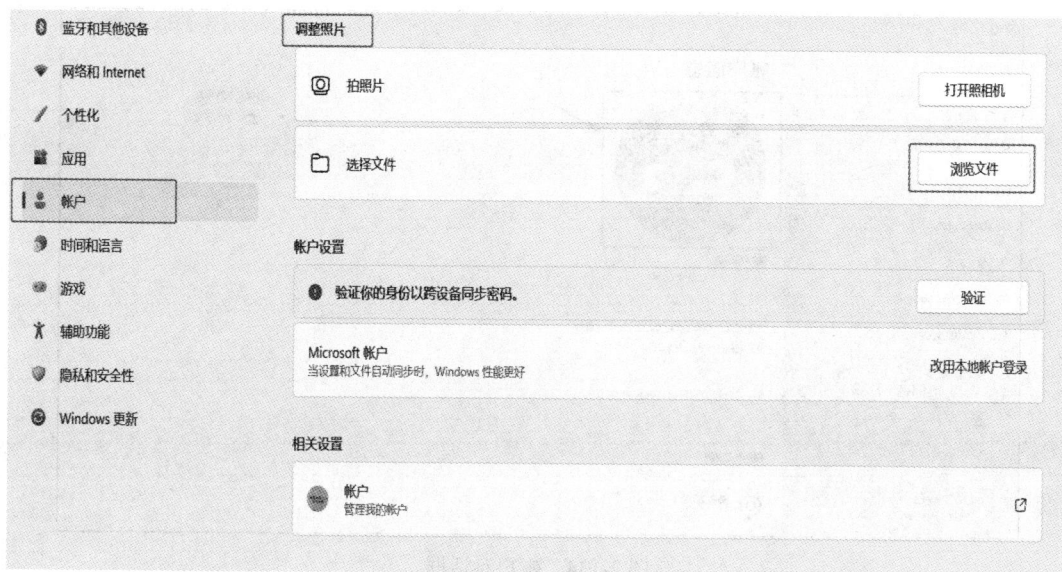

图 2-132　调整照片界面

（2）单击"选择图片"按钮。弹出"图片"选择界面，从中选择要设置的图片，并单击"选择图片"按钮，如图 2-133 所示。

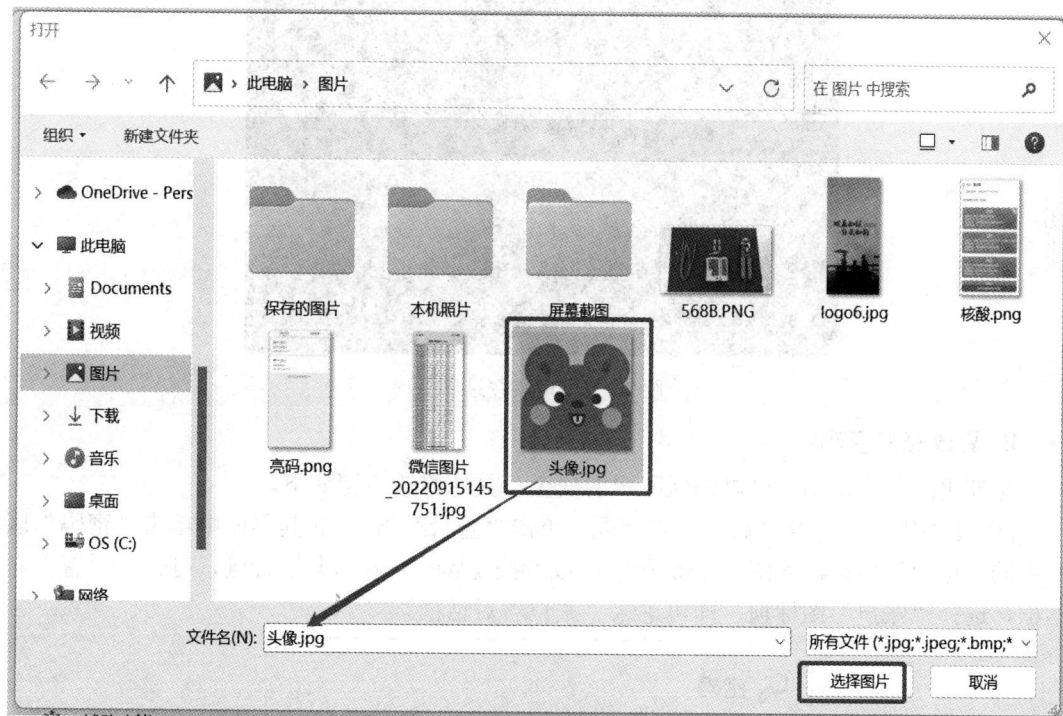

图 2-133　选择头像图片界面

（3）设置完成。返回"账户"对话框，即可看到设置完成的头像，如图 2-134 所示。

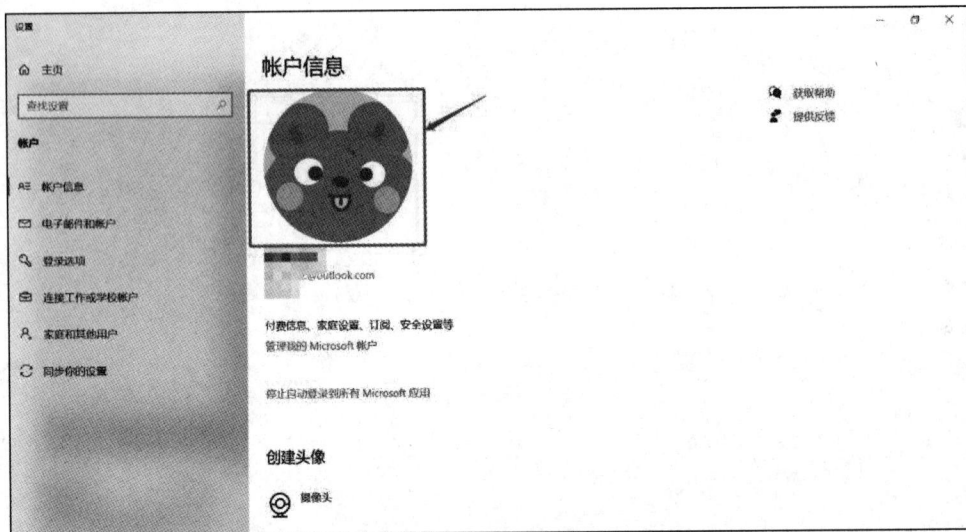

图 2-134　账户对话框

(4) 查看设置。再次进入电脑登录界面时，也可看到设置的账户头像，如图 2-135 所示。

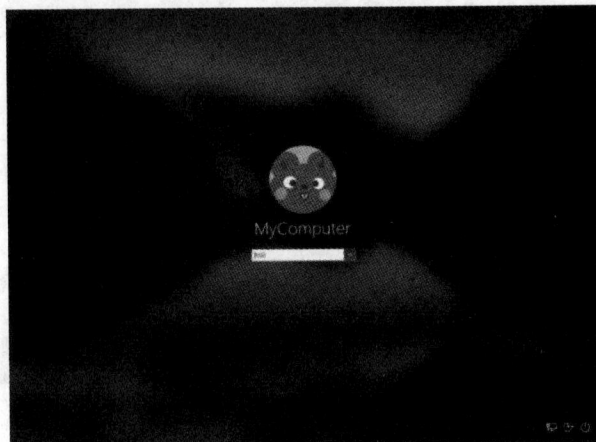

图 2-135　电脑登录界面

2. 更改账户密码

定期更改账户密码，可以确保账户的安全，具体修改步骤如下。

(1) 更改密码。打开"账户"对话框，单击"登录选项"，在其界面中单击"密码"区域中的"更改"按钮，如图 2-136 所示；或者按【Windows+I】组合键，打开"设置"对话框，选择"账户"图标项，即可进入"账户"对话框。

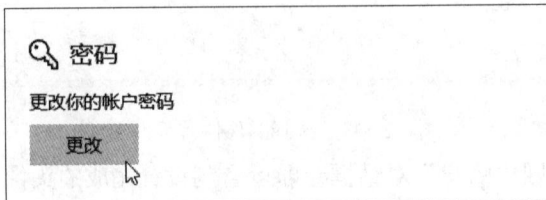

图 2-136　更改密码界面

　　（2）输入当前密码。弹出"请重新输入密码"界面，输入当前密码，并单击"登录"按钮，如图 2-137 所示。

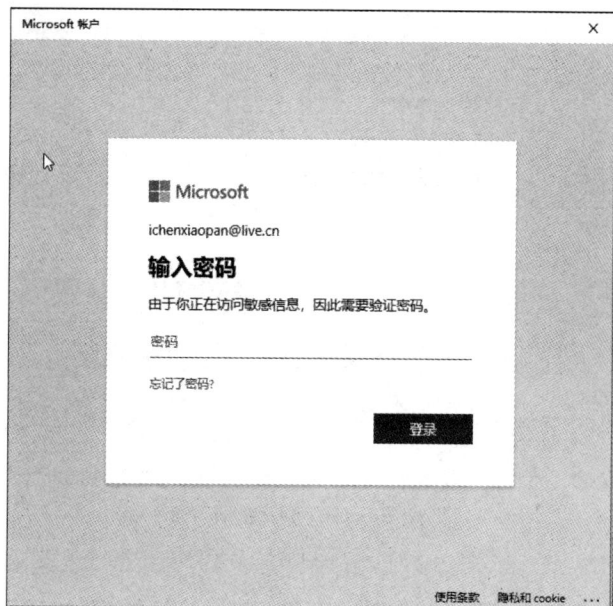

图 2-137　输入当前密码界面

　　（3）输入新密码。在弹出"更改你的 Microsoft 账户密码"界面中，分别输入当前密码和新密码，并单击"下一步"按钮，如图 2-138 所示。

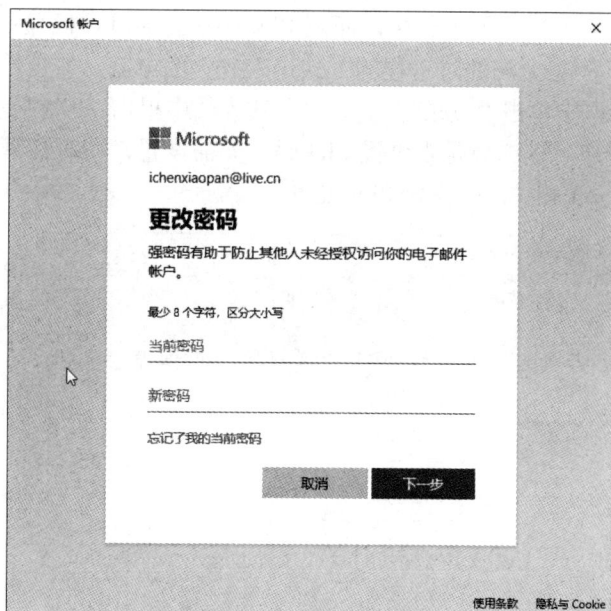

图 2-138　更新密码界面

　　（4）单击"完成"按钮。提示"你已成功更改密码"后，单击"完成"按钮即可，如图 2-139 所示。

图 2-139　成功更改密码界面

3. 设置 PIN 码

PIN 码是为了方便移动、手持设备登录设备、验证身份的一种密码措施，在 Windows 8 中已被使用。设置 PIN 码之后，在登录系统时，只要输入设置的 4 位数字的 PIN 码，不需要按【Enter】键或单击鼠标，即可快速登录系统，也可以访问 Microsoft 服务的应用。

PIN 码是独立于 Windows 账户密码的，不过这两个密码都可以登录到电脑，相比较而言，PIN 码全部是数字，更加便于记忆，而且 PIN 码只能通过本机登录，换句话说，即使有人知道了你的 PIN 码也无法通过远程的方式进入到你的电脑，安全性提高了不少。

在"账户"对话框中单击"登录选项"，并在其界面中单击"PIN"选项。即可弹出"设置 PIN"对话框，用户可以选择是否设置 PIN 码。如需设置，在对话框中输入 PIN 码，如图 2-140 所示。单击"确定"，即完成 PIN 设置。

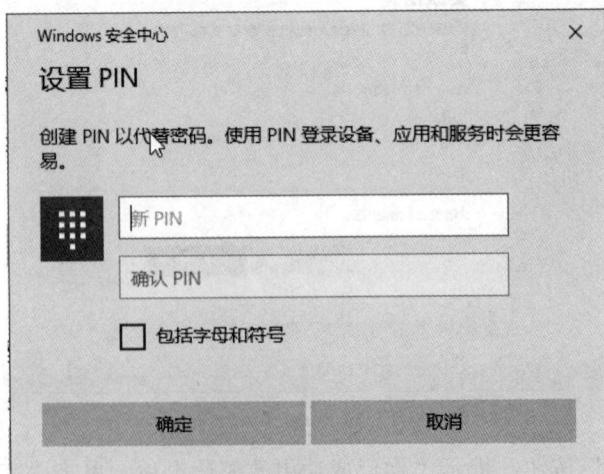

图 2-140　设置 PIN 对话框

提示：在登录 Microsoft 账户后，当再次重启登录电脑时，则需输入 Microsoft 账户的密码。

2.6.3 创建本地账户

在日常使用电脑时，如果一台电脑是公用的，这时 Windows 需要管理多个用户，比如公共场所的电脑——学校机房，通过 Windows 10 系统创建、管理多个用户，可以使每个登录的账户都能使用自己的电脑桌面环境，与其他用户互不干扰。

本地账户存储在本地计算机上的 SAM 中，该文件位置处于：%systemroot%\system32\config\SAM，本地账户只能登录到本地计算机，主要用于工作组环境中使用计算机管理工具进行用户管理，2 个默认账户：管理员账号(Administrator)和来宾账号(Guest)。然而在 Windows 10 中无论是管理员账号(Administrator)还是来宾账号(Guest)都是默认禁用的，因此，我们需要手动创建本地用户账号。在 Windows 10 中创建新的本地用户的操作须在 Windows 10 专业版系统中才可以使用，因为在 Windows 10 家庭版系统的计算机管理中没有"本地用户和组"。具体操作步骤如下。

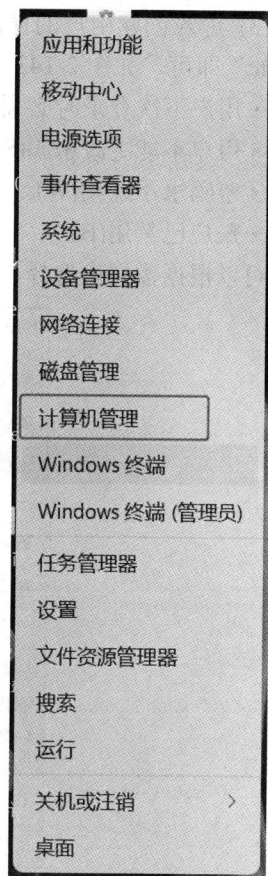

(1) 通过【Windows+X】组合键打开系统快捷工具列表，然后选择"计算机管理"，如图 2-141 所示。

(2) 在"计算机管理中"中依次打开"系统工具""本地用户和组用户"，在"用户"上单击右键，然后单击"新用户(N)..."，如图 2-142 所示。

图 2-141 系统快捷工具列表界面

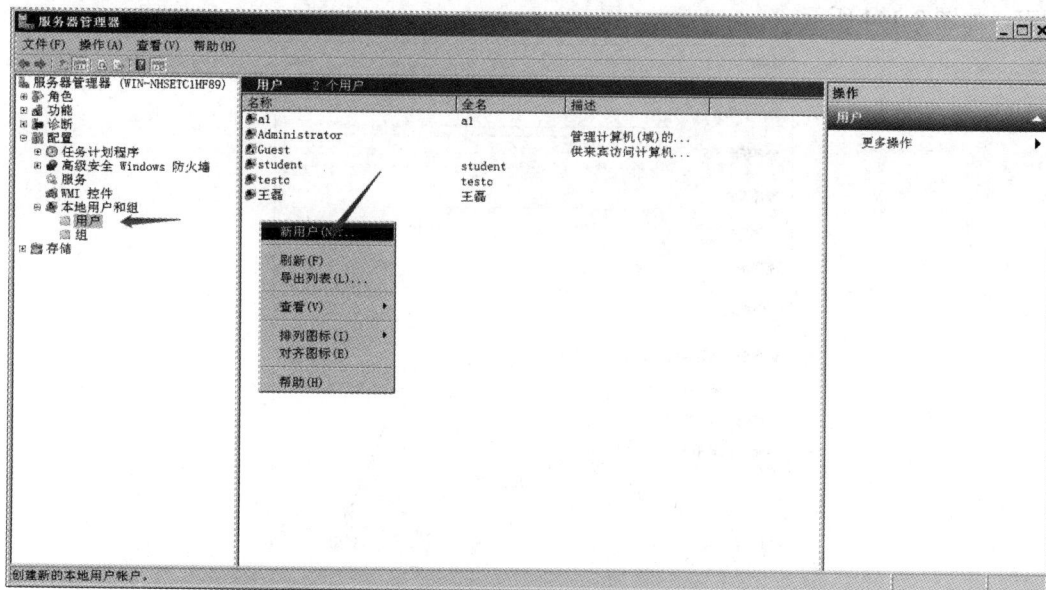

图 2-142 Windows 用户管理器界面

(3) 进入创建用户的窗口，此处以创建一个没有密码的用户为例，只需要添加用户名"testc"即可，如图 2-143 所示。界面中有以下几个选项：

· 用户下次登录时必须更改密码(M)。

· 用户不能更改密码(S)。

· 密码永不过期(W)。

· 账户已禁用(B)。

可以根据需要来选择，此处勾选"密码永不过期(W)"，然后单击"创建"即可。

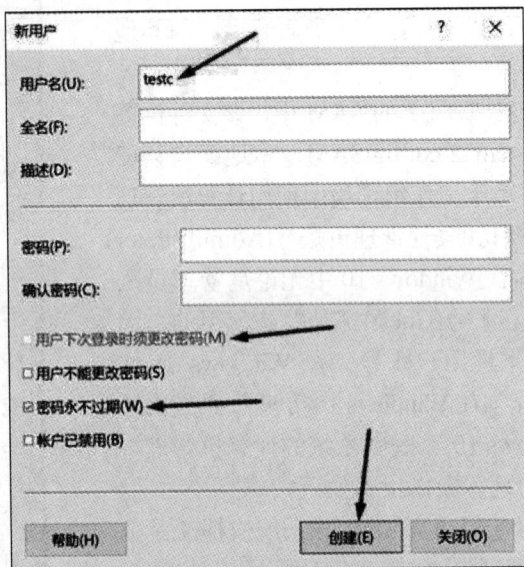

图 2-143 新用户创建界面

(4) 单击"创建"后，此时用户已经创建完毕，单击"关闭"按钮，再关闭这个窗口即可，如图 2-144 所示。

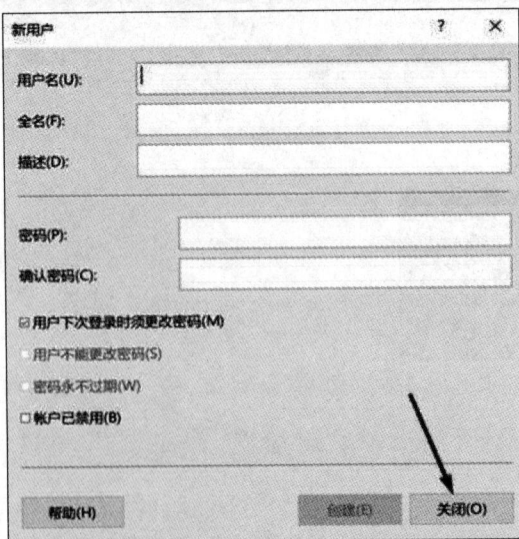

图 2-144 新用户创建完成界面

(5) 在"用户"右侧的列表中已经出现了刚才创建的本地用户"testc",如图 2-145 所示。

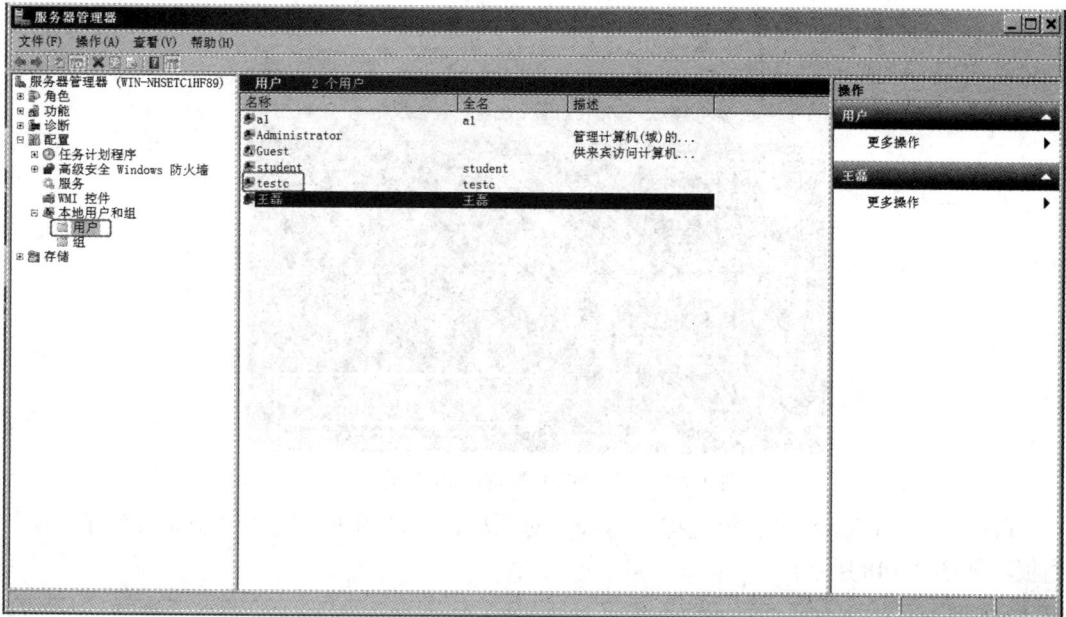

图 2-145　用户新增完成界面

(6) 我们通过"开始"菜单就可以正常地登录,如图 2-146 所示。

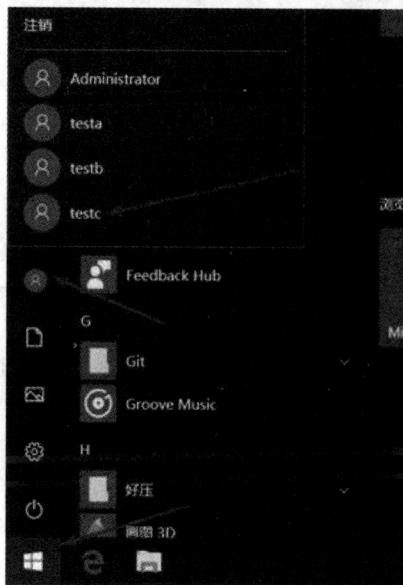

图 2-146　用户登录切换界面

2.6.4　关闭 Windows 10 的用户账户控制

用户账户控制(User Account Control,UAC)是微软公司在其 Windows Vista 及更高版本操作系统中采用的一种控制机制。其原理是通知用户是否对应用程序使用硬盘驱动器和系统文件授权,以达到帮助阻止恶意程序(有时也称为"恶意软件")损坏系统的效果。在

Windows 10 系统使用过程中，用户账户控制会弹出警告界面，很影响使用体验，如图 2-147 所示如何彻底关闭用户账户控制？具体操作步骤如下。

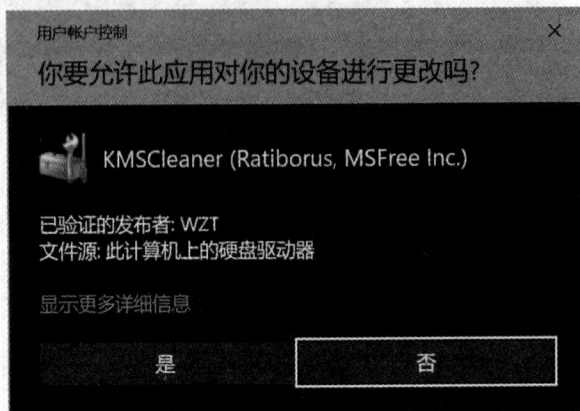

图 2-147　用户账户控制弹出的警告界面

(1) 按【Windows+R】组合键"运行"对话框，在对话框内输入"control"打开控制面板，如图 2-148 所示。

图 2-148　控制面板界面

(2) 在控制面板界面中选择"系统和安全"选项，如图 2-149 所示。

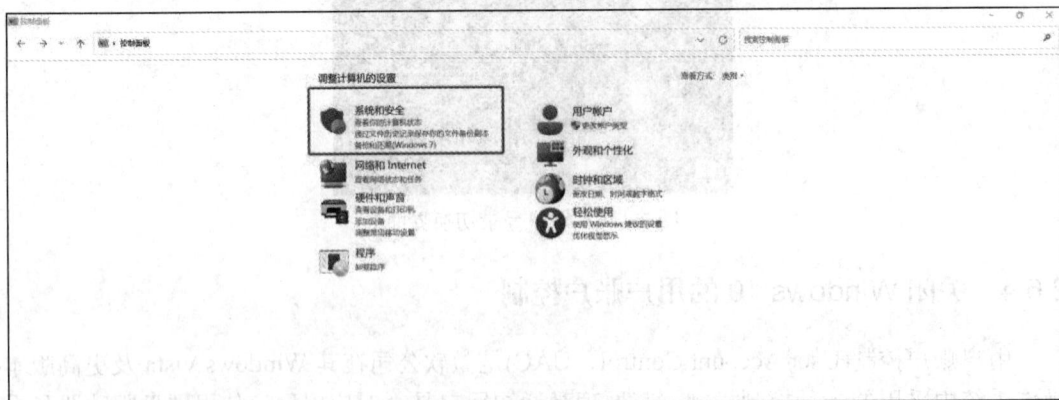

图 2-149　选择系统与安全

(3) 选择"更改用户账户控制设置"，如图 2-150 所示。

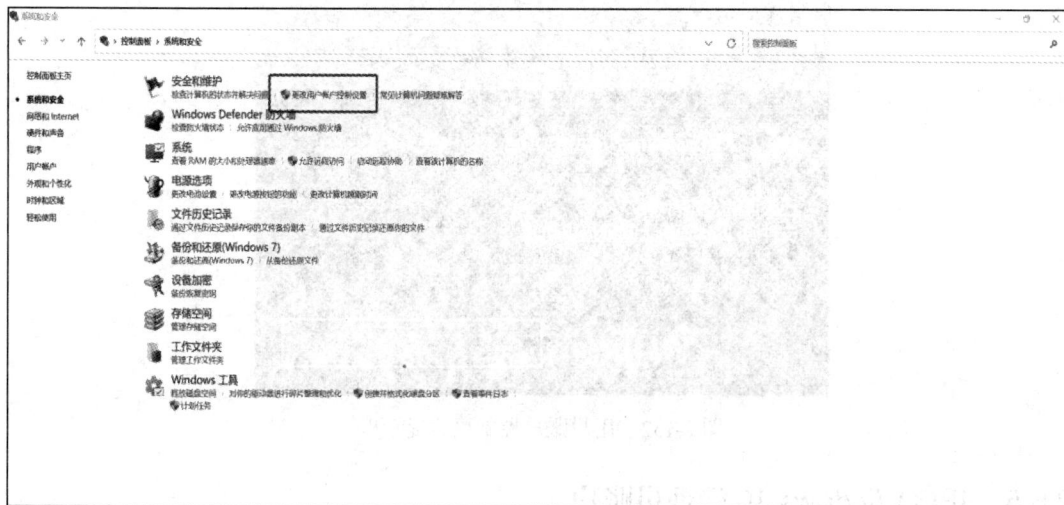

图 2-150　账户控制设置界面

(4) 将通知条拉到底部，然后单击"确定"，如图 2-151 所示。

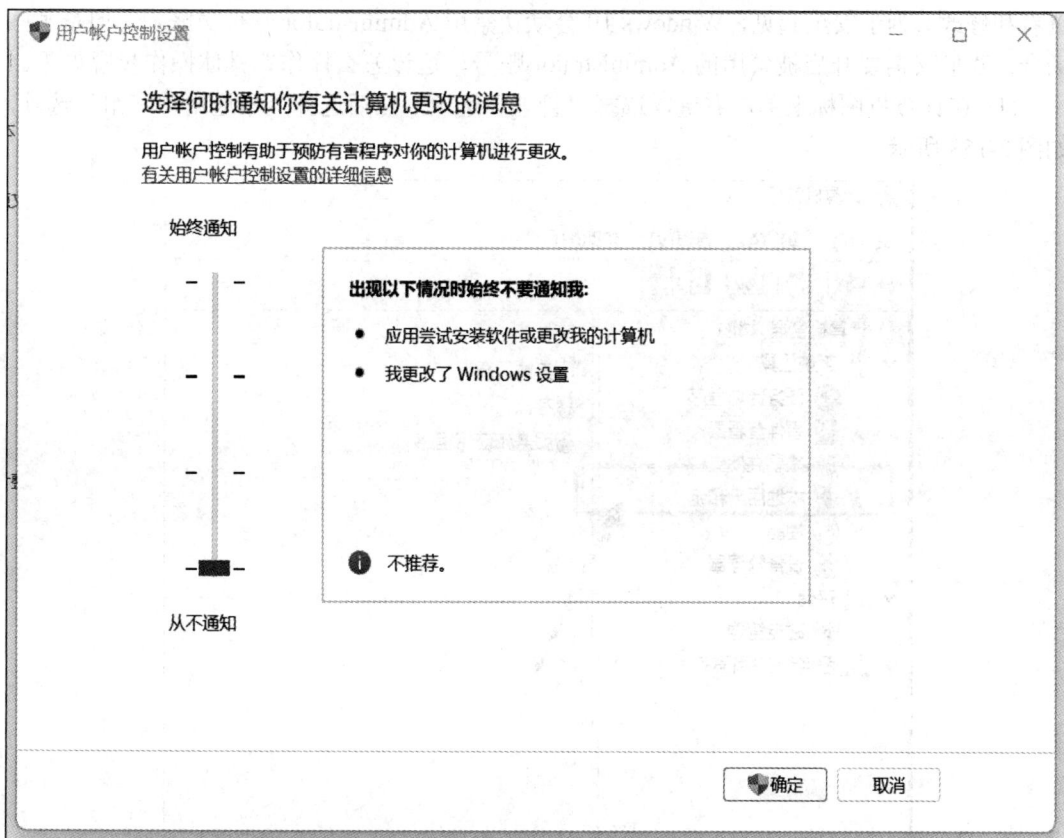

图 2-151　通知条设置界面

(5) 弹出"你要允许此应用对你的设备进行更改吗？"，单击"是"，如图 2-152 所示。

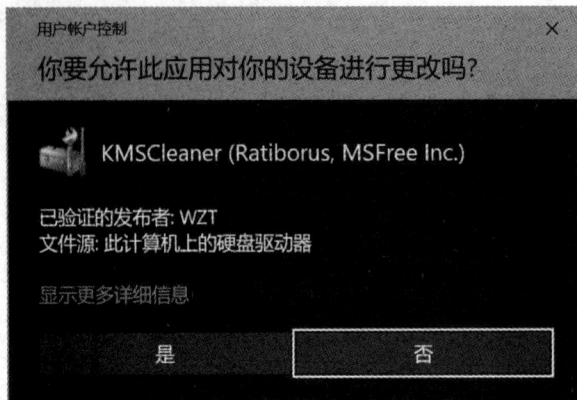

图 2-152　用户账户控制更改提示框

2.6.5　开启 Windows 10 管理员账户

和其他的 Windows 版本一样，Windows 10 系统默认管理员是 Administrator 账户，如果其他人破解了你的 Administrator 账户的密码，就可以登录到你的 Windows 10 中进行任意的查看和修改。为了安全起见，Windows 10 会默认禁用 Administrator 管理员账户，但是某些场合，我们又需要开启被禁用的 Administrator 账号，这该怎么操作？具体操作步骤如下。

(1) 在计算机图标上单击右键，选择"管理"选项，然后选择"本地用户和组"选项，如图 2-153 所示。

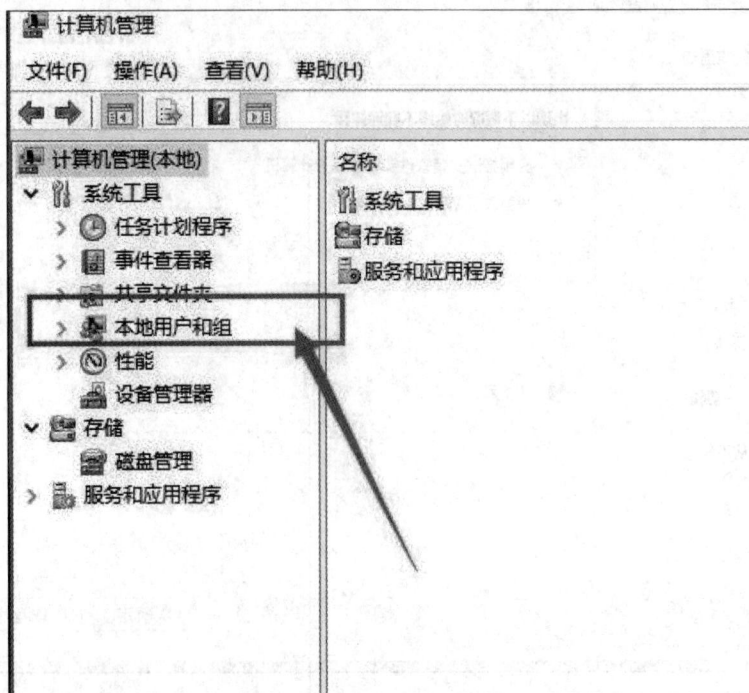

图 2-153　选择本地用户和组

（2）在"本地用户和组"中，双击"用户"选项，然后在"Administrator 账户"上单击右键，选择"属性"选项，如图 2-154 所示。

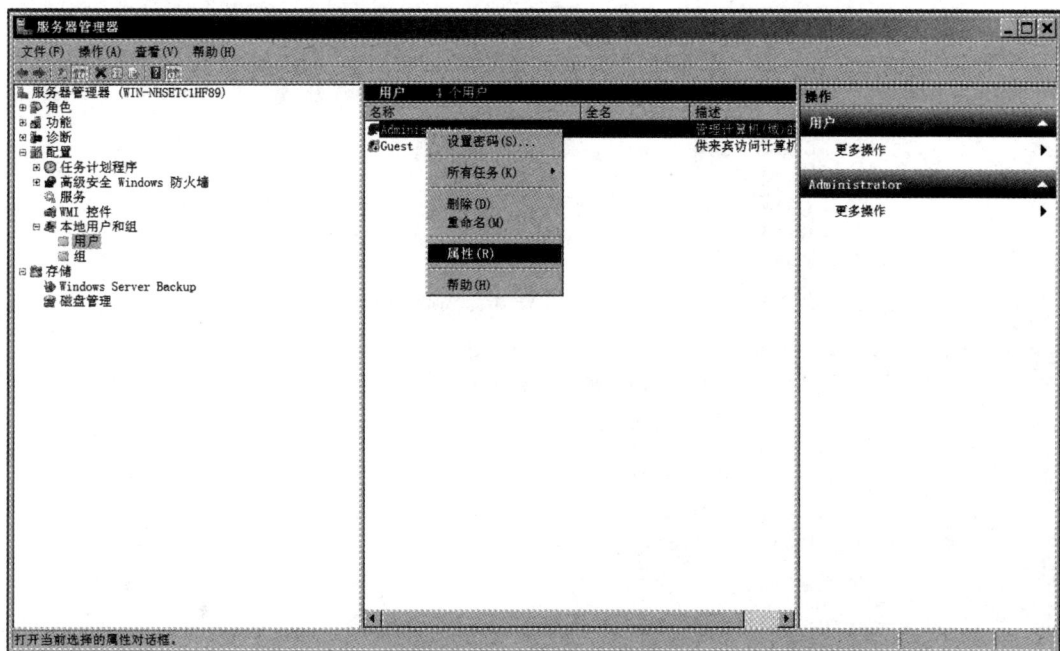

图 2-154　计算机管理界面

（3）在弹出的 Administrator 属性界面中"账户已禁用"已被勾选，即表示 Administrator 账户被禁用了，如图 2-155 所示。

图 2-155　用户属性界面

(4) 接下来，我们只需在 Administrator 属性界面中，取消勾选"用户已禁用"选项，再单击"确认"，则 Administrator 账户取消禁用设置完成，如图 2-156 所示。

图 2-156　Administrator 账户取消禁用设置界面

提示：在禁用默认管理员账户之前一定要先建立一个有管理员权限的其他账户，否则电脑出问题时不能进行一些权限的设置。

【训练场】

选择题

1. Windows 10 支持两种账户类型，分别是 Microsoft 账户(在线账户)和本地管理员账户(离线账户)。那么，如果这两种账户登录到 Windows 10 却忘记了密码，我们应该怎么做最合适呢？(　　)

A. 如果使用在线 Microsoft 账号，可以直接在 Windows 10 登录界面修改密码或通过 PIN 码登录(如果已经设置了 PIN 码)

B. 如果使用了本地管理员账户(通常以 Administrator 命名)，则可以在 Windows 预安装环境(PE 系统，如微 PE 工具箱、优启通 PE 等)下使用 NTPWedit 密码解除工具来解除开机密码

C. 直接重置或重装系统

D. 随便猜

2. Windows 10 操作系统主要包含(　　)类型的用户账户。

A. 管理员账户　　　　　　　　　　B. 标准账户

C. 来宾账户　　　　　　　　　　　D. Microsoft 账户

3. Windows 10 家庭版有没有"本地用户和组"?(　　)

A. 有　　　　　　B. 没有　　　　　C. 不知道　　　　　D. 不好说

操作题

1. 关闭"Windows 10 用户账户控制"。

2. 虚拟机安装 Windows 10 专业版，新建本地用户"李小明"，并设置密码"123456"，并设置"用户不能更改密码"。

2.7　应用软件的安装、更新与卸载

　　一个完整的计算机系统是由硬件系统和软件系统两部分构成的，软件系统包括系统软件和应用软件，应用软件(Application software)是为满足用户不同领域、不同问题的应用需求而提供的专用软件，它可以拓宽计算机系统的应用领域，放大硬件的功能。

　　在安装完操作系统后，用户首先要考虑的就是安装应用软件，我们必须借助应用软件来完成各种事项，比如安装 WPS 软件来完成文字处理、文章排版、演示文稿的设计；安装 Adobe Photoshop 来进行图片处理；可以安装爱奇艺、腾讯视频等在线视频软件来追剧、看最新的电影和综艺节目等；如果计算机的硬件配置高级，拥有高端的图形显卡，你还可以安装诸如 Battlefield 这样的游戏大作，来体验精彩的游戏世界。除此之外，我们还需要安装各种工具软件来满足其他各种需求，比如下载软件需要安装迅雷；下载和保存云资源需要安装百度云盘；播放各种视频需要安装 PotPlayer；优化 Windows 系统需要安装 360 安全卫士；为了提高系统安全性需要安装卡巴斯基杀毒软件等。

　　各种应用软件都有一个起步、发展到成熟的过程，在这个过程中不断丰富功能、稳定性能、提升体验，因此应用软件也需要不断升级，比如微信 Windows 版从最初的 1.0 到现在的 3.0，功能越来越完善、稳定性越来越好。而卸载不常用的软件不仅可以多出更多的存储空间，还可以减少后台的内存及 CPU 的占有率，让计算机可以更健康、更轻松地工作。

2.7.1　软件安装

　　软件安装的前提是要有相应的应用软件，目前，从互联网下载应用软件是主流途径。下载的文件一般是压缩包格式文件，解压之后我们需要找到相应的安装文件，安装文件一般是以 EXE 结尾的可执行程序文件，基本上都是以 setup.exe 命名的，也有一些安装程序是以 install.exe 来命名，还有部分以不常用的 MSI 格式的大型安装文件。除此以外，还有一些工具软件提供免安装方式，即提供 RAR、ZIP 文件格式，这种工具软件只需要解压至指定文件夹位置便可以运行，不需要执行安装过程，比如截图软件 Greenshot，本地文件搜索工具 Everything 等。

　　应用软件的获取主要有以下两种途径。

1. 安装光盘

安装光盘提供的主要是设备驱动程序。日常购买的电脑、板卡、打印机、扫描仪等设备都会有一张随机光盘(即便现在大部分电脑都取消了光驱设备)，里面包含了相关驱动程序，用户可以将光盘放入电脑光驱中读取里面的驱动安装程序，并进行安装。当然应用软件也提供安装光盘，尤其是软件大小超过 GBytes 的大型软件，比如 Windows 系统、Office 软件、大型的游戏软件均会提供 DVD 光盘，还有市面上销售的一些杀毒软件、常用工具软件的合集光盘，用户可以根据需要购买。

2. 官网下载

官方网站是指由某组织与个人建立的最具权威、最有公信力或唯一指定的网站，以达到介绍和宣传产品的目的。

2.7.2 软件更新

软件更新是指软件开发者在编写软件的时候，由于设计人员考虑不全面或程序功能不完善，在软件发行后，通过对程序的修改或加入新的功能后，从低版本向高版本的更新。由于高版本常常修复低版本的部分漏洞，所以经历了软件更新，一般都会比原版本的性能更好，使用户有更好的体验。特别是杀毒软件的病毒库，必须不断升级。软件升级主要分为自动更新、手动更新和使用第三方软件升级三种方法。

1. 自动更新

应用软件如果设置了自动更新，可以帮助用户尽快获得最新版本的应用，每次启动时会自动检测是否有新版本更新，如果有则会弹出自动更新窗口，如图 2-157 所示。

图 2-157　应用软件自动更新通知

2. 手动更新

单击"检查更新"进行新版本检测，如图 2-158 所示。

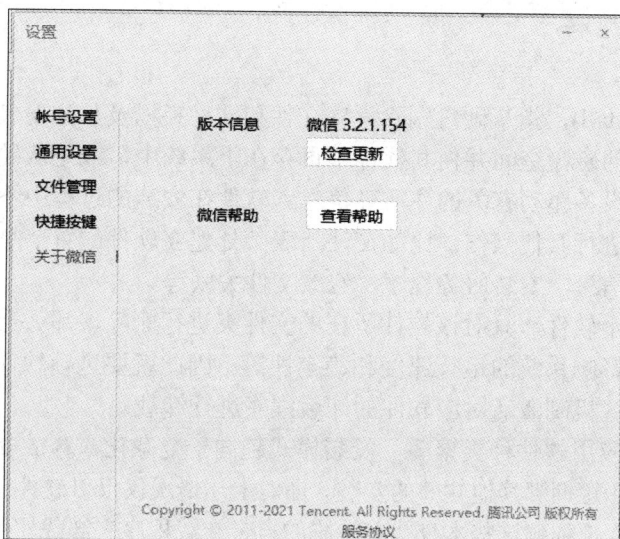

图 2-158　应用软件更新界面

3. 使用第三方软件升级

用户可以通过第三方软件升级软件，如 360 安全卫士和 QQ 电脑管家。下面以 360 软件管家为例，简单介绍如何利用第三方软件升级软件。

打开 360 软件管家界面，选择"软件升级"选项卡，在界面中即可显示可以升级的软件，单击"升级"按钮或"一键升级"按钮即可，如图 2-159 所示。

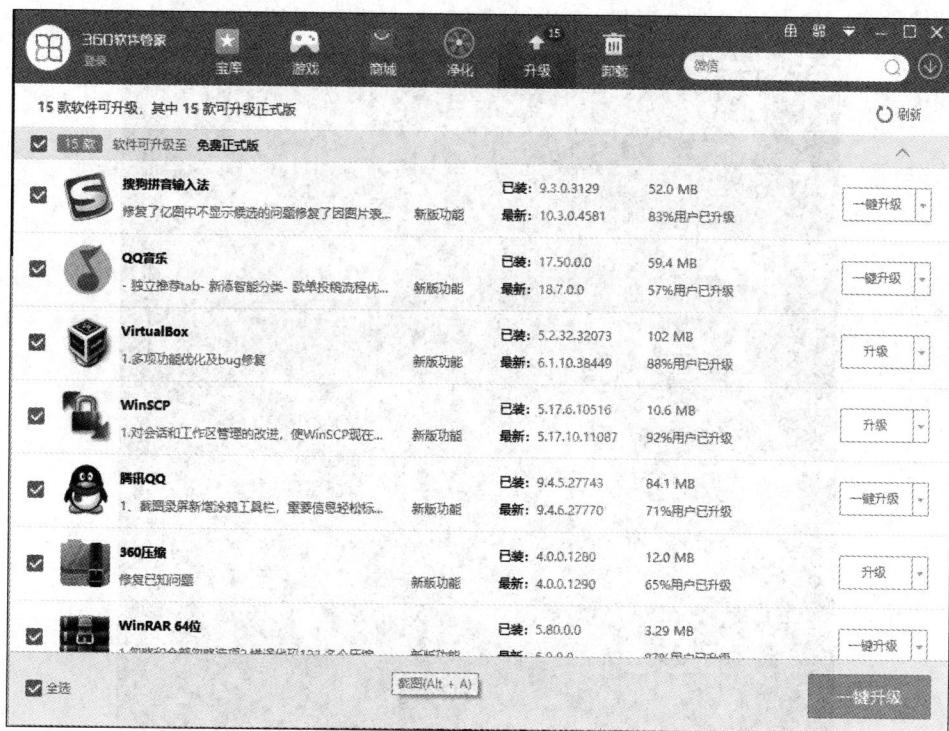

图 2-159　360 软件管家界面

2.7.3　软件卸载

软件卸载(uninstall)，指从硬盘删除程序文件和文件夹以及从注册表删除相关数据的操作，释放原来占用的磁盘空间并使其软件不再存在于系统中，或是从硬盘删除对应的设备驱动程序并删除跟设备驱动有关的注册表信息。软件在安装的过程中不只是简单地往系统上复制文件，还会进行其他操作，比如在注册表某处建立软件配置信息，设置自动运行项目，安装驱动设备信息，安装服务程序，修改文件关联等。

如果要卸载一个软件，只对该软件所在的文件夹进行删除，那么会造成系统存在许多无用的信息，从而影响系统的运行速度和稳定性等。因此就要进行软件卸载，最好先使用系统提供的默认卸载机制激活对应软件的卸载程序进行卸载。

由于当今系统应用软件种类繁多，安装模式趋向于复杂化，释放安装文件的形式越来越多样化，而且还恶意捆绑其他软件的安装。面对上述情况仅仅以软件自带的卸载程序是远远不够的，如果每次都依赖这些本身就有缺陷的自带卸载程序来卸载软件，会遗留非常多的残留信息，从而影响系统的稳定性和效率性，造成磁盘空间占用率增大。在卸载前我们也需要做些准备，比如备份重要数据、文档、用户信息等。软件的卸载主要有以下三种方法。

1. 使用自带的卸载组件

当软件安装完成后，会自动添加在"开始"菜单中，如果需要卸载这个软件，可以在"开始"菜单中查找是否有自带的卸载组件。下面以卸载百度网盘和优酷为例，具体操作步骤如下。

(1) 打开"开始"菜单，在常用程序列表或所有应用列表中，选择要卸载的软件，单击展开软件名，单击出现的"卸载百度网盘"选项，如图 2-160 所示。

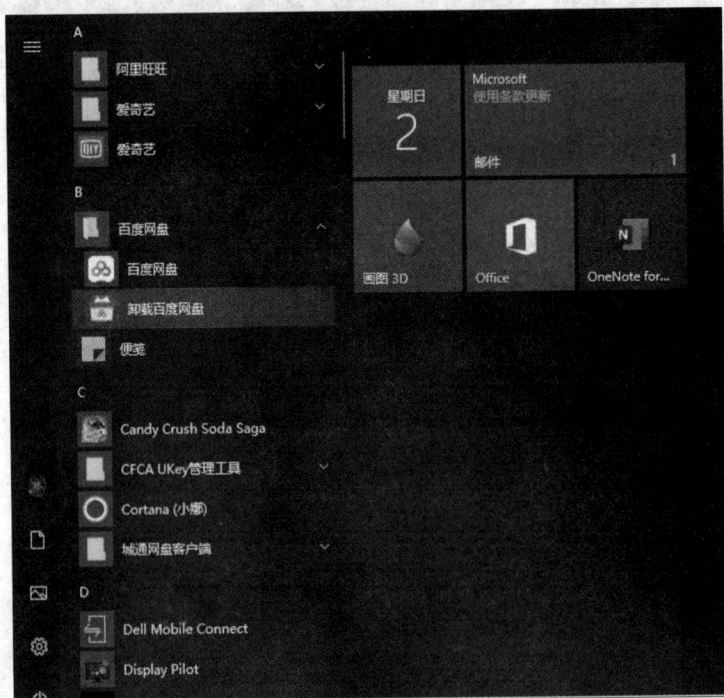

图 2-160　应用程序选择界面

（2）如果是固定在开始屏幕中，可以右击要删除的磁贴，在弹出的菜单中选择"卸载"命令，如图 2-161 所示，右击"优酷"磁贴，在弹出的菜单中选择"卸载"命令。

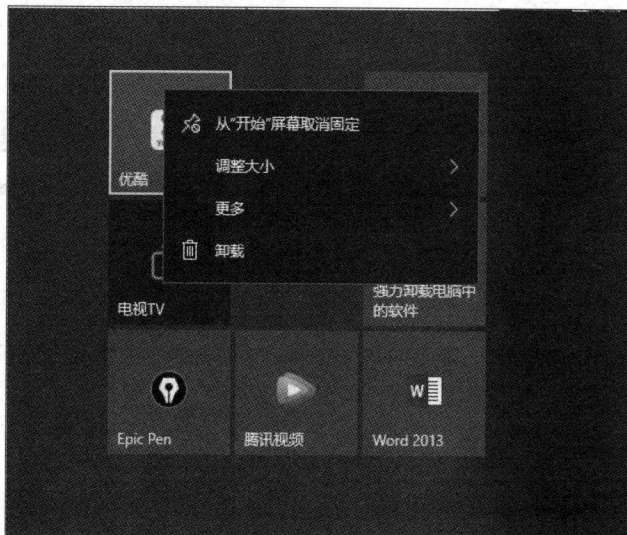

图 2-161　卸载软件快捷界面

2. 通过 Windows 10 设置面板卸载应用程序

按【Windows+I】组合键，在打开的"设置面板"界面中单击"应用"超链接，进入"应用和功能"窗口。单击需要卸载的软件名称，出现"卸载"按钮，单击"卸载"按钮即可完成软件卸载，如图 2-162 所示。

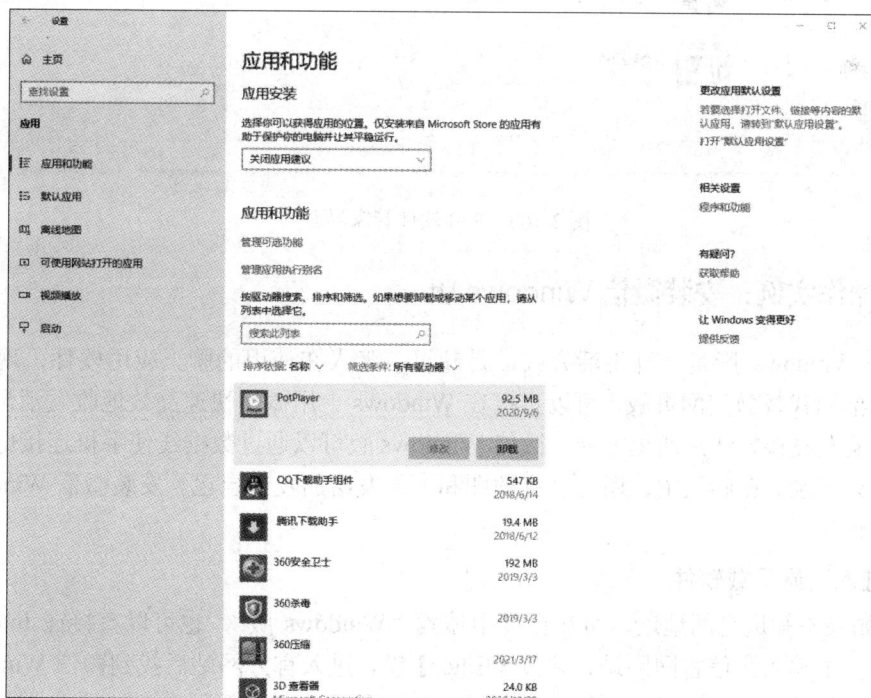

图 2-162　Windows 10 设置面板界面

3. 使用第三方软件卸载

用户还可以使用第三方软件(如 360 软件管家、电脑管家等)来卸载不需要的软件。我们以 360 软件管家为例，打开 360 软件管家界面，单击"软件卸载"选项卡，选择需要卸载的软件，单击"卸载"按钮即可，如图 2-163 所示。

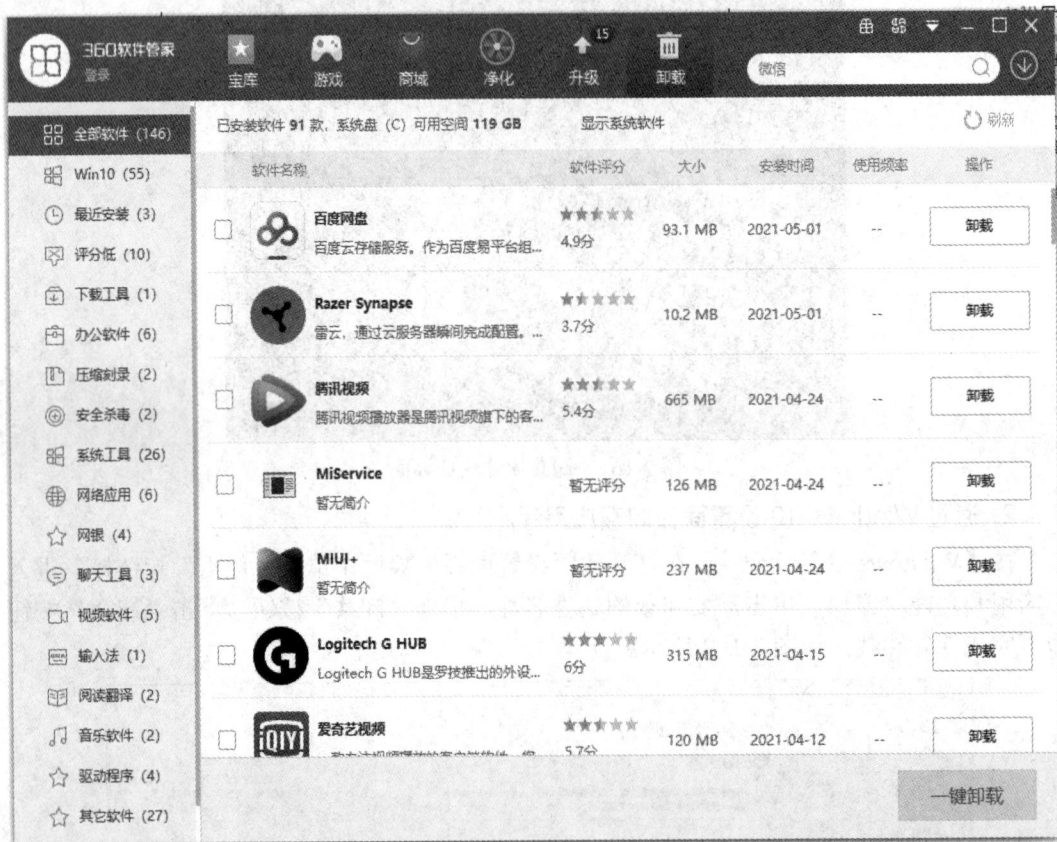

图 2-163　360 软件管家界面

2.7.4　操作实例：安装微信 Windows 版

微信 Windows 版是一种生活方式，是超过三亿人在使用的聊天应用软件，现在登录 Windows 桌面代替微信网页版，可以直接在 Windows 上用微信快速高效地收发消息，轻松愉快地和朋友畅谈，让沟通更方便。微信 Windows 版可以通过数据线使手机连接电脑，同步备份聊天记录。在聊天中，还可以将截图和文件发给朋友或自己。安装微信 Windows 版的具体步骤如下。

1. 进入官网下载软件

(1) 如果不知道官网地址，可在百度中搜索"Windows 版"，也可以直接在 Internet 浏览器地址栏中输入微信官网网址，并按【Enter】键，进入官方网站后找到微信 Windows 版的下载资源，单击"立即下载"按钮下载该软件，如图 2-164 所示。

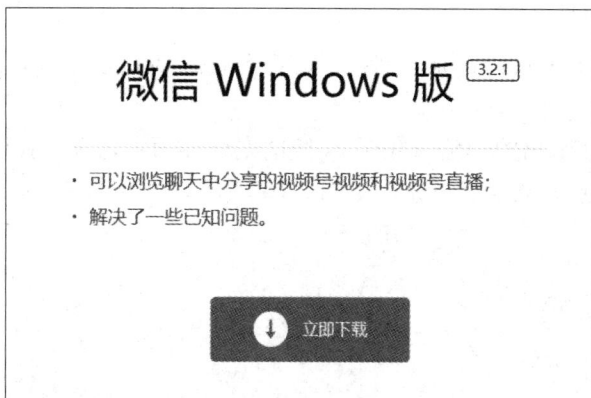

图 2-164　微信 Windows 版下载界面

(2) 如果电脑已经安装了下载软件，如迅雷等，浏览器会自动关联迅雷，并打开迅雷下载界面，选择文件保存位置，单击"立即下载"按钮即可开始下载，如图 2-165 所示。

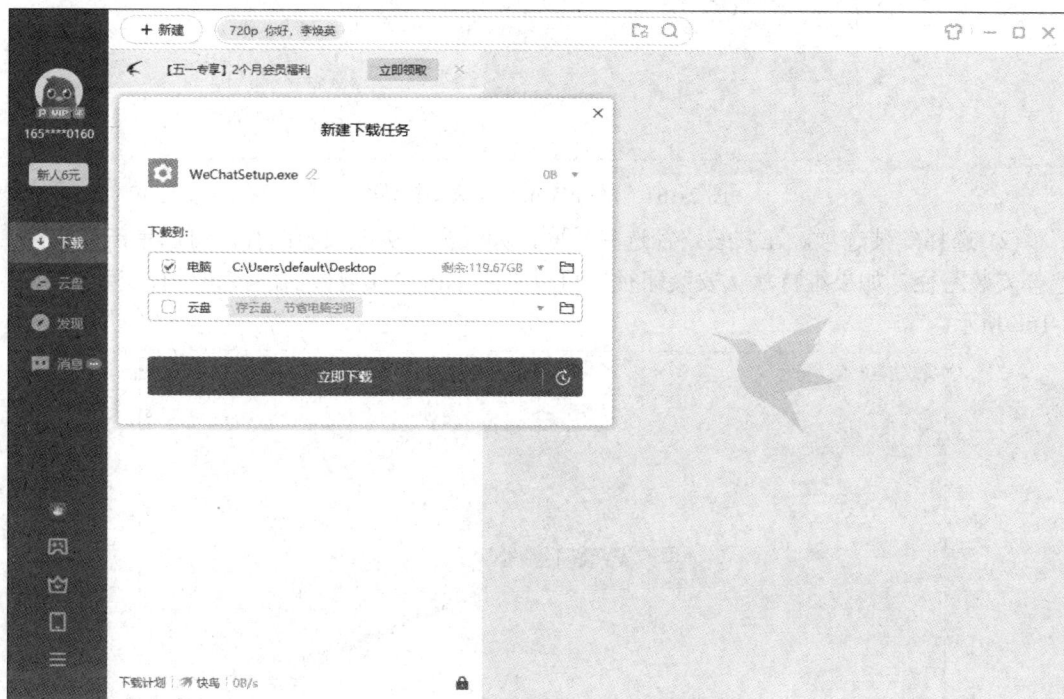

图 2-165　迅雷下载微信界面

(3) 下载至桌面，微信 Windows 版安装文件图标如图 2-166 所示。

图 2-166　微信 Windows 安装文件图标

2. 安装过程介绍

打开已下载的微信 Windows 版文件夹，可看到微信 Windows 版安装文件。双击名称为 "WeChatSetup.exe" 的文件。

(1) 安装软件。在弹出的微信 Windows 版的安装界面中勾选"我已阅读并同意服务协议"选项，并单击"安装微信"按钮，如图 2-167 所示。

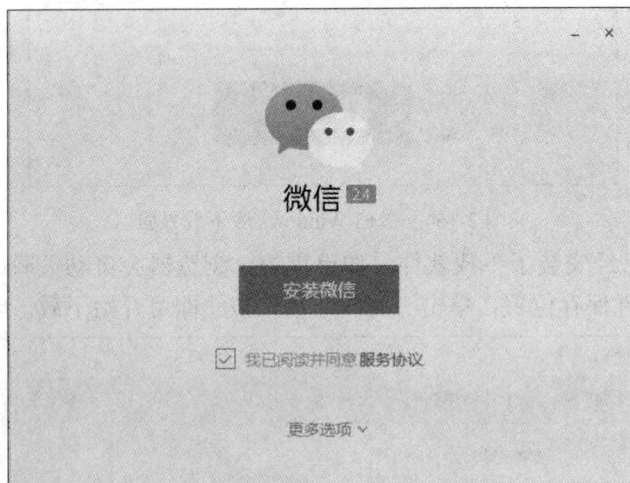

图 2-167　微信 Windows 版安装界面

(2) 选择安装选项。在安装路径选择界面，如果需要更改安装路径，可以单击"浏览"选择安装路径，如果维持默认安装路径，可以直接单击"安装微信"按钮进行安装，如图 2-168 所示。

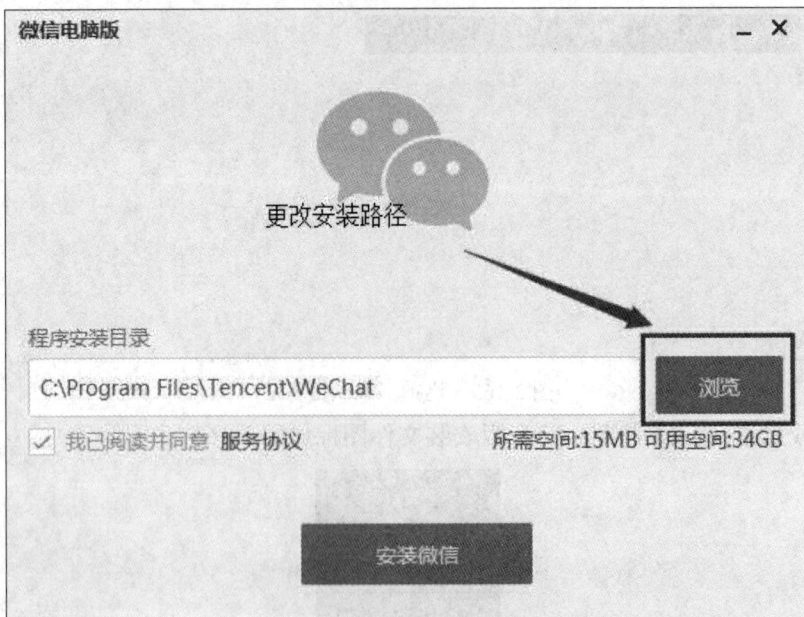

图 2-168　微信安装路径选择界面

(3) 单击"安装微信"按钮后进入安装进度界面，如图 2-169 所示。

(4) 安装进度结束后，弹出安装完成界面，如图 2-170 所示。

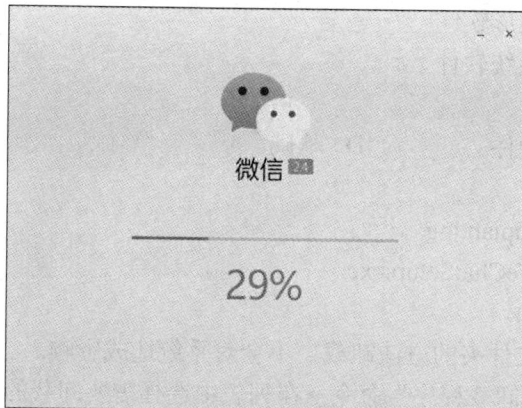
图 2-169　微信安装进度界面

图 2-170　微信安装完成界面

(5) 运行软件。提示安装完成后，在桌面上已自动添加了"微信"图标，如图 2-171 所示。

(6) 双击"微信"图标打开微信 Windows 版登录界面，如图 2-172 所示。

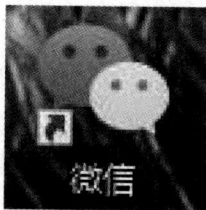
图 2-171　微信图标

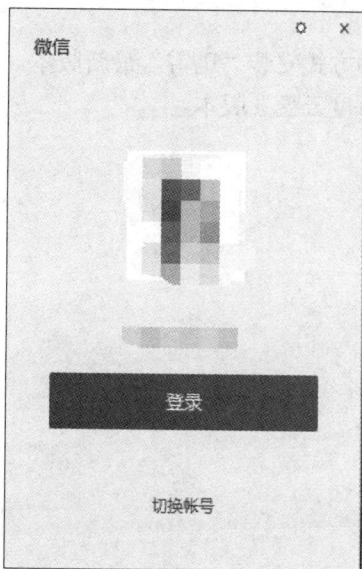
图 2-172　微信 Windows 版登录界面

(7) 登录后即可使用该软件。

【训练场】

选择题

1. 安装程序的文件格式常为(　　)。

A. 可执行文件(.exe)或微软格式安装包(.msi)

B. 可删除文件(.exe)或安卓格式安装包(.mse)

C. 可执行文件(.exe)或安卓格式安装包(.mse)

D. 可删除文件(.exe)或微软格式安装包(.msi)

2. Word 属于(　　)

A. 信息管理软件　　　　　　　　B. 图形软件

C. 字处理软件　　　　　　　　　D. 系统软件

3. Adobe Photoshop 文档是(　　)软件。

A. 应用　　　　B. 系统　　　　C. 硬件　　　　D. 基础

4. 下面是安装文件的是(　　)。

A. ABC.docx　　　　　　　　　B. Tupian.jpg

C. Donghua.swf　　　　　　　　D. WeChatSetup.exe

5. 关于卸载软件下列操作错误的是 (　　)。

A. 安装好的软件可以使用直接删除软件文件夹的方法卸载，不会对系统造成影响。

B. 单击"开始"按钮→"控制面板"→"卸载程序"命令→在列表中选择需要卸载的程序，单击"卸载"命令。

C. 可以利用软件自带的卸载程序来进行软件卸载。

D. 找到并运行软件安装文件夹下的 Uninstall.exe。

操作题

1. 使用多种方式安装"迅雷"最新版本。

2. 检查"百度云盘"版本。

模块 3 WPS 文字处理

WPS Office 2019 是由北京金山办公软件股份有限公司自主研发的一款办公软件套装，可以实现办公软件最常用的文字、表格、演示、PDF 阅读等多种功能。

本模块将通过具体的应用实例，对 WPS 文字处理进行系统的介绍。通过本模块的学习，读者可以运用 WPS 文字处理功能排版出美观的文档。

3.1 WPS 文字处理基础

本节以制作会议纪要为例，介绍 WPS 文字处理基本操作。

【实例描述】某公司于 2021 年 3 月 2 日召开了季度例行会议，会议讨论并拟定了公司下一季度的工作事项。现需要秘书处制作一份"会议纪要"，并分发给各个部门，秘书处安排员工小丽完成会议纪要的制作。

小丽接到任务后，首先新建了一个 WPS 文档，将会议内容输入 WPS 文档并对输入的文字内容进行了排版。经过一系列的 WPS 文档操作后，小丽出色地完成了领导交办的任务。会议纪要文档排版效果图如图 3-1 所示。

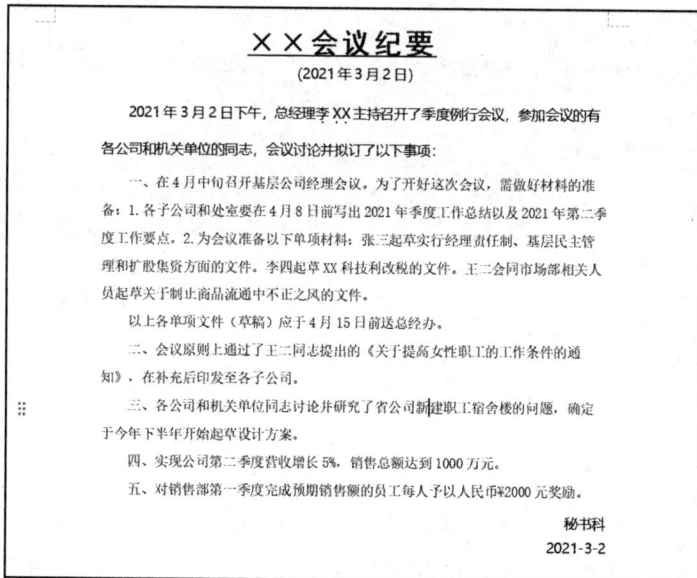

图 3-1 会议纪要文档排版效果图

3.1.1 创建 WPS 文档

我们可以通过鼠标双击"开始"菜单中的 WPS Office 的应用程序启动 WPS Office 办公软件，也可以通过鼠标双击电脑桌面上的 WPS Office 的快捷图标启动 WPS Office 办公软件。打开 WPS Office 主界面后单击"新建文字"按钮，进入 WPS 文档初始界面，如图 3-2 所示。

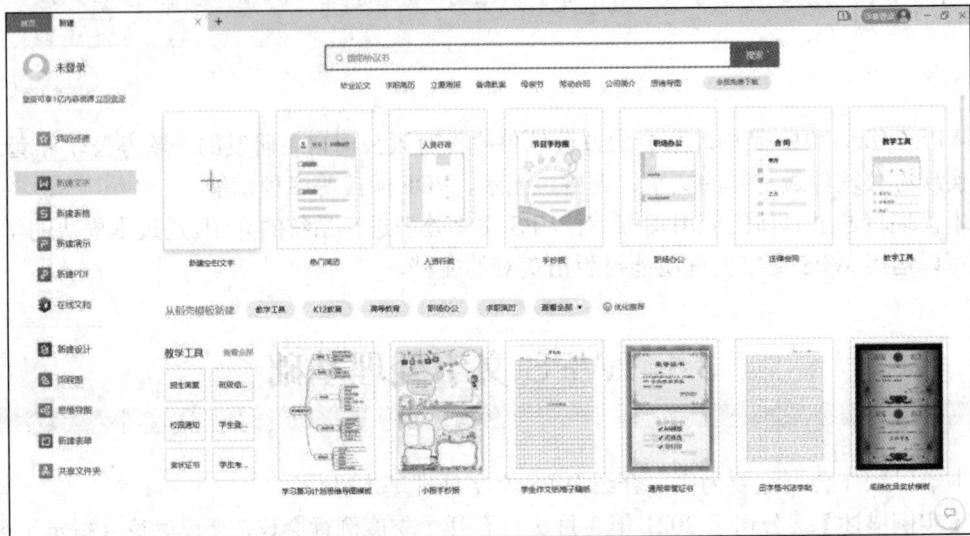

图 3-2　WPS 文档初始界面

选择图 3-2 中的"新建空白文字"选项即可建立一个空白的 WPS 文字文档，此时软件将切换到 WPS 文字工作界面，并自动将文稿命名为"文字文稿 1"，如图 3-3 所示。如果单击标题选项卡"文字文稿 1"字样旁的"＋"按钮，则可以进入 WPS 文档初始界面，继续选择"新建空白文字"执行新建操作，便可依次新建名为"文字文稿 2""文字文稿 3"等空白文档。

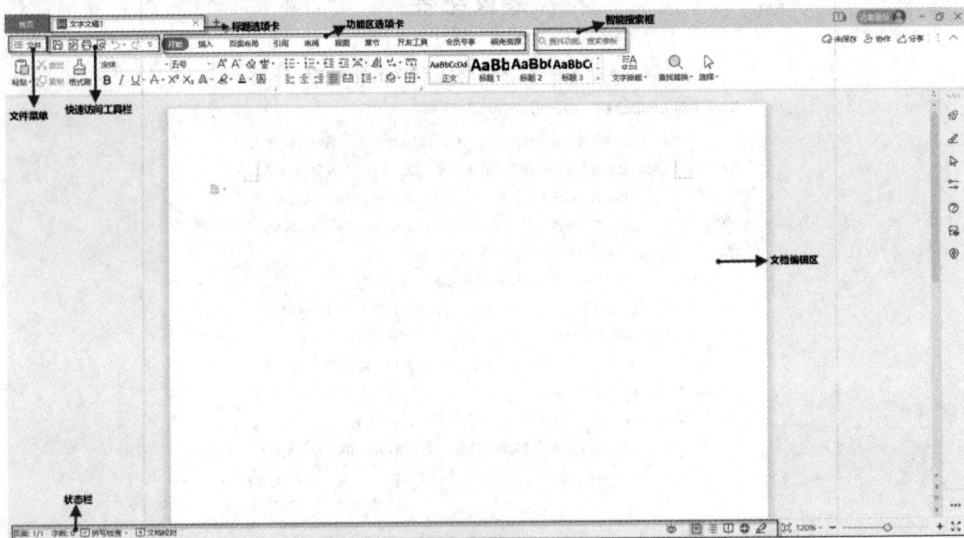

图 3-3　WPS 文字工作界面

3.1.2　输入文字文本

在如图 3-3 所示的 WPS 文字工作界面的文档编辑区，将鼠标指针移动到需要插入文本的位置，单击鼠标左键，在该位置会出现一个闪烁的光标，利用【Ctrl + Shift】组合键切换到中文输入状态，将"会议纪要"文档的内容输入到 WPS 的文档编辑区。

3.1.3　输入特殊符号

在本实例中，输入会议内容时会涉及一般符号"%"及"¥"的输入。一般的符号可以通过键盘直接输入。例如：符号"%"可以通过【Shift + 5】组合键直接输入，符号"¥"可以通过【Shift + 4】组合键直接输入。

对于一些特殊符号的输入，我们可以通过单击"插入"选项卡功能区中的"符号"命令按钮，打开"符号"对话框，在其中选择相应的类别，找到需要的符号选项后插入，如图 3-4 所示。这里以在文档中插入"Ω"符号的具体操作进行演示说明。

(1) 将光标移到需要插入特殊字符的位置，在"插入"选项卡功能区中单击"符号"命令按钮。

(2) 打开"符号"对话框，其中默认字体为"宋体"，这里选择"Arial"，并在"子集"下拉列表中选择"数字运算符"选项。

(3) 在显示符号的窗口中找到"Ω"符号，单击"插入"按钮，然后单击"关闭"命令按钮关闭"符号"对话框。

图 3-4　"符号"对话框

3.1.4　输入日期和时间

在 WPS 文档中通常可以使用中文和数字结合的方式直接输入日期和时间，也可以通过"插入"选项卡功能区中的"日期"选项按钮快速输入当前的日期和时间。具体操作如下。

(1) 在文档编辑区将光标移到最右侧，在"插入"选项卡功能区中单击"日期"选项按钮，打开"日期和时间"对话框，如图 3-5 所示。

（2）在"可用格式"中选择需要的日期格式，然后单击"确定"按钮，返回 WPS 文字工作界面，即可查看当前插入的日期和时间。这里需要注意的是，在"日期和时间"对话框中有一个"自动更新"复选框，如果勾选此复选框，则插入的时间会随系统时间的变化而变化。

3.1.5　设置文字格式

在完成"会议纪要"文档内容的输入后，需要对文档的文字格式进行设置，具体操作过程如下。

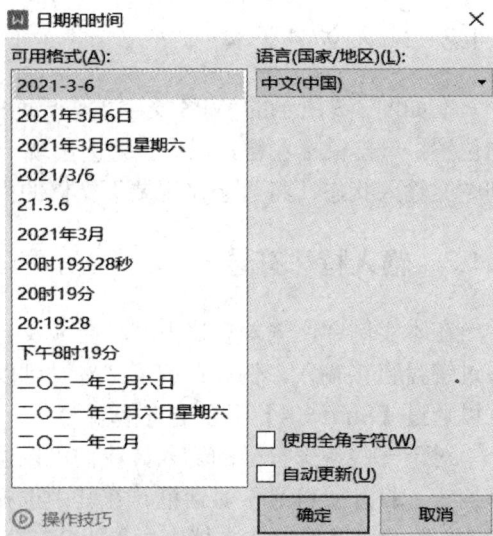

图 3-5　"日期和时间"对话框

1. 设置文字的字体和字号

（1）选中标题文字"会议纪要"，在"开始"选项卡功能区的"字体"下拉列表中选择"黑体"，在"字号"下拉列表中选择"小一"，如图 3-6 所示。

（2）按照上述相同的方法进行设置，将正文第一段文字的字体设置"微软雅黑"，字号设置为"小四"。

（3）除上述已设置了字体格式的文本外，选中其他文字内容，按照上述相同的方法，将其他文字的字体设置为"华文楷体"，字号设置为"小四"。

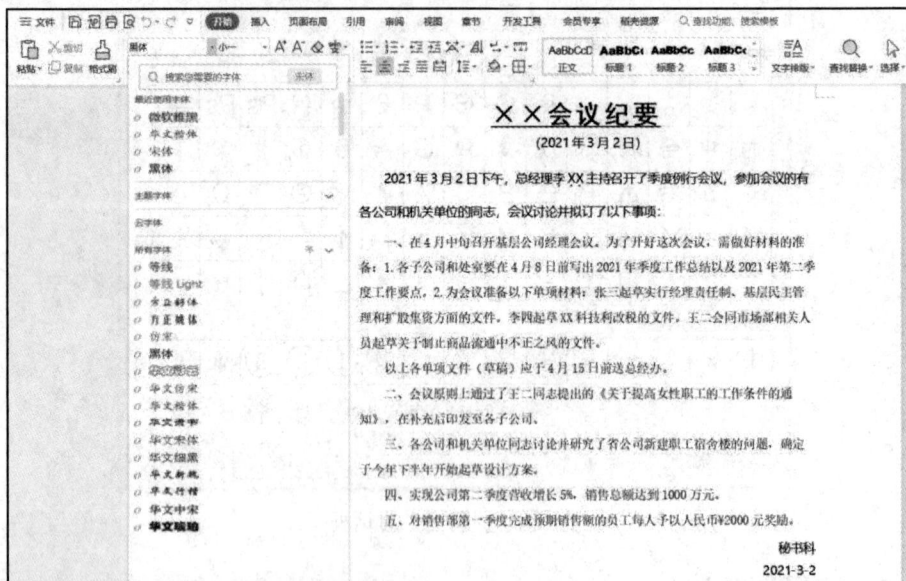

图 3-6　字体下拉列表

2. 设置文字着重突出

对标题文字及正文着重突出进行设置，具体操作步骤如下。

（1）选定标题文字"××会议纪要"，在"开始"选项卡功能区中选择"字符底纹"按钮右下角的"字体"按钮(如图 3-7 所示)，或者选择要编辑的文字后单击鼠标右键，在弹出的列表中单击"字体"按钮(如图 3-8 所示)。

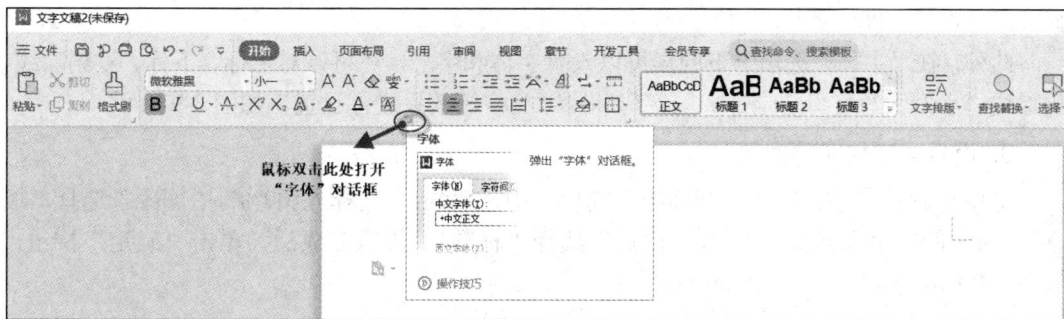

图 3-7　"字体"对话框打开方式一

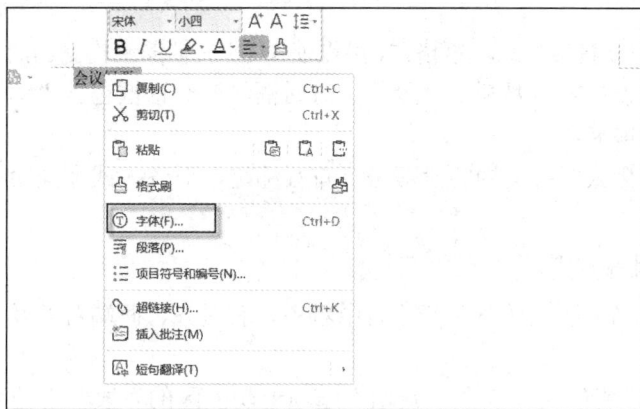

图 3-8　"字体"对话框打开方式二

除了上述方式可以打开"字体"对话框，我们还可以按【Ctrl + D】组合键直接调出"字体"对话框，如图 3-9 所示。

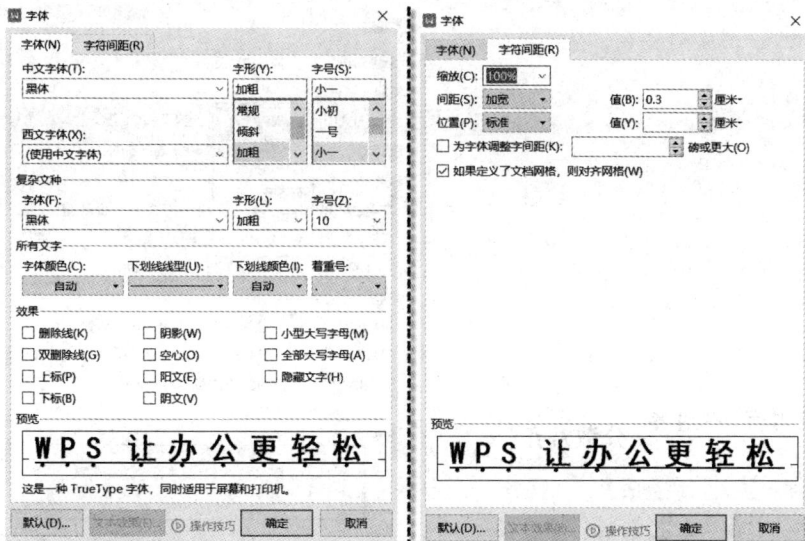

(a)　"字体"选项卡　　　　　　　　(b)　"字符间距"选项卡

图 3-9　"字体"对话框

（2）在"字体"选项卡的"下划线线型"下拉列表中选择"细实线"。

（3）选中正文中的文字"李 XX"，然后在"字体"选项卡的"着重号"下拉列表中选择"."，如图 3-9(a)所示。

此外，在"字体"选项卡下同样可以设置字体和字号，还可以对上标、下标、双删除线、删除线、小型大写字母、全部大写字母和隐藏文字等效果进行设置。如图 3-9 所示。

3. 设置文字的字符间距

选中标题行文字，在"字符间距"选项卡中，"缩放"选择"100%"，"间距"选择"加宽"，对应的"值"选择"0.3"，"位置"选择"标准"，设置完成后，单击"确定"按钮，如图 3-9(b)所示。

3.1.6　设置段落格式

在 WPS 文档中设置文本的段落格式，可以使 WPS 文档的结构更加清晰、层次更加分明。要完成段落格式的设置就需要利用"段落"对话框，该对话框包含"缩进和间距"与"换行和分页"两个选项卡。

本实例要求将会议纪要文档的段落进行首行缩进、对齐方式和间距等设置，具体操作步骤如下。

1. 设置段落对齐方式

段落的对齐方式主要包括左对齐、居中对齐、右对齐、两端对齐及分散对齐等。设置方法有以下两种。

（1）选中需要设置的文本，在"开始"选项卡功能区的"段落"分组中单击相应的段落对齐工具按钮，即可进行不同的段落对齐设置，如图 3-10 所示。

（2）在如图 3-11 所示的"段落"对话框的"缩进和间距"选项卡中，单击"常规"栏里"对齐方式"的下拉按钮，在打开的下拉列表中选择相应的段落对齐方式进行设置。

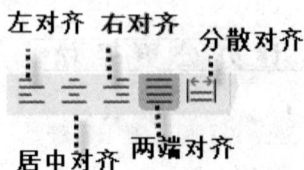

图 3-10　段落对齐工具按钮　　　　图 3-11　"对齐方式"下拉列表

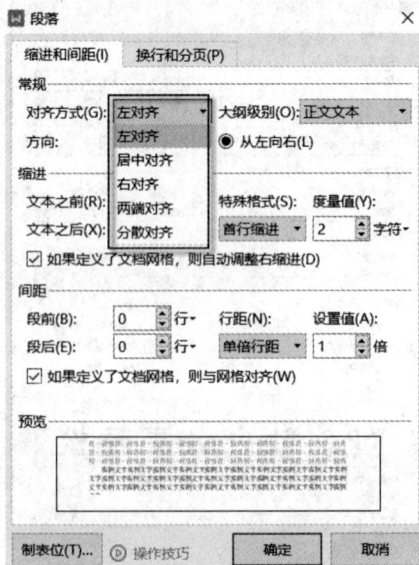

2. 设置段落首行缩进

段落缩进用于调整段落正文与页边距之间的距离。段落缩进包括左缩进、右缩进、首行缩进和悬挂缩进。段落缩进的设置方法有以下两种。

(1) 利用标尺进行设置。单击右侧滚动条上方的 按钮，可以将隐藏的标尺调出。通过拖拽水平标尺中的各个缩进滑块，可以直观地调整段落的缩进。要注意的是，◁表示首行缩进，△表示悬挂缩进，▢表示左缩进，如图 3-12 所示。使用这种设置方法时，段落缩进的"度量值"无法精确掌握。

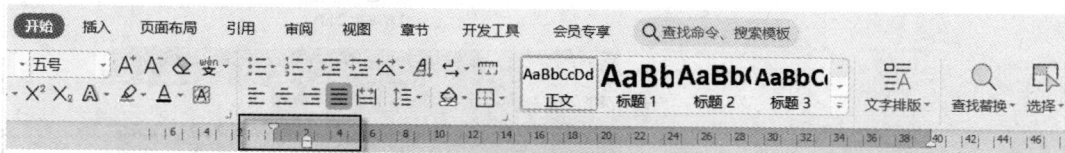

图 3-12　利用标尺设置段落缩进

(2) 利用"段落"对话框进行设置。选择需要设置的段落，然后打开"段落"对话框，在"缩进"栏的"文本之前"和"文本之后"数值框中分别输入数值"4.28"字符和"0"字符，在"特殊格式"下拉列表中选择"首行缩进"，"度量值"设置为"2"字符，如图 3-13 所示，即可完成段落的首行缩进操作。

按照上述方法依次完成其他段落的首行缩进设置。

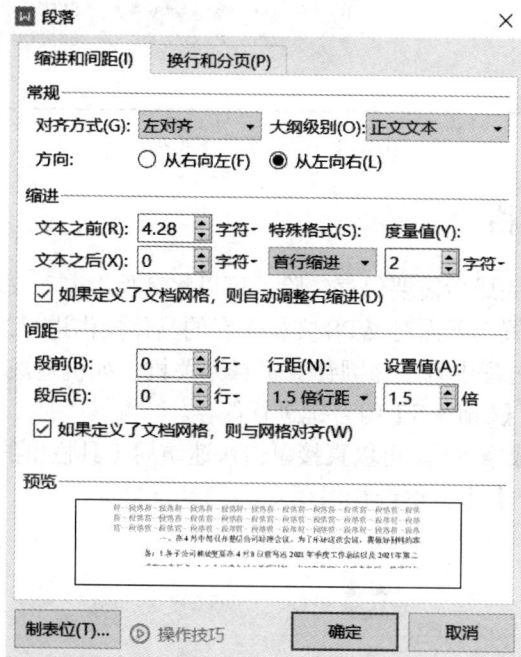

图 3-13　段落缩进设置

3. 设置间距

选定会议纪要中正文文本内容，在"段落"对话框的"间距"栏中，设置"段前"为"0"行，"段后"为"0"行，在"行距"下拉列表中选择"1.5 倍行距"。

WPS 文档还为行间距的设置提供了快捷操作方式，具体操作方式为：选择段落，在"开始"选项卡功能区中单击"行距" $\boxed{\text{I}≡\text{-}}$ 按钮右侧的下拉按钮,在打开的下拉列表中选择需要的行距值为"1.5",如图 3-14 所示。

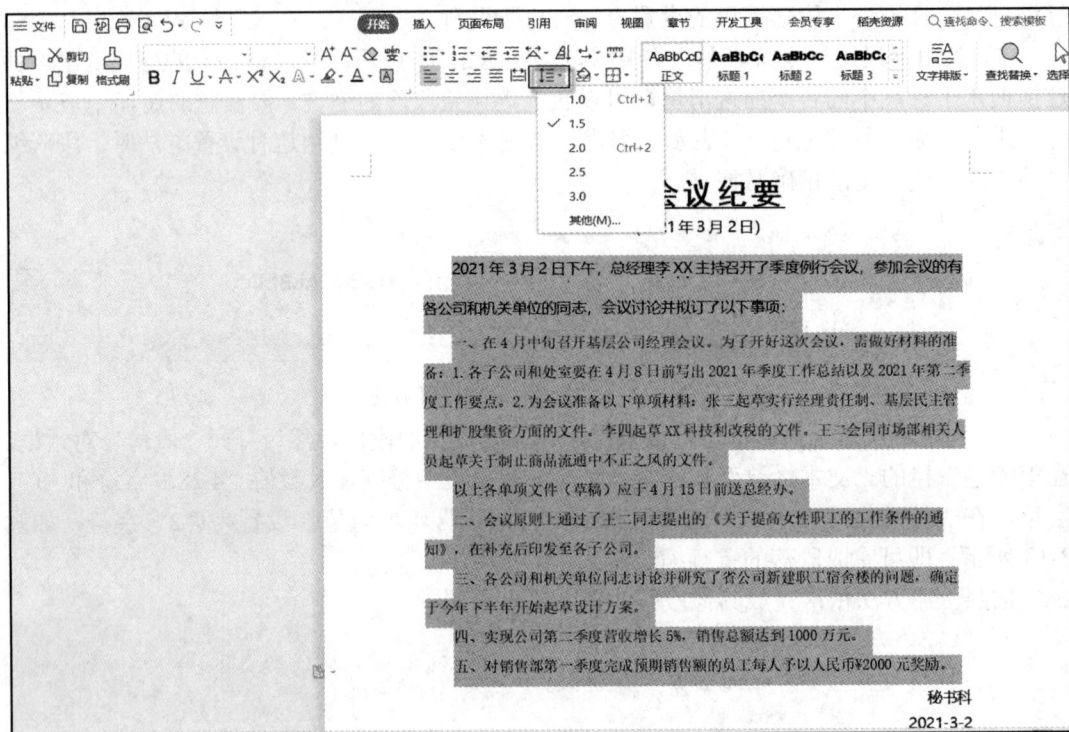

图 3-14 "行距"下拉列表

3.1.7 保存 WPS 文档

会议纪要文档编辑完成后需要保存,除了可以将其保存到云文档,还可以将其保存到当前计算机中的指定位置。下面对 WPS 文档保存的具体操作进行讲解。

(1) 在文档的编辑过程中为避免因计算机意外关机、死机造成文档的丢失,建议在文档编辑的过程中及时按【Ctrl + S】组合键进行保存。

(2) 在已存文档完成修改后,可以直接单击快速访问工具栏里的"保存"按钮(如图 3-15 所示),或者按【Ctrl + S】组合键进行保存。

图 3-15 快速访问工具栏里的"保存"按钮

(3) 对新建的文档进行保存时,可以直接单击快速访问工具栏中的"保存"按钮,也可选择"文件"菜单下的"保存"命令。单击"保存"后会打开"另存文件"对话框,在"位置"下拉列表中选择文档的保存路径,在"文件名"文本框中设置文件名为"会议纪要",在"文件类型"框中选择保存文件的类型,一般情况下保持默认即可。完成后单击"保存"按钮,如图 3-16 所示。

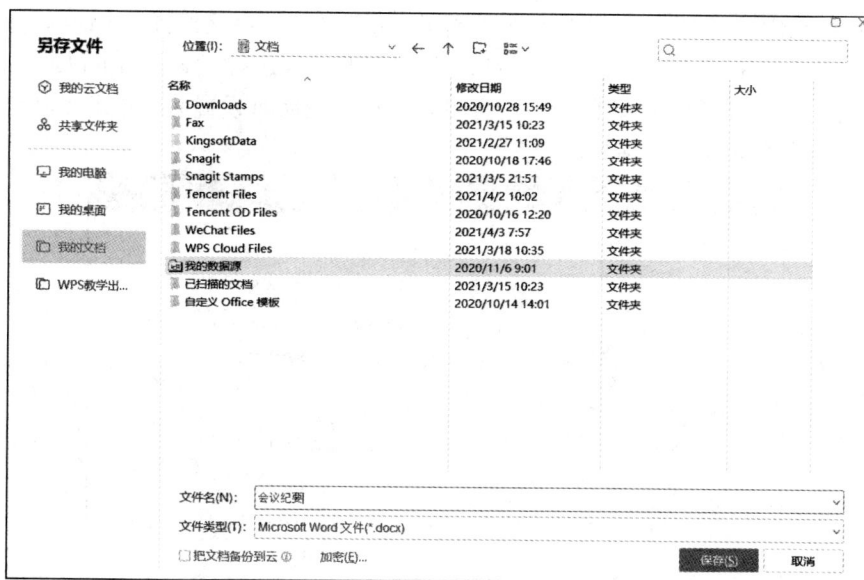

图 3-16　"另存文件"对话框

3.1.8　将文档输出为 PDF 格式

对于已编辑完成且已保存好的 WPS 文档，为了防止他人篡改、复制和抄袭，通常会将 WPS 文档转换为 PDF 格式输出。WPS Office 2019 提供了将 WPS 文档转换为 PDF 格式的功能。下面是将"会议纪要.docx"文档输出为 PDF 格式的具体操作。

(1) 在"文件"菜单下拉列表中单击"输出为 PDF"选项，如图 3-17 所示。

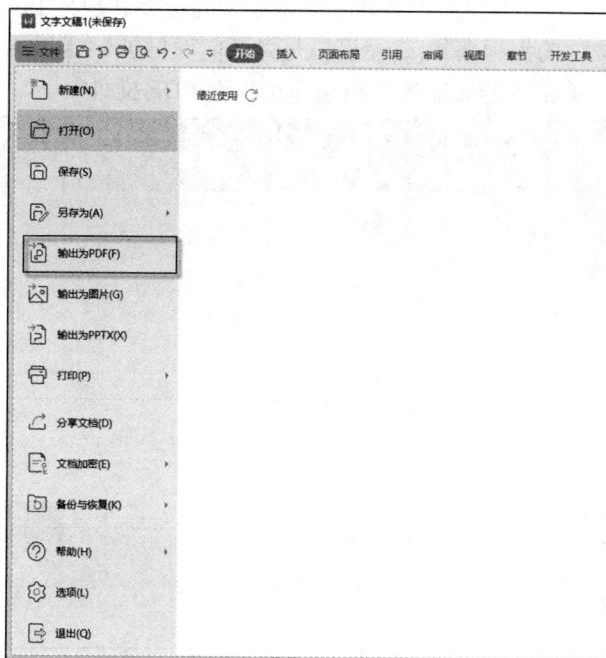

图 3-17　"输出为 PDF"选项

(2) 在"输出为 PDF"对话框中单击"高级设置"进入"高级设置"对话框，如图 3-18 所示。在该对话框中，可以对将要输出的 PDF 文件的内容进行设置，还可以通过勾选"权限设置"选项对 PDF 文件的访问权限进行设置。在完成所有设置后，单击"确定"按钮，即可返回"输出为 PDF"对话框。

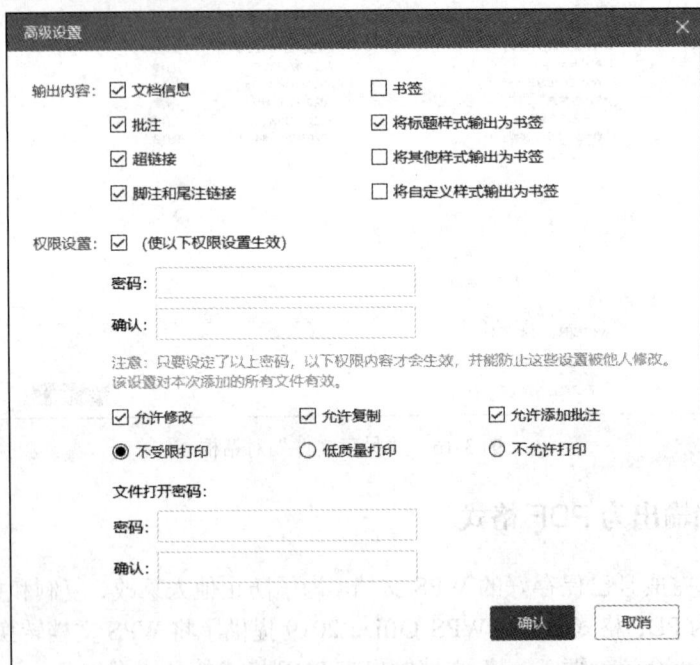

图 3-18 "高级设置"对话框

(3) 如图 3-19 所示，在"输出为 PDF"对话框中勾选要转换为 PDF 的文档，在"保存目录"中选择 PDF 文件的保存路径(路径可以是"源文件目录""自定义目录"或"WPS 网盘")，设置完成后，单击"开始输出"按钮即可保存 PDF 文件。

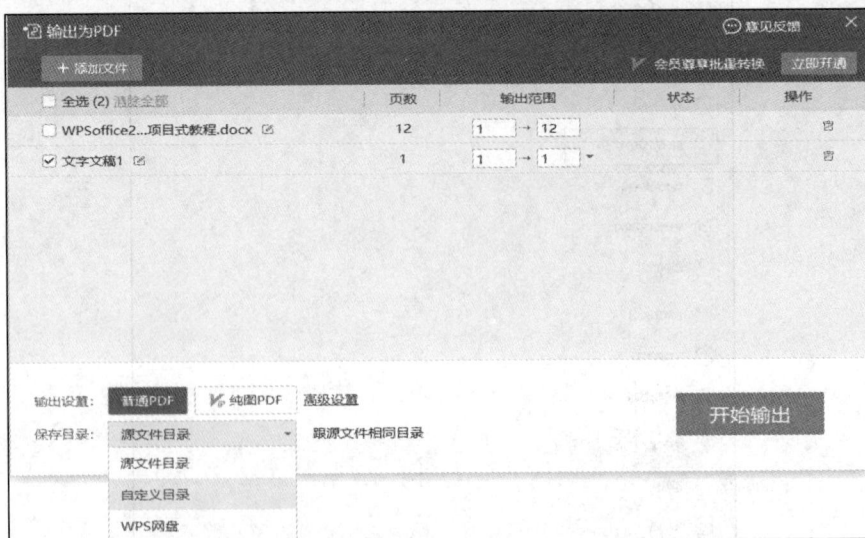

图 3-19 "输出为 PDF"对话框

3.1.9 WPS 截图功能

为提升工作效率，满足人们日常使用办公软件的特殊需求，WPS Office 2019 提供了屏幕截图功能，不需要第三方软件，即可实现图片快速截取。具体操作步骤如下。

(1) 在"插入"选项卡功能区中单击"思维导图"右侧的"更多"按钮，在弹出的下拉列表中选择"截屏"命令，随后单击"截屏"命令右侧的小箭头，在右侧弹出的列表中选择截图方式，如图 3-20 所示。

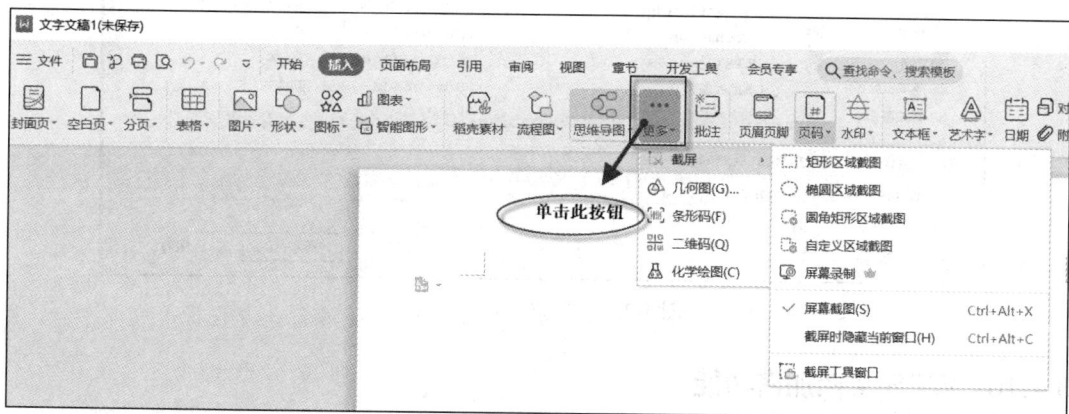

图 3-20 "截屏"的打开方式

(2) 也可按【Ctrl + Alt + X】组合键，再单击鼠标左键框选需要截图的区域，如图 3-21 所示。图片截取后，我们还可以对截图进行编辑，如使用截图下方的"矩形工具""椭圆工具""箭头工具""画刷工具""文字工具"等对图片进行标注和美化。完成后，单击"完成"命令即可。

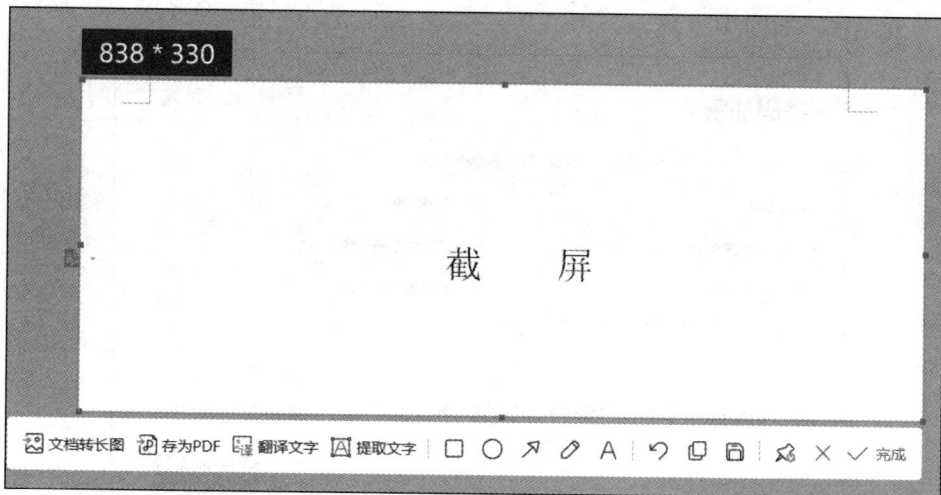

图 3-21 "截屏"工具界面

(3) 如果要将截图保存为图片，则在上一步操作时不单击"完成"命令，而选择"保存"命令，即可对截图进行保存。在弹出的"另存为"对话框的"此电脑"下拉列表中选择图片保存路径，在"文件名"框中输入图片的保存名称，如图 3-22 所示。

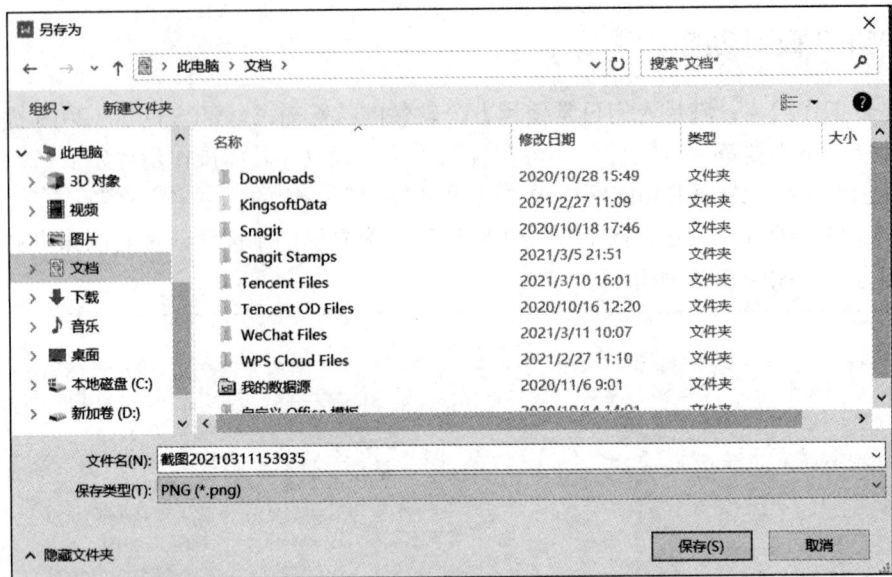

图 3-22　"另存为"对话框

3.1.10　WPS 文档加密功能

WPS Office 2019 为文档提供了加密功能，用户可以根据需要为文档设置密码。设置的密码将在下次打开此文档时生效。用户也可以取消所设置的密码。

本实例中为"会议纪要"设置访问密码的具体操作步骤如下。

(1) 打开"会议纪要"文档，单击"文件"菜单，在弹出的下拉列表中选择"文档加密"按钮 文档加密(E)，在右侧弹出的子列表中单击"密码加密"命令 密码加密(P)，打开"密码加密"对话框，如图 3-23 所示。

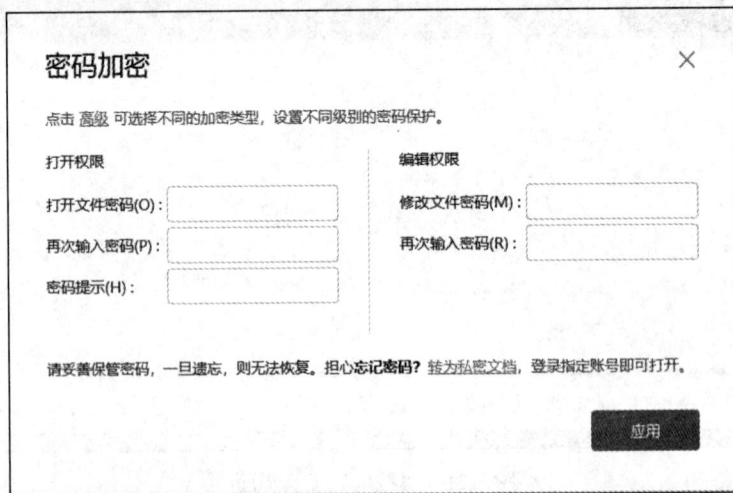

图 3-23　"密码加密"对话框

(2) 在"密码加密"对话框的"打开文件密码"框中输入密码，在"再次输入密码"框中输入相同的密码，"密码提示"框中可以输入自定义的密码提示，也可不填写。

(3) 设置完成后,单击"应用"按钮,即可完成文档的加密。为验证密码设置的效果,我们可以先关闭"会议纪要"文档。重新打开后,弹出"文档已加密"弹窗,如图 3-24 所示,此时需要输入正确的密码才能打开 WPS 文档。

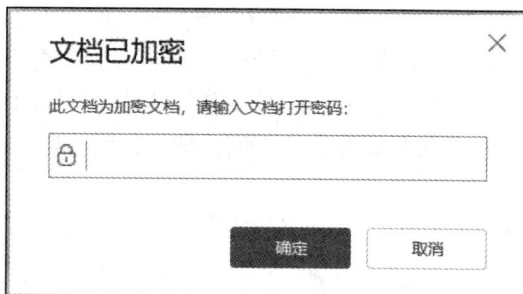

图 3-24　"文档已加密"弹窗

(4) 如需取消文档加密,可以按照同样的方法打开"密码加密"对话框,然后在对话框中将已经设置的密码删除,删除后单击"应用"按钮,即可删除 WPS 文档密码。

【训练场】

1. WPS 文档处理的主要对象是(　　)。

A. 文档　　　　　B. 表格　　　　　C. 图片　　　　　D. 数据

2. 下列操作不能关闭 WPS 文档的是(　　)。

A. 双击标题栏左边的"W"　　　　　B. 单击标题栏右边的"关闭"按钮

C. 按【Alt + F4】组合键　　　　　D. 单击文件菜单下的"关闭"命令

3. 以下不是 WPS 文档功能的是(　　)。

A. 设置首行缩进　　　　　B. 幻灯片背景

C. 插入表格　　　　　D. 设置行间距

4. 中文 WPS 编辑软件的运行环境是(　　)。

A. DOS　　　　　B. WPS　　　　　C. Windows　　　　　D. 高级语言

5. 在 WPS 中,打开文档是指(　　)。

A. 为指定的文档创建一个空白文档窗口

B. 为指定的文档开辟一块硬盘空间

C. 把文档的内容从内存中读出并且显示出来

D. 将指定的文档从硬盘调入内存并且显示出来

6. 下列操作中,(　　)不能完成文档的保存。

A. 单击工具栏上的"保存"按钮

B. 按【Ctrl + O】组合键

C. 单击"文件"菜单中的"保存"命令

D. 单击"文件"菜单中的"另存为"命令

7. WPS 中,按(　　)组合键可打开一个已存在的文档。

A. Ctrl + N　　　　　B. Ctrl + O　　　　　C. Ctrl + S　　　　　D. Ctrl + P

8. WPS 文档中的"常用"工具栏中的"显示比例"列表框,是用于(　　)的。

A. 字符放大　　　　　B. 字符缩小　　　　　C. 字符缩放　　　　　D. 上述均不是

9. 下列说法不正确的是(　　)。

A. 每次保存时都要选择保存的文件名

B. 保存时既可以保存在硬盘上，也可以保存到 U 盘中

C. 在"另存为"对话框中选择"保存位置""文件名""保存类型"后，单击可实现保存

D. 在第一次保存时也会弹出"另存为"对话框

10. 当用户在输入文字时，如果打开了(   )模式，则随着新文字的输入，原有的文字将消失。

A. 插入　　　　　B. 改写　　　　　C. 自动更正　　　　　D. 断字

3.2 WPS 文字处理进阶

本节以制作招聘启事为例，介绍 WPS 文字处理的进阶操作。

【实例描述】梁小姐是某科技有限责任公司的人事部助理。公司上市后，公司的业务得到了快速发展，市场销售部门急需引入更多的专业人才。为此，需要梁小姐制作一份招聘启事。

1. 招聘启事制作要求

招聘启事中需要全面展示公司在业界的地位、招聘的岗位、招聘部门、工作地点、薪资待遇以及岗位职责等。因此在制作招聘启事时需要做到以下几点：

(1) 主题明确；

(2) 段落层次结构分明；

(3) 重点内容文字着重标注；

(4) 关键内容突出显示；

(5) 利用项目符号及项目编号定义内容。

经过对招聘启事的分析和思考，借助 WPS 文档的强大文字编辑功能，梁小姐顺利完成了招聘启事的制作，效果图如图 3-25 所示。

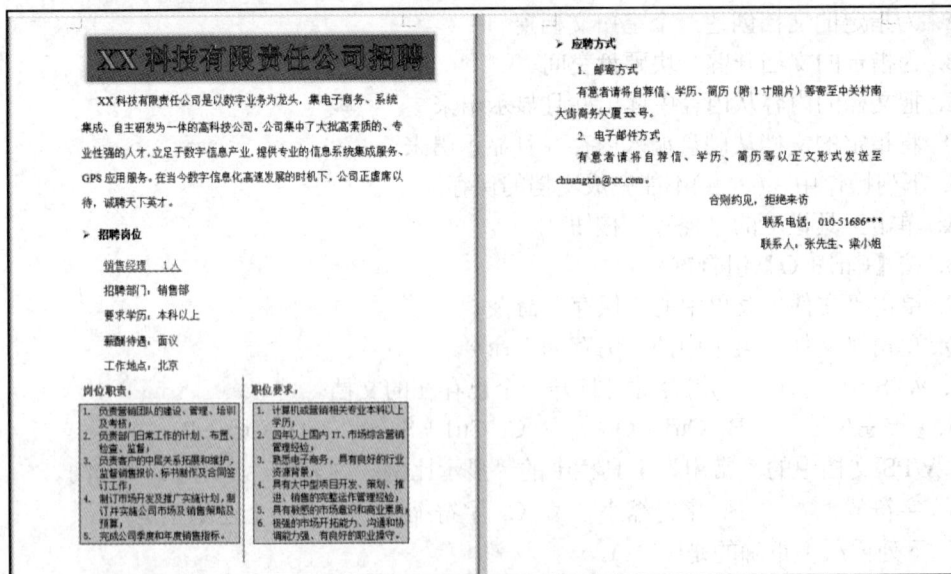

图 3-25　招聘启事效果图

2. 招聘启事制作所需的 WPS 文档操作

通过对制作要求进行分析，可知本次文档编辑需要用到 WPS 文档的主要操作如下：

(1) 插入艺术字；

(2) 编辑艺术字；

(3) 设置边框和底纹；

(4) 设置项目符号和编号；

(5) 使用"分栏"功能；

(6) 设置页眉、页脚和分页；

(7) 设置页面布局；

(8) 打印预览及打印。

3.2.1　插入艺术字

WPS 文字中的艺术字是经过特殊处理的文字，它可以将传统的文字变得更有创意，使主题更突出，文字的效果显示更美观。艺术字实质上是在文本框的基础上内置了具有某种特殊样式的文本。

本实例要求将招聘启事的标题字体设置为艺术字，具体操作过程如下。

(1) 将插入点定位至第一行空白文档处，在"插入"选项卡功能区中单击"艺术字"按钮，在打开的列表的"预设样式"栏中选择"填充-白色，轮廓-着色 2，清晰阴影-着色 2"，如图 3-26 所示。

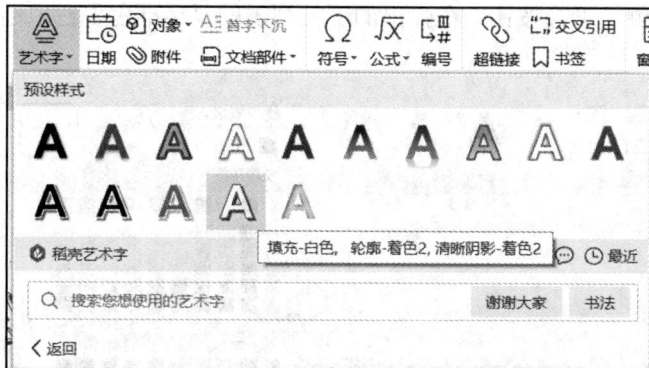

图 3-26　"预设样式"栏

(2) 如图 3-27 所示，在"请在此放置您的文字"框中输入所需的文字"XX 科技有限责任公司招聘"。

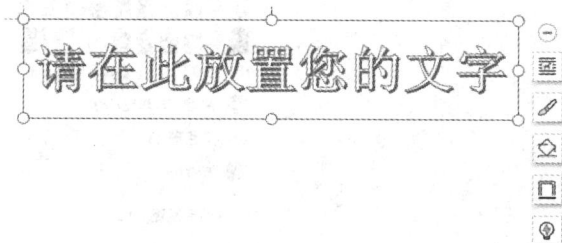

图 3-27　默认插入的艺术字的效果

(3) 完成输入后，招聘启事的标题栏的初始效果如图 3-28 所示。

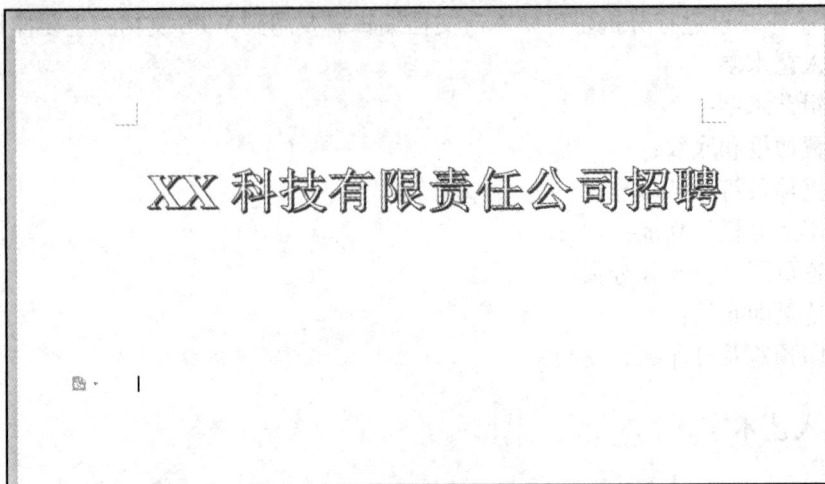

图 3-28 标题栏的初始效果

3.2.2 编辑艺术字

插入艺术字后，WPS 文档将自动激活"绘图工具"和"文本工具"选项卡的功能区。本实例中招聘标题艺术字的编辑操作步骤如下。

(1) 选定标题文字"XX 科技有限责任公司招聘"，在"文本工具"选项卡功能区中单击"文本填充"右侧的下拉按钮，在弹出的下拉列表的"标准色"栏中选择"橙色"，如图 3-29 所示。

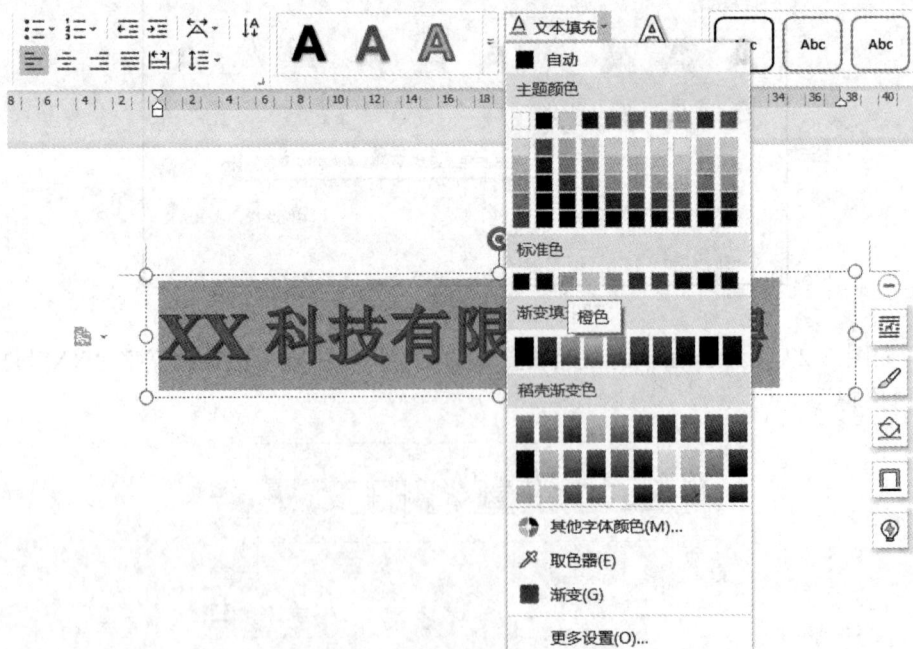

图 3-29 "文本填充"设置界面

(2) 选定标题文字，在"文本工具"选项卡功能区中打开"文本轮廓"下拉列表，在"主题颜色"栏中选择"黑色"，完成文字轮廓的设置，如图 3-30 所示。

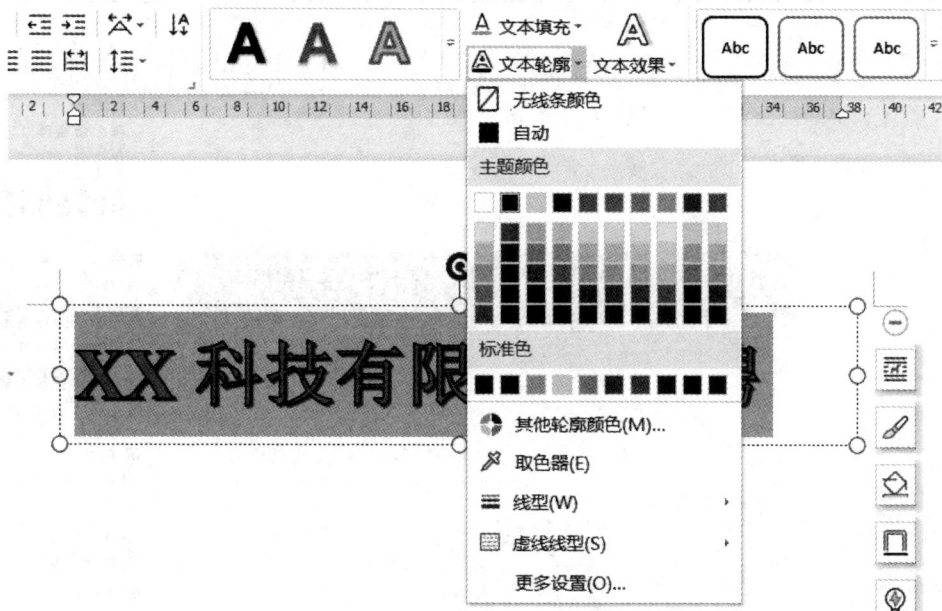

图 3-30　"文本轮廓"设置界面

(3) 在"文本工具"选项卡功能区中单击"文本效果"下拉按钮，在弹出的下拉列表中单击"阴影"弹出子列表，在子列表的"内部"栏中选择"内部向左"效果，如图 3-31 所示。

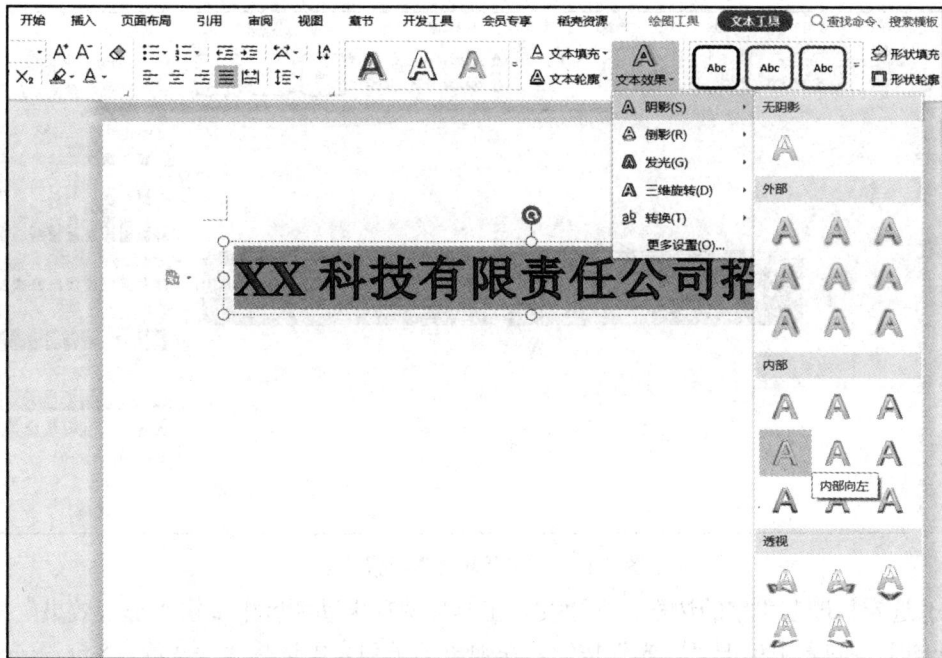

图 3-31　"文本效果"设置界面

(4) 选中艺术字的边框线，在"文本工具"选项卡功能区中打开"形状填充"下拉列表，在"标准色"栏中选择"浅蓝"色，完成艺术字形状填充色的设置，如图 3-32 所示。

图 3-32　"形状填充"设置界面

(5) 选定艺术字的边框，与文本轮廓操作相似，单击"文本工具"选项卡功能区中的"形状轮廓"下拉按钮，在下拉列表的"标准色"栏中选择"红色"，如图 3-33 所示。

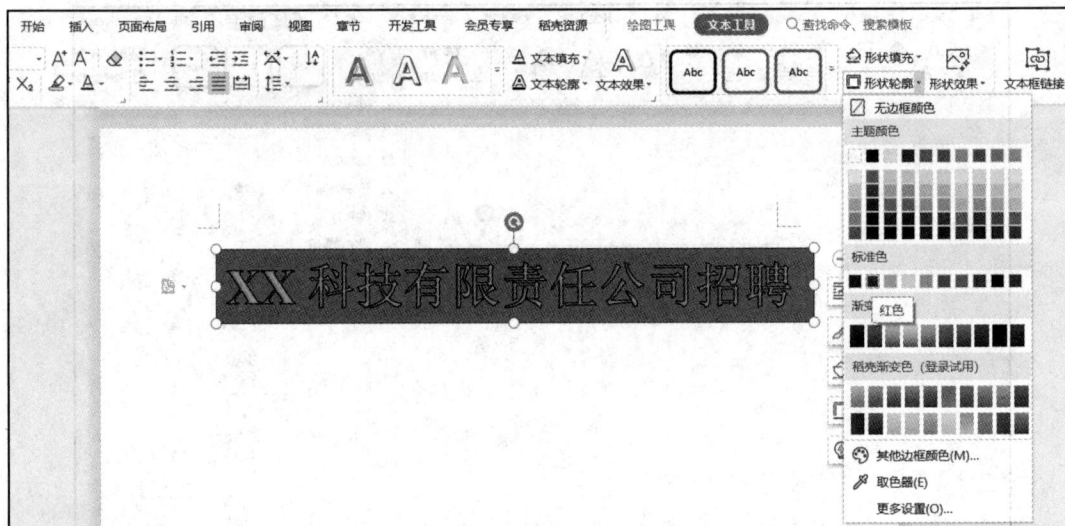

图 3-33　"形状轮廓"设置界面

(6) 选定标题艺术字的边框，在"文本工具"选项卡功能区中单击"形状效果"按钮，在打开的下拉列表中单击"发光"按钮，在弹出的子列表中选择"深灰绿，8 pt 发光，着色 3"，即可完成艺术字边框的设置，如图 3-34 所示。

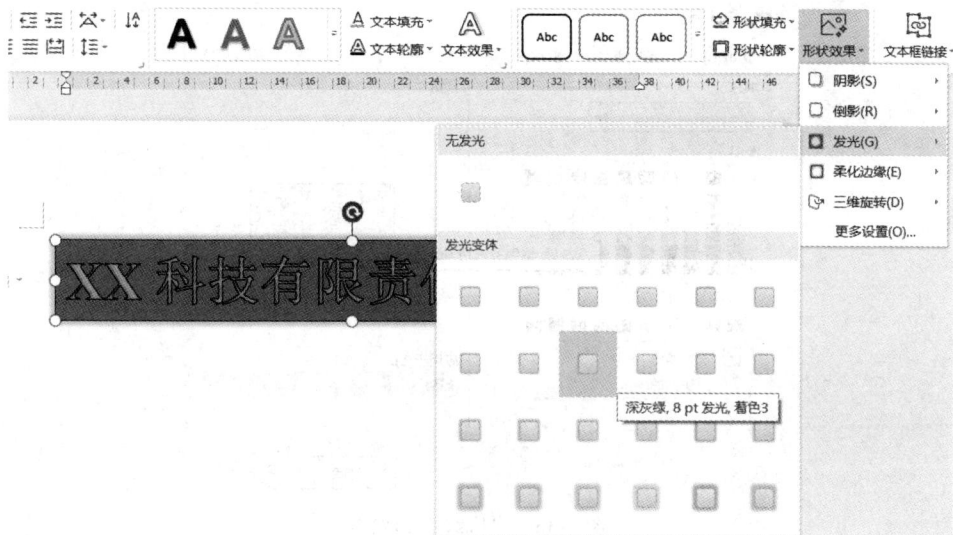

图 3-34　"形状效果"设置界面

(7) 选定标题艺术字,在"开始"选项卡功能区中单击"居中"按钮 三,将艺术字居中。

3.2.3　设置边框和底纹

　　在 WPS 文档中,为了突出显示文本内容,我们可以在文字的四周添加线型边框,设置字符底纹。WPS 文字不仅可以为字符设置默认的边框和底纹,还可以为段落设置边框和底纹。

　　本实例中的"岗位职责"和"职位要求"两个部分的内容需求加边框和底纹,具体操作步骤如下。

　　(1) 选定"岗位职责"相关文本内容,在"开始"选项卡功能区的"段落"组中单击"边框" 田 下拉列表,在打开的下拉列表中选择"边框和底纹",弹出"边框和底

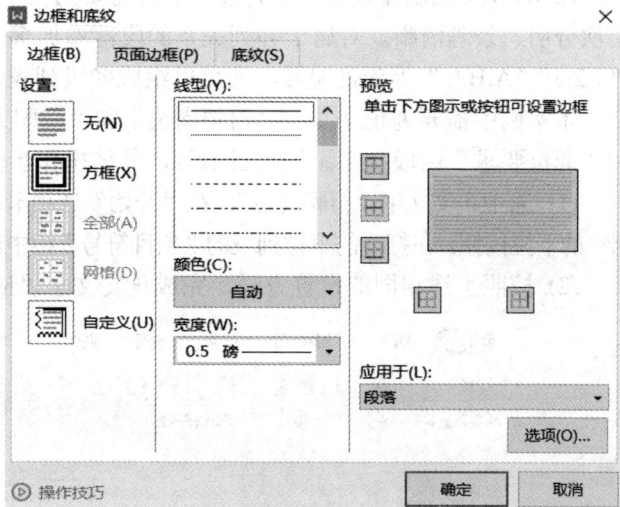

图 3-35　"边框和底纹"对话框

纹"对话框,在"设置"栏中选择"方框","线型"选择"黑实线","颜色"选择"自动","宽度"设置为"0.5 磅","应用于"选择"段落",如图 3-35 所示。

　　(2) 单击"确定"按钮,完成边框的设置。按照上述相同的步骤完成"职位要求"相关文字内容的边框设置。

　　(3) 选定"岗位职责"相关文本内容,按照上述相同的方法,打开"边框和底纹"对话框,在对话框中选择"底纹"选项卡,在"填充"下拉列表中选择"深灰绿,着色 3,浅色 60%",在"应用于"下拉列表中选择"段落",最后单击"确定"按钮,完成底纹的设置,如图 3-36 所示。

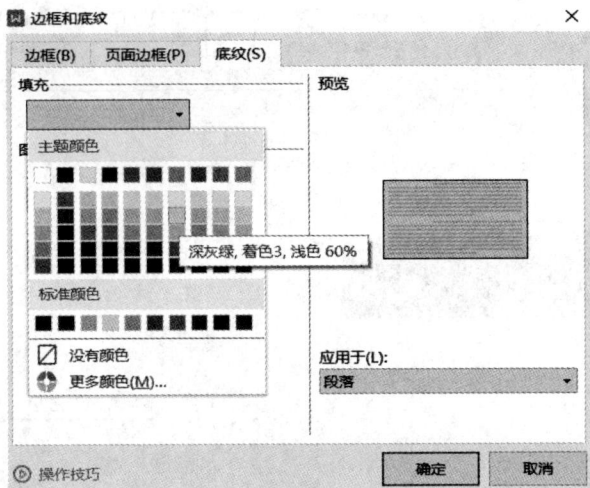

图 3-36　"底纹"选项卡

(4) 选定"职位要求"相关文本内容，按照上述相同的方法进行底纹设置。

3.2.4　设置项目符号和编号

在 WPS 文档制作过程当中，人们常常需要为文本段落添加项目符号和编号，使文档的层次分明、条理清晰。对属于并列关系的段落添加●、■、◆、❖等项目符号，或者添加"1.2.3""A.B.C"等项目编号，还可以组成多级列表。

本实例中需要为正文文字"招聘岗位"和"应聘方式"添加项目符号，为"岗位职责"和"职位要求"两段文字添加项目编号，具体操作步骤如下。

(1) 选中正文文字"招聘岗位"，在"开始"选项卡功能区的"段落"分组中单击"项目符号"的下拉按钮，在打开的下拉列表的"项目符号"栏中选择"箭头项目符号"，如图 3-37 所示。

(2) 按照上述相同的设置方法，完成正文文字"应聘方式"的项目符号的设置。

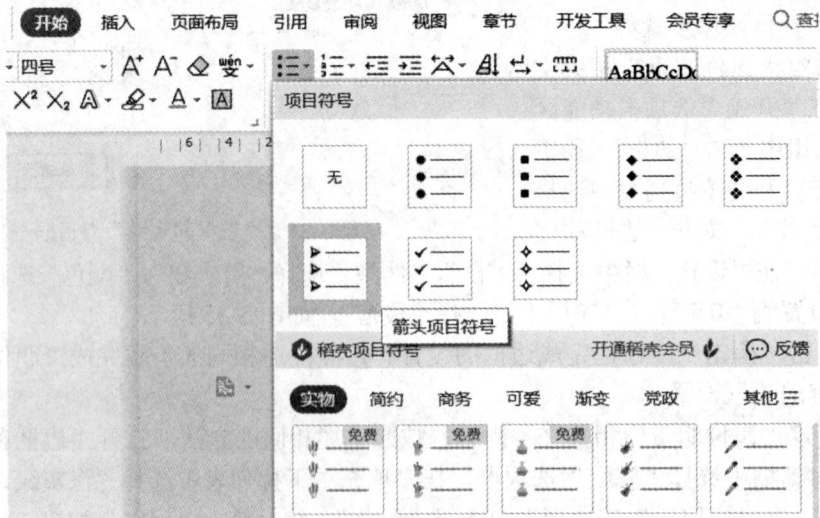

图 3-37　设置项目符号

（3）选定"岗位职责"段落文字内容，在"开始"选项卡功能区的"段落"分组中单击"编号"的下拉按钮，在打开的下拉列表中选择"1.2.3"，如图 3-38 所示。

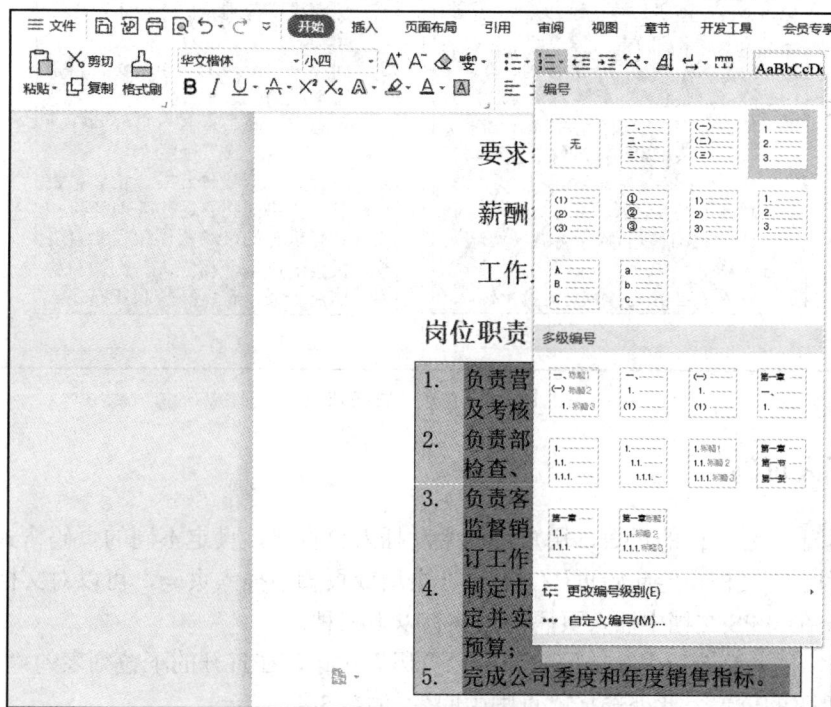

图 3-38　设置编号

（4）选定"职位要求"段落文字内容，按照上述相同的操作方式完成该段文字内容项目编号的设置。

3.2.5　使用"分栏"功能

在 WPS 中使用分栏功能可以将文档设置为多栏预览，还能通过分隔符自动进行分页。

本实例中需要将"岗位职责"和"职位要求"两个部分的内容分栏显示，具体操作步骤如下。

（1）选中需要分栏的内容，在"页面布局"选项卡功能区中单击"分栏"下拉按钮，在弹出的列表中选择"更多分栏"选项，打开"分栏"对话框，如图 3-39 所示。在"分栏"对话框的"预设"栏中选择"两栏"，或在"栏数"框中输入需要设置的分栏数值。勾选"分隔线"，在"应用于"框中选择"所选节"。

（2）完成上述设置后，单击"确定"按钮，即可完成正文文字分栏的设置，效果如图 3-40 所示。

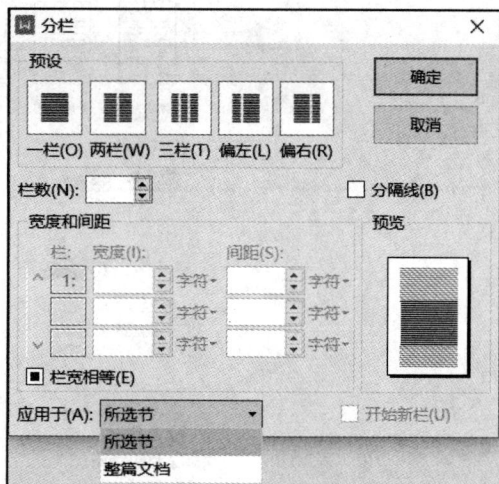

图 3-39　"分栏"对话框

岗位职责：	职位要求：
1. 负责营销团队的建设、管理、培训及考核； 2. 负责部门日常工作的计划、布置、检查、监督； 3. 负责客户的中层关系拓展和维护，监督销售报价、标书制作及合同签订工作； 4. 制订市场开发及推广实施计划，制订并实施公司市场及销售策略及预算； 5. 完成公司季度和年度销售指标。	1. 计算机或营销相关专业本科以上学历； 2. 四年以上国内 IT、市场综合营销管理经验； 3. 熟悉电子商务，具有良好的行业资源背景； 4. 具有大中型项目开发、策划、推进、销售的完整运作管理经验； 5. 具有敏感的市场意识和商业素质； 6. 极强的市场开拓能力、沟通和协调能力强、有良好的职业操守。

图 3-40　分栏后的效果

3.2.6　插入页码

页码用于显示文档的页数，用户可以手动插入分页符，设定不同的页码格式，还可以根据需要为当前文档指定起始页码。通过在页眉或页脚中插入页码，可以对文档中的各页进行编号。在 WPS 文档中插入页码的方法有以下三种。

(1) 在"插入"选项卡功能区中单击"页码"按钮，在打开的下拉列表的"预设样式"栏中选择页码的位置，此处选择"页脚中间"，如图 3-41 所示。

图 3-41　"页码"下拉列表

（2）如果需要对页码进行详细设置，可以在"页码"下拉列表中单击"页码"按钮打开"页码"对话框，如图 3-42 所示。在"页码"对话框的"样式"下拉列表中选择页码的样式，在"位置"下拉列表中设置页码的对齐位置，在"页码编号"栏中设置页码的起始位置。设置完成后，单击"确定"按钮。

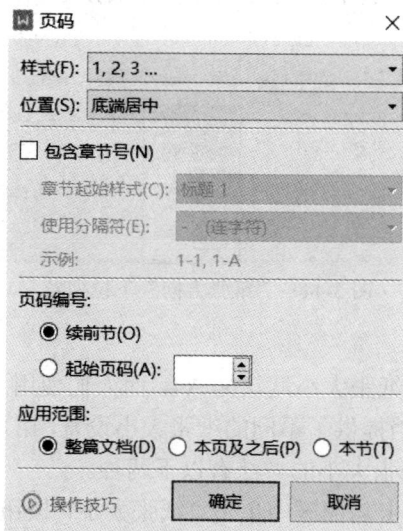

图 3-42 　 "页码"对话框

（3）将鼠标的光标移至页眉或页脚处，单击页脚上的"插入页码"按钮，在弹出的"页码设置"弹窗中同样可以设置页码格式，如图 3-43 所示。

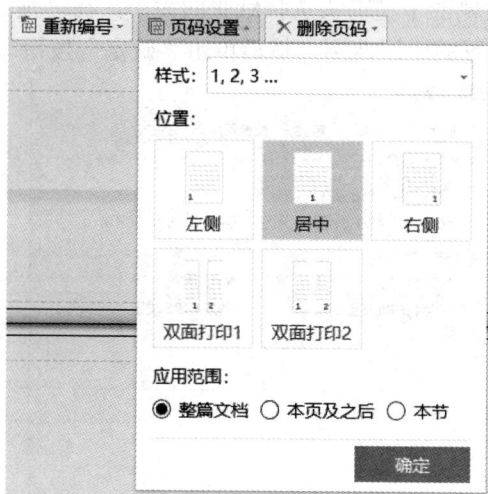

图 3-43 　 "页码设置"弹窗

3.2.7 　 设置页面布局

WPS 文档的页面布局可以为不同用户提供不同的页面设置需求。页面设置包含对文档纸张方向、大小和页边距等进行的设置。

本实例要求将招聘广告打印出来，在打印之前需要对已编辑好的内容进行页面设置，具体操作步骤如下。

1. 设置纸张方向

在 WPS 文档中，页面的纸张方向默认为纵向显示。在"页面布局"选项卡功能区中单击"纸张方向"按钮，在打开的下拉列表中可设置纸张方向是"纵向"或"横向"，如图 3-44 所示。

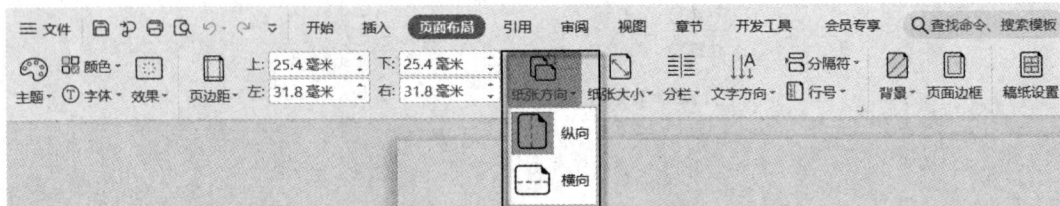

图 3-44　"纸张方向"下拉列表

2. 设置纸张大小

在 WPS 文档中，新建的纸张大小默认为 A4，而人们使用 WPS 文档时，对纸张的大小要求往往是不同的。WPS 文档提供了不同的纸张大小设置，用户还可以自定义纸张的大小。

在 WPS 文档中，设置纸张大小的方法有以下两种。

(1) 在"页面布局"选项卡功能区中单击"纸张大小"按钮，在下拉列表中单击"A4"，即可将纸张大小设置为 A4。

(2) 在"页面布局"功能区选项卡中单击"纸张大小"按钮，在下拉列表中选择"其他页面大小"按钮，打开"页面设置"对话框，如图 3-45 所示。在"纸张"选项卡中单击"纸张大小"栏"A4"右侧的下拉箭头选择纸张的大小，在"预览"栏中的"应用于"下拉列表中选择纸张大小设置的应用范围，然后单击"确定"按钮即完成设置。

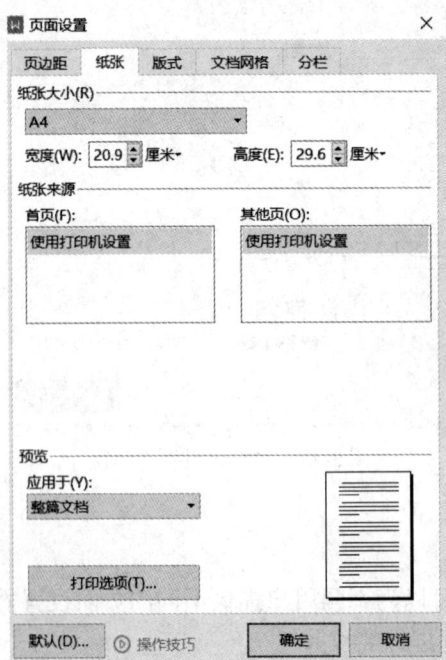

图 3-45　"页面设置"对话框之"纸张"选项卡

3. 设置页边距

页边距指的是页面的边线到文字的距离。页边距越大，页面可容纳的文字、图片等越少。反之，页边距越小，页面可容纳的内容越多。用户可以根据页面的具体情况自行设置。设置页边距的方法有以下两种。

(1) 在"页面布局"选项卡功能区"页边距"右侧的"上""下""左""右"框中自定义页边距的值，也可以单击"页边距"按钮，在下拉列表中选择 WPS 文字已定义的页边距，此处选择"普通"，如图 3-46 所示。

(2) 在"页面布局"选项卡功能区中单击"页边距"按钮，在下拉列表中选择"自定义页边距"，打开"页面设置"对话框，如图 3-47 所示。在"页边距"选项卡的"页边距"栏中填写"上""下""左""右"的数值，然后在"预览"栏设置作用范围，完成后单击"确定"按钮，即可完成页边距的设置。

图 3-46　"页边距"设置弹窗

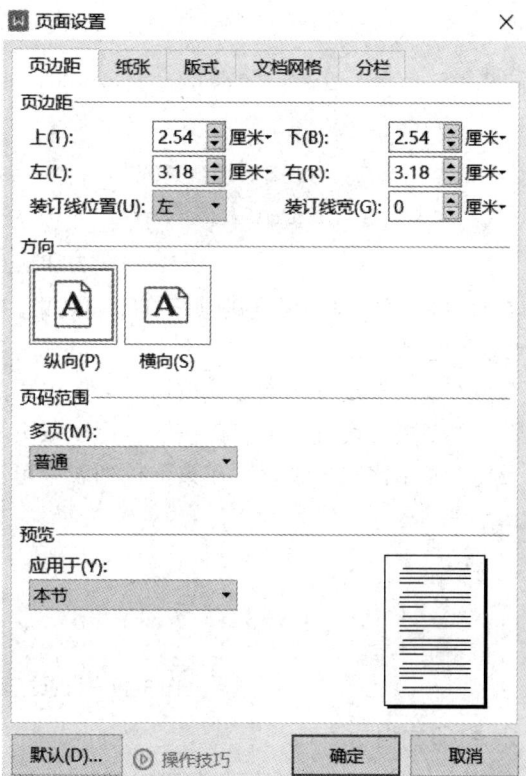

图 3-47　"页面设置"对话框之"页边距"选项卡

3.2.8　打印预览及打印

完成本实例的所有操作并保存文档后，如需打印 WPS 文档，应先对 WPS 文档内容进行打印预览，通过查看预览效果对文档中不妥的地方进行调整，直到对预览效果满意为止，再按需设置打印份数、打印范围等参数，并最终执行打印操作。

1. 打印预览

打印预览是指在打印文件前查看打印效果，避免打印出不符合要求的 WPS 文档造成打印纸张的浪费。WPS 文档打印预览的操作方法如下。

在 WPS 文字"快速访问工具栏"中单击"打印预览"按钮 $\boxed{Q}$，或者单击"文件"菜单，在下拉列表中选择"打印"右侧的小箭头，在右侧弹出的选项中单击"打印预览"，如图 3-48 所示。

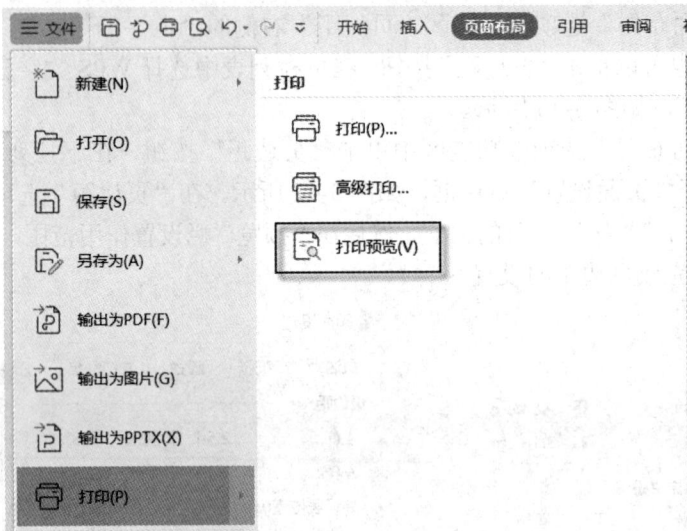

图 3-48　"打印预览"打开方式

在打开的窗口中即可直接预览打印的效果。如图 3-49 所示，我们可以设置"单页""多页""显示比例"等。

(1)"单页"设置：单击该按钮，可以单页的方式预览文档的打印效果。

(2)"多页"设置：单击该按钮，可以双页显示打印预览效果。

(3)"显示比例"设置：在该下拉列表中可快速设置需要显示的预览比例。

图 3-49　设置打印预览参数

2. 打印文档

在确认文档无误后，便可进行打印设置和打印文档。打印 WPS 文档的操作如下。

在"快速访问工具栏"中单击"打印"按钮 $\boxdot$，或者单击"文件"菜单，在下拉列表中选择"打印"命令，在弹出的"打印"对话框中设置打印参数，如图 3-50 所示。"打印"对话框主要由"打印机""页码范围""副本""并打和缩放"4 个部分组成，下面对其中主要选项的含义进行简单说明。

(1)"打印机"栏：在"名称"下拉列表中可以选择计算机所需连接的打印机，在下方状态栏可查看打印机的状态、类型、位置等。单击"属性"按钮，在打开的对话框中可设置打印机的属性；勾选"双面打印"复选框，文档将打印成双面；勾选"反片打印"复选框，打印稿以"镜像"显示电子文档，可满足一些用户的特殊排版印刷需求。"反片打印"

在印刷行业中广泛使用，但这种打印功能通常需要专业的 PS(postscript)打印机才可以实现。

（2）"页码范围"栏：勾选"全部"单选框，可打印文档的所有页面；勾选"当前页"单选框，可打印当前页面；勾选"页码范围"单选框，可自定义打印范围，例如输入"3-5"可打印第 3 至第 5 页，输入"3，5"可打印第 3 页和第 5 页；在"打印"下拉列表中可选择打印范围内的所有页面，或打印奇数页或偶数页。

（3）"副本"栏：在"份数"数值框中输入相应的数值，可设置打印的份数；需要打印多份时，勾选"逐份打印"，这样可以使文档按份输出，保证文档的连续性。

（4）"并打和缩放"栏：在 WPS 文字中系统默认每页版数是 1 版，在"每页的版数"下拉列表中可以根据需要进行修改，例如选定"2 版"，即为每一页显示 2 页的内容；在左侧的"并打顺序"处可以对版面顺序进行调整。

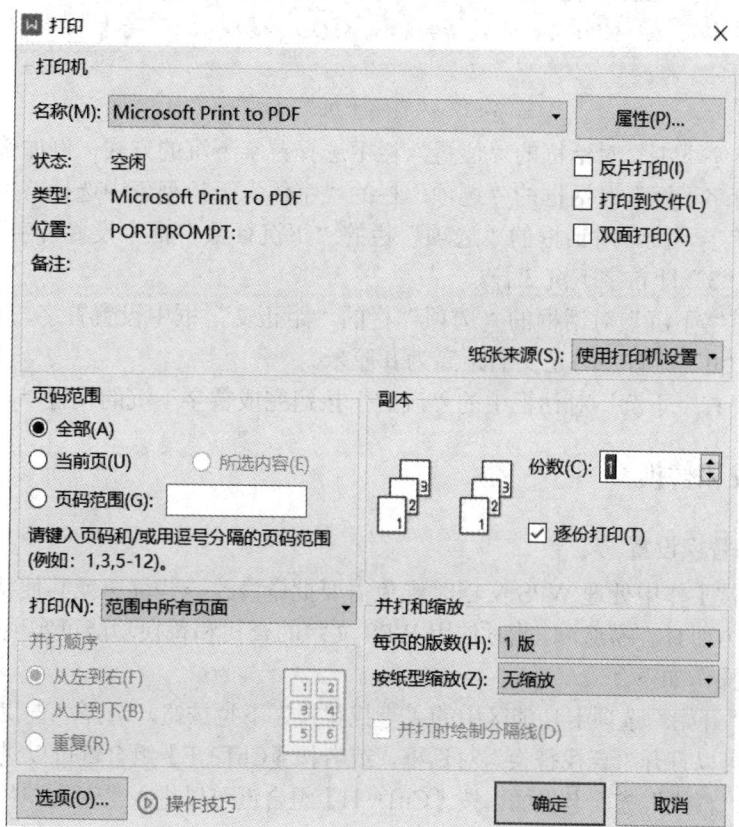

图 3-50　"打印"对话框

3.2.9　设置首字下沉

我们在日常生活中经常可以看到广告、报刊中会有"首字下沉"的排版效果，能让段落的首字放大或者更换字体。下面就如何在 WPS 文档中使用"首字下沉"设置的操作进行说明。

（1）选中需要设置首字下沉的段落，如本实例正文第一段。

（2）在"插入"选项卡功能区中单击"首字下沉"按钮，在弹出的"首字下沉"对话框中选择"位置""选项"进行相应的设置，如图 3-51 所示。

图 3-51　"首字下沉"对话框

(3) 在"首字下沉"对话框的"位置"栏中选择首字下沉的方式，例如选择"下沉"。

(4) 在"首字下沉"对话框的"选项"栏的"字体"下拉列表中选择首字的字体。

(5) 在"首字下沉"对话框的"选项"栏的"下沉行数"框中设置首字下沉占用的行数，例如输入"3"即首字下沉 3 行。

(6) 在"首字下沉"对话框的"选项"栏的"距正文"框中设置首字与正文之间的距离，例如输入"0"即首字与正文的距离为 0 厘米。

(7) 单击"首字下沉"对话框中的"确定"按钮完成首字下沉的设置。

3.2.10　查找和替换

1. 查找和替换设置

我们在日常工作中处理 WPS 文档时难免需要批量修改一些词语或其他特定的对象，逐个修改费时费力而且容易遗漏，此时使用 WPS 文字的查找和替换功能可实现快速查找与替换文本。具体操作如下。

(1) 单击"开始"选项卡功能区中的"查找替换"下拉按钮，选择"查找""替换""定位"命令，都可以打开"查找替换"对话框，或者按【Ctrl + F】组合键可以进入"查找和替换"对话框的"查找"选项卡界面，按【Ctrl + H】组合键可以进入"查找和替换"对话框的"替换"选项卡界面，按【Ctrl + G】组合键可以进入"查找和替换"对话框的"定位"选项卡界面。

(2) 如需进行查找操作，可以在"查找和替换"对话框的"查找"选项卡的"查找内容"框中输入需要查找的内容，然后单击"查找上一处"或"查找下一处"按钮进行查找，完成后单击"关闭"按钮即可。

(3) 单击"查找和替换"对话框中的"替换"选项卡，在"查找内容"框中输入想要替换的内容，然后在"替换为"框中输入替换内容，单击"替换"按钮可以替换当前查找到的内容，单击"全部替换"按钮，则可以将 WPS 文字正文中与"查找内容"框内输入的相同的内容全部替换，如图 3-52 所示。

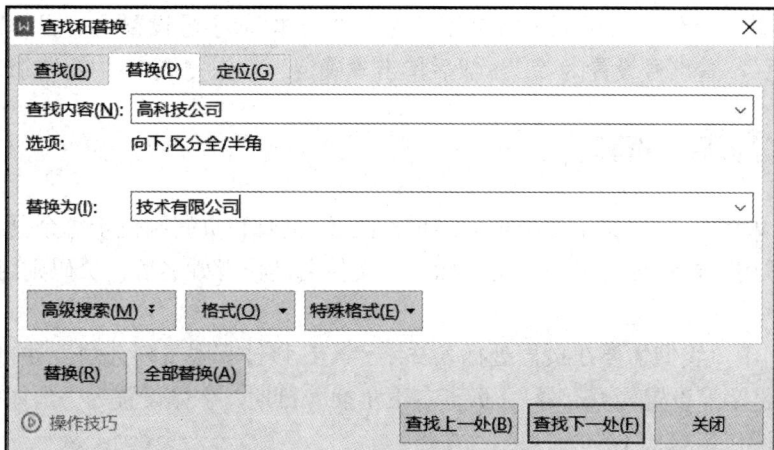

图 3-52　"查找和替换"对话框

2. 替换后的字体格式设置

使用 WPS Office 2019 的替换功能还可以对替换后的字体格式进行设置，具体操作如下。

(1) 在"查找和替换"对话框中单击"格式"命令，打开"替换字体"对话框，如图 3-53 所示。

图 3-53　"替换字体"对话框

（2）在"替换字体"对话框中将字体设置为"宋体"，字号设置为"四号"，字体颜色设置为"黑色"，着重号设置为"."，然后单击"确定"按钮完成字体格式的设置。

3.2.11　设置页眉、页脚

在 WPS 文字中，页眉位于每个页面的顶部区域，页脚和页码则位于每个页面的最底部。页眉和页脚常用于显示公司标识、文档标题、文件名及作者姓名等；页码则用于显示文档的页数。

在本实例中，我们需要在页眉处插入文字"XX 科技有限责任公司"并将字体设置为"华文楷体"，字号设置为"五号"，页脚右下角插入日期，字体设置为"宋体"，字号设置为"五号"，操作步骤如下。

1. 页眉的创建与编辑

页眉是显示在每个页面顶部正文边框以外的文字内容，在书籍、手册等一些较长的文档中较为常见。如要创建每页都相同的页面，操作步骤如下。

（1）直接使用鼠标双击页面顶部的页眉区域进入页眉编辑界面，或者在"插入"选项卡功能区中单击"页眉页脚"按钮 ，进入"页眉和页脚"编辑区，此时在工具栏会出现"页眉页脚"选项卡功能区，如图 3-54 所示。

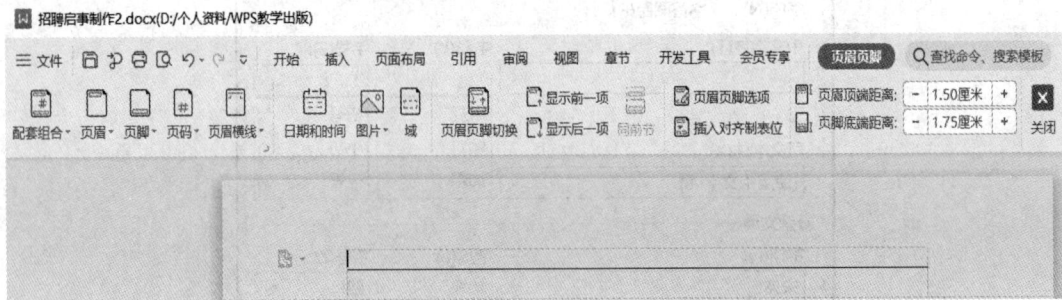

图 3-54　"页眉页脚"选项卡功能区

"页眉页脚"选项卡功能区的主要按钮有"配套组合""页眉横线""日期和时间""图片""页眉页脚选项"等，其各自功能如下。

•　"配套组合"按钮：单击该按钮，可在打开的下拉列表中选择 WPS 提供的带有页眉和页脚的组合样式，方便用户快速设置页眉和页脚。在 WPS Office 2019 中该功能为"稻壳会员"专享。

•　"页眉横线"按钮：单击该按钮，可快速在页眉处设置一条带有样式的横线。

•　"日期和时间"按钮：单击该按钮，可在打开的"日期和时间"对话框中设置需要插入日期和时间的显示格式。

•　"图片"按钮：单击该按钮，可在打开的"插入图片"对话框中选择本地电脑的图片在页眉中使用，如图 3-55 所示。

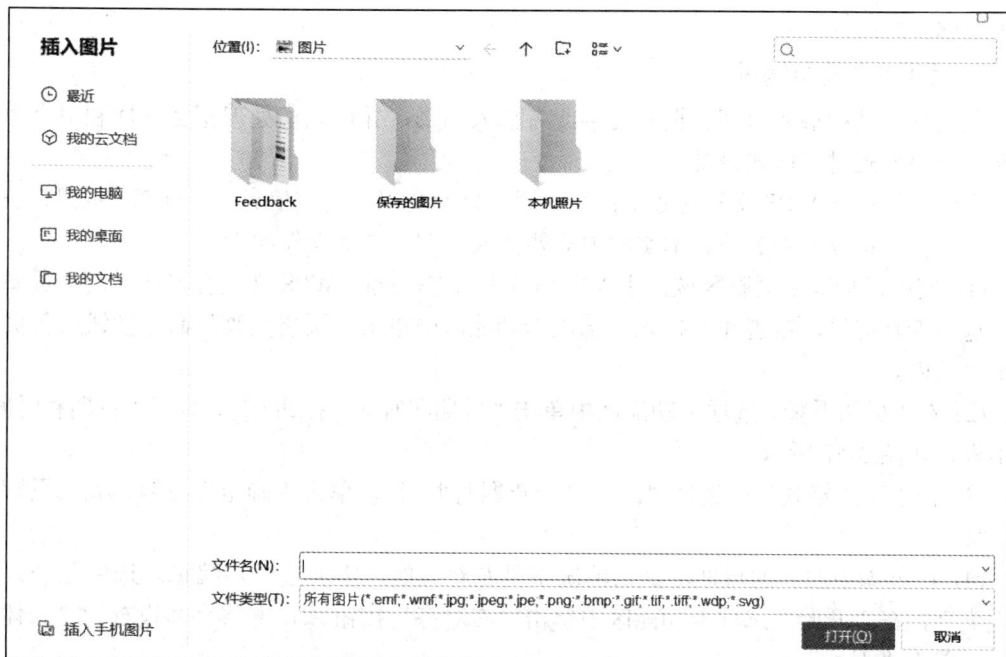

图 3-55　"页眉"插入图片

• "页眉页脚选项"按钮：单击该按钮，将弹出"页眉/页脚设置"对话框，在"页面不同设置"中可以设置"首页不同""奇偶页不同"，在"显示页眉横线"栏中可以勾选是否显示页眉横线，还可以设置页码在页眉中的位置，如图 3-56 所示。

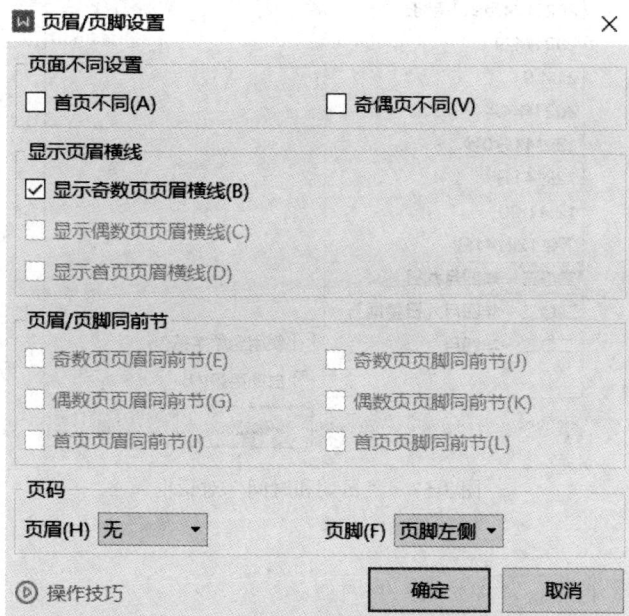

图 3-56　"页眉/页脚设置"对话框

(2) 在页眉编辑区输入文字"XX 科技有限责任公司"并将字体设置为"华文楷体"，字号设置为"五号"，设置完成后，在"页眉页脚"选项卡功能区中单击"关闭"按钮▣，即可完成页眉的设置。

2. 页脚的创建与编辑

在页脚区域中输入日期、页眉文字或者插入图形，并可以像处理正文一样利用命令、控件按钮等方式进行格式设置。

页脚一般位于 WPS 文档的底部区域，用于显示文档的附加信息，如日期、页码、公司标识、文件名称及作者名等。本实例中需要插入日期，具体操作如下。

(1) 使用鼠标双击页脚区域，进入页脚编辑状态，此时 WPS 文档会自动激活"页眉页脚"选项卡功能区，或者在"插入"选项卡功能区中单击"页眉页脚"命令按钮进入页脚编辑区域内。

(2) 在"页眉页脚"选项卡功能区中单击"日期和时间"按钮 ，打开"日期和时间"对话框，如图 3-57 所示。

(3) 在"可用格式"中选择"二○二一年四月九日"，单击"确定"按钮，完成页脚日期的插入。

(4) 在页脚中插入的日期，默认情况下是左对齐的，需要进一步编辑。选中已插入的日期文字，在"开始"选项卡功能区中单击"右对齐"按钮 ，并将字体设置为"宋体"，字号设置为"五号"。

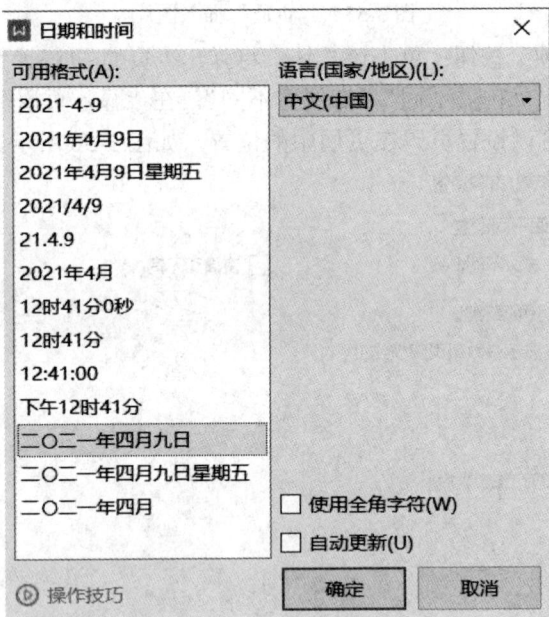

图 3-57　"日期和时间"对话框

【训练场】

1. 艺术字在文档中以(　　)方式出现。

A. 公式　　　　　B. 图形对象　　　C. 普通文字　　　D. 样式

2. 下列关于艺术字的说法中，正确的是(　　)。

A. 已插入的艺术字不可以更改文字的内容

B. 已插入的艺术字不可以更改样式

C. 艺术字可以设置其与文字的环绕方式

D. 在 WPS 文档中可以选择"插入"→"艺术字"菜单命令来插入艺术字

3. 以下关于段落边框和底纹的说法不正确的是(　　)。

A. 可以给页面加边框和底纹　　　　B. 可以给文字加边框和底纹

C. 可以给段落加边框和底纹　　　　D. 不可以给页面加边框和底纹

4. 在 WPS 文字中,下列有关"项目符号和编号"的叙述错误的是(　　)。

A. 可以更换项目符号和编号

B. 可以自动创建项目符号和编号

C. 可以为同一段落每行添加项目符号和编号

D. 可以为已有内容添加项目符号和编号

5. [多选]项目符号和编号对话框有哪几个选项卡?(　　)

A. 项目符号　　　　B. 编号　　　　C. 多级编号　　　　D. 自定义列表

6. 在 WPS 文档中,下述关于分栏操作的说法,正确的是(　　)。

A. 可以将指定段落分成指定宽度两栏

B. 任何视图下均可看到分栏效果

C. 设置的栏宽和间距与页面宽度无关

D. 栏与栏之间不可以设置分隔线

7. 在 WPS 文档中插入页码的位置可以是(　　)。

A. 只能在页面的底端　　　　　　　B. 只能在页面的顶端

C. 只能在页面的左、右侧边距　　　D. 可以在当前插入点位置

8. 使用 WPS 文档的页面布局,不可以设置(　　)。

A. 主题效果　　　　B. 稿纸效果　　　　C. 水印效果　　　　D. 文档分隔符

9. 对于打印预览,下列说法错误的是(　　)。

A. 可以一次查看多页

B. 可以不完全显示打印后的效果

C. 单击"文件"下的"打印预览",可以使用打印预览的方式查看文档

D. 显示打印后的效果

10. 下列关于查找和替换的叙述中,不正确的是(　　)。

A. 查找和替换命令可以在所选文本块中查找和替换全部文本

B. 使用查找命令可以设置忽略大小写字母的区别

C. 在查找选项组中可以设置使用通配符

D. 使用查找命令时,不能忽略空格,查找结果会受到空格的影响

3.3　WPS 文档表格处理

本节以制作图书采购清单为例,介绍 WPS 文档表格处理相关操作。

【**实例描述**】锦鲤图书馆为丰富图书馆的藏书，需要采购一些图书。为方便图书管理员对不同图书的进价管理，需要采购员小李制作一份图书采购清单。因批量不同的书会存在不同的折扣率，图书采购清单应包含原价及折扣率，因为预算有限，采购人员根据图书采购单中每套图书的总价，计算图书采购的数量。

图书采购清单的大致要求是：

1. 图书采购清单制作要求

(1) 标题明显；

(2) 清单中需标明序号、书名、原价、折扣价、折扣率及入库时间；

(3) 使用"表格工具"中的公式计算原价求和、折后价求和及折扣率；

(4) 表格美观，表头添加醒目的底纹；

(5) 总额需要用人民币符号格式显示。

图书采购员小李接到任务后，决定借助 WPS 文档的表格制作功能制作"图书采购清单"。经过分析和思考，小李按照馆长的要求，出色地完成了"图书采购单"的制作，效果如图 3-58 所示。

图 书 采 购 清 单

编号\表头	书名	类别	原价	折扣率	折后价	入库日期
J1	父与子全集	少儿	35	0.6	21	2020 年 9 月 3 日
J2	古代汉语词典	工具	119.9	0.80	96	2020 年 2 月 1 日
J3	世界很大，幸好有你	传记	39	0.74	29	2019 年 1 月 31 日
J4	Photoshop CS5 图像处理	计算机	48	0.81	39	2019 年 12 月 31 日
J5	疯狂英语90 句	外语	19.8	0.90	18	2018 年 12 月 31 日
J6	窗边的小豆豆	少儿	28.8	0.80	23	2020 年 11 月 21 日
J7	只属于我的视界：手机摄影自白书	摄影	58	0.60	35	2019 年 12 月 16 日
J8	黑白花意：笔尖下的 87 朵花之绘	绘画	29.8	0.69	21	2019 年 12 月 15 日
J9	小王子	少儿	20	0.65	13	2017 年 11 月 31 日
J10	配色设计原理	设计	59	0.69	41	20120 年 8 月 31 日
J11	基本乐理	音乐	38	0.84	32	2019 年 7 月 31 日
J12	总和		￥495.30		￥368.00	

图 3-58 "图书采购清单"效果图

2. 图书采购清单制作要求分析

在 WPS Office 2019 中有专业的 WPS 表格组件，但是 WPS 文档也能制作简单的表格。在 WPS 文档中制作表格的操作有自动插入表格、手动绘制表格、修改表格结构、编辑表格内容和修改表格格式，还有表格数据的计算与分析，属于 WPS 表格处理中比较难的部分，本实例将对 WPS 文档中表格的应用操作进行逐步说明。

通过对本实例要求的分析，可知此次 WPS 文档中表格制作主要涉及的操作如下：

(1) 利用"插入"选项卡功能区中"表格"的下拉列表里的"插入表格"对话框插入表格；

(2) 使用"绘制表格"的功能手动绘制表格；

(3) 借助"表格工具"选项卡，对表格进行编辑，包括"新增行和列""合并单元格"

"拆分单元格""设置对齐方式"等；

(4) 利用"表格样式"选项卡，定义"表格样式"和设置"边框和底纹"等；

(5) 使用"表格工具"选项卡中的"公式"对 WPS 文档中的表格数据进行计算。

3.3.1　创建图书采购清单表

在 WPS 文档中创建表格前，我们首先要根据需要规划好表格的行数、列数以及表格的大致结构，然后再在 WPS 文档中进行表格的创建。

启动 WPS Office 2019 软件，创建名为"图书采购清单"的 WPS 文档，在创建表格之前，可以先对页面进行设置，方便后续的排版。另外，创建不规则的表格之前，我们创建的原始表格也是按规则表格进行创建，在表格创建完成后再进行相应的编辑。具体操作步骤如下。

1. 页面设置

(1) 页边距：在 WPS 文档中单击"页面布局"选项卡功能区的"页边距"右侧的"上""下""左""右"框中依次输入 3 毫米、5 毫米、10 毫米、15 毫米；

(2) 纸张方向：在"页面布局"选项卡功能区的"纸张方向"下拉列表中设置纸张方向为横向；

(3) 纸张大小：在"页面布局"选项卡功能区的"纸张大小"下拉列表中选择"自定义"，在打开的"页面设置"对话框中设置纸张的宽度为 30 厘米，高度为 15 厘米。

设置效果如图 3-59 所示。

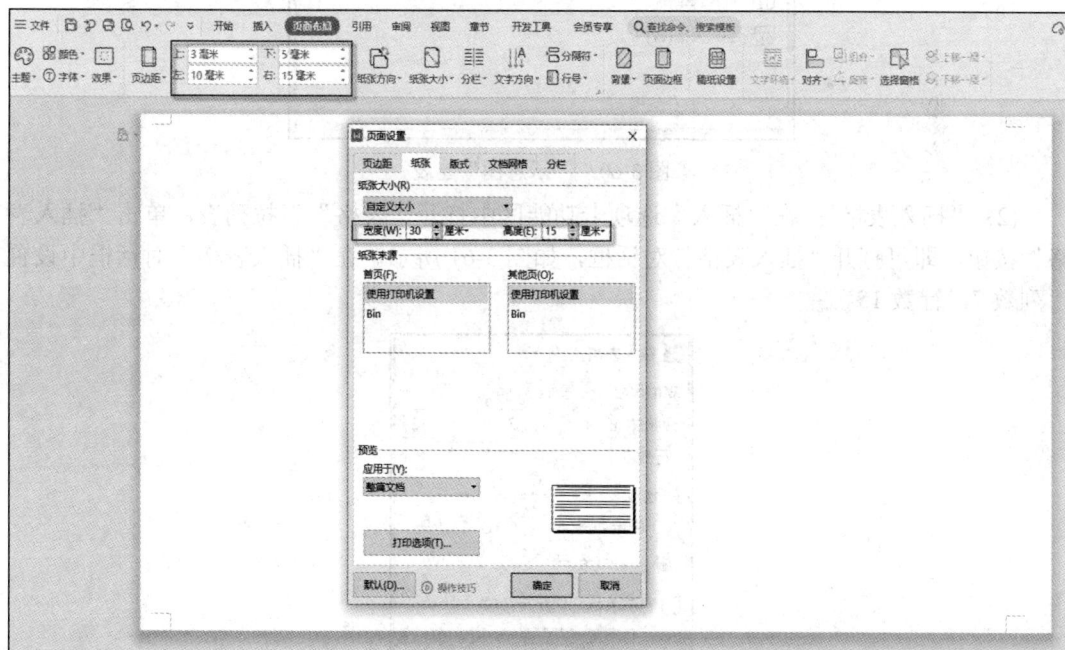

图 3-59　"页面设置"效果图

2. WPS 文档中新建表格

在 WPS 中新建表格有很多种方法，可以单击"插入"选项卡功能区中"表格"下拉列表里的"示意图""插入表格""绘制表格"3 种命令按钮进行表格的创建，具体创建步骤如下。

(1)"示意图"建表：在"插入"选项卡功能区中打开"表格"下拉列表，在"示意图"内，拖动鼠标来选择行数和列数，选定后单击鼠标左键即可插入表格，如图 3-60 所示。

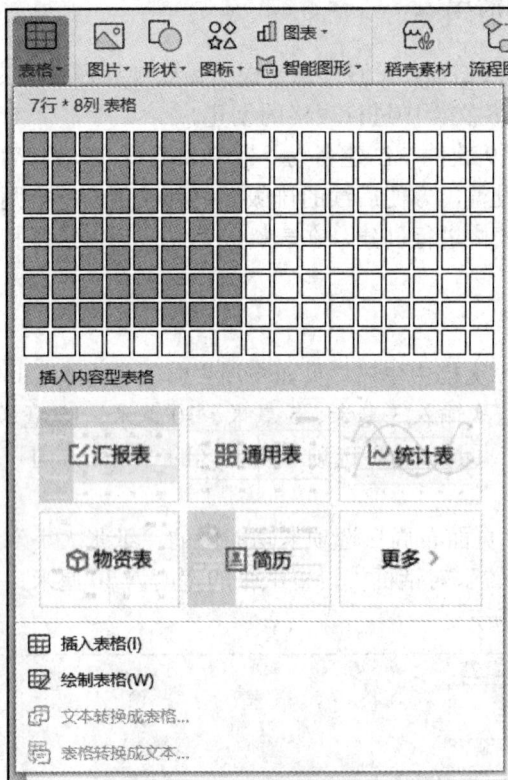

图 3-60　"示意图"建表

(2)"插入表格"：在"插入"选项卡功能区中打开"表格"下拉列表，单击"插入表格"按钮，即可打开"插入表格"对话框，如图 3-61 所示。在"插入表格"对话框中设置"列数 7，行数 15"。

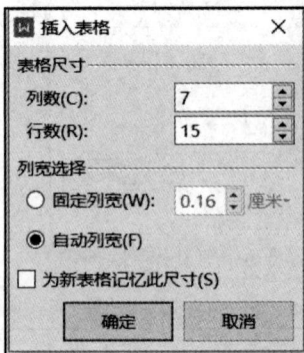

图 3-61　"插入表格"对话框

(3)"绘制表格"：除了上述两种方法，我们还可以手动绘制表格，方法是在"插入"

选项卡功能区中打开的"表格"下拉列表，单击"绘制表格"按钮，然后在 WPS 空白文档中按住鼠标左键拖拽鼠标，在列表的右下角会显示"行数"和"列数"的数值，如图 3-62 所示。

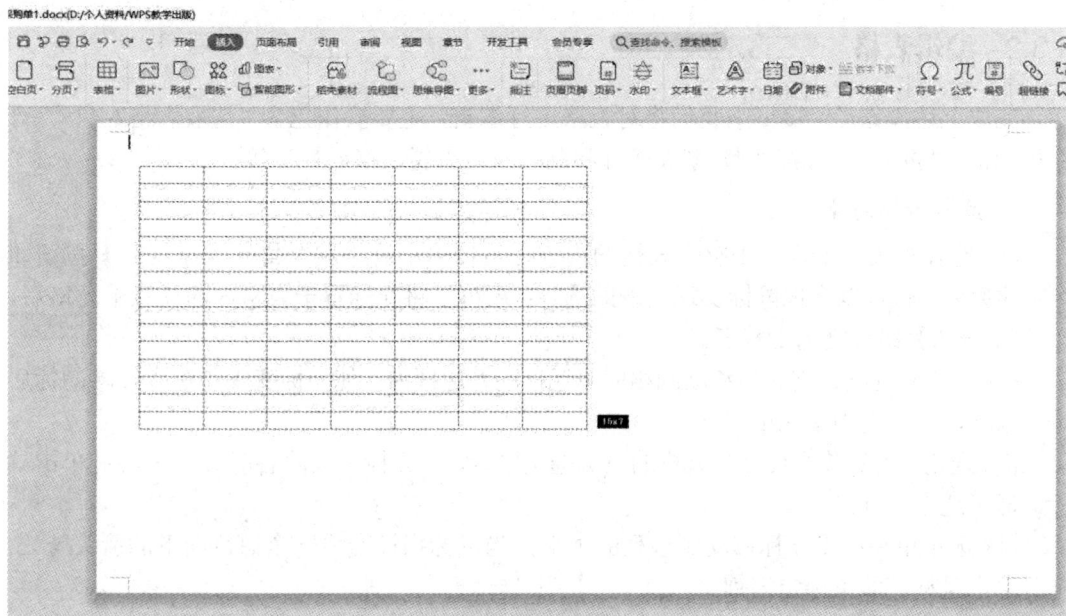

图 3-62 绘制表格

3. 表格数据输入

在新建的表格中输入相应的数据，如图 3-63 所示。输入文字时按键盘上的【Tab】键可以使光标向右移一个单元格，按【Shift + Tab】组合键可以使光标向左移一个单元格，以避免因鼠标和键盘来回切换操作带来的不便。

图书采购清单						
	书名	类别	原价	折扣率	折后价	入库日期
J1	父与子全集	少儿	35	0.6		2020 年 9 月 3 日
J2	古代汉语词典	工具	119.9	0.80		2020 年 2 月 1 日
J3	世界很大，幸好有你	传记	39	0.74		2019 年 1 月 31 日
J4	Photoshop CS5 图像处理	计算机	48	0.81		2019 年 12 月 31 日
J5	疯狂英语 90 句	外语	19.8	0.90		2018 年 12 月 31 日
J6	窗边的小豆豆	少儿	28.8	0.80		2020 年 11 月 21 日
J7	只属于我的视界：手机摄影自白书	摄影	58	0.60		2019 年 12 月 16 日
J8	黑白花意：笔尖下的 87 朵花之绘	绘画	29.8	0.69		2019 年 12 月 15 日
J9	小王子	少儿	20	0.65		2017 年 11 月 31 日
J10	配色设计原理	设计	59	0.69		20120 年 8 月 31 日
J11	基本乐理	音乐	38	0.84		2019 年 7 月 31 日
J12						

图 3-63 表格数据输入

输入完成后，选中所有表格对表格内的字体格式进行编辑，主要有以下操作。

(1) 字体：设置为"华文楷体"，正文字体大小设置为"小四"，标题字体设置为"小二"；

(2) 标题字体居中设置；

另外，因标题栏的字体格式设置需要先对表格进行合并操作，因此我们将在后续的表格编辑中对标题栏的字体设置作进一步讲解。

3.3.2　编辑表格

完成上述操作后，接下来我们将对表格进行编辑，主要操作包含"选取表格对象""合并单元格""拆分单元格""增/删表格行和列"及"设置表格属性"等。

1. 选取表格对象

(1) 选择整表：如需选中整张表格的内容，可以单击表格左上角的"控点" ⊹ 按钮即可选定整表；也可以拖拽鼠标实现整表的选择；还可以将光标置于表格内的任意单元格后，按【Ctrl + A】组合键选定整表。

(2) 选定单元格：将光标移动到相应单元格的左边框内，使光标变成向右箭头 ➚ 图标后单击鼠标，即可选中单元格。

(3) 选定一行：将光标移到表格的左侧选定区内，当光标变成向右箭头 ⤢ 图标并单击鼠标，即可选中一行。

(4) 选定单列：将光标移动到该列的顶端，当鼠标指针变成一个黑色向下的箭头 ⬇ 图标时单击鼠标，即可选定该列。

2. 合并单元格

本实例需要对表格第一行的单元格进行合并操作，就需要用到单元格"合并"功能，效果如图 3-64 所示。具体操作如下。

(1) 按照前面学习的方法，选中表格的第一行；
(2) 单击"表格工具"选项卡中的"合并单元格"命令，即可完成单元格的合并。

图书采购清单

	书名	类别	原价	折扣率	折后价	入库日期
J1	父与子全集	少儿	35	0.6		2020 年 9 月 3 日
J2	古代汉语词典	工具	119.9	0.80		2020 年 2 月 1 日
J3	世界很大，李好有你	传记	39	0.74		2019 年 1 月 31 日
J4	Photoshop CS5 图像处理	计算机	48	0.81		2019 年 12 月 31 日
J5	藏在英语90句	外语	19.8	0.90		2018 年 12 月 31 日
J6	窗边的小豆豆	少儿	28.8	0.80		2020 年 11 月 21 日
J7	只属于我的视界：手机摄影自白书	摄影	58	0.60		2019 年 12 月 16 日
J8	黑白花意：笔尖下的87朵花之绘	绘画	29.8	0.69		2019 年 12 月 15 日
J9	小王子	少儿	20	0.65		2017 年 11 月 31 日
J10	配色设计原理	设计	59	0.69		20120 年 8 月 31 日
J11	基本乐理	音乐	38	0.84		2019 年 7 月 31 日
J12	总和					

图 3-64　单元格合并效果图

3. 拆分单元格

"拆分单元格"与"合并单元格"的操作效果相反，在 WPS 文档中拆分单元格通常需要利用对话框来实现。

(1) 在表格中选择要拆分的单元格，在"表格工具"选项卡中单击"拆分单元格"按钮，即可弹出"拆分单元格"对话框，如图 3-65 所示。

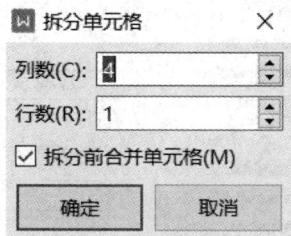

图 3-65　"拆分单元格"对话框

(2) 在弹出的"拆分单元格"对话框输入"列数"和"行数"的数值，单击"确定"即可完成单元格的拆分。

4. 增/删表格行和列

在 WPS 文档中创建完了表格后，难免会出现表格的行数和列数或多或少的情况，此时就需对表格的行和列进行添加和删除。具体操作如下。

(1) 在 WPS 文档中可将鼠标移至表格的最左侧，出现 ⊕ 时，可以单击 ⊕ 增加行，单击 ⊖ 删除行，如图 3-66 所示。

图 3-66　增加/删除行

(2) 在 WPS 文档中可将鼠标移至表格的最顶端，当出现 ⊕ 时，可以单击 ⊕ 增加列，单击 ⊖ 删除列。

(3) 如图 3-63 所示，单击表格底部的 ⊞ 按钮可以快速在表格的底部添加行，单击表格右侧的 ⊞ ，则可以快速在表格的最右侧添加列。

此外，常用的添加"行和列"的操作还可以在单击鼠标右键弹出的快捷菜单中来实现。将光标置于需要插入行、列或单元格的位置(如需插入多行、多列，则在插入前选取相同数量的行或列)，单击鼠标右键，在弹出的快捷菜单中单击"插入"按钮，在右侧弹窗中选择插入行、列的位置即可完成行、列的添加，如图 3-67 所示。如需删除，则在弹出的快捷菜单中选择"删除单元格"，在弹出的"删除单元格"对话框中选择删除的具体操作，即可完成行、列的删除，如图 3-68 所示。

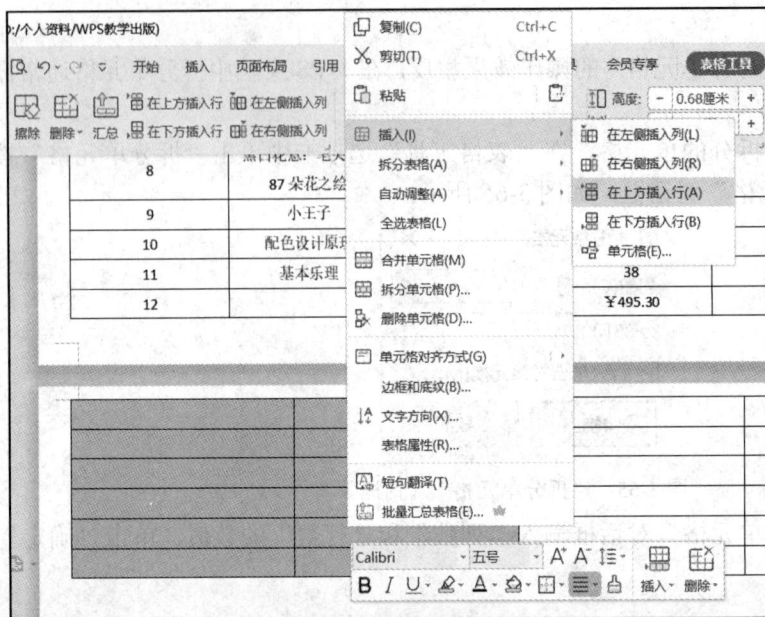

图 3-67　增加行弹窗

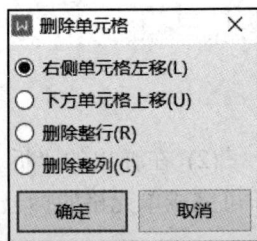

图 3-68　删除单元格对话框

5. 设置表格属性

单击表格左上角的 ✛ 控点按钮选定整表，单击右键，在弹出的快捷菜单中单击"表格属性"按钮即弹出"表格属性"对话框，如图 3-69 所示。该对话框中包含"表格"选项卡、"行"选项卡、"列"选项卡及"单元格"选项卡。具体设置操作如下。

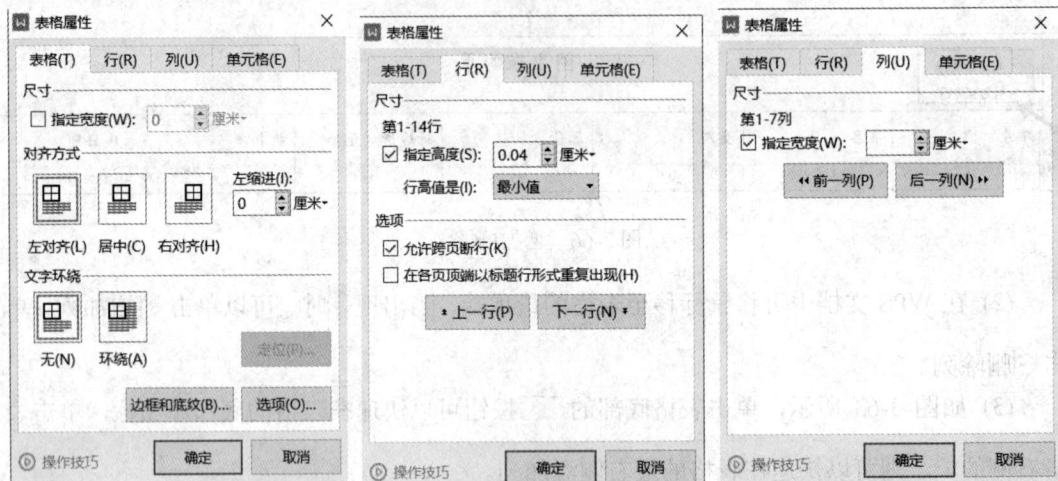

图 3-69　"表格属性"对话框

（1）"表格"选项卡：在该选项卡中可以设置表格的"尺寸""对齐方式""文字环绕"等参数；

（2）"行"选项卡：首先选中需要设置"行高"的行，打开"表格属性"对话框中的"行"选项卡，在"尺寸"栏中勾选"指定高度"并输入相应的数值，即可完成指定行"行高"的设置。

（3）"列"选项卡：首先选中需要设置"列宽"的行，打开"表格属性"对话框中的"列"选项卡，在"尺寸"栏中勾选"指定宽度"并输入相应的数值，即可完成指定行"列宽"的设置。

除了在"表格属性"对话框中设置"行高"和"列宽"，通常还可以直接利用鼠标拖拽来完成行高和列宽的设置。例如拖拽表格右下角的 ⌐ 缩放柄使整表自动缩放；选中表格中的横线，当光标变为 ⇕ 时，按住鼠标左键上下移动可调整行高；选中表格中的竖线，当光标变为 ⇔ 时，按住鼠标左键左右移动可调整列宽。

3.3.3　美化表格

对于刚建好的表，美观度不够，往往需要做进一步美化处理。本实例对表格作的美化操作主要有设置表格边框、绘制斜线表头、设置表格底纹、设置单元格对齐方式、设置标题栏字体格式。具体的操作如下。

1. 设置表格边框

选定整表，单击右键，在弹出的快捷菜单中单击"边框和底纹"按钮，即弹出"边框和底纹"对话框，或者在"表格样式"选项卡功能区中的"边框"下拉列表中选择"边框和底纹"，同样可以打开"边框和底纹"对话框，如图 3-70 所示。边框设置相关操作如下。

（1）在"边框和底纹"对话框中的"边框"选项卡中的"设置"栏中选择"全部"，在"线型"栏选择"细双线"，颜色选择"自动"，"宽度"值选择"0.5 磅"。

（2）完成上述设置后，在"应用于"下拉框中选择"表格"，单击"确定"按钮即可完成设置。

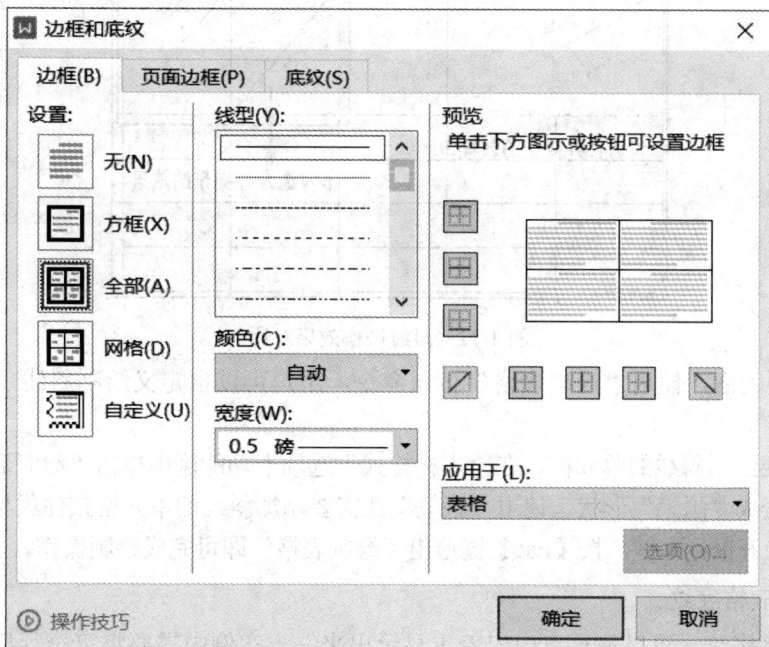

图 3-70　边框的设置

2. 绘制斜线表头

在 WPS 使用表格时会涉及使用斜线表头，这就要用到 WPS 文档表格的斜线绘制功能。绘制斜线可以使用"绘制斜线表头"和"绘制表格"两种方式进行操作，具体操作步骤如下。

(1) 绘制斜线表头。选中需要绘制斜线的单元格，在"表格样式"选项卡功能区中单击"绘制斜线表头"按钮，此时会弹出"斜线单元格类型"对话框，如图 3-71 所示。在"斜线单元格类型"对话框中选择其中一种斜线类型，即可在表格中完成斜线的绘制。

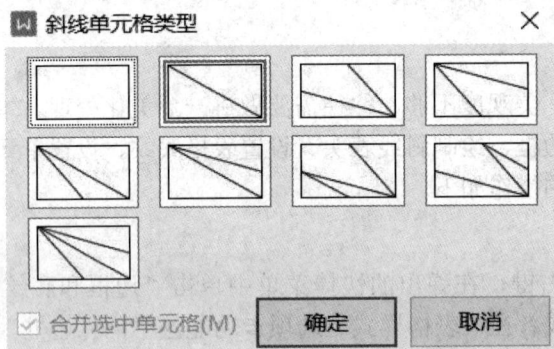

图 3-71　"斜线单元格类型"对话框

这里值得注意的是：如果勾选"合并选中单元格"复选框，绘制斜线时会自动把选中的多个单元格进行合并操作；如果选择不勾选，则会分别对每个单元格加上斜线，效果如图 3-72 所示。

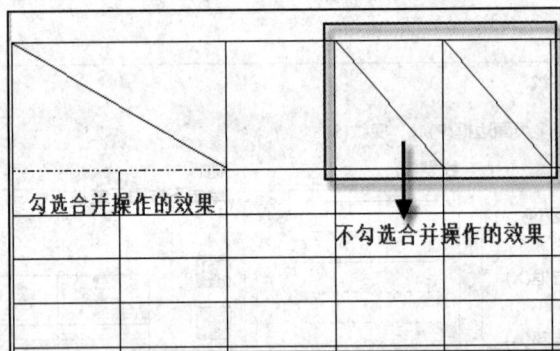

图 3-72　斜线操作效果对比

(2) 绘制表格。使用"绘制表格"按钮命令，用户可以自定义绘制斜线，使用方法比较简单。

选中需要绘制斜线的单元格，在"表格样式"选项卡功能区中单击"绘制表格"按钮，此时鼠标会变成"画笔"形状。使用"画笔"在需要添加斜线的单元格按住鼠标左键进行拖拽，完成后松开鼠标左键，按【Esc】键退出"绘制表格"即可完成绘制操作。

3. 设置表格底纹

设置表格底纹，可以使重点内容着重显示出来，本实例中需要将第一行标题栏及整张表的底纹进行设置。设置表格底纹有以下两种操作方式。

（1）选定整表，单击右键，在弹出的快捷菜单中选择"边框和底纹"，在"边框和底纹"对话框中的"底纹"选项卡中的"填充"栏选择"白色，背景 1，深色 15%"，单击"确定"按钮即可完成设置。如图 3-73 所示。

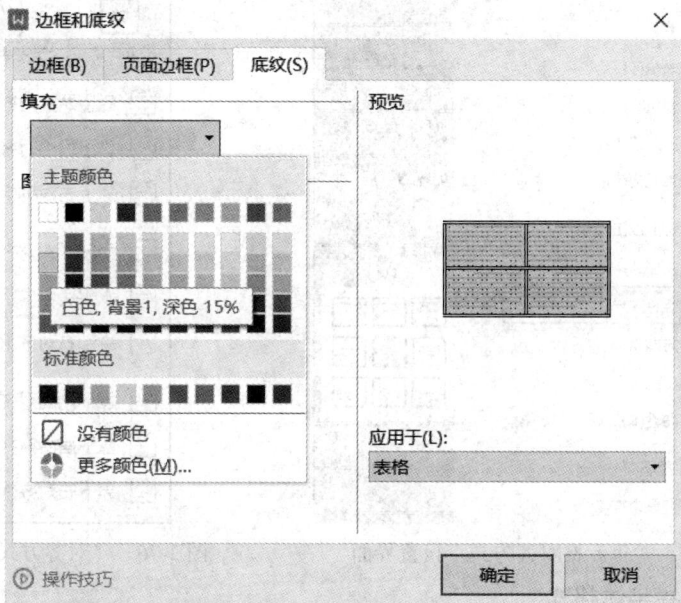

图 3-73　底纹设置方式 1

（2）选中第一行标题，在"表格样式"选项卡功能区中单击"底纹"按钮下拉列表的"主题颜色"栏中选择"橙色，着色 4"，即可完成标题行底纹的设置。如图 3-74 所示。

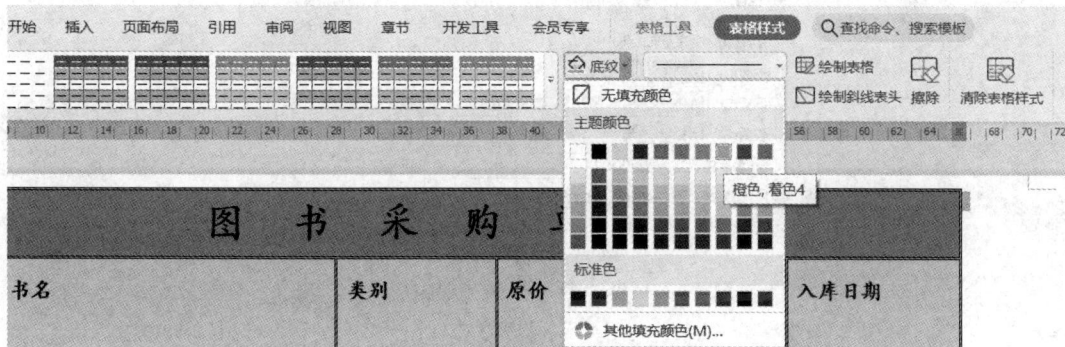

图 3-74　底纹设置方式 2

4. 设置单元格对齐方式

WPS 文档中的表格字符的默认对齐方式是"靠上左对齐"，这会导致表格字体不美观，也不符合日常习惯。设置单元格对齐方式的操作方式有以下两种。

（1）选定整表，单击右键，在弹出的快捷菜单中选择"单个格对齐方式"，在右侧弹出的 9 种对齐方式中单击"水平居中" ▭ 按钮，如图 3-75 所示。

（2）选中需要设置对齐方式的单元格，单击"表格工具"选项卡功能区中的"对齐方式"按钮，在弹出的下拉列表中选择"水平居中"，如图 3-76 所示。

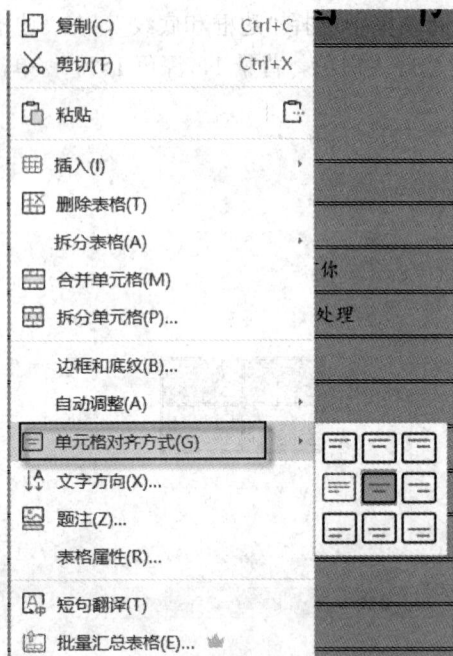

图 3-75　"单元格对齐方式"设置界面　　　　图 3-76　"对齐方式"工具按钮

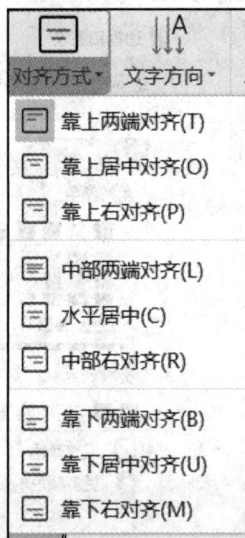

5. 设置标题栏字体格式

选定标题栏文字"图书采购清单",在"开始"选项卡功能区的"字体"分组"边框"右下角打开"字体"对话框,在"字符间距"选项卡中设置"间距"为"加宽",值设置为"0.5 厘米",如图 3-77 所示。

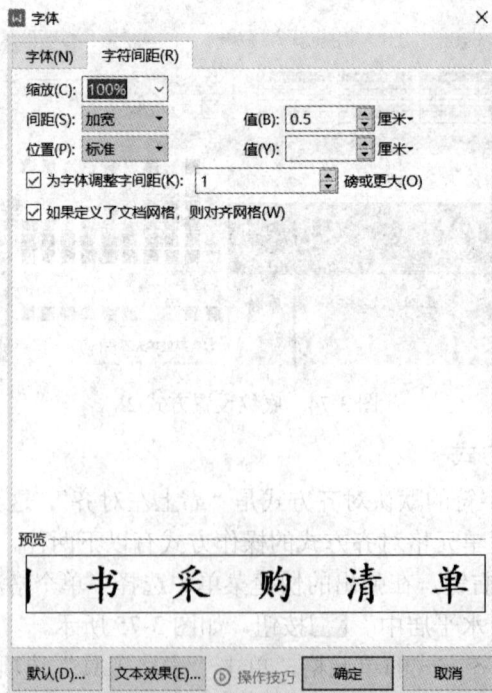

图 3-77　"字符间距"选项卡

3.3.4　使用表格公式

本实例中原价总价、折后价总价及折扣率均需要计算，WPS 文字中的表格提供了简单的公式计算，可满足本实例的需求。

1. 计算图书的折后价

将插入点定位于"J1"行的"折后价"单元格内，单击"表格工具"选项卡功能中的"公式" *fx* 公式 按钮，打开"公式"对话框，如图 3-78 所示。在"数字格式"栏中选择运算结果数值的显示格式"0"，在"粘贴函数"的下拉列表中选择"PRODUCT()"乘积函数，在"表格范围"下拉列表中选择"LEFT"，最后在公式会显示"=PRODUCT(LEFT)"，该公式表示的是将左边的所有数值进行"乘积"运算操作，单击"确定"完成设置。

按照上述方法依次完成其他单元格"折后价"的计算即可。

注：如需将选中单元右边的所有数值进行"乘积"运算，方法和上述操作一致，唯一改为的是"表格范围"，此时需要在"表格范围"下拉列表中选择"RIGHT"，公式显示为"=PRODUCT(RIGHT)"，即可将选中单元格右边所有的数值进行"乘积"操作。

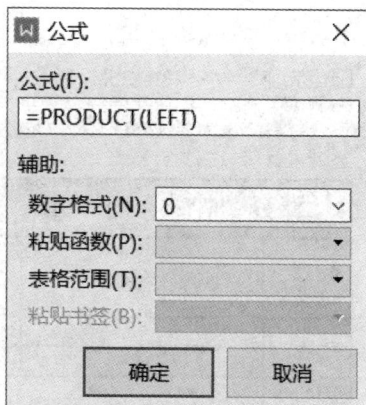

图 3-78　乘法公式的输入

2. 计算总价

将插入点定位到 J12 行的"原价"单元格内，单击"表格工具"选项卡功能区中的"公式" *fx* 公式 按钮，打开"公式"对话框，如图 3-79 所示。在"数字格式"中选择"¥#, ##0.00; (¥#, ##0.00)"，在"粘贴函数"的下拉列表中选择"SUM()"求和函数，在"表格范围"的下拉列表中选择"ABOVE"，此时公式显示"=SUM(ABOVE)"表示将选中单元格上边的所有数值进行"求和"操作，单击"确定"按钮，即可计算出总价。

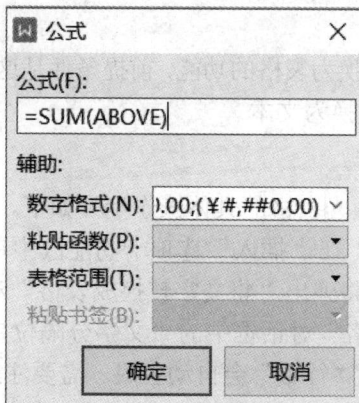

图 3-79　求和公式的输入

3. 计算平均折扣率

选中“折扣率”一列的所有数值，在“表格工具”选项卡功能区中的单击“快速计算”快速计算的下拉列表，如图 3-80 所示。在下拉列表中选择“平均值”，此时在原表中会自动增加一行用来显示计算结果。

将折扣率的“平均值”结果手动输入到 J12 行的“折扣率”单元格中，删除自增的行，即可完成平均折扣率的计算。

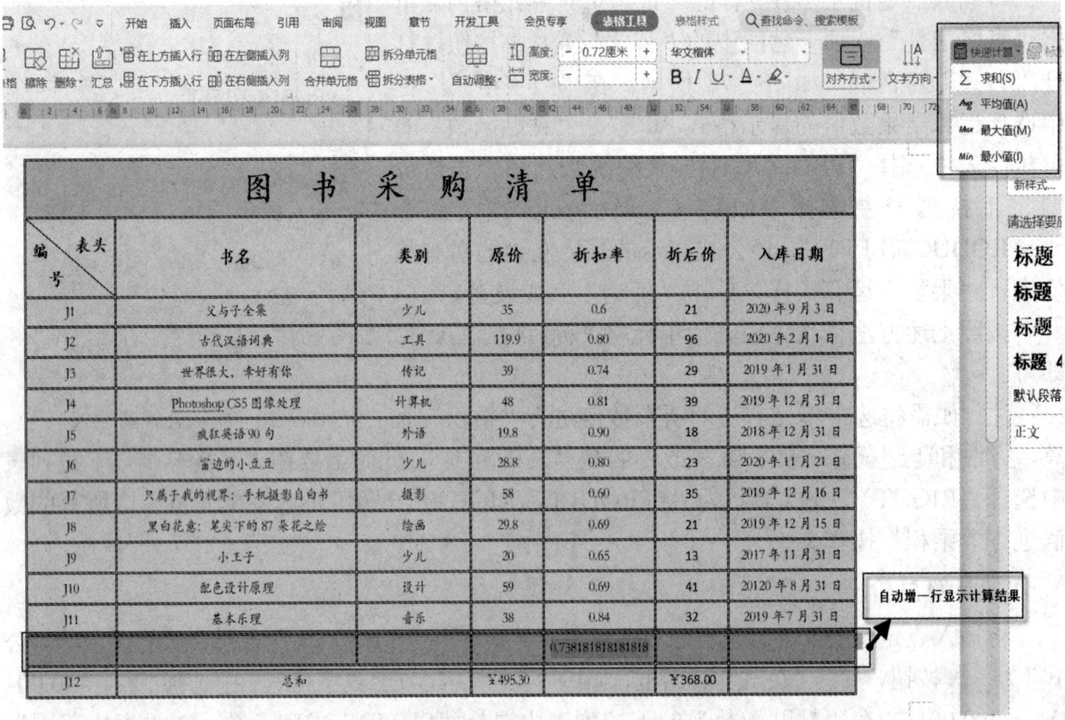

图书采购清单						
表头 编号	书名	类别	原价	折扣率	折后价	入库日期
J1	父与子全集	少儿	35	0.6	21	2020 年 9 月 3 日
J2	古代汉语词典	工具	119.9	0.80	96	2020 年 2 月 1 日
J3	世界很大，幸好有你	传记	39	0.74	29	2019 年 1 月 31 日
J4	Photoshop CS5 图像处理	计算机	48	0.81	39	2019 年 12 月 31 日
J5	疯狂英语 90 句	外语	19.8	0.90	18	2018 年 12 月 31 日
J6	窗边的小豆豆	少儿	28.8	0.80	23	2020 年 11 月 21 日
J7	只属于我的视界：手机摄影自白书	摄影	58	0.60	35	2019 年 12 月 16 日
J8	黑白花意：笔尖下的 87 朵花之绘	绘画	29.8	0.69	21	2019 年 12 月 15 日
J9	小王子	少儿	20	0.65	13	2017 年 11 月 31 日
J10	配色设计原理	设计	59	0.69	41	20120 年 8 月 31 日
J11	基本乐理	音乐	38	0.84	32	2019 年 7 月 31 日
				0.738181818181818		
J12	总和		¥495.30		¥368.00	

图 3-80 折扣率平均值的计算

3.3.5 文本转表格

WPS 文字提供了将文本转换为表格的功能，前提条件是这些文本要具备一定的规律。同样，WPS 文字也允许将表格转换为文本。

1. 文本转表格

在 WPS 文字中将文本转换为表格的具体操作步骤如下。

(1) 选定需要转换的文本，在“插入”选项卡功能区中单击“表格”按钮，在下拉列表中选择“文本转换成表格”将弹出“将文字转换成表格”对话框，如图 3-81 所示。

(2) 在“将文字转换成表格”对话框中的“文字分隔位置”栏中选择分隔符号，此时在“表格尺寸”栏中的“列数”“行数”会自动生成。需要注意的是，这里选定的分隔符位置中的符号在正文中必须是一致的，否则 WPS 文字无法准确识别。例如在“文字分隔位置”中选择了“，”，文字位置就会按正文中的“，”进行分隔(区分中英文输入)。

完成上述操作后，单击“确定”按钮即可完成文本转表格的操作。

学院名称,学号,姓名,性别,入学时间,电话,备注
信息分院,200314,刘邦,男,2019.1.1,18211111111,
网络分院,200211,项羽,男,2019.1.1,18211111112,
VR 分院,200145,曹操,男,2019.1.1,182111111011,
电商分院,200915,貂蝉,女,2019.1.1,18211111100,
电商分院,200314,西施,男,2019.1.1,18211111000,
人文分院,200314,刘备,男,2019.1.1,18211110000,
信息分院,200314,关羽,男,2019.1.1,18211111115,
网络分院,200314,吕布,男,2019.1.1,18211111116,
信息分院,200314,褒姒,女,2019.1.1,18211111117,
网络分院,200314,张飞,男,2019.1.1,18211111121,
电商分院,200314,诸葛亮,男,2019.1.1,18211111131,
VR 分院,200314,周瑜,男,2019.1.1,18211111151,

将文字转换成表格　　✕

表格尺寸

列数(C)：　　7

行数(R)：　　13

文字分隔位置

○ 段落标记(P)　　⊙ 逗号(M)　　○ 空格(S)

○ 制表符(T)　　○ 其他字符(O)：　,

确定　　取消

图 3-81　"将文字转换成表格"对话框

完成转换后，文本转换成表格的效果如图 3-82 所示。

学院名称	学号	姓名	性别	入学时间	电话	备注
信息分院	200314	刘邦	男	2019.1.1	18211111111	
网络分院	200211	项羽	男	2019.1.1	18211111112	
VR 分院	200145	曹操	男	2019.1.1	182111111011	
电商分院	200915	貂蝉	女	2019.1.1	18211111100	
电商分院	200314	西施	男	2019.1.1	18211111000	
人文分院	200314	刘备	男	2019.1.1	18211110000	
信息分院	200314	关羽	男	2019.1.1	18211111115	
网络分院	200314	吕布	男	2019.1.1	18211111116	
信息分院	200314	褒姒	女	2019.1.1	18211111117	
网络分院	200314	张飞	男	2019.1.1	18211111121	
电商分院	200314	诸葛亮	男	2019.1.1	18211111131	
VR 分院	200314	周瑜	男	2019.1.1	18211111151	

图 3-82　文本转表格效果图

2. 表格转文本

在 WPS 文字中将表格转换为文本的具体操作步骤如下。

(1) 选定需要转换的表格，在"插入"选项卡功能区中单击"表格"按钮，在下拉列表中选择"表格转换成文本"，或者在"表格工具"选项卡功能区中单击"转换成文本" 转换成文本 按钮，打开"表格转换成文本"对话框，如图 3-83 所示。

(2) 在"表格转换成文本"对话框中的"文字分隔符"选择相应的文字分隔符号，单击"确定"按钮即可完成表格到文本的转换。

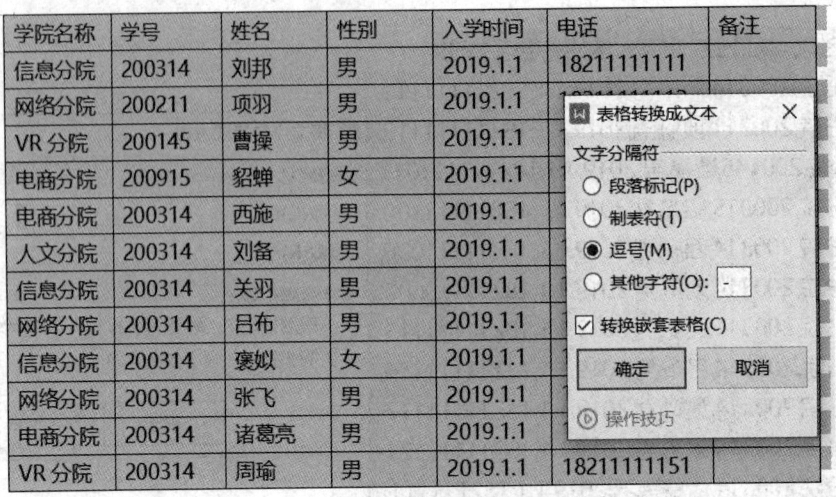

学院名称	学号	姓名	性别	入学时间	电话	备注
信息分院	200314	刘邦	男	2019.1.1	18211111111	
网络分院	200211	项羽	男	2019.1.1		
VR 分院	200145	曹操	男	2019.1.1		
电商分院	200915	貂蝉	女	2019.1.1		
电商分院	200314	西施	男	2019.1.1		
人文分院	200314	刘备	男	2019.1.1		
信息分院	200314	关羽	男	2019.1.1		
网络分院	200314	吕布	男	2019.1.1		
信息分院	200314	褒姒	女	2019.1.1		
网络分院	200314	张飞	男	2019.1.1		
电商分院	200314	诸葛亮	男	2019.1.1		
VR 分院	200314	周瑜	男	2019.1.1	18211111151	

表格转换成文本　×

文字分隔符
○ 段落标记(P)
○ 制表符(T)
● 逗号(M)
○ 其他字符(O)：-

☑ 转换嵌套表格(C)

[确定]　[取消]

◉ 操作技巧

图 3-83　"表格转换成文本"对话框

3.3.6　套用表格样式

WPS Office 2019 提供了表格样式的套用功能，使用表格样式套用功能可以快速地将表格的字体、颜色、边框、底纹等设置为 WPS 文字预设的样式。无论是新建的空表，还是已经输入数据的表格，均可以套用表格样式。具体操作如下。

以图 3-82 中的表格为例，对该表格套用表格样式的方法是：选定整表，在弹出的"表格样式"选项卡功能区中找到"表格样式"样式组，选择"主题样式 1-强调 5"(如需选择更多表格样式，则单击"表格样式"的下拉列表，在"预设样式"栏下选择相应的表格样式)，套用表格样式后的效果如图 3-84 所示。

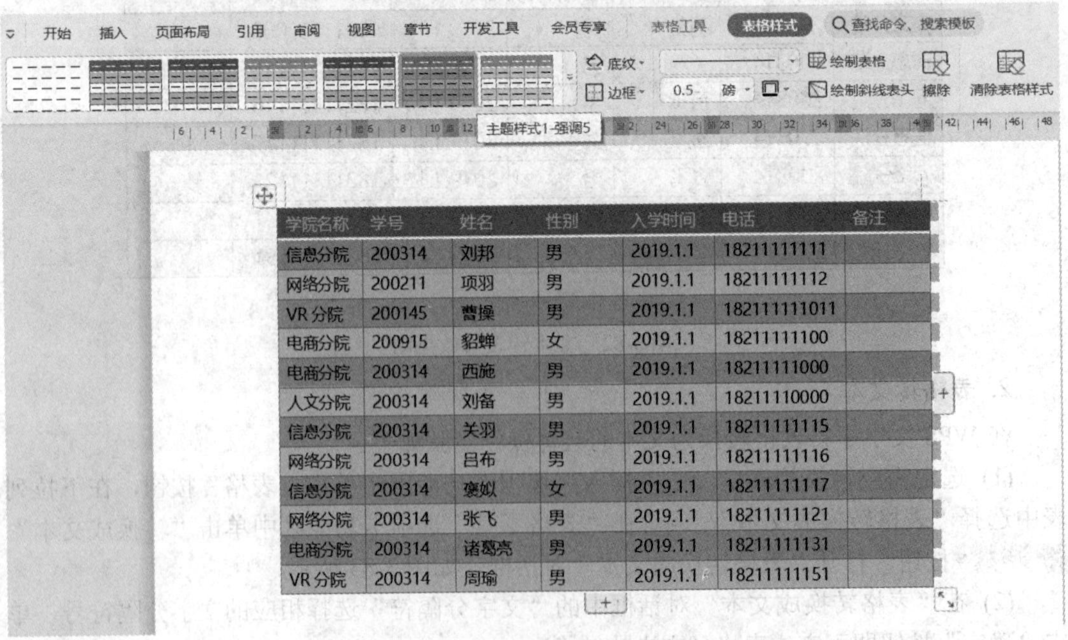

学院名称	学号	姓名	性别	入学时间	电话	备注
信息分院	200314	刘邦	男	2019.1.1	18211111111	
网络分院	200211	项羽	男	2019.1.1	18211111112	
VR 分院	200145	曹操	男	2019.1.1	182111111011	
电商分院	200915	貂蝉	女	2019.1.1	18211111100	
电商分院	200314	西施	男	2019.1.1	18211111000	
人文分院	200314	刘备	男	2019.1.1	18211110000	
信息分院	200314	关羽	男	2019.1.1	18211111115	
网络分院	200314	吕布	男	2019.1.1	18211111116	
信息分院	200314	褒姒	女	2019.1.1	18211111117	
网络分院	200314	张飞	男	2019.1.1	18211111121	
电商分院	200314	诸葛亮	男	2019.1.1	18211111131	
VR 分院	200314	周瑜	男	2019.1.1	18211111151	

图 3-84　套用表格样式后的效果图

【训练场】

1. WPS 文档中的表格，如果合并两个单元格，原有两个单元格的内容(　　)。

A. 不合并　　　　B. 完全合并　　　C. 部分合并　　　D. 有条件地合并

2. (　　)是 WPS 文字表格工具中常用的单元格对齐方式。

A. 靠上两端对齐　　　　　　　　B. 靠上右对齐

C. 水平居中　　　　　　　　　　D. 中部两端对齐

3. 在 WPS 文档中的表格里将所选单元格合并一个单元格的操作称为(　　)。

A. 插入单元格　　　　　　　　　B. 拆分单元格

C. 组合单元格　　　　　　　　　D. 合并单元格

4. 对表格进行编辑时，首先要(　　)。

A. 选定表行　　　B. 选定表格　　　C. 选定表列　　　D. 选定单元格

5. 在 WPS 表格中，当前录入的内容是存放在(　　)。

A. 单元格　　　B. 活动单元格　　　C. 编辑栏　　　D. 状态栏

6. WPS 文档中若要在表格的某个单元格中产生一条对角线，应该使用(　　)。

A. 表格和边框工具栏中的"绘制表格"工具按钮

B. 插入菜单中的"符号"命令

C. 表格菜单中的"拆分单元格"命令

D. 绘图工具栏中的"直线"按钮

7. 表格样式中不包含哪些单元样式？(　　)

A. 标题　　　B. 表头　　　C. 文字　　　　D. 数据

8. 为所选单元格区域快速套用表格样式，应通过(　　)。

A. 选择"开始"/"编辑"组　　　B. 选择"开始"/"样式"组

C. 选择"开始"/"单元格"组　　　D. 选择"页面布局"/"页面样式"组

9. WPS 文档中，右侧数据求乘积，则公式写为(　　)。

A. =PRODUCT(ABOVE)　　　　　B. =PRODUCT(BELOW)

C. =PRODUCT(RIGHT)　　　　　D. =PRODUCT(LEFT)

10. [多选]下列选项中哪些是 WPS 文字"表格工具"选项卡自动调整表格大小的方法(　　)。

A. 适应窗口大小　　　　　　　　B. 根据内容调整表格

C. 平均分布各行　　　　　　　　D. 平均分布各列

3.4　WPS 文档排版

本节以制作员工手册为例，介绍 WPS 文档排版的相关操作。

【实例描述】某公司为了帮助员工全面了解公司，保证员工的权益和明确义务，提高工作效率和严格执行规程，将员工培养成合格的成员，计划制定员工手册，要求各员工必须全面了解员工手册各项内容。员工手册的内容应涵盖编制目的、公司概况、公司组织架构、员工工作准则、人事管理制度、财务制度等重点内容。

领导将此项工作交给小吴去做，经过一番思考与分析，小吴最终按领导要求完成了员工手册的编制，完成后的员工手册效果如图 3-85 所示。

图 3-85　员工手册效果图

员工手册作为公司的宣传手册，同时也是员工的行为准则，在制作时，要能充分展示公司的文化底蕴及人文环境，公司的组织架构必须清晰，员工的行为准则应内容详尽、结构清晰、层次分明。

WPS 文档为长篇的文档提供了强大的编辑功能，熟练使用 WPS 文档的编辑功能可以很好地帮助我们完成长篇文字的编辑工作。本实例中的这份员工手册的制作需要用到的WPS 操作如下：

(1) 利用"封面页"为员工手册制作封面；

(2) 应用插入菜单下的图片、文本框、形状、图标等工具；

(3) 使用"智能图形"；

(4) 利用"分节符"设置不同节的不同格式；

(5) 使用大纲视图；

(6) 制作目录；

(7) 通过"题注"及"交叉引用"为图片及其他对象添加标签。

3.4.1　设置页面

为了统一整篇文档的页面，要先对文档的页面进行设置，这样可以直观查看页面的布局排版是否合理，避免事后修改。具体设置如下。

(1) 在"页面布局"选项卡功能区的"页边距"设置框 内直接输入：上 20 毫米，下 15毫米，左 25 毫米，右 20 毫米。

(2) 纸张：A4 纸(297 毫米 × 210 毫米)。

(3) 版式：首页不同，页眉页脚距边界 1.4 厘米。

(4) 应用于：整篇文档。

3.4.2　添加封面

　　制作员工手册封面可以展现文档的标题、编写者、名称等信息，WPS 文字自带封面功能，用户既可以使用系统自带的封面，也可自定义制作封面。使用系统自带的封面样式操作简单，只需进行少量的修改，即可完成一个美观的封面的制作。具体方法如下。

　　在"插入"选项卡功能区中单击"封面页"按钮，在下拉列表中选择"预设封面页"或者"推荐封面页"，如图 3-86 所示。选择所需的封面样式即可在文档首页插入封面，然后根据实际需求进行修改，封面效果如图 3-87 所示。

图 3-86　选择封面样式

图 3-87　封面效果

3.4.3　插入与编辑图片

　　在 WPS 文档中插入图片可以更好地表达文档内容，增加文档的美观度。WPS 文档的图文混排功能可以对插入文档中的图片进行编辑和美化。

1. 插入图片

　　在文档中插入本地图片文件的具体操作如下。

　　将光标移动到需要插入图片的位置，在"插入"选项卡功能区中单击"图片"按钮下拉列表中选择"本地图片"，打开"插入图片"对话框，如图 3-88 所示。在对话框中的"位置"下拉列表中选择图片的有效路径，单击"打开"按钮，即可完成图片的插入。

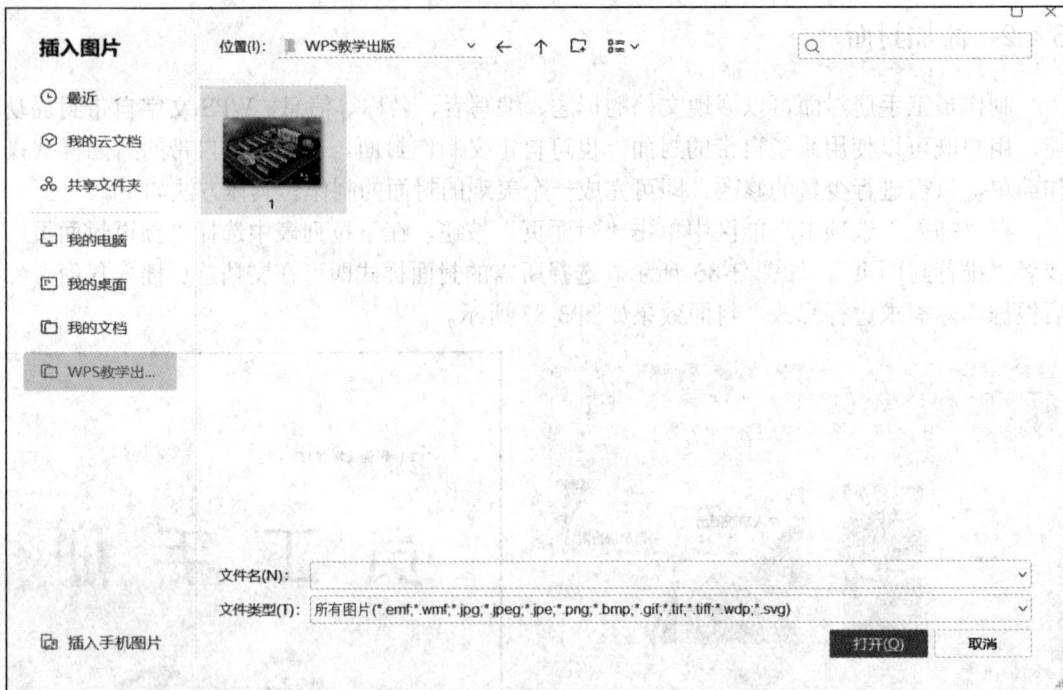

图 3-88 "插入图片"对话框

注：除了用上述的方法在文档中插入图片，用户还可以直接打开图片所在的文件夹，选中图片后拖动至文档中适当的位置即可完成图片的插入。

2. 编辑图片

编辑图片是为了美化图片，使图片与文本更协调。选中插入的图片，会调出"图片工具"选项卡，用户可以利用该选项卡中的不同工具对图片进行编辑修剪，如图 3-89 所示。

图 3-89 "图片工具"选项卡

在"图片工具"选项卡中常用的功能组(从左向右)的使用说明如下。

(1) "插入分组"：在该组内可以在文档中直接添加/替换图片，还能插入形状；

(2) "缩放组"：该组包括"压缩图片"和"智能缩放"两个按钮。在 WPS 文档中选择"压缩图片"，可以达到压缩文档的作用，代价就是降低图片的分辨率。"智能缩放"按钮命令弹框中包含图片的"压缩"和"放大"两个选项卡。

(3) "大小组"：该组中的"剪裁"按钮用于剪裁图片，"高度"和"宽度"设置框用于精确设置图片的大小，值得注意的是，如果勾选"锁定纵横比"，图片的"高度"和"宽度"会按比例自动调整。因此，如需自定义设置"高度"和"宽度"就应将"锁定纵横比"的勾选去掉。

(4) "图片样式组"：该组用于设置图片的亮度、对比度、色彩、图片效果、边框等特殊效果。本实例中就使用了该功能中的色彩、对比度及效果功能下的"柔和边缘"效果。

　　(5)　"排列组"：该组主要用来设置图片的文字环绕方式、设置图片的旋转角度以及多张图片的排列顺序、组合及对齐方式等。

3.4.4　插入形状

　　本实例中的序章页需要为标题文字"序章"添加形状，WPS 文字中用户可以在"插入"选项卡功能区中单击"形状"按钮 下拉列表，在"预设"栏选择相应的形状，直接在文档中拖动鼠标绘制相应形状的图形即可，如图 3-90 所示。

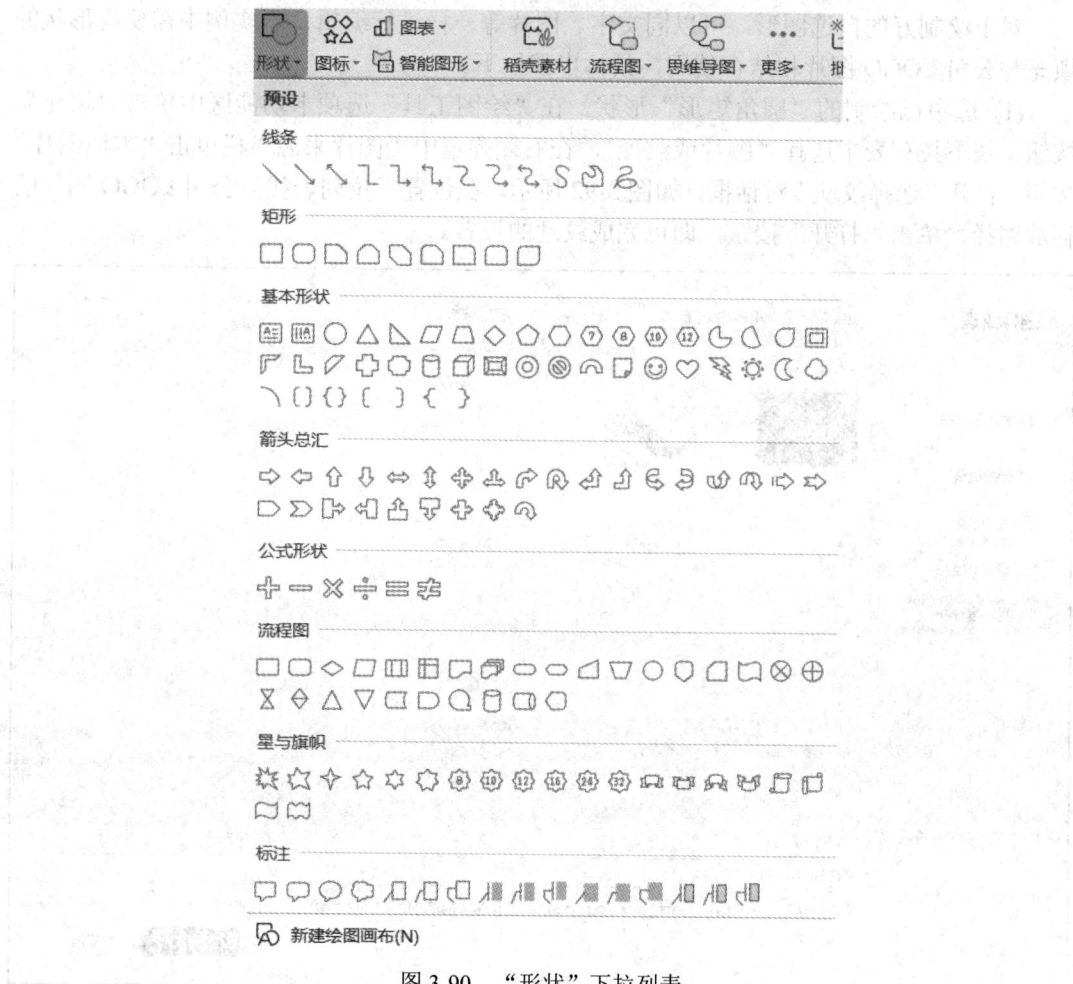

图 3-90　"形状"下拉列表

　　在本实例中，以绘制"圆角矩形"为例，完成后矩形与文字组合，并做相应的细节处理。过程如下。

1. 插入形状

　　在 WPS 文档中插入形状的步骤如下。

　　(1)　单击"插入"选项卡功能区中的"形状" 按钮下拉列表，如图 3-90 所示，在"预设"栏下选择"圆角矩形"；

(2) 将光标定位到需要插入形状的位置，此时光标变为一个十字架，按住鼠标左键进行拖拽，到结束的位置释放鼠标左键，即可完成图形的绘制，效果如图 3-91 所示。

图 3-91　绘制圆角矩形

2. 自选图形填充

对于绘制好的自选图形，可以同文字、图片等一样进行编辑，本实例中需要将形状的填充与公司 LOGO 图片相结合使用，具体步骤如下。

(1) 选中已绘制的"圆角矩形"形状，在"绘图工具"选项卡功能区中单击"填充"按钮，在下拉列表中选择"图片或纹理"，在右侧弹窗中"图片来源"栏单击"本地图片"按钮，打开"选择纹理"对话框，如图 3-92 所示，在位置下拉列表找到公司 LOGO 图片的存放路径，单击"打开"按钮，即可完成纹理的设置。

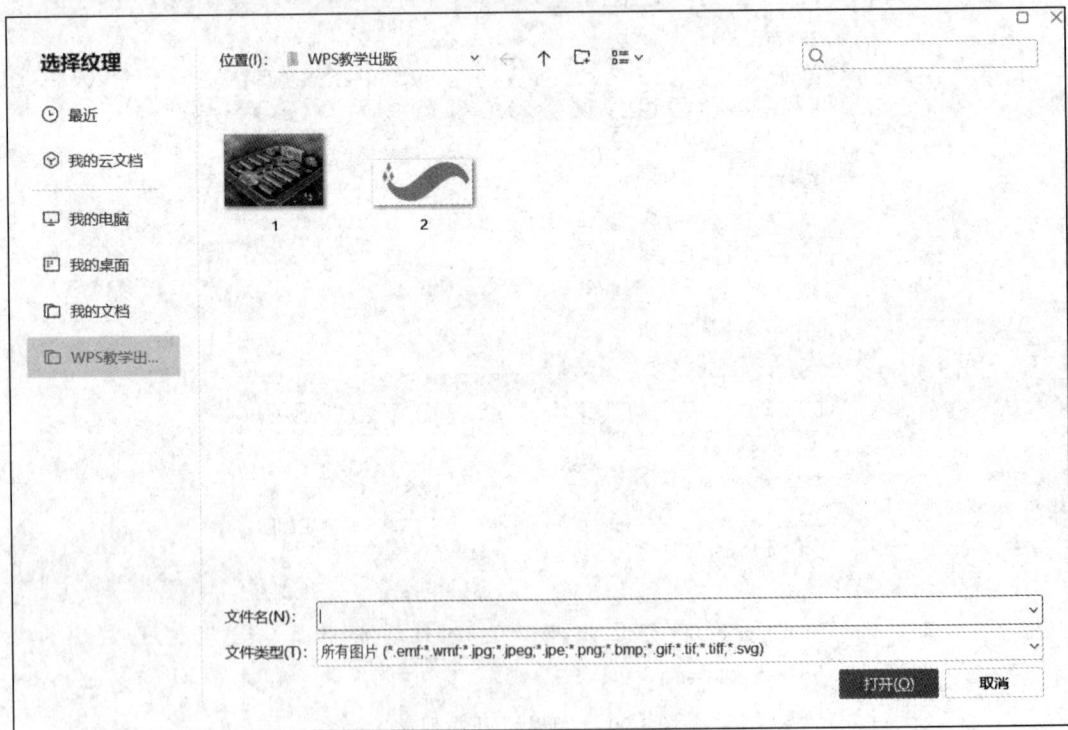

图 3-92　"选择纹理"对话框

(2) 选中形状，单击"绘图工具"选项卡功能区中的"轮廓"按钮，在下拉列表中"主题颜色"栏选择"白色，背景 1"。

(3) 选中形状，单击"绘图工具"选项卡功能区中的"形状效果"按钮，在下拉列表中"倒影"栏选择"紧密倒影，接触"，如图 3-93 所示。在"软化边缘"右侧弹窗中选择"1 磅"。

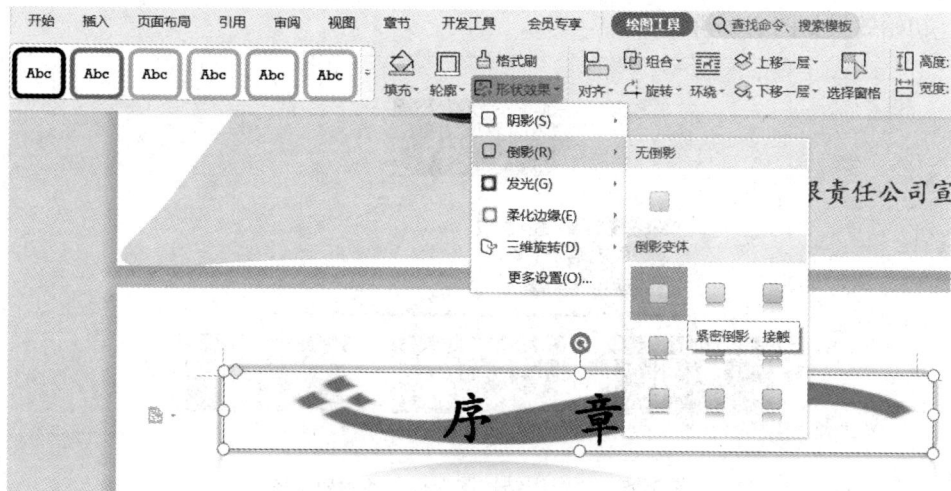

图 3-93　"形状效果"下拉列表

3.4.5　使用智能图形

在制作公司组织结构图、产品生产流程图等图形时,使用"智能图形"能将各个层次结构之间的关系清晰明了地表达出来。

1. 根据实际选择智能图形

(1) 将光标移到需要插入"智能图形"的文档空白处,单击"插入"选项卡功能区中的"智能图形"按钮,在下拉列表中单击"智能图形"按钮,打开"选择智能图形"对话框,如图 3-94 所示。

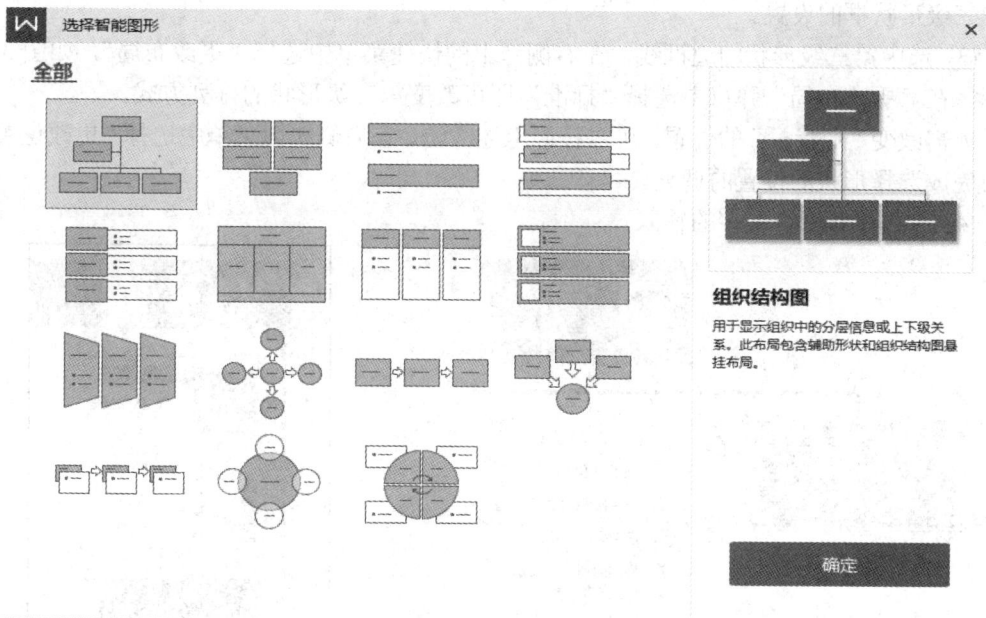

图 3-94　"选择智能图形"对话框

(2) 在"选择智能图形"对话框中选择"组织结构图",单击"确定"完成智能图形的插入，初始效果如图 3-95 所示。

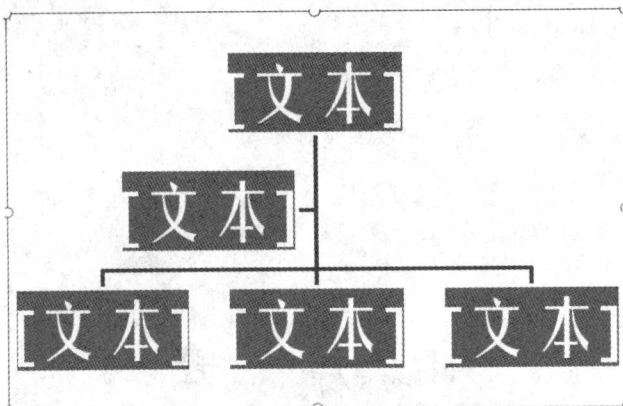

图 3-95　"组织结构图"插入初始效果图

(3) 对已插入的基本智能图形的多余形状进行删除，如图 3-95 所示，选中"组织结构图"中由上至下的第二个左侧的形状边框，然后按【Delete】键将其删除。

(4) "智能图形"通常只显示了基本的结构，而本实例的各级部门架构比基本图形要复杂得多，因此对基本结构的"智能图形"需要进行"添加形状""更改布局"及"更改位置"等操作。经上一步操作后的"智能图形"剩 2 个等级。

2. 制作组织结构图

(1) 在第二个等级中选定一个形状，在右侧的弹出的快捷菜单中选择"添加形状"，如图 3-96 所示。在右侧弹窗中选择"在后面添加项目"完成第二级形状框的设置。

(2) 按上述同样的步骤，打开"添加形状"在右侧弹窗中选择"在下方添加项目"完成第三级形状框的设置。

(3) 选中第三级形状的边框线，在右侧弹出的快捷菜单中选择"更改布局"，如图 3-97 所示，在"更改布局"弹窗中选择"标准"即可改变第三级形状的排列方式。

如需改变"形状框"的位置，可以按照上述方法，在右侧快捷菜单中选择"更改位置"，即可完成选择形状的位置的调整。

(4) 完成形状框内文字的输入。

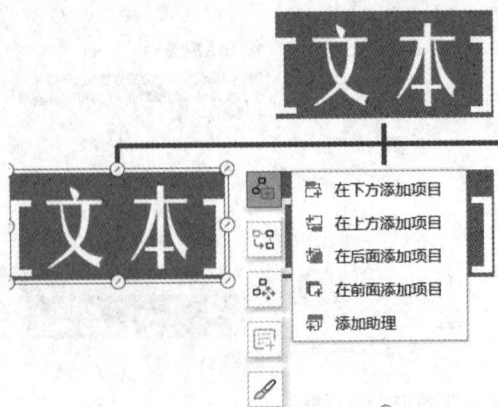

图 3-96　"添加形状"弹窗

图 3-97　"更改布局"弹窗

(5) 选择"组织结构图"在弹出的"设计"选项卡功能区中更改图形布局，这里我们可以套用 WPS 预设的模板快速完成对组织结构的"图形布局"，如图 3-98 所示。

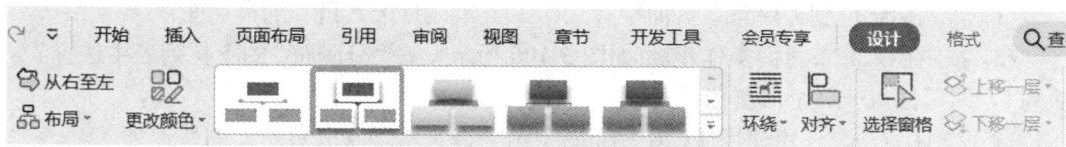

图 3-98　"设计"选项卡功能区工具按钮

(6) 完成上述步骤后，公司组织架构图的效果如图 3-99 所示。

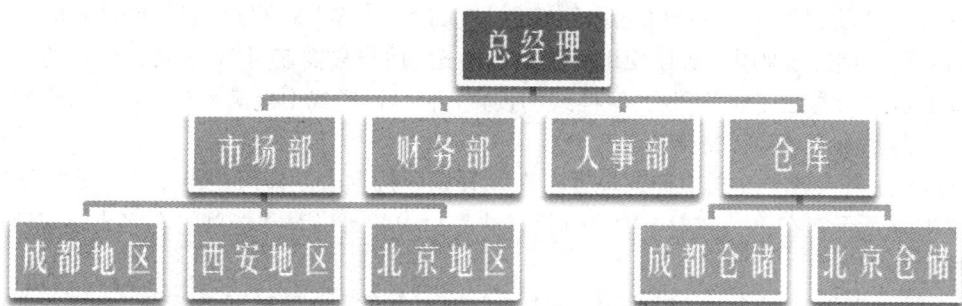

图 3-99　"组织结构"效果图

3.4.6　设置分节符和分页符

1. 设置分节符

在 WPS 文档中默认状态下，整篇文档相当于一个"节"，在这种状态下版式和格式的设置是针对整篇文档的。如需改变文档中一个或多个页面版式或格式，可以使用分节符。分成不同的节后，就能针对不同的节分别进行设置。

本实例中的"封面页"和"序章"页无须插入页码和页眉，因此需要在序章与第一章直接插入分节符。将文档分成 2 个节分别进行设置，具体设置步骤如下。

(1) 将插入点定位于插入分节符处，例如本实例"序章"的最前面。

(2) 单击"页面布局"选项卡功能区中"分隔符"按钮 分隔符，在打开的下拉列表中选择"下一页分节符"既可将这两页分成不同节，又将它们分成不同页，如图 3-100 所示。

(3) 其余分节，待封面和目录插入进来后，用同样的方式对其进行设置即可。如果需要取消分节，只需删除分节符即可，操作方式是：选中已设置的分节符，按【Delete】键即可删除，并使分节符前后的两节合并为一节。

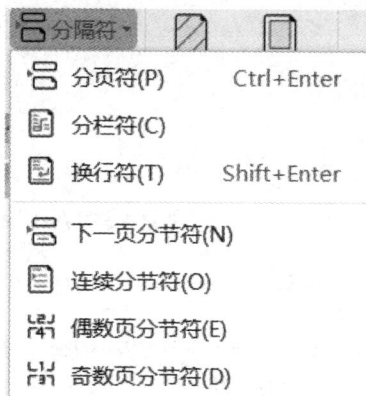

图 3-100　添加分节符

2. 设置分页符

在本实例中，写完序章页后，正文内容需要另起一页，大多数用户的习惯是按【Enter】

键添加很多空行的方法来进行分页，一旦文章内做了调整，就需要重复排版，降低工作效率。最有效的方法是插入分页符，以实现在特定的位置手动分页。具体操作步骤如下。

(1) 将光标定位到"序章"页面中"二〇二一年三月十八日"的最后面；

(2) 按照插入分节符的操作步骤(如图 3-100 所示)，在"分隔符"的下拉列表中选择"分页符"，即可插入一页空白文档。

除了上述方法，还可使用【Ctrl＋Enter】组合键来实现"分页符"的快速插入。

3.4.7　设置样式和格式

样式和格式是字体、字号和缩进等格式设置的组合，WPS 文字中将这些特定的组合进行了命名和存储，方便用户快速使用这些组合样式。用户只需使用 WPS 文档提供的这些预设样式就可以快速地完成 WPS 文字样式的设置，若预设样式不能满足要求，只需稍加修改即可。下面就如何设置正文样式进行分步说明。

(1) 将插入点置于文档中任意位置，在"开始"选项卡功能区中单击"样式"按钮，如图 3-101 所示。在下拉列表中的"预设样式"栏中就可以对文档总的文字或段落设置不同的样式。

(2) 在如图 3-101 所示的"预设样式"下拉列表中单击"显示更多样式"按钮，即可弹出"样式和格式"任务窗口，在此任务窗口也可以设置各种不同的样式，如图 3-102 所示。

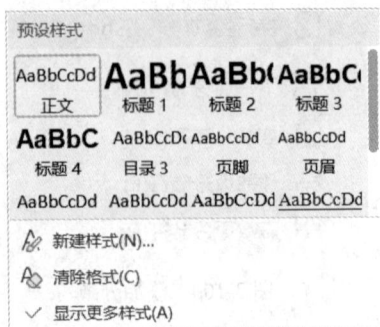

图 3-101　预设样式下拉菜单　　　　　　图 3-102　"样式和格式"任务窗口

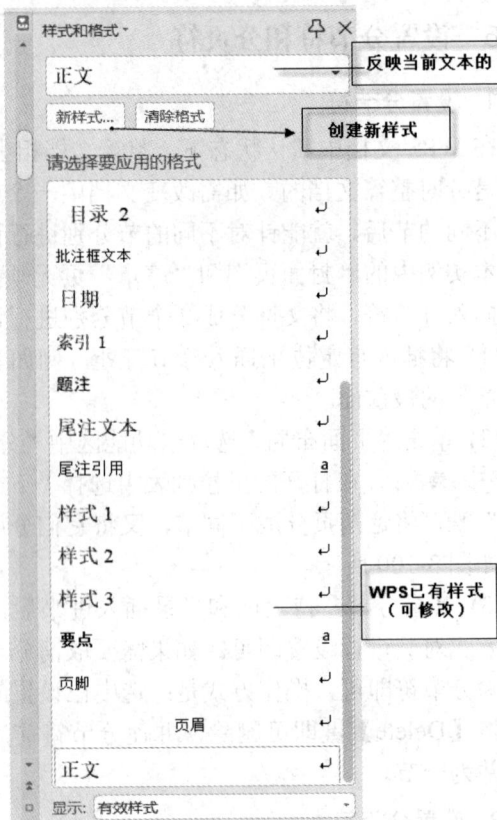

（3）在如图 3-102 所示的"样式和格式"任务窗口中的"正文"下拉列表中选择"修改样式"，可以打开"修改样式"对话框。单击"修改样式"对话框中的"格式"按钮，在下拉列表中选择需要修改的格式，本实例只需修改"段落"格式，因此只需在"段落"对话框中设置"首行缩进"为"2 字符"，操作过程如图 3-103 所示。

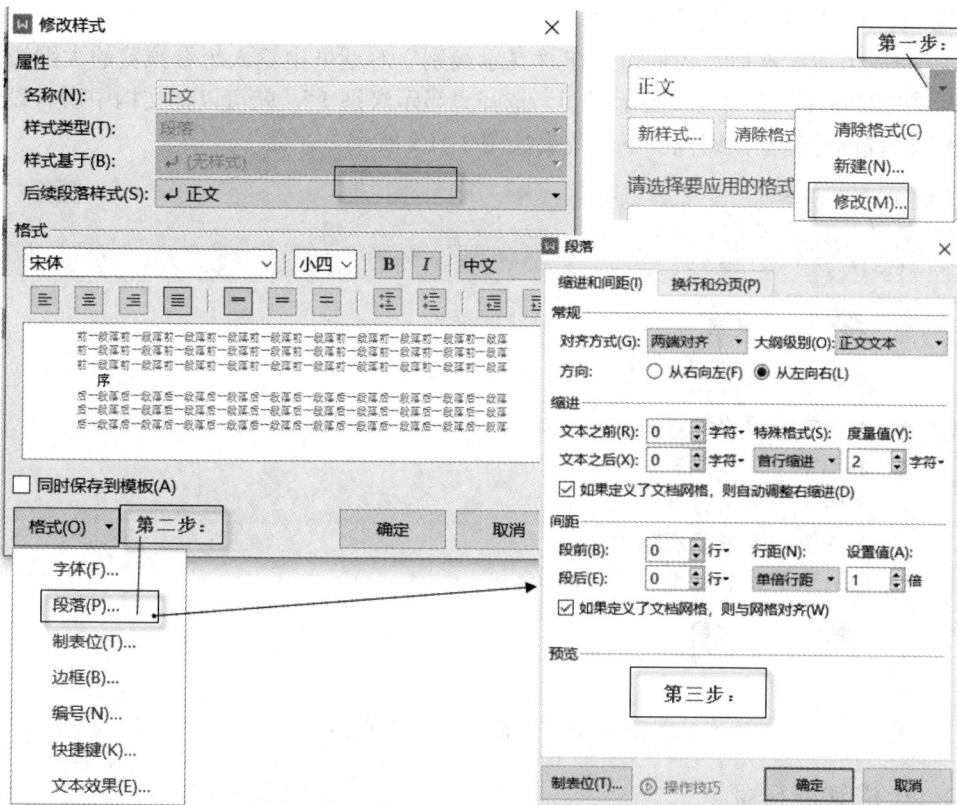

图 3-103　修改正文样式过程

3.4.8　使用大纲视图

使用大纲视图，可以快速为 WPS 文档设置不同等级的标题级别，在"大纲视图"下，可以快速地了解文档的结构和内容概况。通过对大纲视图设置，可以将文档的标题级别定义为不同的级别，本实例中"大纲视图"的使用具体操作如下。

（1）在"视图"选项卡功能区中单击"大纲"按钮，或者单击 WPS 文字界面右下角的"大纲"按钮，将弹出"大纲"视图工具栏，如图 3-104 所示。

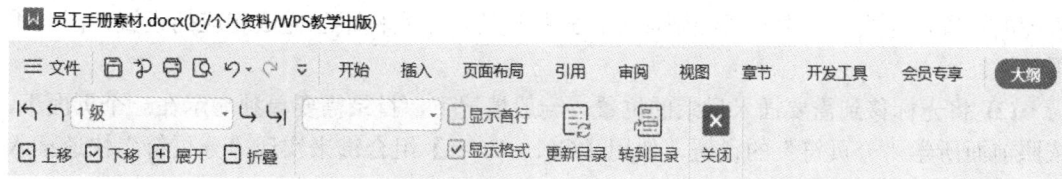

图 3-104　"大纲"视图工具栏

(2) 在"大纲"视图工具栏下,将本实例中的"序章"设置为"1 级","编制目的"设置为"2 级",其他章节按照实例要求参照上述步骤进行设置。

(3) 选择标题"序章",单击"⤺提升到标题 1"按钮,可以将此标题自动应用"WPS 标题 1"的样式,级别 1 级;相反,单击"⤵降低至正文"按钮或者按【Ctrl + Shift + N】组合键,可以将标题修改为正文样式。

(4) 完成上述设置后,我们可以在"显示级别"对话框中输入想看预览的大纲级别,检验设置的准确性,例如在"显示级别"选择"显示级别 1",就可以把文档中所有设置为"1 级"的视图筛选至大纲视图下,效果如图 3-105 所示。

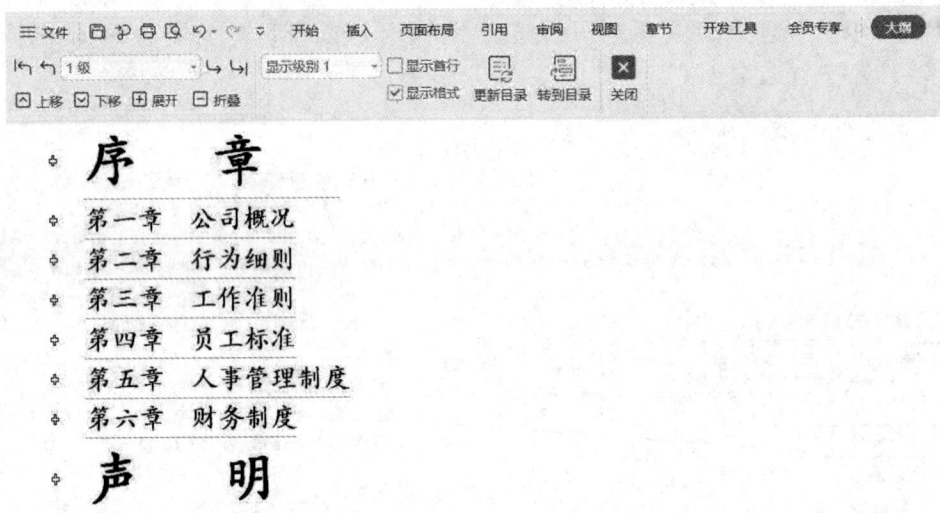

图 3-105　"显示级别 1"效果图

3.4.9　生成智能目录

目录是文档中标题的列表,通过目录可以快速浏览一篇长文档的所有主题,是长文档必不可少的部分。WPS 文档提供了"智能目录"功能,可以为有标题的文档自动生成目录。

1. 智能目录的优点

(1) 避免手动编制目录的烦琐和容易出错的缺陷。

(2) 当文档内容修改使得页码变动时,可以实现目录的自动更新。

(3) 方便链接跟踪定位。

2. 生成智能目录

(1) 在 WPS 文档中设置好标题样式和级别,如前面页码设置、章节样式和格式及大纲视图的设置,完成文档中不同级别标题样式的设置,本实例中已完成相应的设置,因此不再赘述。

(2) 将光标移到需要插入目录的位置,一般情况下,目录需要单独显示在一个页面下,依照前面所学"分页符"的设置,使用【Ctrl + Enter】组合键来实现"分页符"快速插入一个空白页面供目录使用。

(3) 在"引用"选项卡功能区中单击"目录"按钮,在下拉列表中选择相应的"智能目录"样式，本实例中我们选择"2 级"目录，如图 3-106 所示。

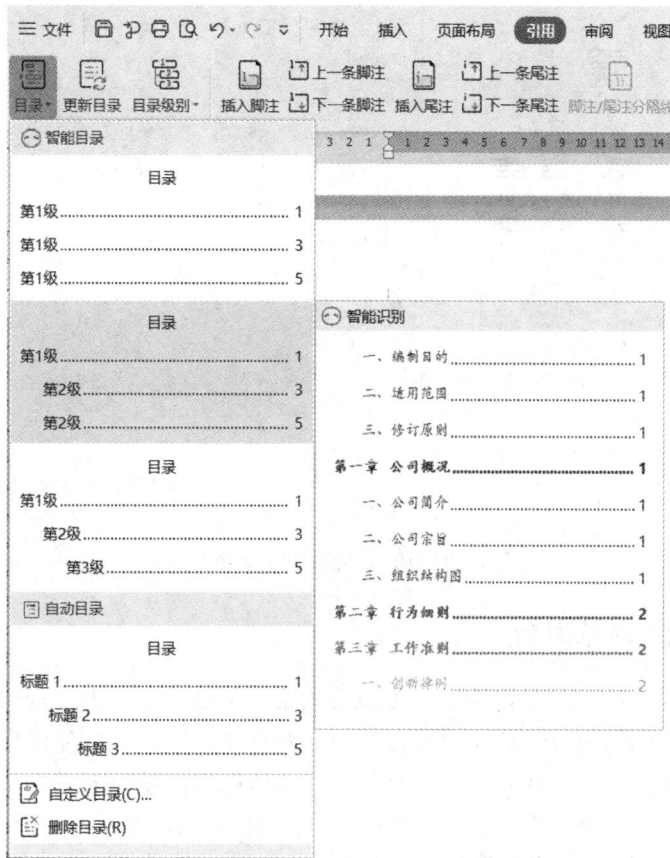

图 3-106　"目录"下拉列表

3.4.10　设置对象的环绕方式

WPS 文档中对于插入文档中的"图片""形状""文本框""艺术字""智能图形"等对象均可设置不同的环绕方式。

在 WPS 文档中，对象与文字的关系主要体现在对象与文字的叠放次序上，对象与文字的叠放方式有"浮于文字上方"和"衬于文字下方"两种。对象被插入到文档中后默认都是以"嵌入型"的方式存放的，此时，文字只能显示在对象的上方或下方，对象不能与文字混排。如果需要设置对象和文字混排，就需要设置对象与文字的环绕方式，具体操作如下。

(1) 选中对象，在右侧弹出的快捷菜单中单击"布局选项"按钮，在右侧弹出的"布局选项"栏中选择"文字环绕"方式，在"布局选项"栏中单击"查看更多"可以打开"布局"对话框，如图 3-107 所示。

(2) 在"布局"对话框中选择"文字环绕"选项卡中的"环绕方式"栏，再选择"浮于文字上方"。也可以在"布局选项"栏中直接选择"浮于文字上方"。

(3) 单击"确定"按钮，即可完成设置，此时对象浮于文字上方，可以用鼠标拖拽至任意位置摆放。

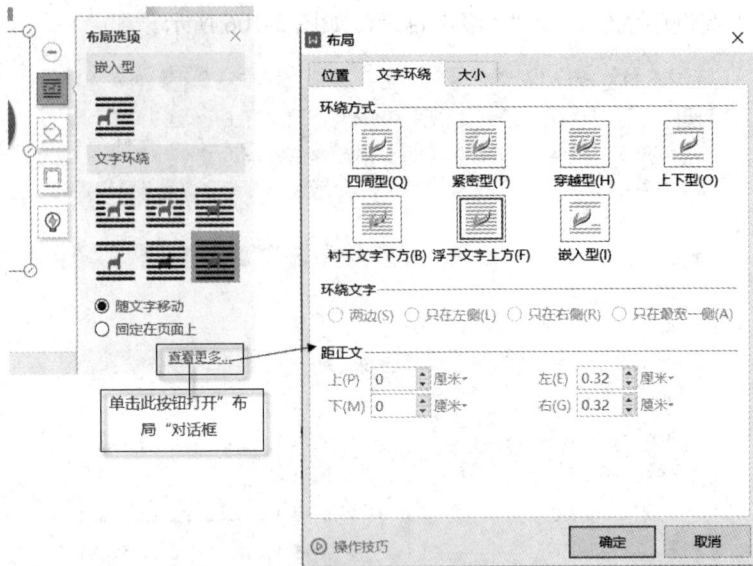

图 3-107　文字环绕设置

3.4.11　设置图形对象组合

在日常工作中，往往需要将多个对象组合起来，例如将文本框、形状、图片等组合起来，构成一个新的图形对象，这个对象作为一个整体进行设置，方便用户的操作。例如制作产品宣传卡，就需要将图片和文字组合起来，具体操作步骤如下。

(1) 参照"环绕方式设置"方法，选中图片，设置图片的环绕方式为"浮于文字上方"；

(2) 单击右键，在弹出的快捷窗口中选择"置于底层"，如图 3-108 所示。

(3) 按住【Shift】键，单击左键选择已摆好位置的各个需要组合的对象，此时多个对象被选中，单击右键，在打开的快捷菜单中选择"组合"，如图 3-108 所示，即可将多个对象组合成一个整体。

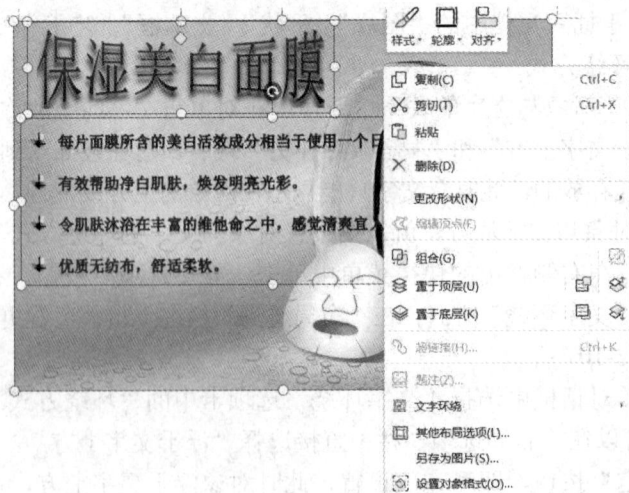

图 3-108　对象的组合

3.4.12　插入水印

制作办公文档时，可以为文档添加水印背景，如"保密""严禁复制"等水印，如对预设的水印样式不满意，还可以自定义制作水印，具体操作步骤如下。

(1) 在"插入"选项卡功能区中单击"水印"按钮⊜，在下拉列表中的"预设水印"中选择相应的水印样式。如图 3-109 所示。

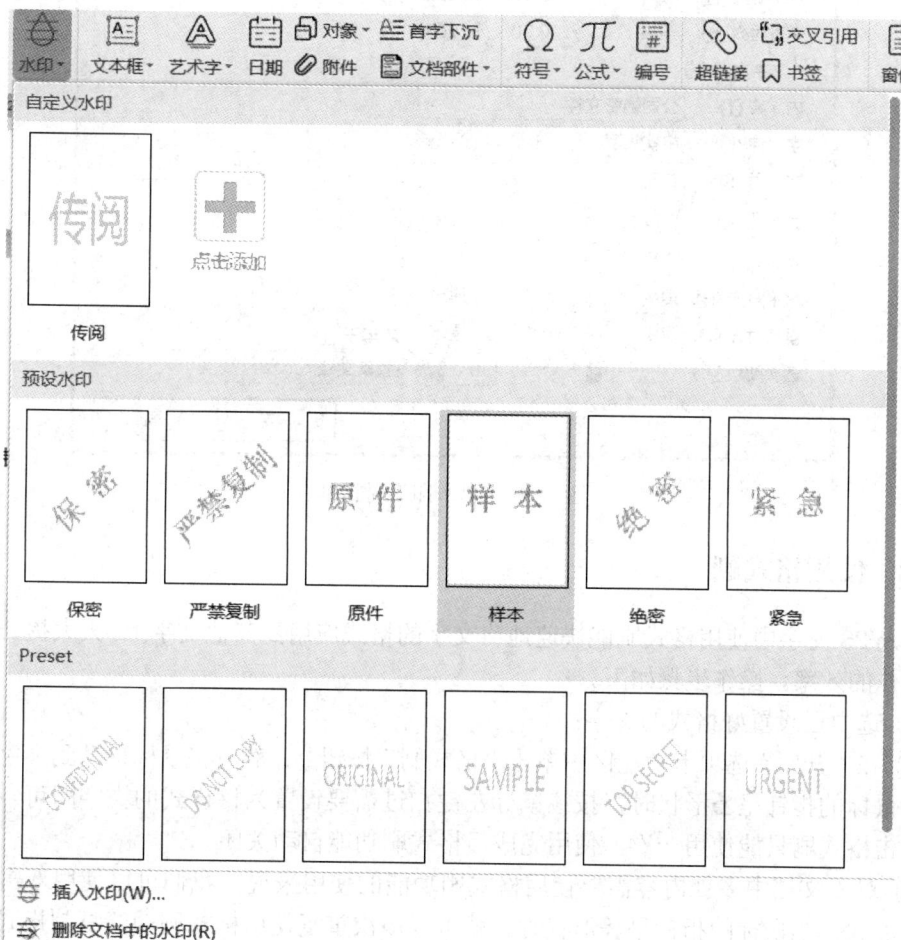

图 3-109　"水印"样式下拉列表

(2) 如对预设的水印样式不满意，用户还可以自定义制作，如图 3-109 所示，在"水印"按钮下拉列表中选择"插入水印"，或者在"自定义"栏单击"点击添加"按钮，即可弹出"水印"对话框，如图 3-110 所示。在"水印设置"栏勾选"图片水印"，单击"选择图片"按钮，选择相应的本地图片，单击"确定"按钮即可制作图片水印。

(3) 在"水印设置"栏勾选"文字水印"，在"内容"框输入文字"公司绝密文件"，设置好字体格式、颜色、版式、水平对齐、垂直对齐以及透明度等参数后，单击"确定"按钮，即可完成自定义文字水印的制作。

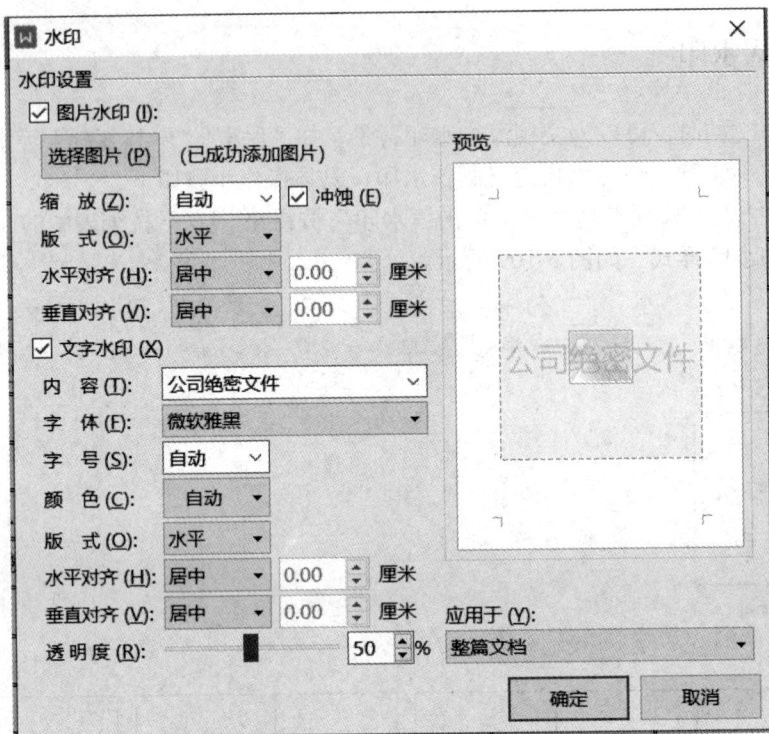

图 3-110　"水印"对话框

3.4.13　使用格式刷

在 WPS 文字中使用格式刷能快速地将文字的格式应用到其他文字上，大大提升了文字编辑工作的效率。操作步骤如下。

(1) 选中已设置好格式的文字；

(2) 在"开始"选项卡功能区中单击"格式刷"按钮♨，然后将鼠标移动到文字编辑区内，当鼠标的指针呈♨形状时，按住鼠标左键扫过需要设置为该样式的文字即可。要注意的是单击格式刷只能使用一次，使用完成后格式刷功能自动关闭。

(3) 对于文档中多处内容需要使用格式刷功能的使用来说，我们可以使用双击"格式刷"的方式，当鼠标的指针呈♨形状时，就可以多次重复使用格式刷功能复制格式，使用完成后，可以再次单击"格式刷"按钮或者按【Esc】键关闭格式刷功能。

【训练场】

1. WPS 文档页面设置对话框由四个部分组成，下列选项不属于页面对话框的是(　　)。

A. 版面　　　　　　B. 纸张大小　　　　C. 纸张来源　　　　D. 打印

2. WPS 文档编辑状态下，页面设置对话框中不能设置(　　)。

A. 纸张大小　　　B. 页边距　　　　　C. 打印范围　　　　D. 文字方向

3. 插入图片应通过菜单(　　)/图片，在打开的对话框中选择图片文件名。

A. 文件　　　　　　B. 插入　　　　　　C. 格式　　　　　　D. 编辑

4. 在 WPS 文档中，在文档中插入图片对象后，可以通过设置图片的文字环绕方式进行图文混排，下列不属于 WPS 提供的文字环绕方式是(   )。

A. 四周型

B. 衬于文字下方

C. 嵌入型

D. 左右型

5. 下列关于自选图形对象操作描述不正确的是(   )。

A. 同一幻灯片中的自选图形对象可任意组合，形成一个对象

B. 采用鼠标拖动的方式能够改变自选图形的大小与位置

C. 自选图形内不能添加文本

D. 通过"插入"功能区中的"形状"命令可插入自选图形

6. 如果想为文档添加文字水印，首先要单击(   )选项卡。

A. 开始   B. 页面布局   C. 插入   D. 视图

7. 在 WPS 中，单击"格式刷"按钮可以进行(   )操作。

A. 复制文本格式

B. 保存文本

C. 复制文本

D. 清除文本格式

8. WPS 文档中的"格式刷"可用于复制文本或段落的格式，若要将选中的文本或段落重复应用多次，应(   )。

A. 单击"格式刷"

B. 双击"格式刷"

C. 右击"格式刷"

D. 拖到"格式刷"

9. 在 WPS 文字中，修改样式的正确操作是(   )。

A. 插入→预设样式→右击需要修改的样式→修改样式

B. 开始→预设样式→单击需要修改的样式→修改样式

C. 开始→预设样式→右击需要修改的样式→修改样式

D. 开始→预设样式→右击需要修改的样式→更改样式

10. [多选]在 WPS 中，下面有关分页符和分节符的叙述中，错误的是(   )。

A. 在 WPS 文字中，节是非独立的编辑单元

B. 可以使用 Delete 键删除人工和自动分页符

C. 可以通过"文件"→"选项"命令，选中弹出的"选项"对话框"格式标记"下的"全部"显示分页符

D. 单击"页面布局"→"分隔符"菜单命令，弹出分隔符对话框，可以插入分节符或分页符

模块 4　WPS 表格处理

表格是 WPS Office 2019 的三个重要组件之一，它是一个灵活高效的电子表格制作工具，可以广泛地应用于财务、行政、金融、统计等众多领域。可以高效地完成各种表格和图的设计，进行复杂的数据计算和分析。

本模块主要通过 3 个项目的实操对 WPS 表格进行详细的讲解，让读者了解 WPS 表格的基本知识与基础操作，主要内容有 WPS 表格处理基础、函数使用基础及数据处理。

4.1　WPS 表格处理基础

本节以制作往来客户一览表为例，介绍 WPS 表格处理基本操作。

【实例描述】小慧是某公司采购部的一名职员，主要工作是维护客户关系，需要经常更新客户的相关信息。因此需要利用 WPS 表格建立一份客户一览表，以便掌握客户资源。客户一览表中包括的基本信息有序号、企业名称、法人代表、电话、传真、企业邮箱、地址、账号、合作性质、建立合作关系时间及信誉等级等信息。

现在小慧需要根据客户的存档数据，设计并制作表格，将客户信息录入表格之中，并将工作表命名为"2 月份客户信息更新记录"，整个表格命名为"往来客户一览表.xlsx"进行保存。

该实例主要内容是完成表格的创建、设计及相关客户数据的录入，主要操作内容为 WPS 表格的基础操作，数据输入、编辑及格式的设置。

通过本节的学习，可以掌握 WPS 表格的基础知识，学会表格的基础操作，能够独立创建和设计表格，以及对表格进行美化等。

4.1.1　WPS 表格的基础操作

1. 启动 WPS 表格

在本地电脑的"开始"菜单下单击"WPS Office"文件夹下的"WPS Office"图标，或者双击电脑桌面上的"WPS Office"图标启动 WPS Office 2019。

2. 创建 WPS 表格

在 WPS Office 2019 的主界面左侧选择"新建表格"选项，切换到 WPS 表格初始界面上，如图 4-1 所示。单击"新建空白表格"选项，软件界面将切换到 WPS 表格编辑界面，并自动新建名字为"工作簿 1"的空白表格，如图 4-2 所示。

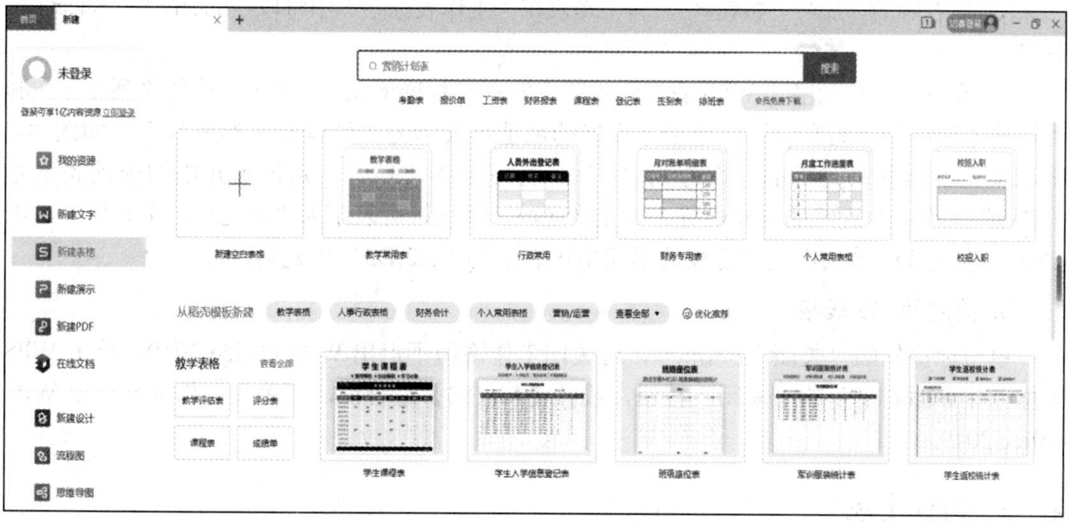

图 4-1　WPS 表格初始界面

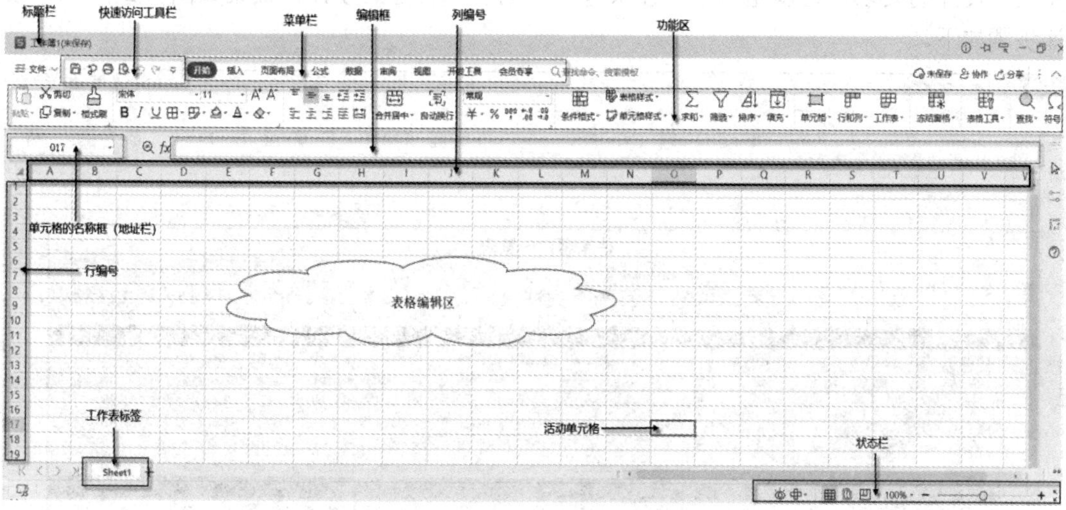

图 4-2　WPS 表格的编辑界面

WPS 表格的框架是由工作簿、工作表和单元格构成，这三者之间的关系存在包含与被包含的关系。了解它们的概念和相互之间的关系，有助于在 WPS 表格中执行相应的操作。

(1) 工作簿：工作簿 WPS 表格文件，它是用来存储和处理数据的主要文档，被人们称之为"电子表格"。默认情况下，新建的工作簿以"工作簿 1"命名，如继续新增工作簿，名字将以"工作簿 2""工作簿 3"命名，工作簿的名称通常显示在"标题栏处"，如图 4-2 所示。

(2) 工作表：工作表是用来显示和分析数据的工作场所，它存储在工作簿中。默认情况下一张工作簿中只有 1 个名称为"Sheet1"的工作表，如需新建工作表，可以单击"Sheet1"右侧的"加号"按钮＋，新工作表在"工作表标签"中将以"Sheet2""Sheet3"命名。

(3) 单元格：单元格是 WPS 表格中最基本的存储数据单元，它通过对应的"列编号"和"行编号"进行命名和引用。单个单元格的地址可表示为"列编号＋行编号"，如图 4-2 所示单元格，该单元格的列编号为"O"，行编号为"17"，则该单元格的地址表示是"O17"。而多个连续的单元格称为单元格区域，其地址可表示为"单元格：单元格"，如 A2 单元格与 D3 单元格之间连续的单元格可表示为"A2:D3"单元格区域。

3. 关闭 WPS 表格

单击标签栏的"关闭"按钮 ×，可关闭工作簿但不退出 WPS Office 2019；单击 WPS 表格工作界面右上角的"关闭"按钮，或按【Alt+F4】组合键，可关闭工作簿并退出 WPS Office 2019。

4.1.2　设计表格

往来客户一览表包含的表头内容较多，为使表格结构更清晰、重点客户突出显示，按照表格设计的要求，初步完成了"往来客户一览表"表格的设计，效果如图 4-3 所示，设计步骤如下。

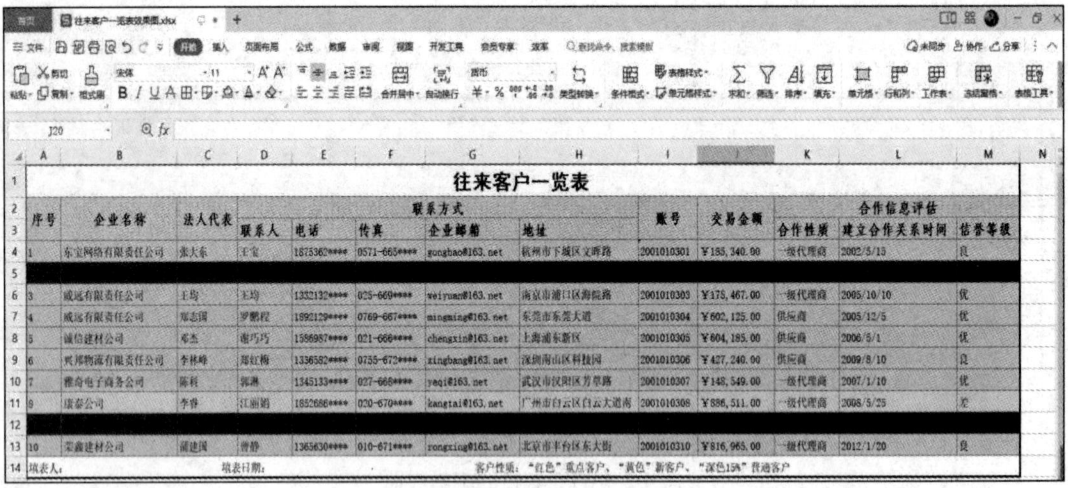

图 4-3　往来客户一览表设计效果

(1) 新建一个空白文档，在第一行 A1:M1 区域的标题栏的单元格中依次输入"序号""企业名称""法人代表""联系人""电话""传真""企业邮箱""地址""账号""交易金额""合作性质""建立合作关系时间"及"信用等级"，如图 4-4 所示。

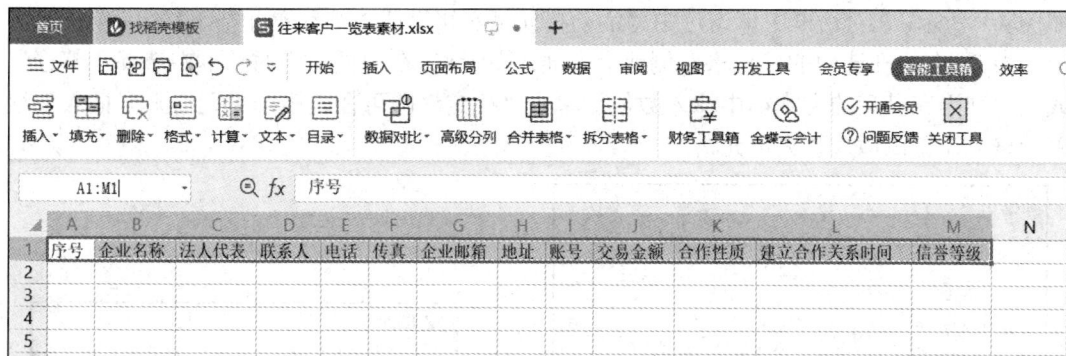

图 4-4　往来客户一览表标题明细

（2）本实例中第一行需要插入标题，因此需要在第一行前插入新的行，在 WPS 表格中插入单元格的方式有两种：通过右键快捷菜单插入单元格和通过"开始"选项卡功能区的"行和列"按钮进行设置。以下是两种不同操作方式的具体设置步骤。

通过右键快捷菜单插入行和列：在已创建的 WPS 表格中左键单击行编号 1，选中第一行，然后右键单击所选行，弹出快捷菜单，如图 4-5 所示。在弹出的快捷菜单中选择"插入"命令，在"行数"框中输入数值"2"，单击左键即可在第一行之前插入 2 行新的单元格。同理，如果选中第一列单元格，单击右键弹出快捷菜单，选择"插入"命令，在"行数"框中输入数值"1"，即可插入 1 列新的单元格，如图 4-6 所示。

图 4-5　插入"行"快捷菜单示意图

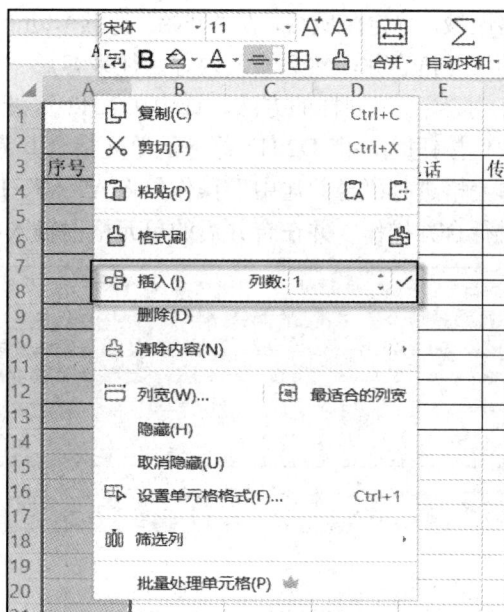

图 4-6　插入"列"快捷菜单示意图

此外，还可以通过"开始"功能区"行和列"按钮设置：选定 A1 单元格，在"开始"选项卡功能区中单击"行和列"按钮 ，如图 4-7 所示，在打开的下拉列表中选择"插入单元格"按钮，在子列表中选择"插入行"或"插入列"选项，即可在选定的单元格前插入整行或整列单元格。在子列表中选择"插入单元格"按钮，即可打开"插入"对话框，如图 4-8 所示。在对话框中单击选中"活动单元格右移"或"活动单元格下移",单击"确定"按钮,即可在选中的单元格左侧或上方插入单元格;在"插入"对话框中选择"整行"或"整列"在其后的文本框中输入数值,单击"确定"即可在选中的单元格上方插入整行单元格或在左侧插入整列单元格。

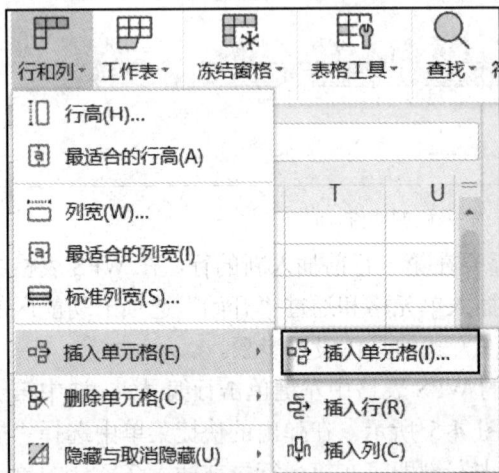

図 4-7　"插入单元格"子列表　　　　　图 4-8　"插入"对话框

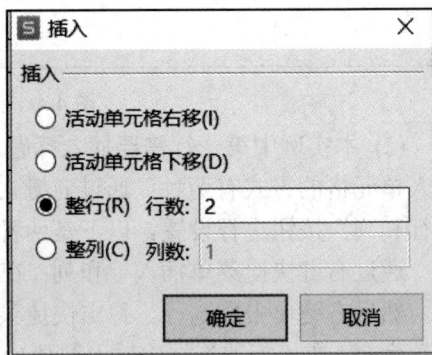

(3) 将光标定位到 A1 单元格,按住鼠标左键往右拖拽至 L1 单元格,将选中 A1:M1 的单元格区域,选定区域后,在"开始"选项卡功能区下单击"合并居中"按钮🔳,将 A1:L1 区域的单元格合并,然后输入内容"往来客户一览表"。

(4) 按照上述同样的方法,选中 D2:H2 区域的单元格,在"开始"选项卡下单击"合并居中"按钮🔳,将 D2:H2 区域的单元格合并为一个单元格,同样的方法再将 K2:M2 区域的单元格进行"合并居中"操作,将 A2:A3、B2:B3、C2:C3、I2:I3、J2:J3 等 5 个单元格区域进行合并操作,并在合并后的单元格内输入相应的标题内容。效果如图 4-9 所示。

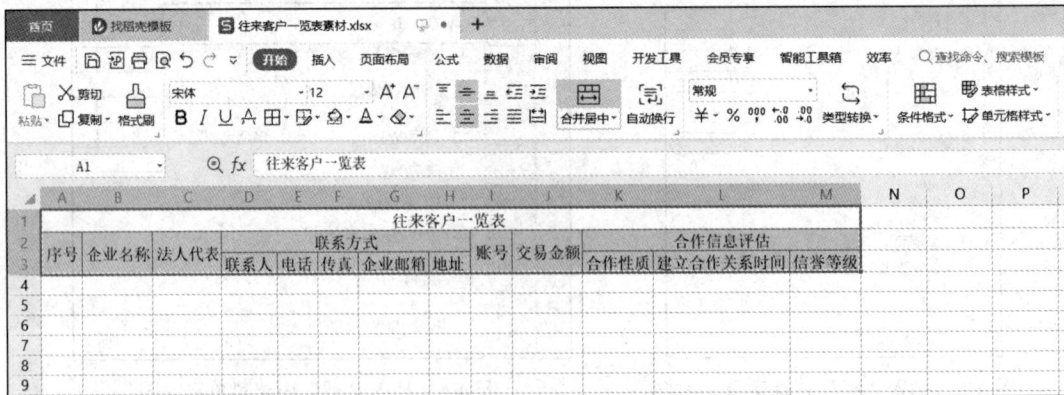

图 4-9　合并单元格效果图

4.1.3　快速填充数据

在 WPS 表格中,有时候需要输入一些相同或有规律的数据,如序号、连续的编号等,手动输入费时费力。为此，WPS 表格专门提供了快速填充数据的功能，可以提高输入数据的准确性和工作效率。WPS 表格的自动填充方式分为两种：使用"填充柄"填充数据和通过"序列"对话框填充数据。下面就两种不同的填充方式的操作步骤进行详细的说明。

1. 使用"填充柄"填充数据

本实例中的 A 列序号值的输入，可以使用"自动填充"方法。在 WPS 表格中有些数据可以利用填充柄来自动填充，具体的操作方法如下。

(1) 在当前实例表格中选中 A4 单元格，输入数字"1"，如图 4-10 所示。

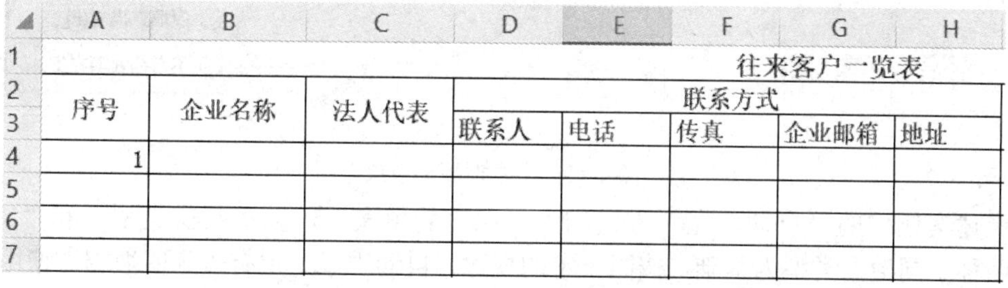

图 4-10　单元格内容的输入

(2) WPS 表格中自动填充中默认的为等差数列(相邻 2 个数之间的差值相等)，因此使用自动填充时，就至少需要 2 个数字来体现出数值的变化规律。继续在 A4 单元格下方的 A5 单元格内输入 2，如图 4-11 所示。

(3) 此时选中 A4 和 A5 单元格，在 A5 单元格右下角有个小方点"⊞"为"填充柄"，将鼠标的光标靠近"填充柄"，它就会自动变成"＋"字形，此时按住鼠标左键垂直往下拖动，拖动"填充柄"到哪里，序列号就到哪里，节省了人力。如图 4-11 所示，松开"填充柄"即自动填充完成。

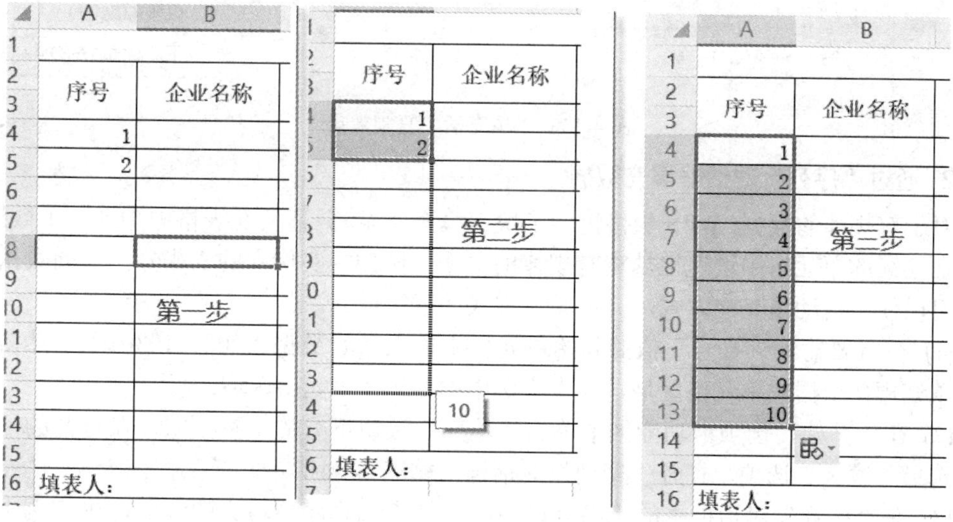

图 4-11　自动填充操作过程展示

在 WPS 表格中"自动填充"默认是"以序列方式填充"进行填充，日常工作中我们还经常会遇到诸如年、月、星期、季度等文本型序列，对于这类有规律的文本型序列，只需要在表格的单元格中输入第 1 个值，然后将鼠标指针移动至该单元格的右下角，待鼠标箭头呈"＋"字形时，按住鼠标左键往下拖拽即可。例如我们需要在单元格中输入一周的每一天，可以在指定单元格中输入"星期一"，按照上述"自动填充"的操作方式进行，可以快速得到结果，如图 4-12 所示。

星期一	星期二	星期三	星期四	星期五	星期六	星期日

● 复制单元格(C)
○ 仅填充格式(F)
○ 不带格式填充(O)

图 4-12　文本型填充效果

上述案例中的"自动填充"方式均为"以序列填充"，以"数值类型"和"文本类型"两种不同数据类型为基础，按照一定的规律，自动生成一定有规则的数据。使用 WPS 表格的填充柄，我们还可以对数据值进行复制操作，如图 4-7 所示。如果我们仅需要将星期一进行复制操作，按照上述步骤进行拖拽操作后，我们可以单击单元格结束区域处的"自动填写选项"按钮，在下拉列表中选择"复制单元格"命令，即可对文本"星期一"进行复制操作，效果如图 4-13 所示。

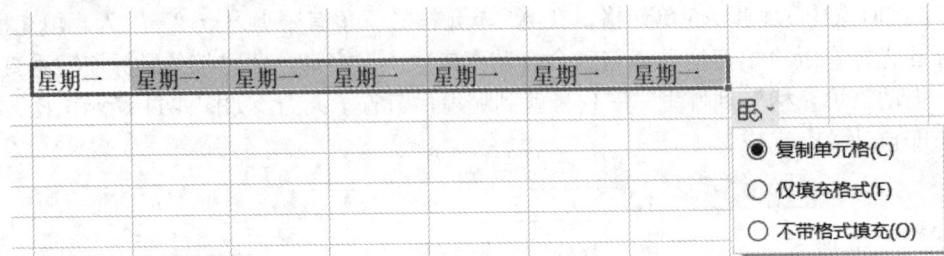

星期一	星期一	星期一	星期一	星期一	星期一	星期一

● 复制单元格(C)
○ 仅填充格式(F)
○ 不带格式填充(O)

图 4-13　"填充柄"复制效果

2. 通过"序列"对话框填充数据

对于有规律的数据，WPS 表格提供了快速填充功能。只需要在表格中输入一个数据值，便可在连续的单元格中快速地填充有规律的数据。例如本实例中的"账号"一列数据的录入就可以使用自动填充的方式，具体操作方式如下。

(1) 在需要输入"账号"值的起始单元格中输入起始数据"2001010301"，然后选择需要填充规律数据的单元格区域，如本实例中的 I4:I13 单元格区域；

(2) 在"开始"选项卡功能区中单击"填充"按钮下方的下拉按钮，在打开的下拉列表中选择"序列"选项，打开"序列"对话框，如图 4-14 所示。

(3) 在"序列"对话框中的"序列产生在"栏中选择序列填充的位置，本实例中我们单击选择"列"，在"类型"栏中选择"等差序列""步长值"文本框中输入"1"，如图 4-14 所示。

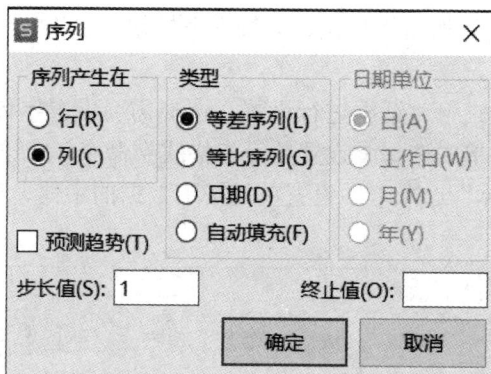

图 4-14　"序列"对话框

(4) 单击"序列"对话框中的"确定"按钮，即可完成序列数据的填充，效果如图 4-15 所示。

图 4-15　填充效果图

4.1.4　设置数据格式

设置数据格式主要包括设置数据的字体格式、对齐方式及数字格式等，具体设置方法如下。

1. 设置字体格式

在 WPS 表格中的数据设置不同的字体格式，不但可以使表格更加美观，还能方便用户对表格的内容进行区分，方便查阅。在 WPS 表格中设置字体格式有两种方式：通过"开始"选项卡中的字体设置功能区进行设置和使用"单元格格式"对话框中"字体"选项卡设置。两种不同的操作方式的具体步骤如下。

(1) 通过"开始"选项卡设置：选择要设置的单元格，在"开始"选项卡中的"字体"下拉列表和"字号"下拉列表中选择相应的"字体"和"字号"即可，如需特别标注，可以单击"字体"框下面的"加粗"按钮、"倾斜"按钮、"下划线"按钮和"字体颜色"按钮等。

(2) 使用"单元格格式"对话框进行设置：选择需要设置字体格式的单元格，单击鼠标右键，在弹出的快捷菜单中选择"设置单元格格式"命令，打开"单元格格式"对话框，如图 4-16 所示。在"字体"选项卡中设置单元格中数据的字体、字形、字号、下划线、特殊效果和颜色等。

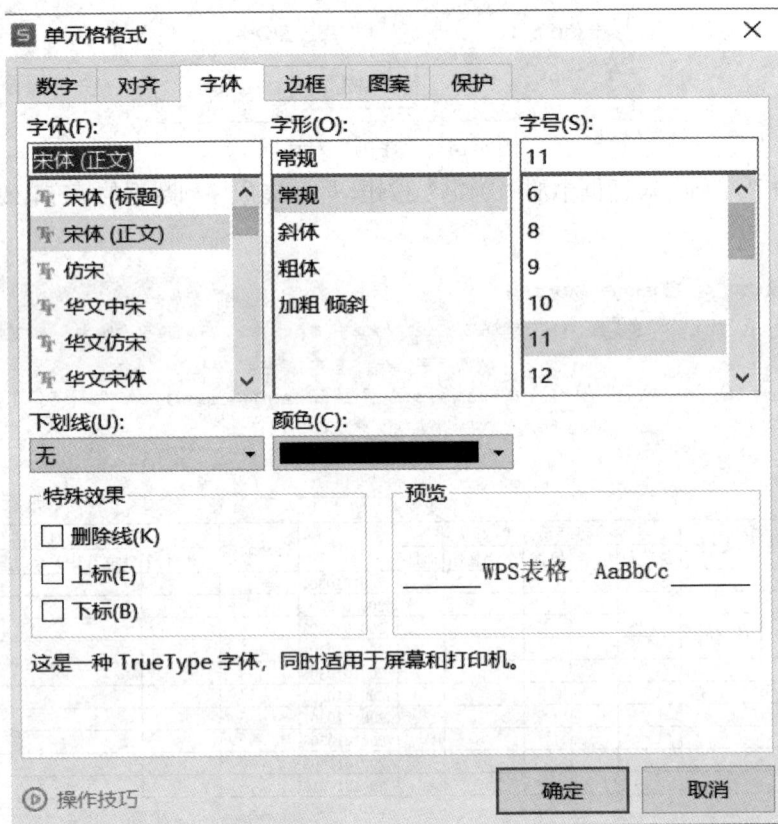

图 4-16　"字体"选项卡

2. 设置对齐方式

在 WPS 中，数字默认的对齐方式是右对齐，文本的默认对齐方式是左对齐，用户可以根据实际情况对其进行重新设置。设置对齐方式可以通过"开始"选项卡和"单元格格式"对话框的"对齐"选项卡来实现。具体操作如下。

(1) 通过"开始"选项卡设置：选择要设置的单元格，在"开始"选项卡中单击"左对齐"按钮 三、"居中"按钮 三、"右对齐"按钮 三 等，可快速为选择的单元格设置相应的对齐方式。

(2) 使用"单元格格式"对话框设置：选择需要设置对齐方式的单元格或单元格区域，右键打开快捷菜单，单击"设置单元格格式"命令，打开"单元格格式"对话框，在对话框中选择"对齐"选项卡，在"文本对齐方式"栏可以设置单元格数据的"水平对齐""垂直对齐""文字方向"等，如图 4-17 所示。

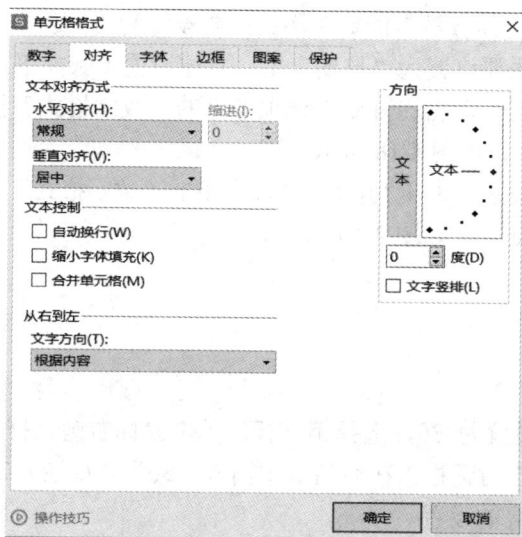

图 4-17　"对齐"选项卡

3. 设置数字格式

在完成表格设计后，我们需要对表格数据进行输入，在数据录入的过程中需要注意的是对不同的数据设置不同的"数字格式"，例如日期、时间、货币、百分比等。

在 WPS 表格中设置数字格式的方法有两种：通过"开始"选项卡设置和使用"单元格格式"对话框设置。两种不同操作方法的具体操作如下。

(1) 选定需要设置"数字格式"的单元格或者单元格区域，在"开始"选项卡功能区下单击"数字格式"按钮 常规 ，在下拉列表中选择相应的"数字格式"，如图 4-18 所示。

(2) 选中单元格，鼠标单击右键，在快捷菜单中选项"设置单元格格式"命令或者在"开始"选项卡功能区中"数字格式"栏右下角的" ⌐ "按钮，打开"单元格格式"对话框，如图 4-19 所示。

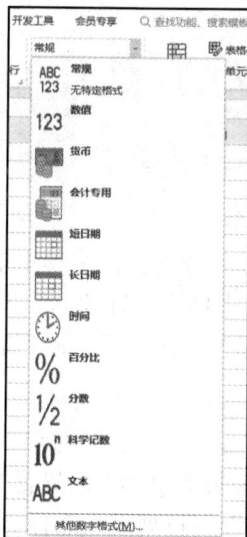

图 4-18　"数字格式"下拉列表

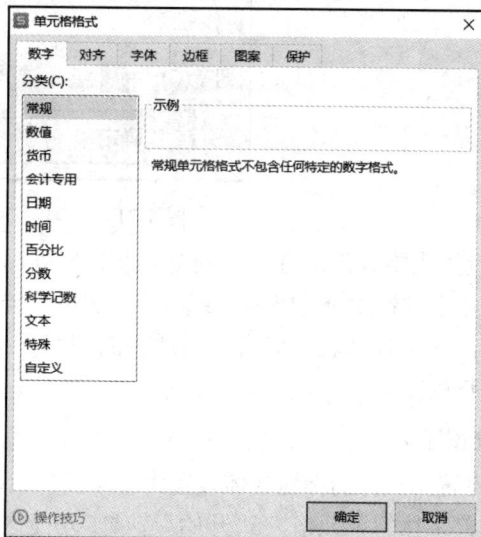

图 4-19　"单元格格式"对话框

本实例中的 J 列 "交易金额" 的数字格式需要设置为 "货币"，L 列的 "建立合作关系时间" 列的数字格式需要设置为 "日期" 型，具体设置步骤如下。

首先，选中 J 列数据，单击 "开始" 选项卡下的 "数字格式" 按钮 `常规`，在下拉列表中选择 "货币"，如图 4-18 所示。

接着，再选中 L 列数据，单击 "开始" 选项卡下的 "数字格式" 按钮 `常规`，在下拉列表中选择 "短日期"，如图 4-18 所示。

4.1.5 优化表格

1. 设置行高和列宽

(1) 标题行的行高设置为 30，选择第一行，单击鼠标右键，打开快捷菜单，选择 "行高" 命令，打开 "行高" 对话框，在对话框中输入 "30"，如图 4-20 所示。单击 "确定" 按钮即可完成标题行行高的设置。

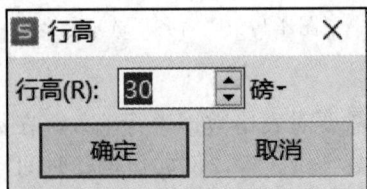

图 4-20 "行高" 对话框

(2) 设置实例表格中其他行的行高，选中除标题外的其他行，按照同样的方法设置表格其他行高为 20。

(3) 设置表格列宽，选择 A~L 列，单击鼠标右键，打开快捷菜单，选择 "列宽" 命令，打开 "列宽" 对话框，在对话框中输入 "10"，如图 4-21 所示。单击 "确定" 按钮即可完成表格列宽的设置。

图 4-21 "列宽" 对话框

(4) 设置表格列为最合适的列宽，选中 K 列，单击右键，在打开的快捷菜单中单击 "最适合的列宽" 按钮 `最适合的列宽`，或者在 "开始" 选项卡功能区中单击 "行和列" 按钮 的下拉箭头，在下拉列表中单击 "最适合的列宽" 按钮 `最适合的列宽`，即可根据该列的文字内容自动调整列宽。

2. 设置字体

(1) 设置第一行的标题字体设置为 "黑体"、加粗、字号设置为 "20"。设置方法：选择需要设置字体的单元格，在 "开始" 选项卡功能区中的 "字体" 下拉列表中选择 "黑体"，在 "字号" 下拉列表中选择 "20"，在 "字体" 下方单击 "加粗" 按钮 B。

除了上述设置方法外，还可以使用"单元格格式"对话框对字体进行设置，具体操作前文已介绍。

(2) 设置其他单元格字体格式，按照上述相同的方法，对第二行和第三行的标题字体设置文字大小为 14，华为仿宋，加粗，黑色，其余文字大小为 12，宋体、黑色。

3. 为表格添加边框线

选中表格后点击右键，在打开的快捷菜单中单击"设置单元格格式"，弹出"单元格格式"对话框，如图 4-22 所示。在样式栏选择"黑色粗实线"，颜色选择"黑色"，然后在"预置"栏选择"外边框"，单击"确定"按钮即可完成外边框的框线设置；按照相同的方法，将内边框为细单实线、钢蓝，着色 1，然后在"预置"栏选择"内部"，单击"确定"即可设置内部框线。

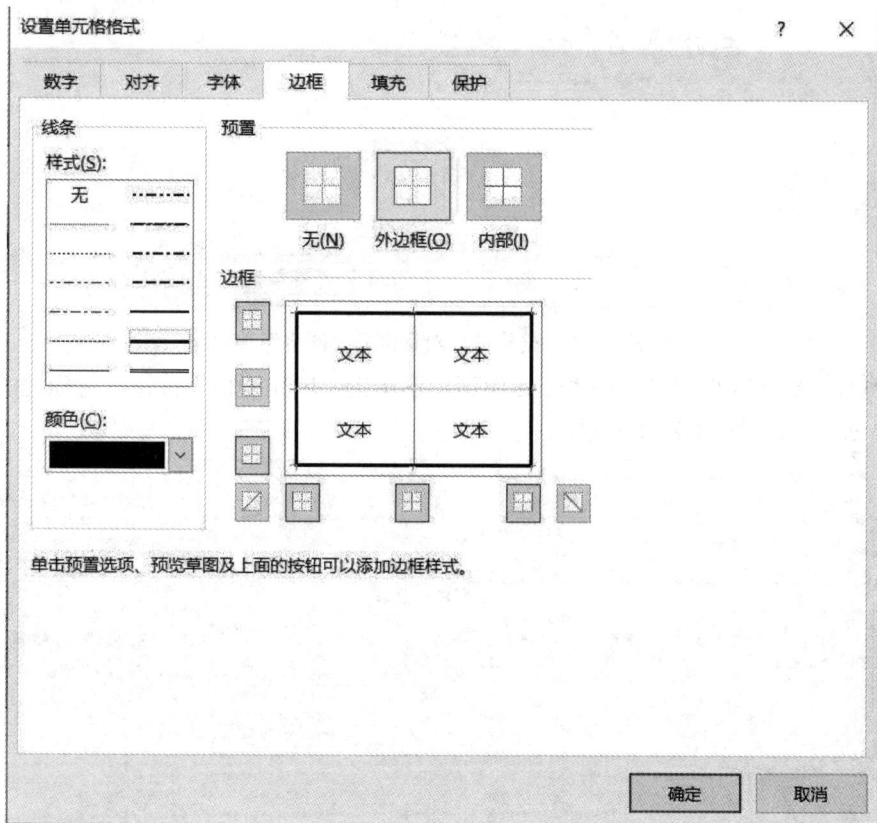

图 4-22　"边框"选项卡

4. 为标题栏添加填充颜色

WPS 表格中提供了以下两种不同的操作方式。

(1) 选定第 2、3 行标题行，在"开始"选项卡功能区下单击"填充颜色"按钮 ，在下拉列表的"主题颜色"中选择相应的颜色进行单元格背景颜色的填充即可。

(2) 选定单元格区域，单击右键，在打开的快捷菜单中选择"设置单元格格式"，或在"开始"选项卡功能区下单击"设置单元格格式"，打开"单元格格式"对话框，在对话框中的"图案"选项下选定区域的背景色，如图 4-23 所示。

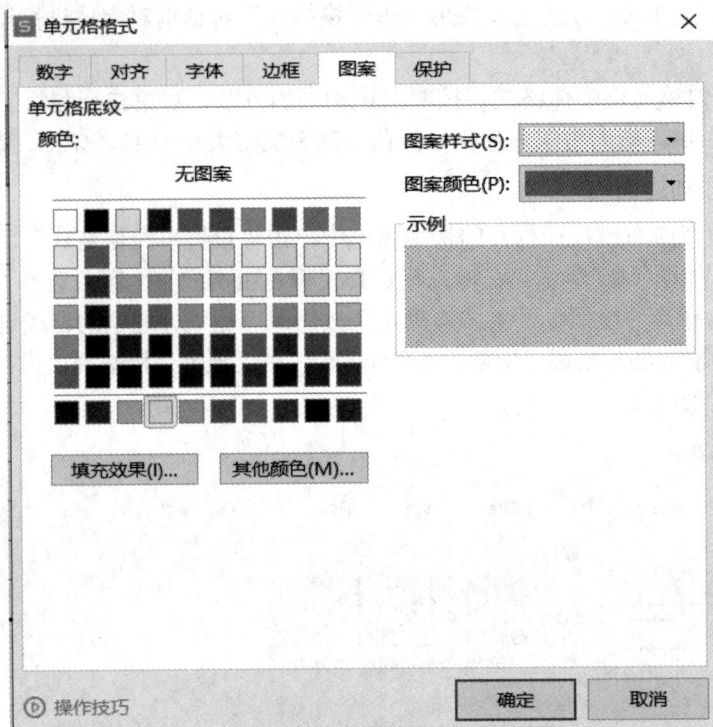

图 4-23　"单元格格式"对话框之"图案"选项卡

选中区域 A2:M3 单元格，在"开始"菜单下单击"填充颜色"按钮，将标题的填充色改为"黄色"，效果如图 4-24 所示。

图 4-24　"往来客户一览表"设置效果图

4.1.6　重命名工作簿

在 WPS 表格中单击表格左下方的"Sheet1"，即可弹出的快捷菜单，如图 4-25 所示。在快捷菜单中单击"重命名"命令，当工作表"Sheet1"呈现为可编辑状态时，输入文字"2 月份客户信息更新"，即可完成对工作表的重命名。

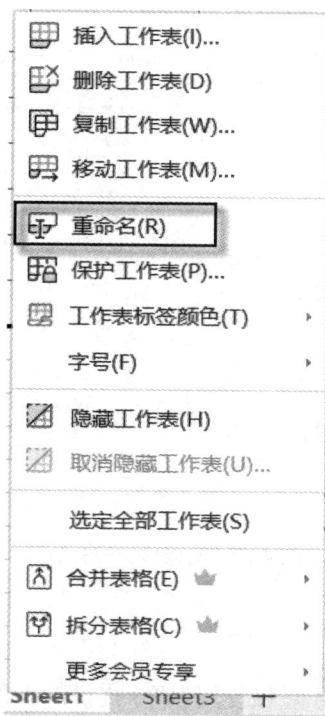

图 4-25　工作表重命名快捷菜单

除上述方法外，我们还可以使用鼠标双击工作表"Sheet1"，直接进入工作名称编辑状态，然后输入工作表名称"2 月份客户信息更新"，即可完成对工作表的重命名。完成后的效果如图 4-26 所示。

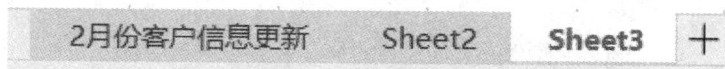

图 4-26　工作表重命名效果图

4.1.7　保存工作表

实例表格完成后，需要保存存档，WPS 表格保存的方式和 WPS 文档类似，具体操作如下。

(1) 如果是新建的 WPS 表格，我们可以单击"快速访问"栏中的"保存"按钮⊟，或者在"文件"菜单下单击"保存"命令，调出"另存文件"对话框，如图 4-27 所示。在"位置"栏的下拉列表中找到相应的文件存储路径，在"文件名"框中输入"往来客户一览表"，然后单击"确定"按钮，完成表格的保存。

(2) 如果是在已保存的 WPS 表格中完成了编辑操作，我们可以使用【Ctrl + S】组合键进行保存，或者单击"快速访问栏"中的"保存"按钮⊟，即可完成对编辑后的表格的保存。为防止因误操作及电脑闪退等因素的影响，在表格编辑过程中，我们应该经常进行保存操作，防止数据意外丢失。

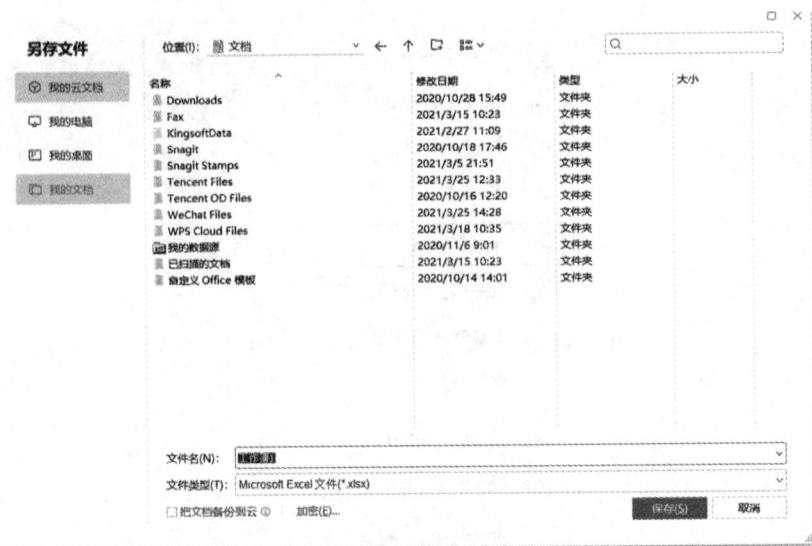

图 4-27　WPS 表格的保存

4.1.8　套用表格样式

在 WPS 表格中制作表格时，可以使用 WPS 提供的"预设样式"快速设置单元格和表格的格式，为表格应用预设样式后，也可使用设置单元格格式的方法对表格样式进行局部调整。套用表格样式的步骤如下。

(1) 选定所需要单元格区域，在"开始"功能选项卡中单击"表格样式"按钮，在下拉列表中的"预设样式"下的"浅色系""中色系"或"深色系"中选择相应的表格样式，如图 4-28 所示。

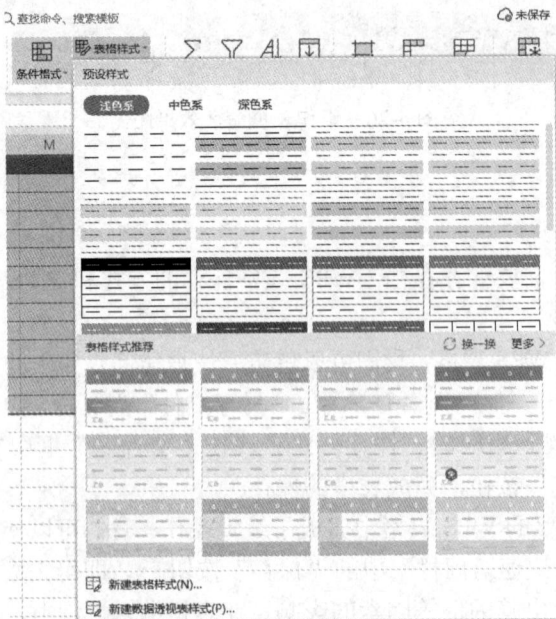

图 4-28　表格样式下拉列表

（2）在上一步单击相应的表格样式后，会弹出"套用表格样式"对话框，如图 4-29 所示。表格数据的来源框中的数据是上一步操作中已选中的单元格区域，如需改变已选定的单元格区域，可以在表格编辑区内选定起始单元格，然后单击鼠标左键，按住左键不放进行拖拽，选择需要套用表格格式的单元格区域，最后选择表格的套用方式，WPS 提供了两种不同的套用方式："仅套用表格样式"和"转换成表格，并套用表格样式"，这里我们选择"仅套用表格样式"，单击"确定"即可完成表格的样式快速套用。

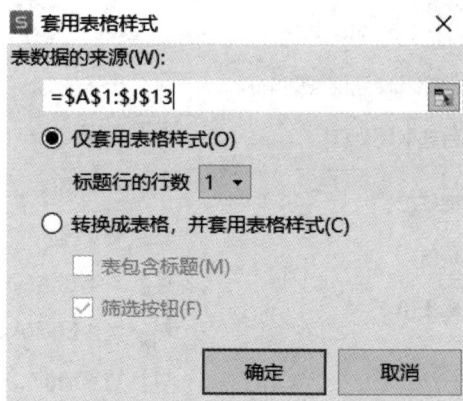

图 4-29　"套用表格样式"对话框

4.1.9　设置条件格式

对于 WPS 表格中重要的数据或特定的数据需要突出显示，我们可以使用条件格式功能，为表格中的数据设置不同的条件格式。

WPS 表格为用户提供了多种条件格式的设置，在"开始"选项卡功能区下单击"条件格式"下拉按钮，在下拉列表中六种不同的条件格式：突出显示单元格规则、项目选取规则、数据条、色阶、图标集及新建规则，如图 4-30 所示。下面就各种不同的"条件格式"设置方式进行逐一介绍说明。

图 4-30　"条件格式"下拉列表

1. 突出显示单元格规则

在"条件格式"的下拉列表中选择"突出显示单元格规则",在弹出的子列表中提供了"大于""小于""介于""等于""文本包含""发生日期""重复值"及"其他规则"等条件筛选的突出显示,如图 4-31 所示。

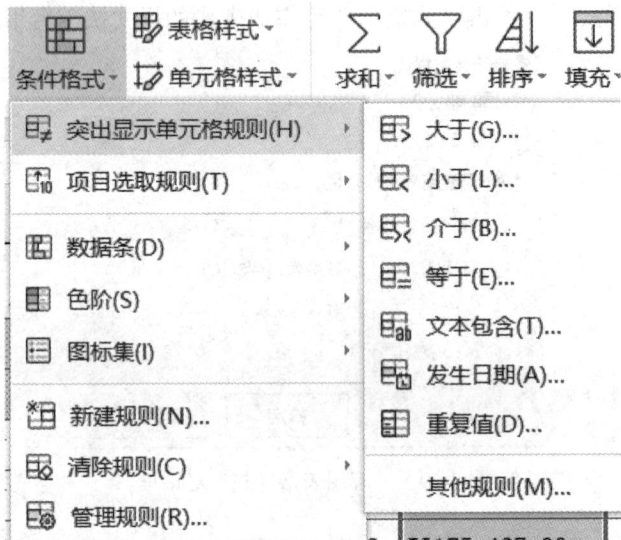

图 4-31 "突出显示单元格规则"子列表

下面我们对"往来客户一览表"中的"交易金额"列的数据将金额大于"¥500000"使用底纹颜色进行突出显示,操作步骤如下。

(1) 选择实例表中的 J4:J13 单元格区域;

(2) 在"开始"选项卡功能区中单击"条件格式"按钮,在下拉列表中选择"突出显示单元格规则",在弹出的子列表中选择"大于"命令,弹出"大于"选项框,如图 4-32 所示。

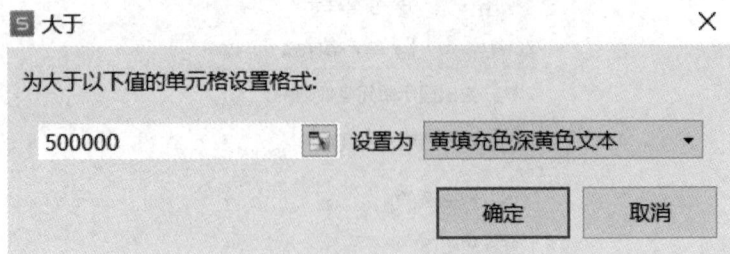

图 4-32 "大于"对话框

(3) 在"大于"对话框中左侧的文本框中输入"500000",在"设置为"下拉列表中选择"黄填充色深黄色文本",设置突出显示的颜色,然后单击对话框中的"确定"按钮,如图 4-32 所示。设置完成后,即可看到在选中的数据列中满足条件的数据已添加了黄色底纹突出显示出来,效果如图 4-33 所示。

图 4-33　"大于"设置显示效果

2. 项目选取规则

在"条件格式"的下拉列表中选择"项目选取规则",在弹出的子列表中提供了前 10 项、前 10%、最后 10 项、最后 10%、高于平均值、低于平均值及其他规则,如图 4-34 所示。

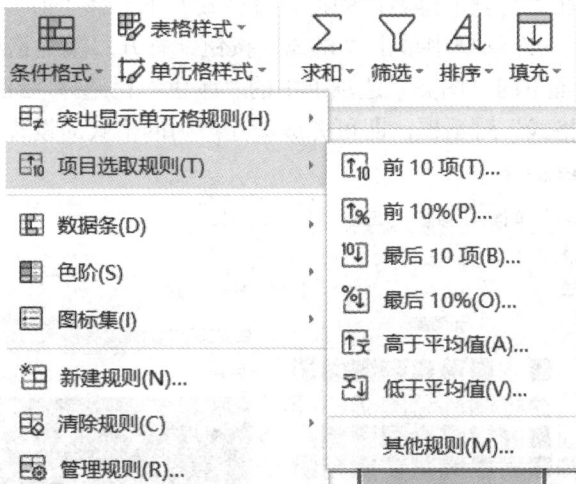

图 4-34　项目选择规则子列表

此处我们还是以"往来客户一览表"中的"交易金额"列为例,将金额数值前三的数据用"红色"底纹显示出来,具体操作步骤如下。

(1) 选择项目表中的 J4: J13 单元格区域;

(2) 由于前面章节已为该列数据设置条件格式,故此,我们在此处先删除前面设置的条件规则,在"开始"选项卡功能区单击"条件格式"按钮 ⊞,在下拉列表中单击"清楚规则"按钮 ⊞ 清除规则(C) 下右侧子列表中的"清除所选单元格的规则"命令,即可清除已设置的规则。

(3) 在"条件格式"下拉列表中选择"项目选取规则"下子列表中的"其他规则",打开"新建格式规则"对话框,如图 4-35 所示。

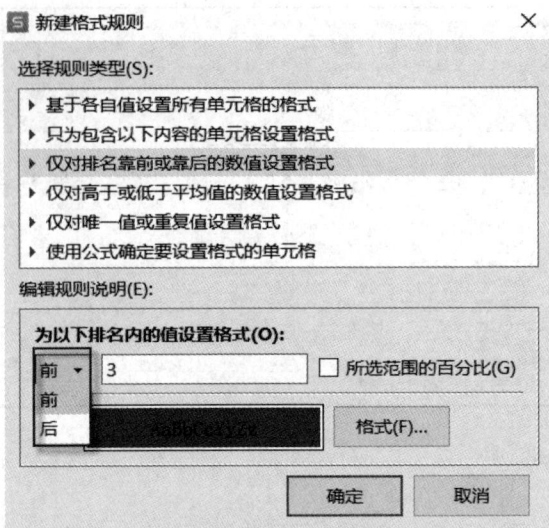

图 4-35　"新建格式规则"对话框

　　(4) 在"新建格式规则"对话框中的"选择规则类型"栏选择"仅对排名靠前或靠后的数值设置格式",在"为以下排名内的值设置格式"下选择"前",在右侧的文本框内输入数值"3",然后在对话框中单击"格式"按钮,打开"单元格格式"对话框,如图4-36 所示。在该对话框下的"图案"选项卡中的"颜色"栏选择"红色",单击"确定"按钮,关闭"单元格格式"对话框,即可完成新建规则的格式的设置。

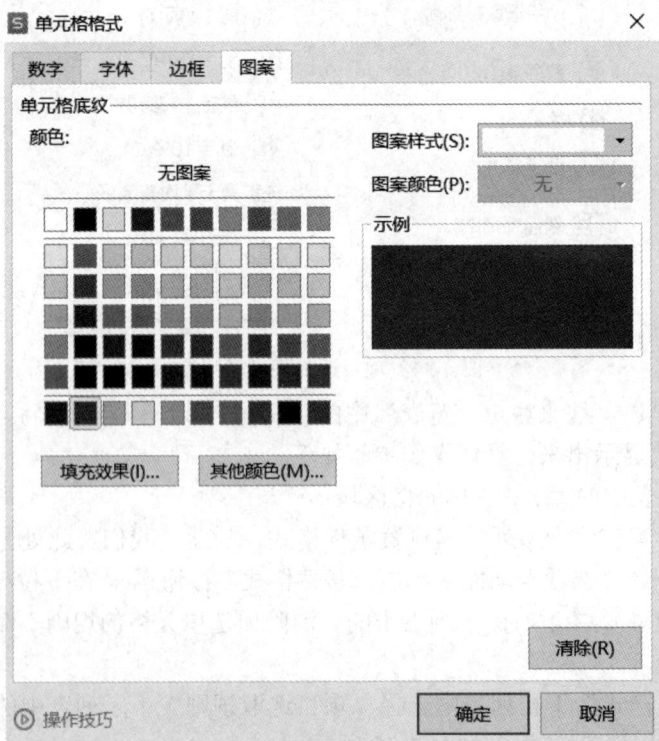

图 4-36　"图案"选项卡

（5）在"新建格式规则"对话框中完成上述设置后，单击"确定"按钮即可将项目表中金额排名前三的数据使用红色底纹突出显示出来，效果如图 4-37 所示。

账号	交易金额	合作信息评估		
		合作性质	建立合作关系时间	信誉等级
2001010301	￥185,340.00	一级代理商	2002/5/15	良
2001010302	￥278,632.00	供应商	2003/10/1	优
2001010303	￥175,467.00	一级代理商	2005/10/10	优
2001010304	￥602,125.00	供应商	2005/12/5	优
2001010305	￥604,185.00	供应商	2006/5/1	优
2001010306	￥427,240.00	供应商	2009/8/10	良
2001010307	￥148,549.00	一级代理商	2007/1/10	优
2001010308	￥866,871.00	一级代理商	2008/5/25	差
2001010309	￥919,099.00	供应商	2010/9/10	优
2001010310	￥916,965.00	一级代理商	2012/1/20	良

图 4-37　"项目选取规则"设置效果图

3. 数据条、色阶及图标集

WPS 表格的条件格式功能除了提供按照条件突出显示外，还为不同的数据值提供了更直观的图形显示方案，诸如数据条、色阶以及图标集等不同的设置方案。下面对以上设置方案逐一介绍。

（1）数据条：选中需要设置的单元格区域，在"条件格式"下拉列表中选择"数据条"，在右侧弹出的子列表中选择相应的填充颜色，即可完成数据条颜色显示的设置，如图 4-38 所示。

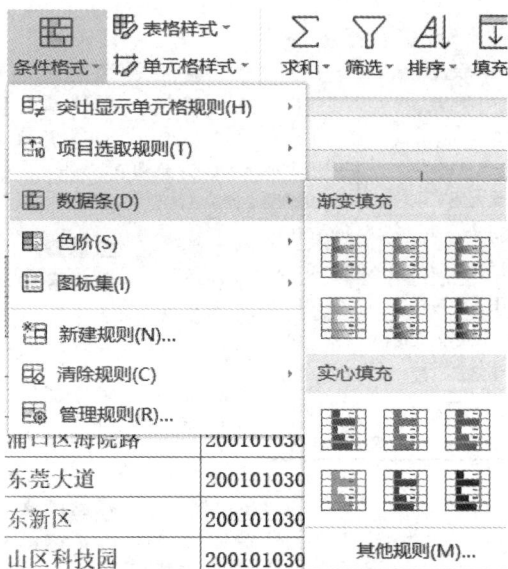

图 4-38　"数据条"子列表

（2）色阶：选中需要设置的单元格区域，在"条件格式"下拉列表中选择"色阶"，在右侧弹出的子列表中选择相应的填充颜色，即可完成色阶显示的设置，如图 4-39 所示。

如需自定义规则，可以单击"其他规则"进行设置。

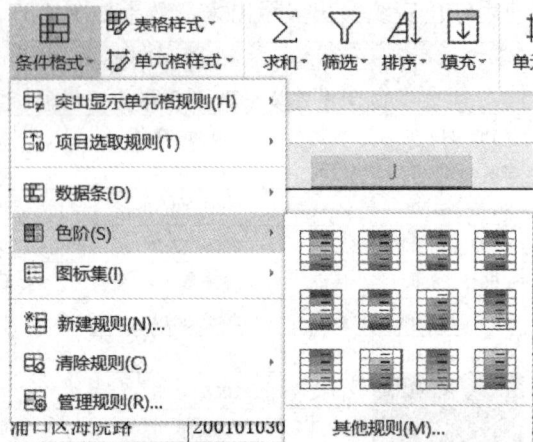

图 4-39　"色阶"子列表

(3) 图标集：选中需要设置的单元格区域，在"条件格式"下拉列表中选择"图标集"，在右侧弹出的子列表中选择不同的图标，即可完成图标集显示的设置，如图 4-40 所示。如需自定义设置，可以选择其他规则，完成自定义的设置。

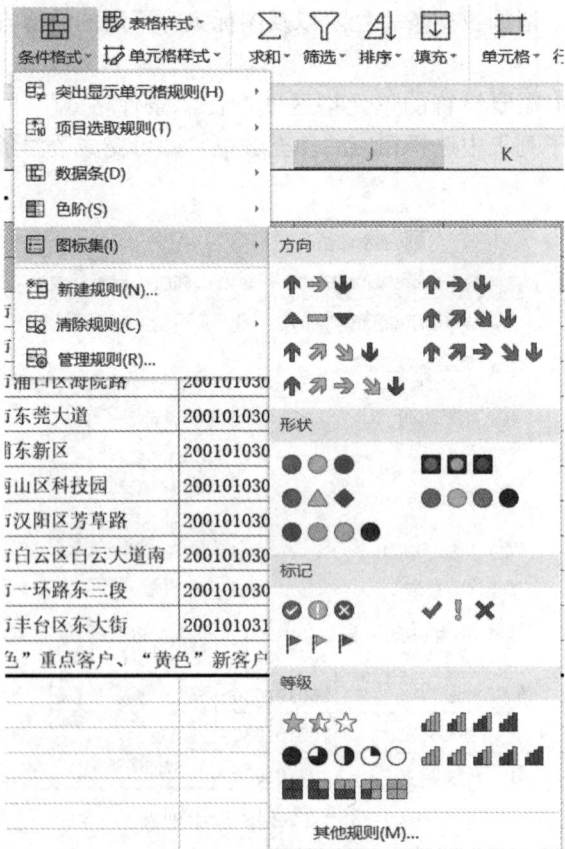

图 4-40　"图标集"子列表

4.1.10　数据输入技巧

在 WPS 表格中数据一般分为两大类：一类是文本型(如纯中文字符、文字或字母与数字组合等)，另一类是数值型，均由数字组成(如序号、考试成绩等)。

1. 文本输入

在 WPS 表格的单元格中输入文本，默认情况下只要系统不解释成数字、公式、日期或逻辑值，WPS 表格均视为文本。

在日常工作中，我们经常会遇到在表格中输入电话号码、身份证号码、学号等具有特殊意义的数值型文本，这类文本无需参与数值计算，对其进行加减乘除等运算也毫无意义。比如员工编号 0101，如果不将单元格的"数据格式"设置为"文本型"前面占位符"0"在表格中无法显示，因为从数值的角度来讲，0101 与 101 是完全相等的。

对于"0101"此类数值型文本数据的输入，在输入时，我们只需要将输入法调整为英文输入状态下在数值前面输入"'"即可完成数据格式的定义。对此类数值型文本，拖动"填充柄"就可以进行序列填充，按住【Ctrl】键再拖拽"填充柄"则可以进行复制操作。

2. 数字输入

数字由阿拉伯数字 0～9 以及特殊字符(如+、-、*、/、%、¥、&等)构成。在 WPS 表格中的数字输入有以下四点需要注意。

(1) 输入正数时，不用在数字前面加"+"，即便加了，也会被忽略；

(2) 输入负数前需将单元格的数据格式改为"数值"型，然后输入"-1"，此时单元格显示的是(1.00)，因为 WPS 表格的单元格"数值"型数字小数点后默认是"2"位，如需减少小数点的位数，可以单击"开始"选项下的"减少小数位数"按钮$^{.00}_{→0}$，反之想增加小数点位数，则单击"增加小数位数"按钮$^{←.0}_{.00}$，即可增加小数点的位数。

(3) 在 WPS 表格中输入分数时，为了避免被表格自动当作日期处理，需要在分数前面加"0"。例如要输入 1/3，准确的输入是：0 1/3，要注意的是 0 与 1/3 之间要用"空格"隔开。如果分数前不加 0 的话，则作为日期处理，即输入的 1/3，在单元格将会显示为"1 月 3 日"。

(4) 当输入的数值长度超过单元格的宽度或超过 11 位时，自动以科学记数法显示。

3. 日期和时间的输入

在 WPS 表格中输入日期时，要用"/"或"-"隔开年、月、日。例如输入年月日"2021/3/21"或"2021-3-21"。输入时、分、秒，则需要用"："隔开。例如输入"14：30"。

日期和时间在 WPS 表格中按数字处理，因此可以进行各种运算。另外输入时间加空格并输入"AM"或"PM"，则表示此时的时间是 12 小时制，例如"09：30AM"为 12 小时制的早上 9 点 30 分。反之，将以 24 小时制来处理时间。

如果要同时输入日期和时间，则日期和时间要用空格隔开，例如"2021/3/26 08：30"。

4.1.11　查找与替换

查找与替换是 WPS 办公软件中通用的操作，在 WPS 表格中的"查找与替换"操作与WPS 文字中的"查找与替换"类似，均是通过关键字提高查找的效率，在 WPS 表格中使用"查找与替换"的具体操作步骤如下。

1. 查找操作过程

(1) 打开"往来客户一览表"工作表，将光标放置于任意单元格内，在"开始"选项卡功能区下的"查找"按钮 🔍，在下拉列表中单击"查找"命令，如图 4-41 所示。

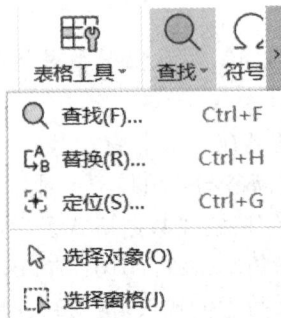

图 4-41　查找或替换命令选择

(2) 单击"查找"命令后即可打开"查找"对话框，或者使用【Ctrl + F】组合键打开"查找"对话框，如图 4-42 所示。在"查找"选项卡中的"查找内容"中输入"德瑞电子"。

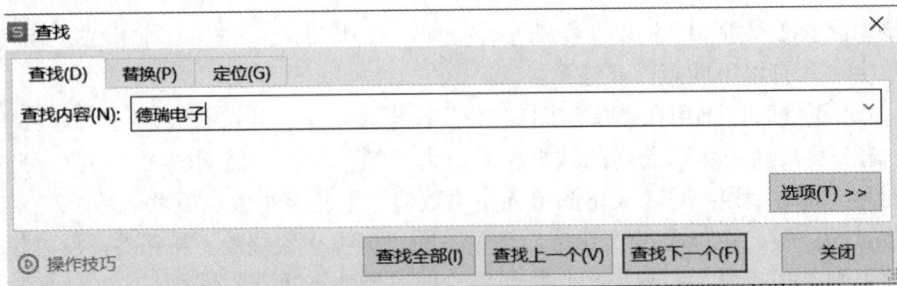

图 4-42　"查找"对话框

(3) 单击"查找下一个"按钮或者单击"查找上一个"，即可按照输入的插入内容进行查找，如图 4-43 所示。继续单击"查找下一个"即可查找到当前工作表中下一个含有"德瑞电子"的单元格。

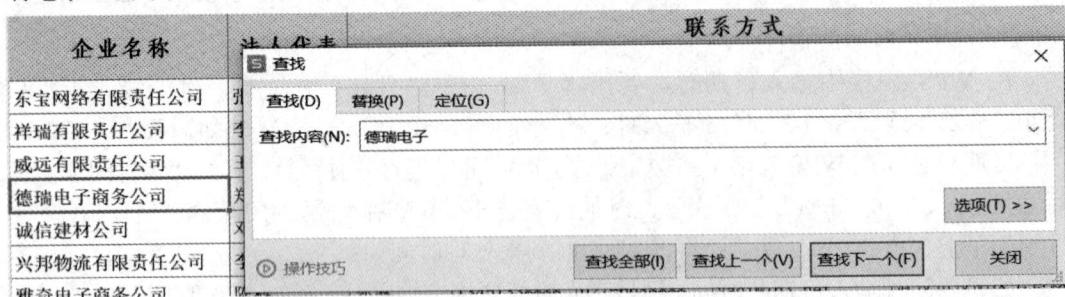

图 4-43　"查找"结果显示

(4) 在"查找"对话框中的"查找"选项卡中单击右下角的"选项"按钮，可以打开"高级搜索"项，如图 4-44 所示。在高级搜索选项卡下，"范围"不仅限于工作表，还可以设置为"工作簿"，此时单击"查找全部"可以将整个 WPS 表的所有工作簿中含有"德瑞电子"内容的单元格全部查找出来。

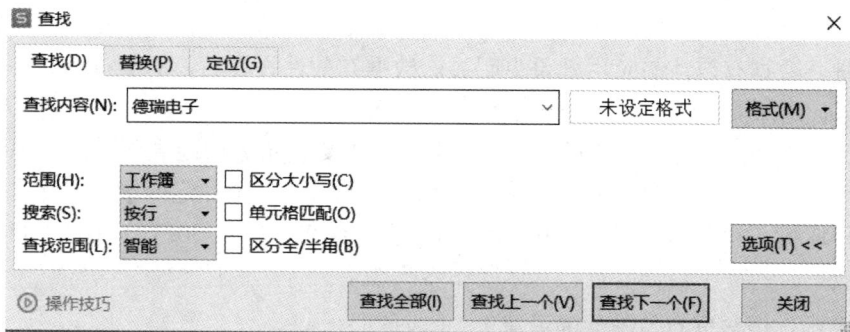

图 4-44　"查找"选项卡高级搜索

2. 替换操作过程

(1) 使用【Ctrl + H】组合键打开"查找"对话框下的"替换"选项卡，如图 4-45 所示。

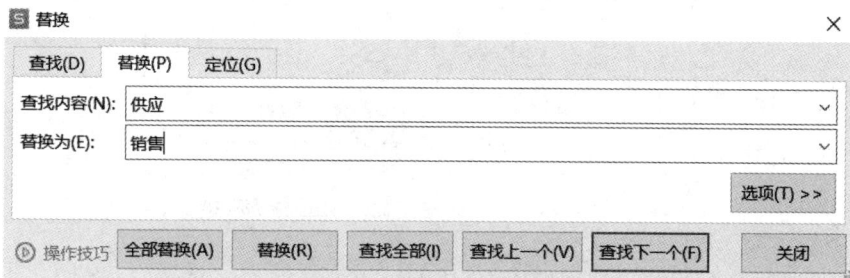

图 4-45　"替换"选项卡

(2) 在"查找内容"文本框内输入表格中被替换的文字，如"供应"，在"替换为"文本框中输入替换文字，如"销售"。单击"全部替换"即可将表格中的文字"供应"全部替换为"销售"。如果单击"替换"按钮，则一次只替换一个，用户需要多次点击才可以将表中所有的"供应"全部替换掉。

(3) 在"替换"选项卡下单击"选项"按钮，可以进入高级替换项，如图 4-46 所示。与高级搜索类似，在此状态下，替换范围可以选择"工作簿"，单击"全部替换"可以将 WPS 表格下所有的工作簿中包含"供应"的单元格内容替换成"销售"。

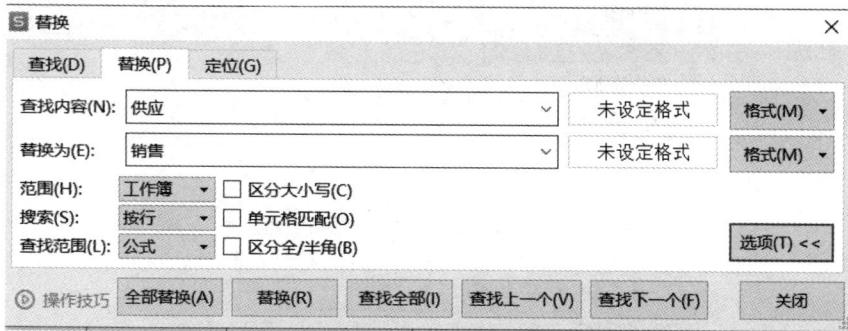

图 4-46　"替换"选项卡高级替换项

4.1.12　设置数据有效性

WPS 表格中数据有效性的主要作用是规范单元格数据内容，通过数据有效性的设置可以对单元格或单元格区域内输入的数据起到纠错和限制的作用，尤其是多人协作共同完成一份表格时，数据有效性的应用效果更明显。数据有效性设置后，对于符合条件的数据会允许其输入，对于不符合条件的数据，则禁止输入。

对于"往来客户一览表"中的"交易金额"列的数值输入限定金额不低于1000；"信誉等级"列的单元格中仅允许输入"优""良""差"等三个评定等级，"建立合作关系时间"列日期输入的起始时间为2008年1月1日，结束时间为2021年3月1日。并设置输入错误数据时的提示警告信息。具体操作步骤如下。

1. "整数"型数据有效条件的设置

(1) 选择"往来客户一览表"中的"交易金额"(J4:J13)列单元格区域，在"数据"选项卡功能区下单击"有效性"按钮 ，在下拉列表中单击"有效性"命令，如图4-47所示。

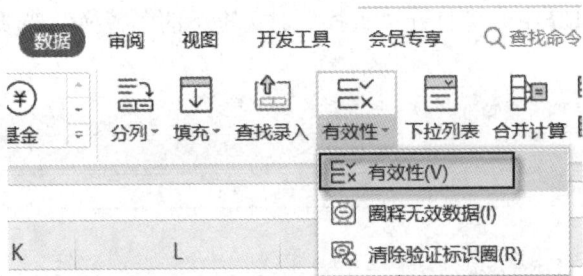

图4-47 "有效性"下拉列表

(2) 在如图4-47所示的"有效性"下拉列表中单击"有效性"命令，打开"数据有效性"对话框，如图4-48所示。在"设置"选项卡中的"有效性条件"栏的"允许"下拉列表中选择整数，"数据"下拉列表选择"大于"，"最小值"文本框中输入"10000"。

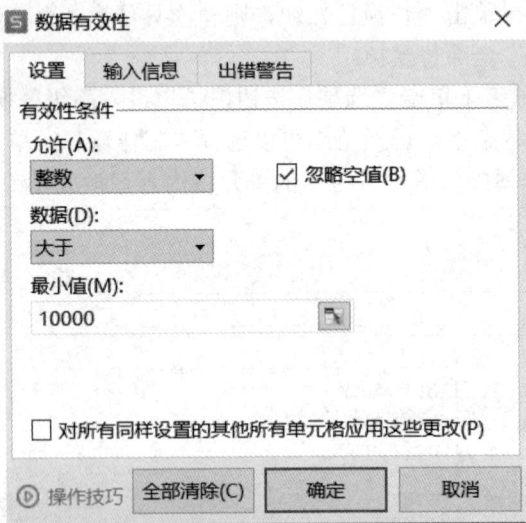

图4-48 "数据有效性"设置选项卡

(3) 设置单元格提示信息，在"数据有效性"对话框中单击"输入信息"选项卡，在该选项卡下勾选"选定单元格时显示输入信息"，在"标题"下方的文本框中输入"温馨提示"，在"输入信息"下方的文本框内输入"金额必须大于10000"，如图4-49所示。

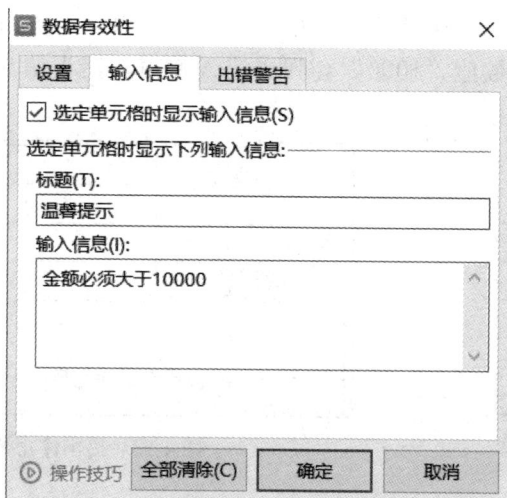

图 4-49　"数据有效性"输入信息选项卡

(4) 在"数据有效性"对话框下单击"出错警告"选项卡，即可切换到"出错警告"选项卡页面，在该页面下的"样式"下拉列表可以设置"停止""警告""信息"三个级别的执行操作，如图 4-50 所示。三种不同的执行级别的区别如下。

- "样式"选择"停止"，单元格不允许错误数据值的输入；
- "样式"选择"警告"，在单元格中输入错误数值时弹出"警告"框，按【Enter】键可以强行输入错误值至单元格中；
- "样式"选择"信息"，单元格数据错误的数值时仅弹出提示信息，不影响错误数据的输入。

(5) 在"数据有效性"对话框下单击"出错警告"选项卡中的"样式"下拉列表选择"停止"，在"标题"下方的文本框内输入"错误"，在"错误信息"文本框内输入"金额低于最小金额"，如图 4-50 所示，设置完成后，单击"确定"按钮，即可完成"整数"型有效数据的设置。

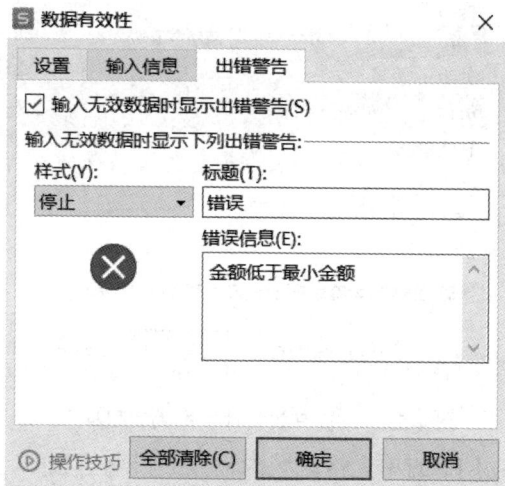

图 4-50　"数据有效性"出错警告选项卡

(6) 验证设置效果，将光标移至 J4 单元格上，会弹出"提示信息"，如图 4-51 所示，在该单元格内输入数值"1000"会弹出错误弹窗，错误信息无法输入，如图 4-52 所示。

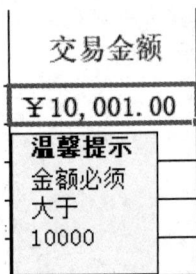

图 4-51　提示信息

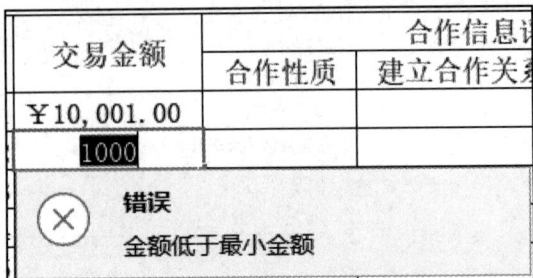

图 4-52　提出停止警告

2. "日期"型数据有效条件的设置

"日期"型数据有效性的设置与"整数"型数据有效性设置的操作步骤基本相同，具体操作如下。

(1) 选定"往来客户一览表"中的 L4：L13 单元格区域，在"数据"选项卡下单击"有效性"按钮 ≣✕，在下拉列表中单击"有效性"对话框，如图 4-53 所示。在"允许"下拉列表中选择"日期"，在"数据"下拉列表中选择"介于"，在"开始日期"下方文本框内输入"2005/1/1"，在"结束日期"下方文本框内输入"2021/1/1"。

(2) 直接跳过"输入信息"和"出错警告"这 2 个选项卡的设置，默认情况下，"出错警告"选项卡中的"样式"设定为"停止"，单击对话框中的"确定"按钮完成数据有效性的设置。

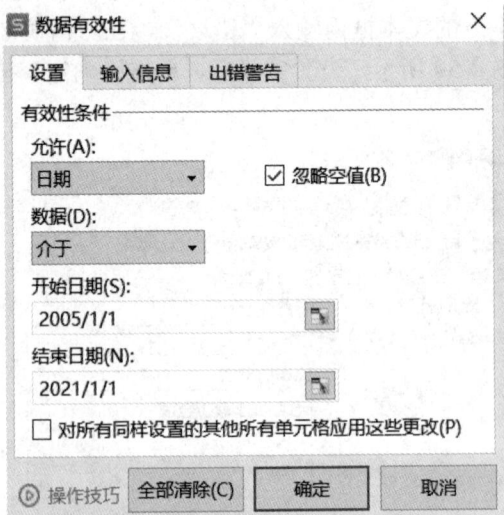

图 4-53　设置有效条件类型为"日期"

设置完成后，在 L4：L13 的单元格区域内输入的日期信息如超过设定的值，单元格不允许输入。例如在 L4 单元格中输入"2001/1/1"，错误提示如图 4-54 所示。

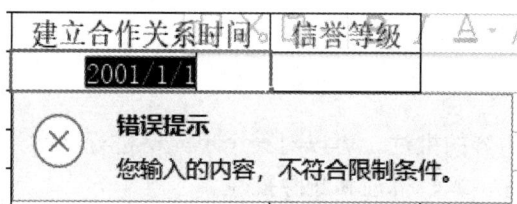

图 4-54　非法日期输入错误提示

3. "序列"数据有效条件的设置

WPS 表格中的有效性设置，不仅针对数值、日期可以设置有效性，还能针对文本型数据的有效性进行设置，本项目中"信誉等级"列数据的数据有效性设置操作如下。

(1) 按照上述方法，选定 M4:M13 列区域的单元格，打开"数据有效性"对话框，在"设置"选项卡中的"允许"列表选择"序列"，在"来源"下方的文本框内输入"优，良，差"，如图 4-55 所示。这里需要注意的是在文本框内输入的"优，良，差"之间的分隔符必须是英文输入状态下的"，"。

(2) 直接单击"确定"按钮，即可完成序列型数据有效性的设置。

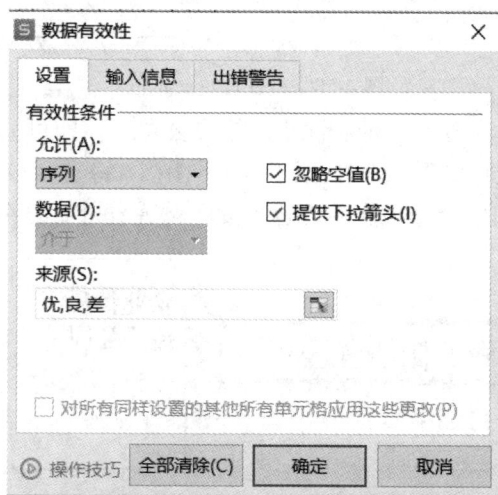

图 4-55　"序列"有效数据设置

(3) 设置完成后，可以将光标移动至 M4 单击右下角，单击下拉按钮，可以看到单元格输入范围被限制为"优""良""差"三类，如图 4-56 所示。如在 M4 单元格中输入文字"中"，单元格弹出错误提示，如图 4-57 所示。

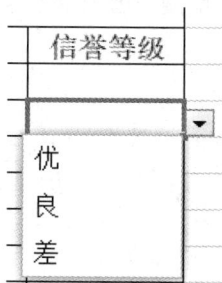

图 4-56　文本限制范围显示

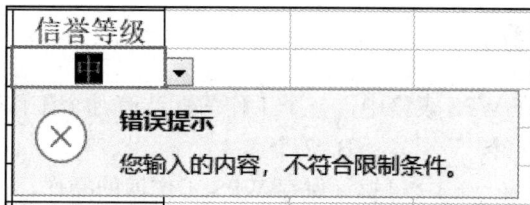

图 4-57　文本限制错误提示

4.1.13 添加批注

在表格中添加所选内容的批注，可以对某个单元格进行文字说明和注释，在表格中批注的主要操作有新建批注、编辑批注和删除批注。

例如在"往来客户一览表"中为企业名称为"华太实业有限责任公司"的企业添加批注内容"企业性质：控股公司"，具体操作步骤如下。

(1) 打开表格"往来客户一览表"，选中 B12 单元格；

(2) 在"审阅"选项下功能区单击"新建批注"按钮，弹出批注设置文本框，如图 4-58 所示。

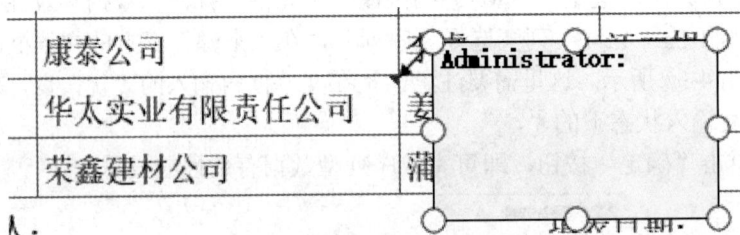

图 4-58 批注设置文本框

(3) 文本框内输入批注内容"企业性质：控股公司"，即可完成批注的设置。批注添加完成后，单元格右上角将出现一个红色的三角形图标，将光标移至已设置批注的单元格，就可以从弹出的提示窗口中查看批注的内容，批注设置效果如图 4-59 所示。

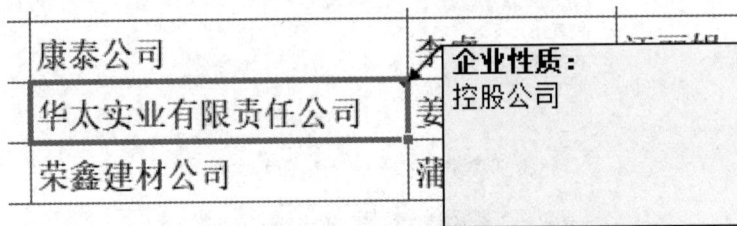

图 4-59 批注设置效果图

(4) 批注设置完成后，如需修改，可以通过"编辑批注"进行修改。操作步骤是：选中需修改批注的单元格，在"审阅"选项卡下单击"编辑批注"按钮，即可对已设置好的批注进行修改。

(5) 如需删除批注，可以先选中需要删除批注的单元格，在"审阅"选项卡下单击"删除批注"按钮，即可直接删除该单元的批注。

【训练场】

1. 在 WPS 表格中，一个工作簿默认有几个工作表(　　)。

A. 1 个   B. 2 个   C. 3 个   D. 4 个

2. 按(　　)，可执行保存 WPS 工作簿的操作。

A. Ctrl + C 组合键   B. Ctrl + E 组合键

C. Ctrl + S 组合键　　　　　　　　D. Esc 键

3. 在 WPS 中向下快速填充行号的操作，下列描述正确的是(　　)。

A. 在行号列的第一行，输入"1"，光标移至单元格右下角，变成实体十字架后双击鼠标左键

B. 在行号列的第一行，输入"1"，光标移至单元格右下角，变成实体十字架后双击鼠标右键

C. 在行号列的开头两行，输入"1""2"，选中这两行，光标移至右下角，变成实体十字架后双击鼠标左键

D. 在行号列的开头两行，输入"1""2"，选中这两行，光标移至右下角，变成实体十字架后双击鼠标右键

4. 设置数据格式在(　　)选项卡里。

A. 开始　　　　　　B. 查看　　　　　　C. 数据　　　　　　D. 插入

5. 设置表格的行高列宽，下列说法正确的是(　　)。

A. 选中需要设置的单元格，"插入"菜单→"表格"→"单元格大小"

B. 选中需要设置的单元格，"表格工具"菜单→"表设计"→"单元格大小"

C. 选中需要设置的单元格，"表格工具"菜单→"布局"→"单元格大小"

D. 选中需要设置的单元格，"布局"菜单→"单元格大小"

6. 关于行高列宽的调整方法，下列说法中错误的是(　　)。

A. 不可批量调整

B. 可以将鼠标指针放在两行行标之间，变成双箭头后，按下鼠标左键拖动调整

C. 可以在行标上右击，选择行高后，输入数值精确调整

D. 可以选中多列，在某两列列标中间双击进行批量调整

7. [多选]在 WPS 表格中，关于条件格式的规则有哪些(　　)。

A. 项目选取规则　　　　　　　　　　B. 突出显示单元格规则

C. 数据条规则　　　　　　　　　　　D. 色阶规则

8. 下面有关"查找与替换"功能的说法中，正确的是(　　)。

A. 该功能只能对文字进行查找与替换

B. 该功能可以对指定格式的文本进行查找与替换

C. 该功能不能对制表符进行查找与替换

D. 该功能不能对段落格式进行查找与替换

9. WPS 电子表格中，在数据有效性对话框的"来源"里手动录入信息时，下列说法正确的是(　　)。

A. 手动录入的信息之间间隔用中文状态下的逗号隔开

B. 手动录入的信息之间间隔用英文状态下的逗号隔开

C. 手动录入信息时不需要先录入"="

D. 以上均不对

10. [多选]"批注"功能在(　　)菜单下。

A. 开始　　　　　　B. 插入　　　　　　C. 审阅　　　　　　D. 引用

4.2　WPS 表格之函数使用基础

本节以制作学生成绩表为例，介绍 WPS 表格的相关函数使用基础。

【实例描述】学校期末考试完成，课程老师完成了各科期末成绩的登分，统一汇总到教务干事小红处，领导要求小红完成期末考试成绩的汇总及统计工作。成绩汇总工作主要包括每科的平均分、每科的最高分、每科的最低分、每个学生总分、排名、评语等，完成后呈报给教务处存档。

本实例主要是学习和了解 WPS 表格公式和函数的应用，以便能够掌握 WPS 基本函数的操作，如 SUM、AVERAGE、IF、MAX、MIN、RANK、COUNT、SUMIF 等函数的操作过程及参数的意义。

通过前期的汇总工作，计算机专业方向学生的期末成绩已汇总至"学生成绩表"表格中，双击打开"学生成绩表"，如图 4-60 所示。表格空白处需要应用 WPS 函数进行完善。

序号	班级	学号	姓名	英语	高数	计算机基础	大学语文	总分	排名	评语
1	1班	20150901401	张琴	67	77	59	52			
2	2班	20150901501	赵赤	56	92	71	52			
3	3班	20150901601	章熊	100	100	87	81			
4	1班	20150901404	王费	90	80	75	80			
5	2班	20150901502	李艳	97	74	56	53			
6	3班	20150901602	熊思思	51	59	65	53			
7	1班	20150901407	李莉	89	52	85	50			
8	2班	20150901503	何梦	67	87	52	91			
9	3班	20150901603	于梦溪	97	87	89	88			
10	1班	20150901410	张潇	80	53	59	58			
11	2班	20150901504	程桥	86	87	74	78			
12	3班	20150901604	赵云	81	76	58	62			
13	1班	20150901413	阿蛮	60	73	65	85			
14	2班	20150901413	刘能	58	93	66	80			
15	3班	20150901605	赵四	84	98	65	98			
平均分										
最高分							优秀率			
最低分										

图 4-60　学生成绩表初稿

在 WPS 表格中使用函数计算数据时，需要掌握的函数基本操作，主要有输入函数、自动求和、编辑函数、嵌套函数等。

4.2.1　使用 SUM 函数

求和函数 SUM 用于计算两个或两个以上单元格的数值之和。本实例中学生成绩总分的计算需要使用到 SUM 函数的求和功能，SUM 函数的使用方法有 3 种：自动求和、使用"插入函数"和直接输入函数。具体操作如下。

1．自动求和

(1) 将光标定位到 I3 单元格内，单击右键，在弹出的快捷菜单上方找到"自动求和"按钮∑，或者在"开始"选项卡下单击"求和"按钮∑，单击下拉按钮，打开常用函数下拉列表，如图 4-61 所示。

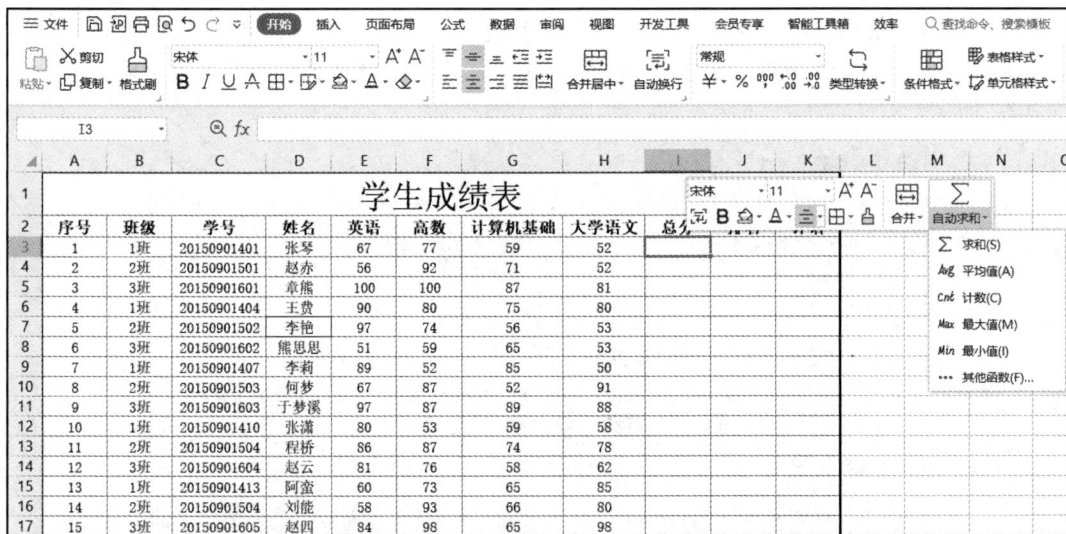

图 4-61　"自动求和"下拉列表

(2) 在"自动求和"下拉列表中单击"求和"命令，此时可以看到 SUM 函数的括号内的默认单元格区域是"E3:H3"，如图 4-62 所示。

图 4-62　调用 SUM 函数

　　(3) 按下【Enter】键，即可计算出第一个同学的总分数。鼠标移至此单元格的右下角，拖动填充柄至 I17，或者双击单元格右下角的"＋"，即可复制公式至 I 列的其他单元格，完成其他同学总分的统计。

2. 使用"插入函数"

　　(1) 单击表格编辑框左侧的"插入函数"按钮 fx，打开"插入函数"对话框，在"常用函数"下找到 SUM 函数，单击"确定"按钮，打开 SUM"函数参数"设置对话框，如图 4-63 所示。

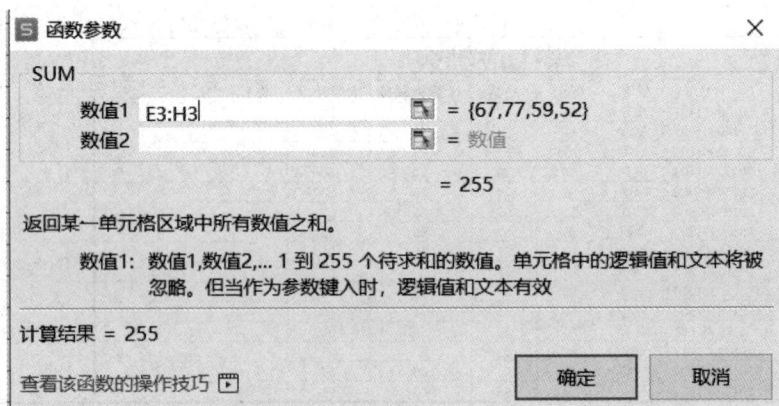

图 4-63　SUM"函数参数"设置对话框

　　(2) 在"数值 1"右侧的文本框内输入 E3:H3，单击"确定"按钮完成指定区域单元格的求和操作。

　　(3) 将光标移至 I3 单元格的右下角，当出现"＋"时，按住鼠标左键拖拽填充柄，完成其他单元格总分的求和操作。

3. 直接输入函数

　　(1) 将光标定位到 I3 单元格内，直接输入"=SUM(E3:H3)"，按【Enter】键，即可完成第一个学生总分的计算。

　　(2) 将光标移至 I3 单元格的右下角，当出现"＋"时，双击即可完成其他同学总分的计算。

4.2.2　使用 AVERAGE 函数

　　平均函数 AVERAGE 用于计算参与的所有参数的平均值，相当于将若干单元格的数值相加后再除以单元格的个数。

　　AVERAGE 函数与 SUM 函数一样，均为 WPS 的基础函数，操作方式也与 SUM 函数类似，同样可以使用两种不同的操作方法。使用直接输入函数的具体操作如下。

　　(1) 选定 E18 单元格，在单元格内输入"=AVERAGE(E3:E17)"，按【Enter】键完成第一列英语成绩的求平均；

　　(2) 将光标移动至 E3 单元格的右下角，当出现"＋"时，按住鼠标左键拖动至 H18，即可完成其他课程平均成绩的统计。

（3）完成平均值的计算后，我们发现计算出的数值小数点后默认为 7 位，因此需要将计算结果显示区域的单元格的数据类型设置为"数值"，小数位数为"1"。

4.2.3　使用 MAX 和 MIN 函数

最大函数 MAX 用于返回一组数据中的最大值，最小值函数 MIN 用于返回一组数据中的最小值。以本实例为例，学生各科成绩的最大值和最小值的操作步骤如下。

（1）选定单元格 E19，在该单元格内直接输入"=MAX(E3:E17)"，按【Enter】键即可完成"英语"成绩最高分数的计算；

（2）选中 E19 单元格，在表格上方的编辑栏内复制 E19 的公式，然后单击 E20 单元格，使用【Ctrl + V】组合键粘贴 MAX 函数公式，再将 E20 中的"MAX"修改为"MIN"，按【Enter】键即可计算出 E 列"英语"成绩的最低分数；

（3）选择 E19:E20 单元格区域，将光标移至 E20 右下角，当出现"＋"时，拖拽鼠标至 H19:H20 单元格区域，即可完成其他科目最高和最低成绩的统计。

4.2.4　使用 RANK 函数

RANK 函数是排名函数，在 WPS 表格中使用 RANK 函数，可以实现在某个数字在指定的区域中的大小排名，其语法结构为"=RANK(数值，引用，[排序方式])"，其中"数值"为需要进行排序的数字，"引用"为数字列表组或对数字列表的引用，"排序方式"是指定排序的方式，"排序方式"的值默认为 0 或 1，可以不输入，默认为值为 0，得到的就是从大到小的排名(降序)。若想求得从小到大的排名(升序)，可以将"排序方式"的值设置为"1"。

本实例中需要按照总分计算每个学生的成绩排名，同上，RANK 函数的操作方式可以是直接输入函数，也可以使用"函数参数"对话框进行设置，此处我们以使用"函数参数"对话框的方式为例进行讲解，具体操作过程如下。

（1）选择 J3 单元格，单击右键，在弹出的快捷菜单上方单击"自动求和"按钮 $\sum$ 的下拉列表，在下拉列表中单击"其他函数"命令，打开"插入函数"对话框，如图 4-64 所示。在该对话框中的"或选择类别"右侧的下拉列表中选择"统计"，然后在"选择函数"栏内找到"RANK"函数。

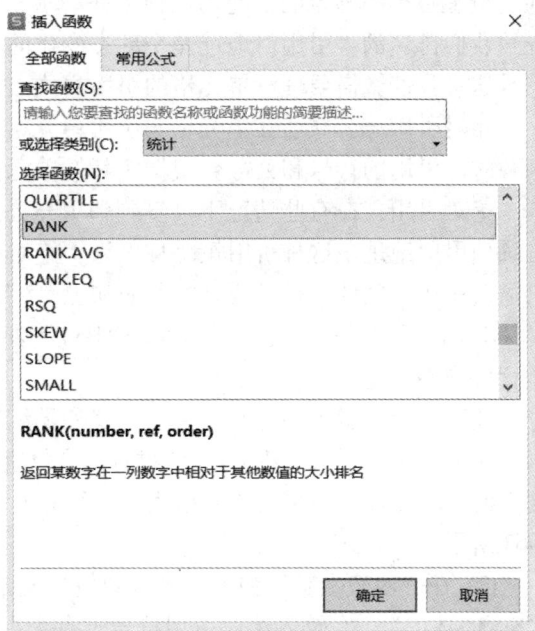

图 4-64　"插入函数"对话框选择 RANK 函数

(2) 完成函数选择后，在"插入函数"对话框内单击"确定"按钮，调出 RANK "函数参数"设置对话框，如图 4-65 所示。

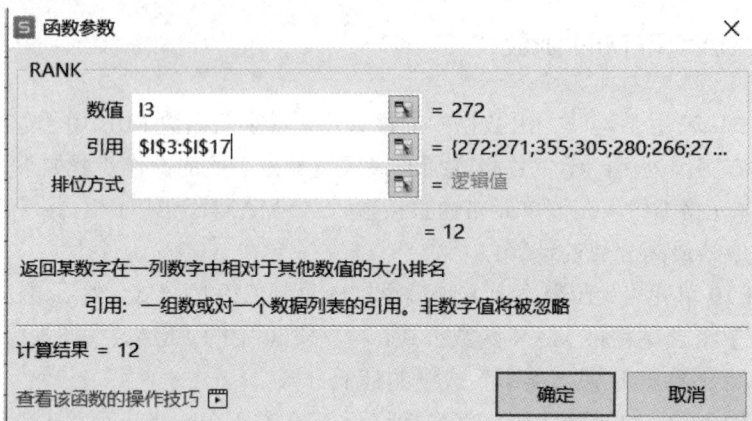

图 4-65　RANK "函数参数"设置对话框

下面就 RANK 函数在本实例中的应用，对"函数参数"对话框中的几个重要参数进行解读。

"数值"表示的是参加排序的某个单元格数值。在本实例中，由于要计算所有学生的排名，因此在使用拖动填充柄时，该单元格的引用范围必须要随着填充单元格的位置变化而相应地变化；

"引用"表示排名的数值范围，通俗来说就是针对那一列数值进行排名。本项目的排名范围是针对"总分"列(I3:I17)，这个地址范围适用于所有参与排名的同学，因此该引用地址范围必须是固定的。通常在使用拖动填充柄时，单元格的位置是同步改变的，这样会导致我们排名的"引用"地址是个动态变化的地址范围，这显然是不允许的。

这里我们就需要理解单元格的引用方式，它分为相对引用和绝对引用。

相对引用：公式所在单元格与引用单元格的相对位置。此情形下，复制或填充公式和函数时，引用的行号和列号会根据实际的单元格相应的改变。

绝对引用：在有些情况下，复制和填充公式时，引用的单元格地址是不允许变化的，必须使用原地址，这种引用策略称之为"绝对引用"。在 WPS 表格中，要使用绝对引用，只需要在相对地址的行号或列号前面加上"$"符号，即可使地址中的行号或列号不变。如"$B1"表示列号不可变行号可变，"B$1"表示列号可变行号不可变，"$B$1"表示列号和行号均不可变。

理解了相对引用和绝对引用后，我们继续回到本例中，经过前面的分析和解读，我们知道在本例中使用 RANK 排名函数时，"数值"文本框的数值采用相对引用，而"引用"文本框中的地址范围采用绝对引用，因此引用地址的行和列前面均需添加"$"符号，如图 4-63 所示。

(3) 在"函数参数"弹框中的"数值"文本框内输入"I3"，在"引用"文本框中输入"$I$3:$I$17"，在输入绝对引用符号时有个小技巧，可用先在文本框内输入(I3:I17)，然后在键盘上按【F4】即可快速地完成绝对引用符号的输入。输入完成后，单击"确定"按钮，即可计算出第一位同学的排名。

(4) 将光标移至 J3 单元格的右下角，当出现"＋"时，拖动填充柄，完成其他同学排名的计算，如图 4-66 所示。

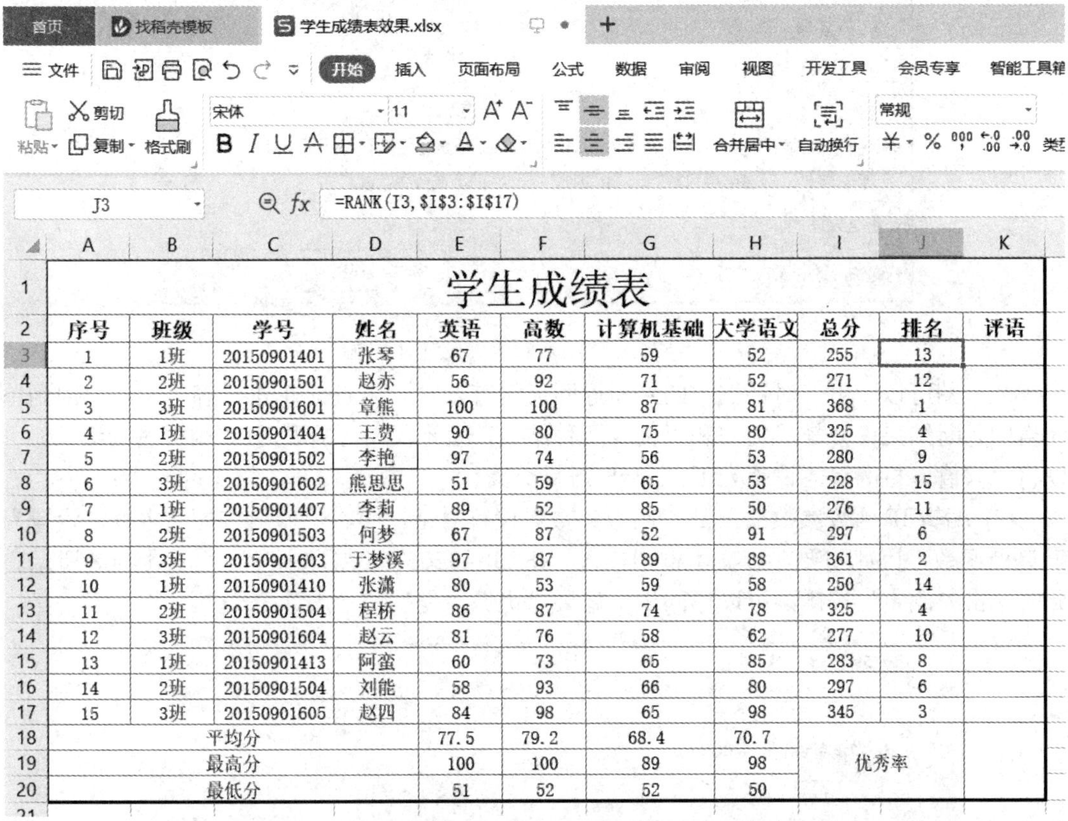

序号	班级	学号	姓名	英语	高数	计算机基础	大学语文	总分	排名	评语
				学生成绩表						
1	1班	20150901401	张琴	67	77	59	52	255	13	
2	2班	20150901501	赵赤	56	92	71	52	271	12	
3	3班	20150901601	章熊	100	100	87	81	368	1	
4	1班	20150901404	王费	90	80	75	80	325	4	
5	2班	20150901502	李艳	97	74	56	53	280	9	
6	3班	20150901602	熊思思	51	59	65	53	228	15	
7	1班	20150901407	李莉	89	52	85	50	276	11	
8	2班	20150901503	何梦	67	87	52	91	297	6	
9	3班	20150901603	于梦溪	97	87	89	88	361	2	
10	1班	20150901410	张潇	80	53	59	58	250	14	
11	2班	20150901504	程桥	86	87	74	78	325	4	
12	3班	20150901604	赵云	81	76	58	62	277	10	
13	1班	20150901413	阿童	60	73	65	85	283	8	
14	2班	20150901504	刘能	58	93	66	80	297	6	
15	3班	20150901605	赵四	84	98	65	98	345	3	
	平均分			77.5	79.2	68.4	70.7			
	最高分			100	100	89	98	优秀率		
	最低分			51	52	52	50			

编辑栏: J3　=RANK(I3,$I$3:$I$17)

图 4-66　排名统计结果

4.2.5　使用 IF 及 IF 嵌套函数

条件函数 IF 是用于执行真假值判断，判断一个条件是否满足，如果满足则返回一个值，如果不满足则返回另一个值。其语法结构为"=IF(测试条件，真值，[假值])"，这类单个 IF 判断函数返回的结果为 2 个。

在本项目中，需要通过 IF 函数实现自动对总分成绩进行判定，大于等于 360 分为"优"；大于等于 320 分，小于 360 分为"良"；大于等于 280 分，小于 320 分为"中"；大于等于 240 分，小于 280 分为"合格"；小于 240 分为"差"，需要返回 5 个结果，显然单个条件函数 IF 的判断结果无法满足要求。此时我们就需要用到 IF 函数嵌套 IF 函数的方式实现。具体操作步骤如下。

(1) 选择 K3 单元格，在表格编辑栏中单击"插入函数"按钮 *fx*，打开"插入函数"对话框，在常用函数中找到"IF"，单击"确定"按钮即可调出 IF"函数参数"设置对话框，如图 4-67 所示。

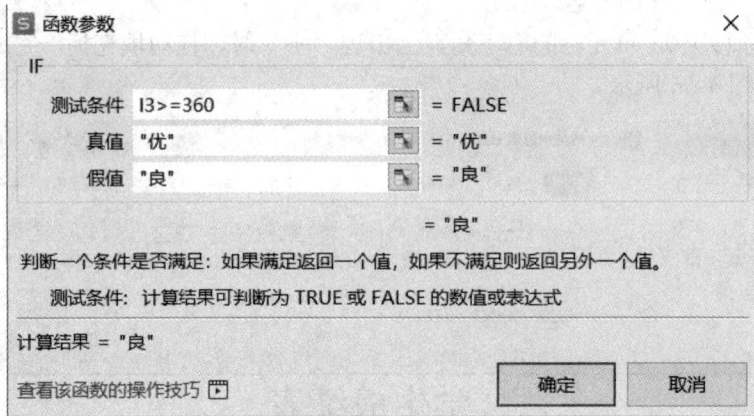

图 4-67 IF "函数参数" 设置对话框

从上图可以看出,对话框中的判断返回值仅有 2 个,若此时单击 "确定",返回到单元格的判断结果仅会是 "优" 和 "良" 两种结果,因此我们还需要对 IF 函数进行编辑,可以将 "假值" 栏的参数设置为下一个 IF 判断函数。

(2) 编辑 IF 函数参数,在 IF "函数参数" 设置对话框中将 "假值" 的文本框中设置为 IF 判断函数,因此需要在该文本框中输入 "IF(I3>=320,"良","中")",如图 4-68 所示。此时单击 "确定" 按钮,可以返回 3 个结果 "优" "良" 和 "中"。

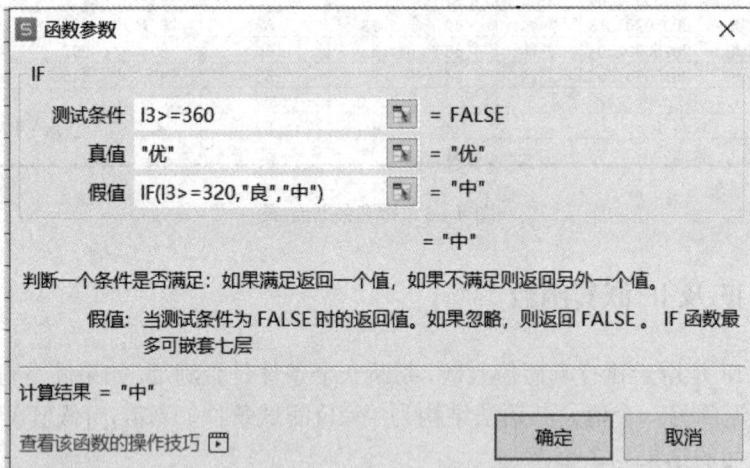

图 4-68 编辑 IF 函数参数

从上述 IF 函数使用的个数与返回的结果规律分析,可以得出这样的结论:当使用 1 个 IF 函数时,可以返回 2 个结果,使用 2 个 IF 函数返回 3 个结果。本例中我们需要返回的结果是 5 个,因此需要使用 4 个 IF 函数嵌套使用方能得到 5 个返回值。

(3) 继续编辑 IF 函数参数,如图 4-69 所示,在 "假值" 右侧文本框内将嵌套的 IF 函数返回的第二个值 "中" 修改为 IF(I3>=280,"中","合格");

(4) 再次编辑 IF 函数参数,在 "假值" 右侧文本框内将第二个嵌套的 IF 函数返回的第二个值 "合格" 修改为 IF(I3>=240,"合格","差"),至此完成 4 个 IF 函数的嵌套操作,操作完成后，单击"确定"按钮即可在单元格内返回 5 个值。在表格编辑栏我们可以看到完整的嵌套函数，如图 4-69 所示。

| K3 | | ▾ | : | × | ✓ | fx | =IF(I3>=360,"优",IF(I3>=320,"良",IF(I3>=280,"中",IF(I3>=240,"合格","差")))) |

	A	B	C	D	E	F	G	H	I	J	K
1	学生成绩表										
2	序号	班级	学号	姓名	英语	高数	计算机基础	大学语文	总分	排名	评语
3	1	1班	20150901401	张琴	67	77	59	52	255	13	合格
4	2	2班	20150901501	赵亦	56	92	71	52	271	12	
5	3	3班	20150901601	章熊	100	100	87	81	368	1	
6	4	1班	20150901404	王费	90	80	75	80	325	4	
7	5	2班	20150901502	李艳	97	74	56	53	280	9	
8	6	3班	20150901602	熊思思	51	59	65	53	228	15	
9	7	1班	20150901407	李莉	89	52	85	50	276	11	
10	8	2班	20150901503	何梦	67	87	52	91	297	6	
11	9	3班	20150901603	于梦溪	97	87	89	88	361	2	
12	10	1班	20150901410	张潇	80	53	59	58	250	14	
13	11	2班	20150901504	程桥	86	87	74	78	325	4	
14	12	3班	20150901604	赵云	81	76	58	62	277	10	
15	13	1班	20150901413	阿奎	60	73	65	85	283	8	
16	14	2班	20150901504	刘能	58	93	66	80	297	6	
17	15	3班	20150901605	赵四	84	98	65	98	345	3	
18	平均分				77.5	79.2	68.4	70.7			
19	最高分				100	100	89	98	优秀率		
20	最低分				51	52	52	50			
21											

图 4-69　IF 嵌套 IF 函数完成参数显示

在熟练掌握 IF 函数嵌套后，使用 IF 嵌套函数时，我们可以直接输入，而不必按照上述烦琐的操作过程进行设置。例如本项目中，我们可以直接选中 K3 单元格，然后直接输入"=IF(I3>=360, "优", IF(I3>=320, "良", IF(I3>=280, "中", IF(I3>=240, "合格", "差"))))"即可完成多 IF 函数的嵌套。需要注意的是：返回的结果=IF 函数的个数−1，所有的分隔符号都必须在英文输入状态下完成。

(5)将光标移至 K3 单元格的右下角，当出现"＋"号时，拖动填充柄，完成其他同学的评语填充。

4.2.6　使用 COUNT 相关函数组合

在 WPS 表格中 COUNT 函数的功能是返回包含数字的单元格以及参数列表中的数字的个数。COUNT 函数的语法结构是"COUNT(值 1，值 2，...)"。在使用 COUNT 函数进行统计时需要注意两点：如果参数是一个数组或引用，COUNT 函数只统计数组或引用中的数字；数组中的或引用的空单元格、逻辑值、文字或错误值统计时都会被忽略。

为弥补 COUNT 函数的不足，WPS 表格中引进了 COUNTA 函数，它的统计结果可以返回参数列表中非空单元格的个数。如果用户需要统计含有文字的单元格的数量就必须使用 COUNTA 函数，其语法结构是"COUNTA(值 1，值 2，...)"。

COUNTIF 函数的功能是计算区域中满足给定条件的单元格的个数，其语法结构是"COUNTIF(区域，条件)"。

本实例中需要统计学生总评的优秀率，其计算公式为："优"的个数/全部学生数。前面讲过 COUNT 函数不能统计文字，因此该项目统计时我们用 COUNTA 函数和 COUNTIF 函数。具体步骤如下：

(1) 选定单元格 K18，采用直接输入函数的办法，直接在单元格内输入函数"=COUNTIF (K3:K17, "优")/COUNTA(K3:K17)"，其中要说明的是"/"为除法符号。

(2) 输入完成后按【Enter】键完成数据值的计算，并将单元格的数据格式改为"百分比"，小数点后保留"1"位。

至此，我们已完成了表格中所有单元格的运算，效果如图 4-70 所示。

序号	班级	学号	姓名	英语	高数	计算机基础	大学语文	总分	排名	评语
1	1班	20150901401	张琴	67	77	59	52	255	13	合格
2	2班	20150901501	赵赤	56	92	71	52	271	12	合格
3	3班	20150901601	章熊	100	100	87	81	368	1	优
4	1班	20150901404	王费	90	80	75	80	325	4	良
5	2班	20150901502	李艳	97	74	56	53	280	9	中
6	3班	20150901602	熊思思	51	59	65	53	228	15	差
7	1班	20150901407	李莉	89	52	85	50	276	11	合格
8	2班	20150901503	何梦	67	87	52	91	297	6	中
9	3班	20150901603	于梦溪	97	87	89	88	361	2	优
10	1班	20150901410	张潇	80	53	59	58	250	14	合格
11	2班	20150901504	程桥	86	87	74	78	325	4	良
12	2班	20150901413	赵云	81	76	58	62	277	10	合格
13	3班	20150901413	阿蛮	60	73	65	85	283	8	中
14	2班	20150901504	刘能	58	93	66	80	297	6	中
15	3班	20150901605	赵四	84	98	65	98	345	3	良
平均分				77.5	79.2	68.4	70.7			
最高分				100	100	89	98	优秀率		13.3%
最低分				51	52	52	50			

图 4-70　完成后效果图

4.2.7　使用运算符

在 WPS 表格中，不仅可以使用函数，还可以使用运算符对表格中的数据进行逻辑运算。运算符主要分为三大类，分别是算术运算符、字符连接符及关系运算符。日常工作中，人们在使用函数或公式时，可以与这些运算符进行配套使用，用以完成运算目标。

(1) 算术运算符：这类运算符包含加(+)、减(-)、乘(*)、除(/)等；例如在单元格中输入"=A2/A3"，即可完成除法运算。

(2) 字符连接符：字符连接符是通过"&"连接相关字符，例如在单元格内输入"=A3&A4"，即可将单元格 A3 和 A4 的内容连接起来。

(3) 关系运算符：关系运算符主要有等于(=)、不等于(<>)、大于(>)、小于(<)、大于或等于(>=)、小于或等于(<=)等，在实际使用中，通常与各类函数配合使用。值得注意的是：

要想在单元格中输入函数或运算符，必须先输入"="。

4.2.8　使用字段提取相关函数

日常工作中，经常会遇到需要对某些单元格中的内容进行部分的字段提取，这时候就可以用到 LEFT 函数、RIGHT 函数和 MID 函数了，这几个函数的公式如下：

=LEFT(字符串，[字符个数])；

=RIGHT(字符串，[字符个数])；

=MID(字符串，开始位置，[字符个数])；

1. 公式参数解释

(1) 字符串表示要提取内容选用的文本；

(2) 字符格式表示提取长度；

(3) LEFT 表示从字符串的左边开始提取内容，内容长度即为字符个数；

(4) RIGHT 表示从字符串的右边开始提取内容，用法和 LEFT 一样；

(5) MID 表示从字符串中间的某个开始提取，起始位置表示从第几个字符开始抓取，字符格式表示提取长度。

2. 具体操作

以本实例表格"学生成绩表"为例，在该表格中新增 3 列数据："入学时间""班级编号"和"个人编号"，这 3 列数据的信息可以从学号中提取获得，如下图 4-71 所示。

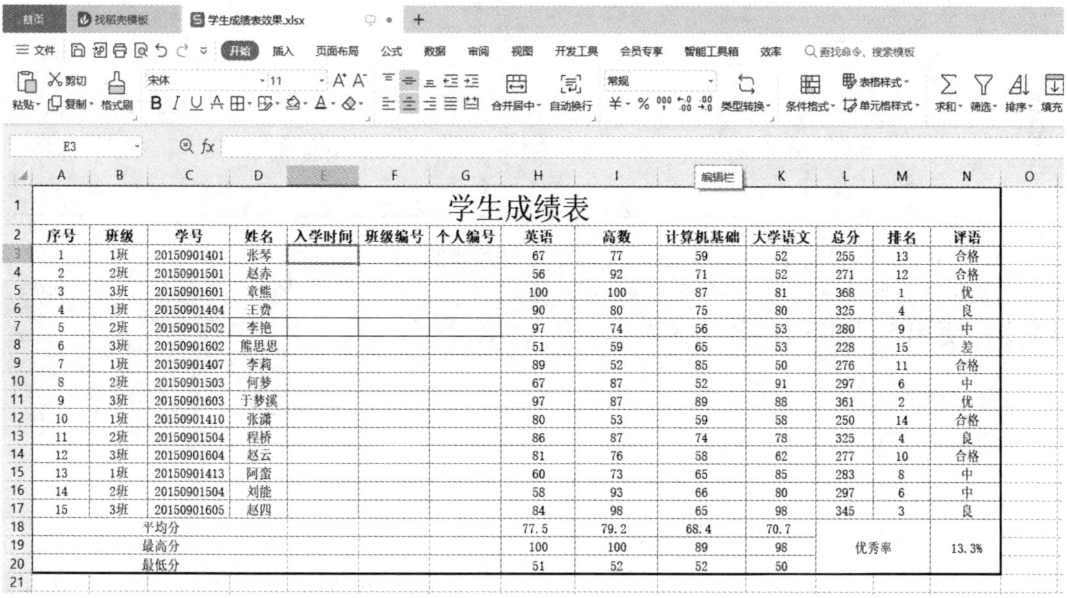

图 4-71　新增 3 列数据

为了从学号中提取数据，我们可以使用 LEFT、RIGHT 和 MID 函数进行逐个提取，操作步骤如下。

(1) 入学时间的提取：将光标定位到 E3 单元格，直接输入"=LEFT(C3，6)"，表示是从 C3 单元格中的字符中从左开始取 6 位字符，即可得到入学时间。完成后将光标移至 E3 单元格的右下角，当出现"+"时，双击鼠标即可完成其他单元格数据的提取。

(2) 班级编号的提取：将光标定位到 F3 单元格，直接输入"=MID(C3，7，3)"，表示是从 C3 单元格中的字符的第 7 位开始提取 3 位字符，即可得到班级编号。完成后将光标移至 F3 单元格的右下角，当出现"+"时，双击鼠标即可完成其他单元格数据的提取。

(3) 个人编号的提取：将光标定位到 G3 单元格，直接输入"=RIGHT(C3，2)"，表示是从 C3 单元格中的字符的右边开始提取 2 位字符，即可得到个人编号。完成后将光标移至 G3 单元格的右下角，当出现"+"时，双击鼠标即可完成其他单元格数据的提取。

全部提取完成后效果如图 4-72 所示。

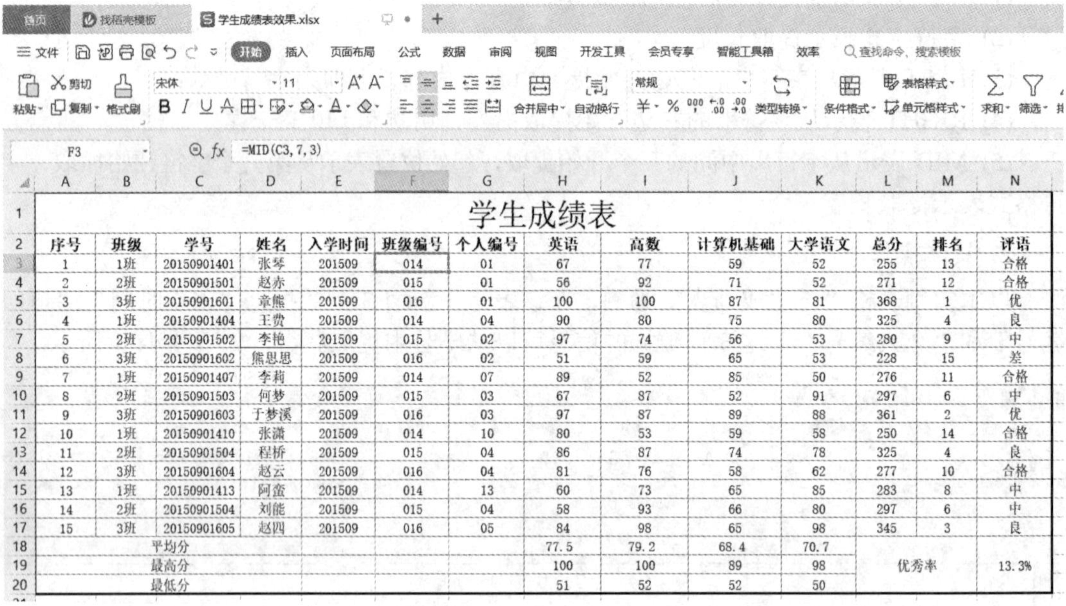

图 4-72　数据提取效果图

4.2.9　使用 SUMIF 函数

SUMIF 函数的功能是根据指定条件对若干单元格求和，其语法结构为"=SUM(区域，条件，[求和区域])"。

1. 语法说明

(1) "区域"：用于条件判断的单元格区域；

(2) "条件"：限制要求，一般按照某一类进行限制求和。以数字、表达式或文本形式定义的条件。

(3) 求和区域：用于求和计算的实际单元格。如果省略，将使用区域中的单元格。

2. 具体操作

例如在本实例中，在学生成绩表中新增一列"及格科目总分"，将每个学生及格的科目成绩进行相加，具体操作步骤如下。

(1) 选中新增列"及格科目总分"下的单元格 M3，单击表格编辑框左侧的"插入函数"按钮 fx，打开"插入函数"对话框，在对话框内的"查找函数"下方的文本框内输入"SUMIF"，然后在"选择函数"框内单击"SUMIF"函数，单击"确定"按钮即可弹出 SUMIF"函数参数"设置对话框，如图 4-73 所示。

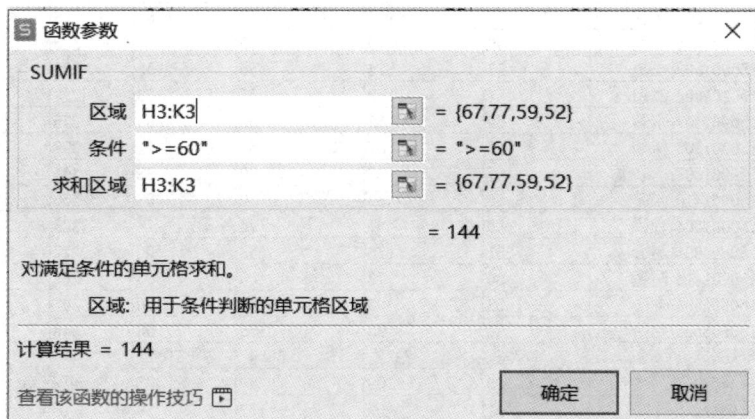

图 4-73　SUMIF"函数参数"设置对话框

(2) 在"函数参数"对话框内的"区域"栏中选择"H3:K3"，"条件"框内输入">=60"，"求和区域"框内输入"H3:K3"。单击"确定"即可完成条件求和运算。

(3) 将光标移至 M3 单元格的右下角，当出现"＋"时，往下拖动填充柄至单元格 M17，完成其他单元格的条件求和计算。

4.2.10　VLOOKUP 函数的妙用

WPS 表格函数的功能十分强大，VLOOKUP 函数就是 WPS 表格提供的高级应用，也是 WPS 表格函数中最重要的函数之一，使用 VLOOKUP 函数可以帮助我们在很多数据中快速地找到我们想要的数据内容。

VLOOKUP 函数的主要功能是在表格或数值数组的首列查找指定的数值，并由此返回表格或数组当前行中指定处的数值，默认情况下，表是升序排列的。

1. 使用 VLOOKUP 函数注意事项

(1) VLOOKUP 函数使用前，必须确保两张表中包含有相同的字段值；

(2) 两张表的相同字段值，在各自的表格当中必须具备唯一性，否则会导致返回值不准确；

2. 具体操作

以本实例为基础，教务处给各个班级的班主任下发了一份全校学生的成绩表，表字段包含学生的学号和姓名，班主任手里也有一份各自班级学生的名单，学生名单表中的字段也包含了学生的学号和姓名列，现在 15 级 1 班的班主任老师需要从"全校 15 级学生成绩表"中筛选出本班同学的各科成绩至"1 班学生名单"表格中。全校 15 级学生成绩表如图

4-74 所示，"1 班"学生名单表如图 4-75 所示。

序号	学号	姓名	英语	高数	计算机基础	大学语文	总分	排名	评语
				全校15级学生成绩表					
1	20150901401	张琴	67	77	59	52	255	13	合格
2	20150901501	赵赤	56	92	71	52	271	12	合格
3	20150901601	章熊	100	100	87	81	368	1	优
4	20150901404	王贵	90	80	75	80	325	4	良
5	20150901502	李艳	97	74	56	53	280	9	中
6	20150901602	熊思思	51	59	65	53	228	15	差
7	20150901407	李莉	89	52	85	50	276	11	合格
8	20150901503	何梦	67	87	52	91	297	6	中
9	20150901603	于梦溪	97	87	89	88	361	2	优
10	20150901410	张潇	80	53	59	58	250	14	合格
11	20150901504	程桥	86	87	74	78	325	4	良
12	20150901604	赵云	81	76	58	62	277	10	合格
13	20150901413	阿銮	60	73	65	85	283	8	中
14	20150901504	刘能	58	93	66	80	297	6	中
15	20150901605	赵四	84	98	65	98	345	3	良
	平均分		77.5	79.2	68.4	70.7			
	最高分		100	100	89	98	优秀率		13.3%
	最低分		51	52	52	50			

图 4-74　全校 15 级学生成绩表

序号	班级	学号	姓名	英语	高数	计算机基础	大学语文
1	1班	20150901401	张琴				
2	1班	20150901404	王贵				
3	1班	20150901407	李莉				
4	1班	20150901410	张潇				
5	1班	20150901413	阿銮				

图 4-75　"1 班"学生名单表

通过 2 张表的表格内容，可以看出 2 张表有共同的字段且具备唯一性的列字段是"学号"，此外 2 张表中同一个学生所在的单元格位置是不相同的，如果手动去查找费时费力，工作效率不高。

此时我们就需要使用 VLOOKUP 函数进行各科成绩的查找，具体操作步骤如下。

(1) 同时打开 2 张表，选中"1 班学生名单表"中的 E2 单元格，单击表格编辑框左侧的"插入函数"按钮 fx，打开"插入函数"对话框，在对话框内的"查找函数"下方的文本框内输入"VLOOKUP"，然后在"选择函数"框内单击"VLOOKUP"函数，单击"确定"按钮即可弹出 VLOOKUP"函数参数"设置对话框，如图 4-76 所示。在该对话框下包含了 4 个参数，分别是"查找值""数据表""列序号"及"匹配条件"，各个参数的简要概述如下。

· 查找值：为需要在数组第一列中查找的数值，可以为数值、引用或文本字符串。该数值在选择时必须为 2 张表中单元格内容相同且具备唯一性的数据。

· 数据表：为需要在其中查找数据的数据表，可以使用对区域或区域名称的引用。

· 列序数：为待返回的匹配值的列序号。该序号值数值是"数据表"中被引用字段与需匹配的列序号的相对值，例如本实例中被参照表的数据表"全校 15 级学生成绩表"的被参照字段在 B 列(学号)，需要匹配的列序号为 D 列(英语)，由 B->D 计算得到"列序号"为"3"。

　　•匹配条件：指定在查找时是要求精确匹配，还是大致匹配。"0"为大致配置，"1"为精确配置。

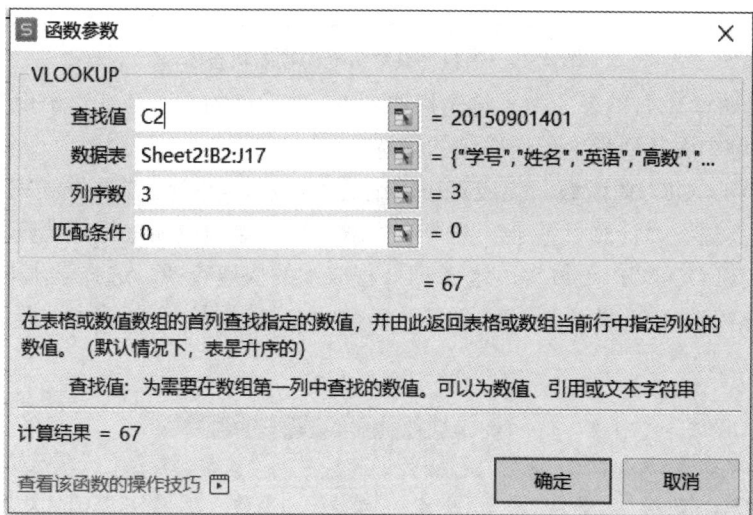

图 4-76　VLOOKUP"函数参数"设置对话框

(2) 在 VLOOKUP 函数参数设置对话框的"查找值"输入 C2，在"数据表"即被参照表文本框内输入数据前需要先切换到"全校 15 级学生成绩表"表格界面，按住鼠标左键选定区域 B2:G17 后松开鼠标左键，如图 4-77 所示。在此界面中的"列序数"框中输入"3"，在"匹配条件"框中输入"0"，单击"确定"按钮，即可完成第一个同学的成绩匹配。

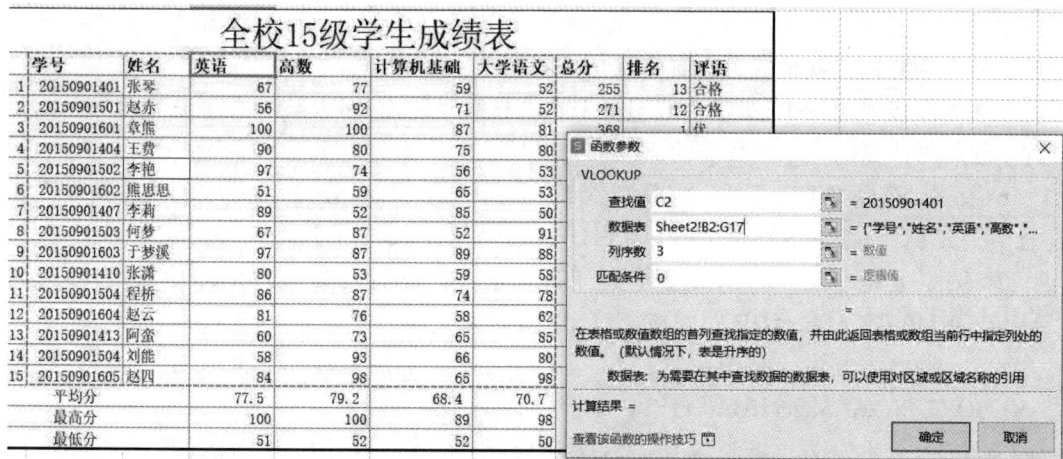

图 4-77　数据表区域的选择过程

值得注意的是，在切换表格时，如果单击了"函数参数"对话框中"数据表"右侧的

"收缩"按钮 ，在完成参考数据区域选择后，"函数参数"的对话显示效果是收缩的，如图 4-78 所示。此时需要单击"展开"按钮 才能完全显示"函数参数"对话框，展开后效果如图 4-77 所示。

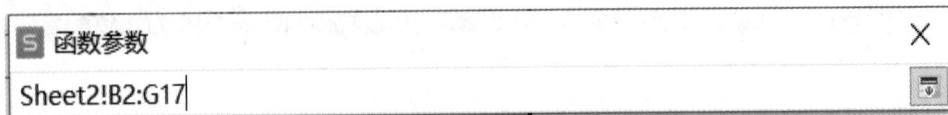

图 4-78　函数参数对话框的收缩状态图

(3) 在"1 班学生名单表"中，将光标移到 E2 单元格的右下角，当出现"＋"时，双击"＋"，即可完成其他学生英语成绩的筛选。

(4) 复制 VLOOKUP 函数，完成英语成绩的筛选后，我们还需要继续完成"1 班学生名单表"中"高数""计算机基础""大学英语"3 门课的成绩进行筛选查找。此时我们可以通过编辑 VLOOKUP 函数实现这 3 门课程成绩的快速查找。选择学生名单表中的 E2 单元格，在表格编辑栏，显示了 VLOOKUP 函数的参数设置，全部选中并复制，如图 4-79 所示。

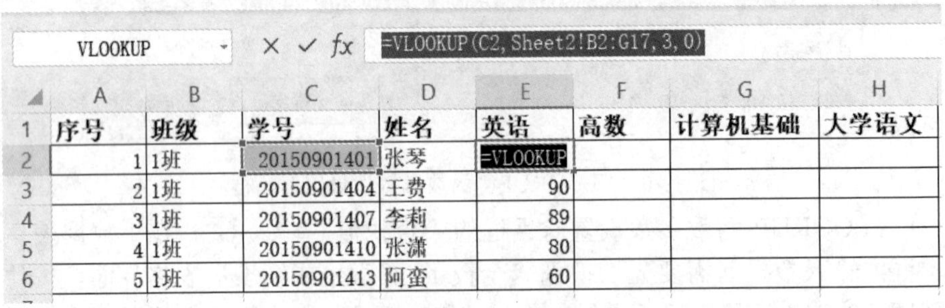

图 4-79　VLOOKUP 函数参数显示

(5) 选择 F2 单元格，使用【Ctrl＋V】组合键粘贴，即可将刚复制的函数粘贴至 F2 单元格内。通过分析可知，在同一行单元格中英语、高数、计算机基础、大学语文这 4 个科目所引用的"查找值"和"数据表"是一样的。因此在 VLOOKUP 函数设置参数时只有"序列数"不相同，其他参数设置是完全相同的。

在被参照表"全校 15 级学生成绩表"中"高数"位于 F 列，被参数字段"学号"位于 C 列，因此可计算出"序列数"的值应该为"4"。

(6) 编辑 VLOOKUP 函数，将复制到 E2 单元格的 VLOOKUP 函数中的"序列数"修改为 4，修改后的函数参数为"=VLOOKUP(C2，Sheet2!B2：G17，4，0)"。

(7) 按照上述方法，将函数复制到 F2 单元内，然后修改 VLOOKUP 函数参数为"=VLOOKUP(C2，Sheet2!B2：G17，5，0)"。

(8) 按照上述方法，将函数复制到 G2 单元内，然后修改 VLOOKUP 函数参数为"=VLOOKUP(C2，Sheet2!B2：G17，6，0)"。

(9) 按照上述方法，将函数复制到 H2 单元内，然后修改 VLOOKUP 函数参数为"=VLOOKUP(C2，Sheet2!B2：G17，7，0)"。

(10) 选中 F2:H2 单元格区域，并将光标移动至 H2 单元格的右下角，当出现"＋"时，往下拖动填充柄至单元格 H6，完成剩余学生成绩的查找。完成后效果如图 4-80 所示。

H6　=VLOOKUP(C6,Sheet2!B6:G21,6,0)

	A	B	C	D	E	F	G	H
1	序号	班级	学号	姓名	英语	高数	计算机基础	大学语文
2	1	1班	20150901401	张琴	67	77	59	52
3	2	1班	20150901404	王费	90	80	75	80
4	3	1班	20150901407	李莉	89	52	85	50
5	4	1班	20150901410	张潇	80	53	59	58
6	5	1班	20150901413	阿蛮	60	73	65	85

图 4-80　VLOOKUP 函数查找效果

【训练场】

1. 在 WPS 表格中求数据算术平均值的调用函数为(　　)。

A. SUM 函数　　B. IF 函数

C. AVERAGE 函数　　D. MAX 函数

2. 将成绩表的总成绩列以降序排列，那 RANK 函数的第三个参数不可取(　　)。

A. 0　　B. 忽略　　C. 缺省　　D. 1

3. 在 WPS 表格中，以下(　　)是相对引用，在复制或填充公式时，系统会改变公式中的单元格地址。

A. A1　　B. $A1　　C. A$1　　D. $A$1

4. 在 WPS 电子表格中，复制公式时，为了(　　)，必须使用绝对引用。

A. 公式随着引用单元格的位置行变列不变

B. 公式随着引用单元格的位置列变行不变

C. 公式随着引用单元格的位置变化而变化

D. 保持公式引用单元格绝对位置不变

5. [多选]WPS 电子表格，关于 IF 函数，下列说法正确的是(　　)。

A. 第三个参数是符合条件返回的结果

B. 第二个参数是符合条件返回的结果

C. 第二个参数是不符合条件返回的结果

D. 第一个参数是条件

6. 在 WPS 电子表中，嵌套函数指的是一个函数的返回值可作为另一个函数的(　　)。

A. 返回值　　B. 参数　　C. 公式　　D. 变量

7. 函数 COUNT(A1:D3)的返回值是(　　)，其中，第 1、2 行的数据均为数值，第 3 行的数据均为文字。

A. 8　　B. 12　　C. 3　　D. 4

8. 以下不属于 WPS 电子表中的运算符的是(　　)。

A. /　　B. %　　C. ^　　D. <>

9. WPS 电子表中运算符优先级最高的是(　　)。

A. 引用运算符　　B. 算术运算符

C. 比较运算符　　D. 文本运算符

10. 关于列查找函数 VLOOKUP 函数的近似匹配功能，下列说法不正确的是(　　)

A. 查找的数据区域范围首列数据区域一定要从小到大排序，否则无法使用近似匹配功能

B. 近似匹配的原理是：给定某个数作为查找条件，近似匹配会返回小于等于查找值的所有值里的最大值

C. 要实现列查找函数 VLOOKUP 函数的近似匹配功能，最后一个变量应是 1(TRUE)，或者省略最后一个变量

D. 要实现列查找函数 VLOOKUP 函数的近似匹配功能，最后一个变量应是 0(FALSE)

4.3 WPS 表格之数据处理

本节以处理员工绩效表为例，介绍 WPS 表格的相关数据处理操作。

【实例描述】小雷是公司财务部的一名职员，一季度员工绩效表已经编辑制作完成(如图 4-81 所示)，经理要求小雷对员工绩效表做一些排序、分类汇总、图表创建和高级筛选等统计工作，完成的统计数据结果将为季度汇总材料所用。

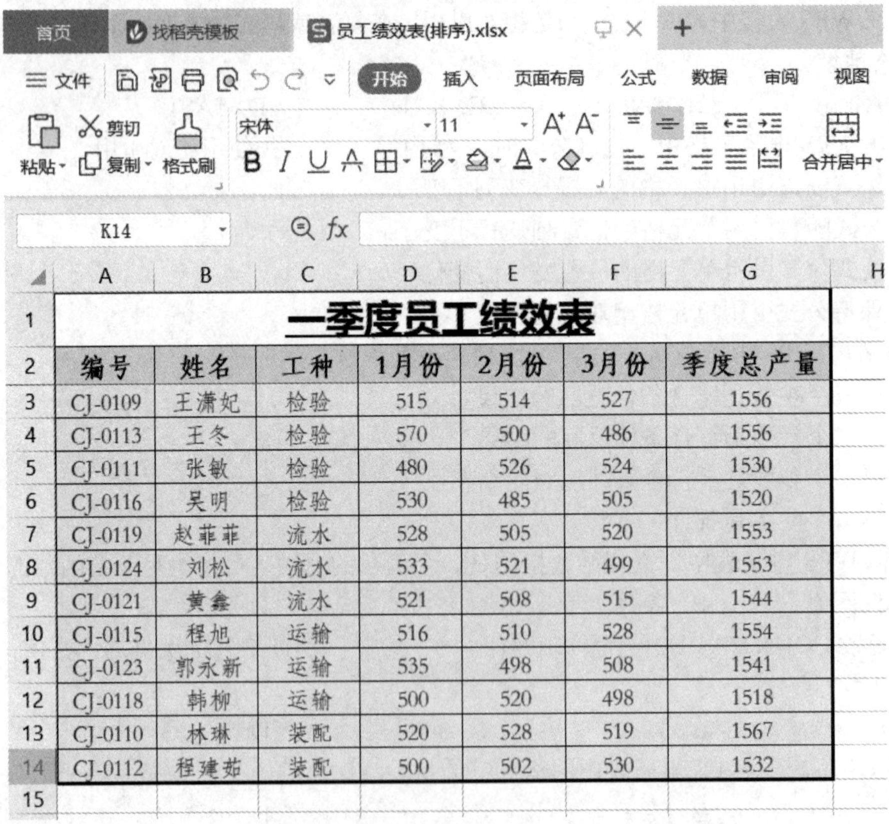

编号	姓名	工种	1月份	2月份	3月份	季度总产量
CJ-0109	王潇妃	检验	515	514	527	1556
CJ-0113	王冬	检验	570	500	486	1556
CJ-0111	张敏	检验	480	526	524	1530
CJ-0116	吴明	检验	530	485	505	1520
CJ-0119	赵菲菲	流水	528	505	520	1553
CJ-0124	刘松	流水	533	521	499	1553
CJ-0121	黄鑫	流水	521	508	515	1544
CJ-0115	程旭	运输	516	510	528	1554
CJ-0123	郭永新	运输	535	498	508	1541
CJ-0118	韩柳	运输	500	520	498	1518
CJ-0110	林琳	装配	520	528	519	1567
CJ-0112	程建茹	装配	500	502	530	1532

图 4-81　一季度员工绩效表

通过分析，可知本实例主要用到了 WPS 表格中的数据管理和分析操作，包括排序、分类汇总、高级筛选、图表创建等。这些操作有助于用户更好地了解表格中的数据信息。

4.3.1　排序

排序是最基本的数据管理方法。将表格中杂乱的数据按一定的条件进行排序，对浏览数据量较大的表格非常实用。排序的方式有简单排序(包含升序和降序)、自定义排序。

1. 简单排序

简单排序是指根据数据表中相关数据或字段名，将数据按照升序或降序的方式进行排列。操作方法是：选择要排序的列字段单元格，单击"开始"或者"数据"选项卡功能区中的"排序"按钮，在下拉列表中选择"升序"或"降序"按钮，即可实现数据表的升序或降序排序，如图 4-82 所示。

2. 自定义排序

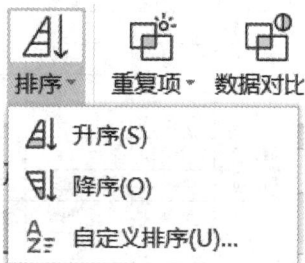

图 4-82　"排序"下拉列表

WPS 表格的自定义排序是指在"主要关键字"的排序条件基础上还可以添加多个"次要关键字"的组合条件的排序。

本实例中除了需要按"工种"进行排序，还需要按"季度总产量"进行排序，这就要用到 WPS 表格的自定义排序功能，具体操作步骤如下。

(1) 在"一季度员工绩效表"中选中单元格区域 A2:G14(注意需要选择整个表格数据，包括表头，标题除外)。

(2) 单击"开始"选项卡下的"自定义排序"(如图 4-82 所示)，打开"排序"对话框，如图 4-83 所示。在对话框中单击"添加条件"，会新增一条"次要关键字"。

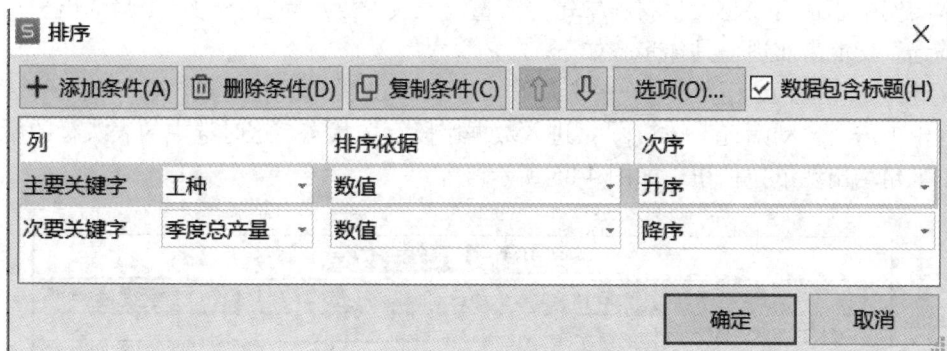

图 4-83　"排序"对话框

(3) 在"主要关键字"右侧的"列"下拉列表中选择"工种"，"排序依据"下拉列表默认选择"数值"，"次序"下拉列表选择"升序"，在"次要关键字"右侧的"列"下拉列表中选择"季度总产量"，"排序依据"下拉列表默认选择"数值"，"次序"下拉列表选择"降序"，具体设置如图 4-83 所示。

(4) 完成"排序"对话框中的"主要关键字"和"次要关键字"的设置后，单击"确定"按钮，效果如图 4-84 所示。

图 4-84 "自定义排序"效果图

4.3.2 自动筛选数据

在日常工作中，人们通常需要从数据繁多的工作簿中查找符合某一个或多个条件的数据，此时采用 WPS 表格的筛选功能，可快速筛选出符合条件的数据。WPS 表格中的筛选功能主义有"筛选"和"高级筛选"两类。

本实例中小雷需要将汇报材料中每月产量前三及季度产量前三的员工筛选出来，可使用"筛选"功能来实现，具体步骤如下。

(1) 在"一季度员工绩效表"中选择第二行 A2:G2 的单元格区域，在"数据"选项卡功能区中单击"自动筛选"按钮 ▽ ，进入数据字段筛选状态，这时选中的表头行的所有单元格右下角均出现下拉按钮，如图 4-85 所示。

图 4-85 自动筛选下拉按钮

（2）在如图 4-85 所示的界面中单击"工种"列的下拉按钮，在弹出的下拉窗口中将其他字段的勾选状态取消，仅选择勾选"检验"，如图 4-86 所示。

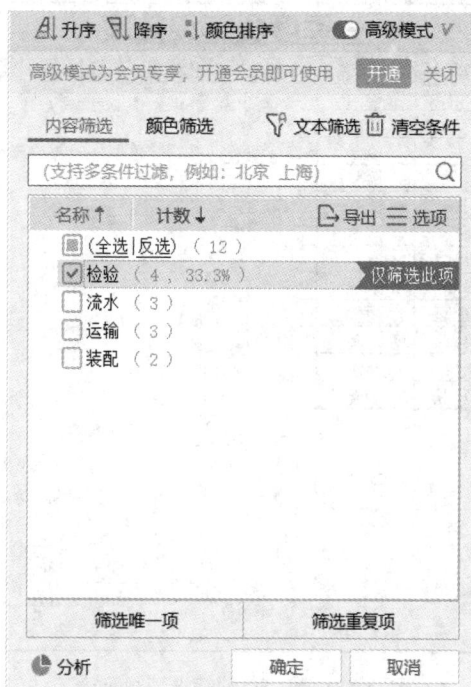

图 4-86　文本自动筛选下拉列表

（3）完成勾选设置后，单击"确定"按钮，即可将表格中"工种"为"检验"的工种数据筛选出来，其他数据被隐藏，筛选结果如图 4-87 所示。

图 4-87　自动筛选结果

（4）本实例中还需要将季度总产量前三的数据筛选出来，由于上一步已经进行了自动筛选操作，可以先按【Ctrl + Shift + L】组合键取消自动筛选。

（5）选中第二行表头，再次使用【Ctrl + Shift + L】组合键开启自动筛选，表头列字段出现下拉按钮，单击打开"季度总产量"的下拉列表，如图 4-88 所示。在下拉列表中单击

"前十项",打开"自动筛选前 10 个"弹窗,如图 4-89 所示。

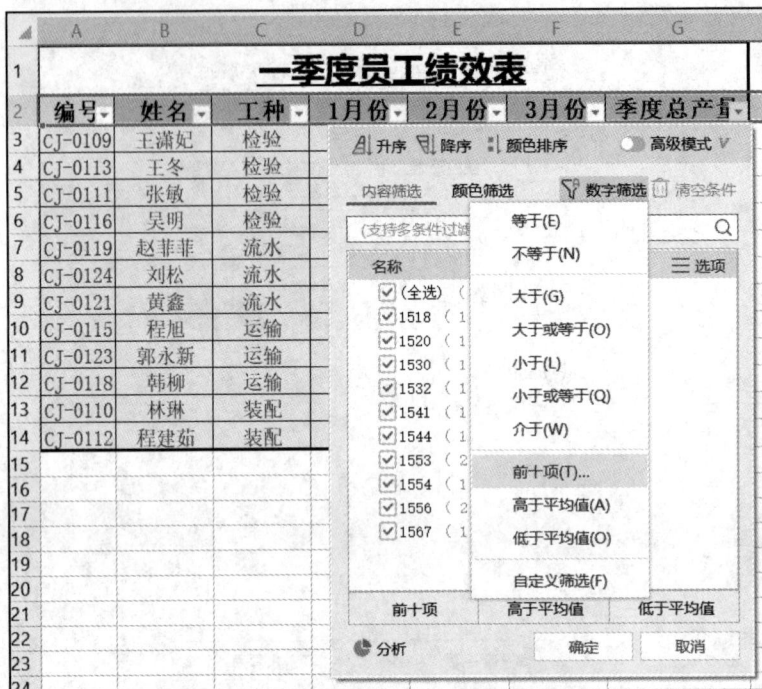

图 4-88　数字自动筛选下拉列表

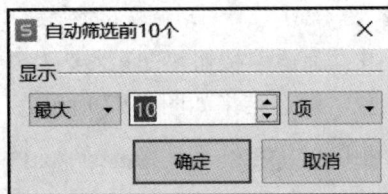

图 4-89　"自动筛选前 10 个"弹窗

在"自动筛选前 10 个"弹窗中将数字"10"修改为"3"即可筛选出"季度总产量"前三的数据,筛选结果如图 4-90 所示。

图 4-90　自动筛选前三效果图

(6) 本实例还要求将 3 月份产量大于 480 且小于等于 510 的数据筛选出来,按照上述相同的方法,先取消自动筛选,选中"3 月份"列字段,打开字段筛选下拉列表,如图 4-88 所示。在下拉列表中单击"数字筛选",打开"数字筛选"子列表,如图 4-91 所示。

图 4-91　"数字筛选"子列表

在"数字筛选"子列表中单击"介于"命令，打开"自定义自动筛选方式"对话框，如图 4-92 所示。在"显示行"的 3 月份下方的判断条件下拉列表中选择"大于"，在右侧文本框中输入"480"，默认"与"条件不需要改动，在"与"下方的第二个判断条件下拉列表中选择"小于或等于"，在右侧文本框中输入"510"，参数设置如图 4-92 所示。

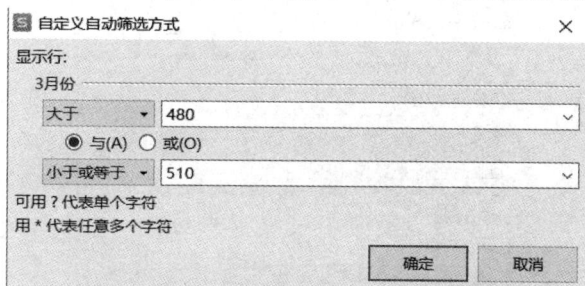

图 4-92　"自定义自动筛选方式"对话框

设置完成后单击"确定"按钮，即可完成自定义自动筛选，筛选结果如图 4-93 所示。

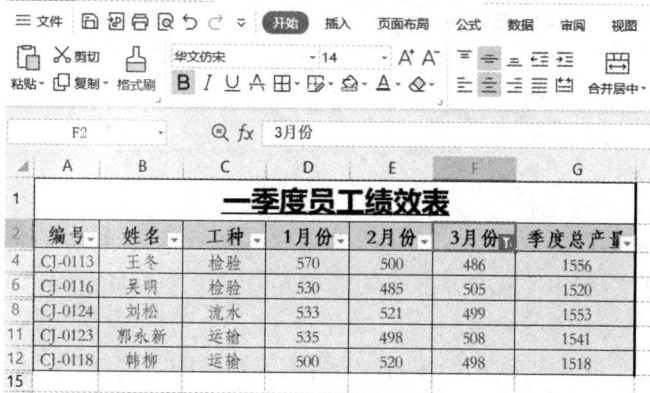

图 4-93　自定义自动筛选结果

4.3.3　分类汇总

分类汇总可以分为分类和汇总两部分，将数据按设置的类别进行分类，同时对数据进行求和、计数或乘积等统计。使用"分类汇总"，系统将自动创建公式，并对数据表中的某个字段按照用户选择的计算规则进行汇总。

对数据进行分类汇总前，首先要对表格数据进行排序，否则将不能正确地进行分类汇总。本实例中，由于前面已进行过排序，因此这里直接进行分类汇总的操作。具体操作步骤如下。

(1) 打开已经排好序的"一季度员工绩效表"，选择 A2:G14 单元格区域，在"数据"选项卡功能区中单击"分类汇总"按钮▦，打开"分类汇总"对话框，如图 4-94 所示。下面对该对话框中的每个字段进行简单说明。

　　•分类字段：按照某个指定的字段分类汇总结果。例如，本实例中选择字段"工种"，即按照工种进行分类汇总。

　　•汇总方式：数据的汇总方式。汇总方式包含求和、计数、平均值、最大值、最小值、乘积、计数值等。

　　•选定汇总项：按照分类字段进行汇总的数据项。

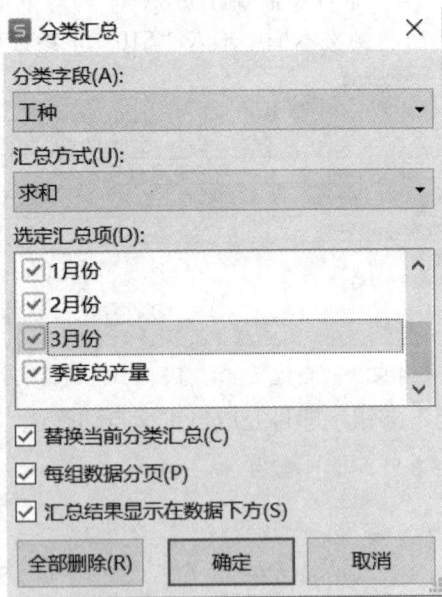

图 4-94　"分类汇总"对话框

(2) 在"分类汇总"对话框的"分类字段"下拉列表中选择"工种"，"汇总方式"选择"求和"，在"选定汇总项"框中勾选"1 月份""2 月份""3 月份""季度总产量"。

(3) 设置完成后，单击"确定"按钮，即可将表格中的数据按"工种"字段分类统计 1月份、2 月份、3 月份和季度总产量的总产值，效果如图 4-95 所示。

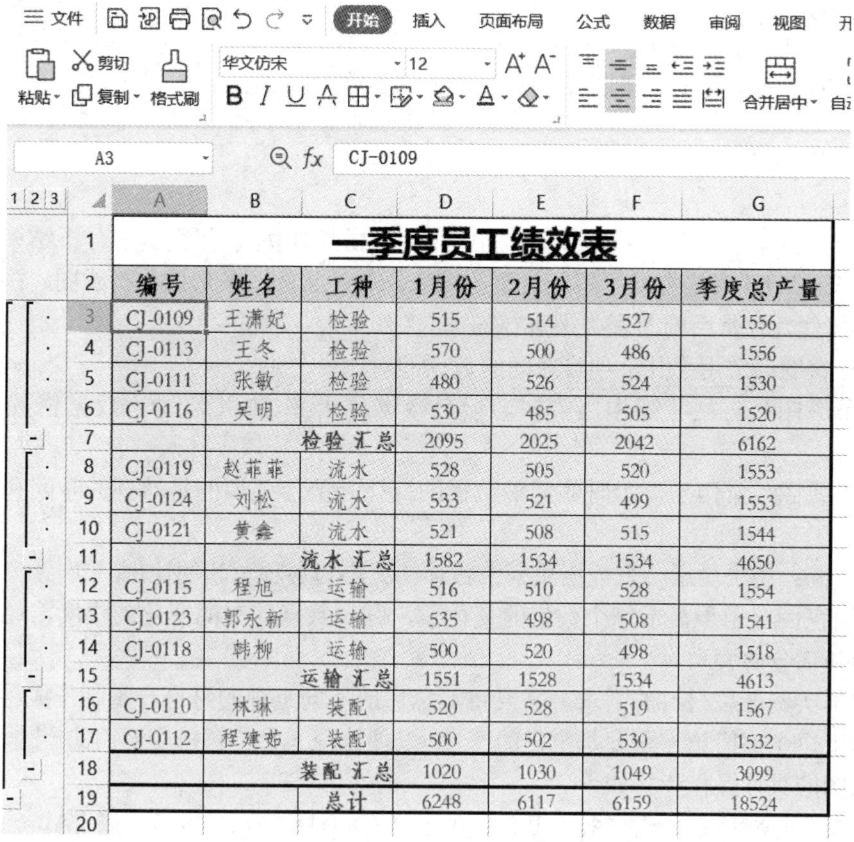

一季度员工绩效表						
编号	姓名	工种	1月份	2月份	3月份	季度总产量
CJ-0109	王潇妃	检验	515	514	527	1556
CJ-0113	王冬	检验	570	500	486	1556
CJ-0111	张敏	检验	480	526	524	1530
CJ-0116	吴明	检验	530	485	505	1520
		检验 汇总	2095	2025	2042	6162
CJ-0119	赵菲菲	流水	528	505	520	1553
CJ-0124	刘松	流水	533	521	499	1553
CJ-0121	黄鑫	流水	521	508	515	1544
		流水 汇总	1582	1534	1534	4650
CJ-0115	程旭	运输	516	510	528	1554
CJ-0123	郭永新	运输	535	498	508	1541
CJ-0118	韩柳	运输	500	520	498	1518
		运输 汇总	1551	1528	1534	4613
CJ-0110	林琳	装配	520	528	519	1567
CJ-0112	程建茹	装配	500	502	530	1532
		装配 汇总	1020	1030	1049	3099
		总计	6248	6117	6159	18524

图 4-95　分类汇总效果图

如图 4-95 所示，图片左上角的“1，2，3”表示汇总方式分为 3 级，即 1 级、2 级、3 级，单击汇总表左侧的“收缩”按钮 - ，可将下方的明细数据进行折叠隐藏，即只显示汇总后的数据结果值，依次单击 1 级、2 级、3 级下的“收缩”按钮 - ，可以将已汇总表格的明细全部隐藏，效果如图 4-96 所示。

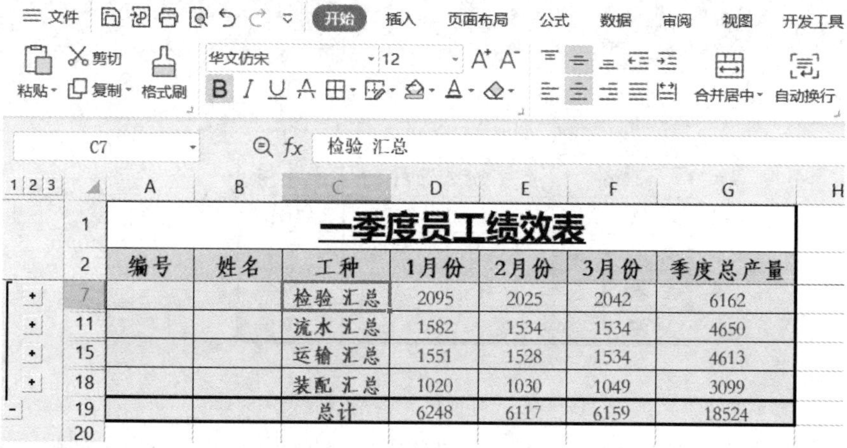

一季度员工绩效表						
编号	姓名	工种	1月份	2月份	3月份	季度总产量
		检验 汇总	2095	2025	2042	6162
		流水 汇总	1582	1534	1534	4650
		运输 汇总	1551	1528	1534	4613
		装配 汇总	1020	1030	1049	3099
		总计	6248	6117	6159	18524

图 4-96　收缩明细效果图

如需移除分类汇总表，可以在表格下选择任意单元格，然后在"数据"选项卡功能区中单击"分类汇总"按钮 ，打开"分类汇总"对话框，如图 4-94 所示。在对话框中单击"全部删除"按钮，即可删除表格的分类汇总效果。

4.3.4　制作图表

日常工作中各类汇报数据经常需要用到图表的制作功能，使数据的分析结果更加直观地展示出来。WPS 表格提供了不同类型的图表，如柱状图、条形图、折线图、饼图和面积图等。下面就几种常用的图表类型进行简单介绍。

(1) 柱状图：常用于几个项目之间的数据的对比。

(2) 条形图：与柱状图作用类似，但是数据位于 Y 轴和 X 轴，数据位置与柱状图相反。

(3) 折线图：常用于显示时间间隔数据的变化趋势，强调的是数据的时间和变动率的关系。

(4) 饼图：用于显示一个数据系列中各项的大小与各项总和的比例。

(5) 面积图：用于显示每个数值的变化量，强调数据随时间变化的幅度，还能直观地体现整体和部分的关系。

根据本实例汇总材料的需求，需要将汇总后的不同工种的月份产量制作成柱状图，直观地展示出每个部门第一季度每个月的产量，以便管理人员了解每个部门的产量增长趋势。制作柱状图的具体操作步骤如下。

(1) 如图 4-96 所示，在收缩的汇总表中选择 C2:G18 单元格区域，按【Alt + ;】组合键只选定当前选定区域中的可视单元格，然后按【Ctrl + C】组合键复制选中的可视单元格内容，单击选中需要放置内容的单元格，按【Ctrl + V】组合键将选中的内容粘贴至选定的单元格区域内，如图 4-97 所示。

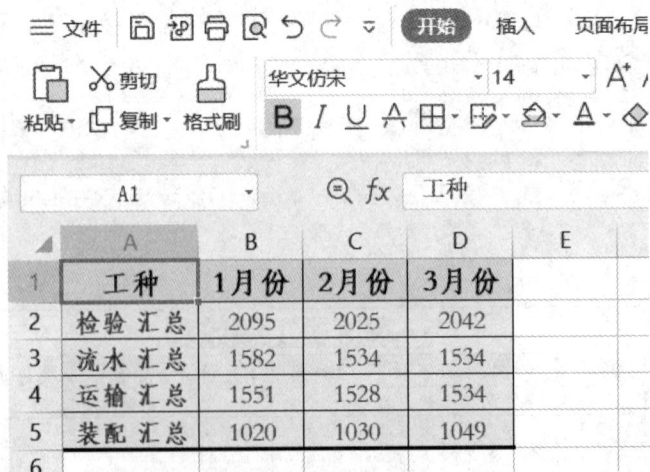

图 4-97　可视单元格粘贴效果图

(2) 选定汇总表，如图 4-97 所示。在"插入"选项卡功能区的图表区域中单击"插入柱形图"按钮 ，弹出下拉列表，如图 4-98 所示。

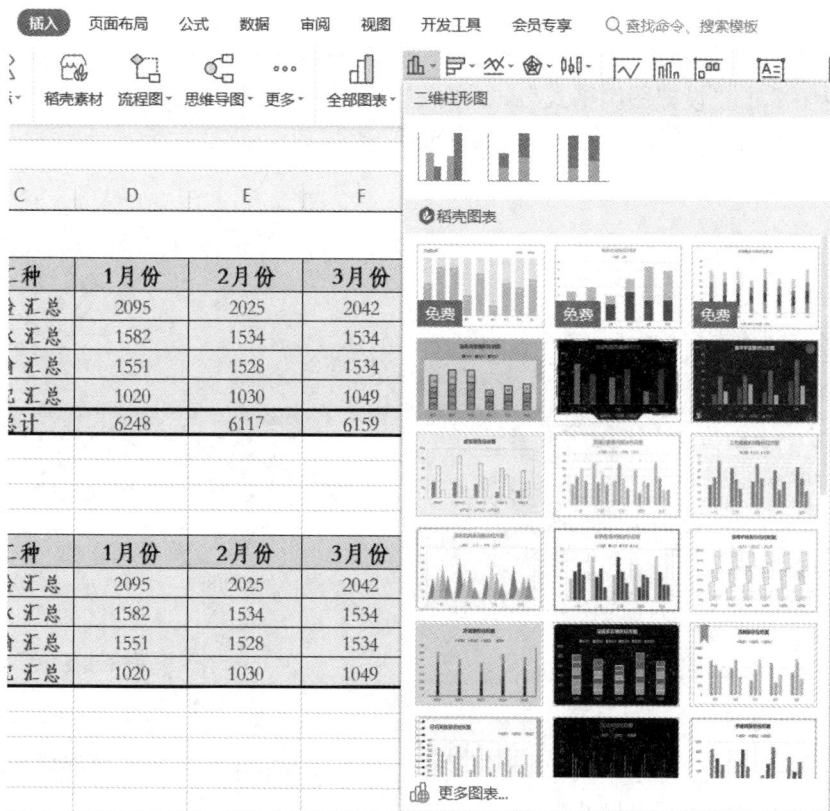

图 4-98　插入柱形图下拉列表

(3) 在下拉列表中选择"二维柱形图"下的"簇状柱形图"，即可生成柱形图。初步效果图如图 4-99 所示。

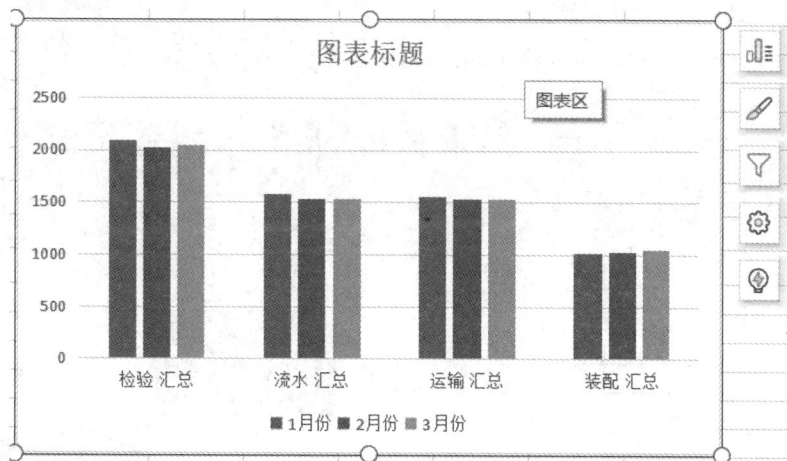

图 4-99　初步效果图

完成图表的插入后，如果图表不够美观或数据有误，可以对已插入的图表重新编辑。可编辑的内容包括编辑图表标题、设置图表样式、设置图表布局及编辑图表数据等。本实例中主要涉及编辑图表标题、设置图表布局和样式等。

(4) 双击"图表标题"字样进入编辑状态，输入"每月产量变化趋势表"即可完成图表标题的修改。

(5) 在已生成的图表中选定"图例项"后单击右键，弹出如图 4-100 所示的快捷菜单；在快捷菜单中单击"设置图例格式"，此时右侧弹窗中出现"属性"对话框，如图 4-101 所示，勾选"靠上"，即可将图例置于图表的顶部。

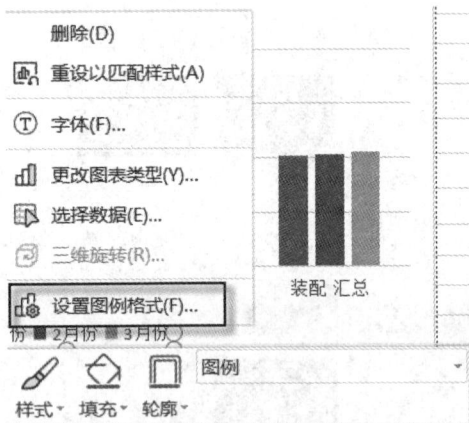

图 4-100　图例项快捷菜单

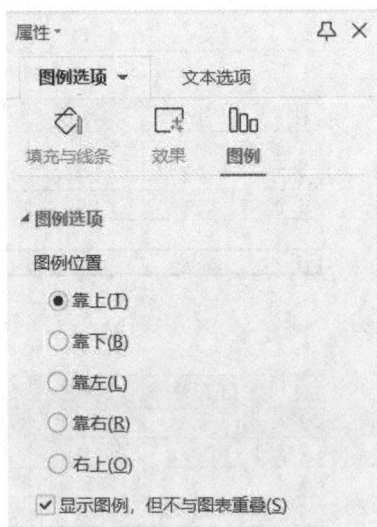

图 4-101　"属性"对话框

(6) 选中已生成的图表，在弹出的"图表工具"选项卡中单击"图表样式"下拉按钮，即可弹出各种不同的"预设样式"，如图 4-102 所示。

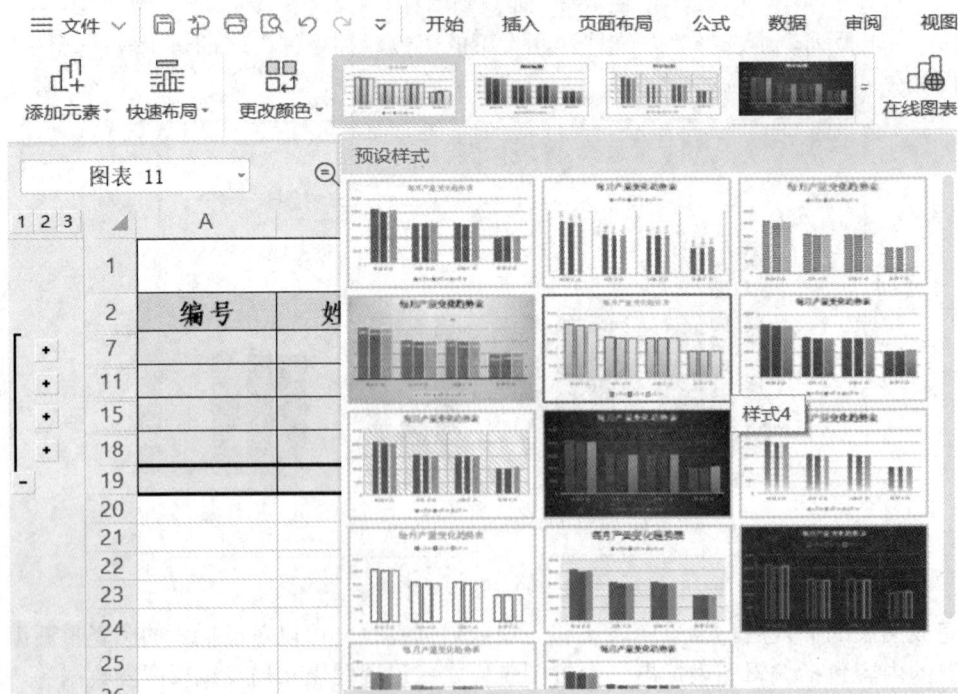

图 4-102　图表预设样式

(7) 在"预设样式"中选择"样式 4"，即可完成图表样式的替换。整体设置完成后的效果如图 4-103 所示。

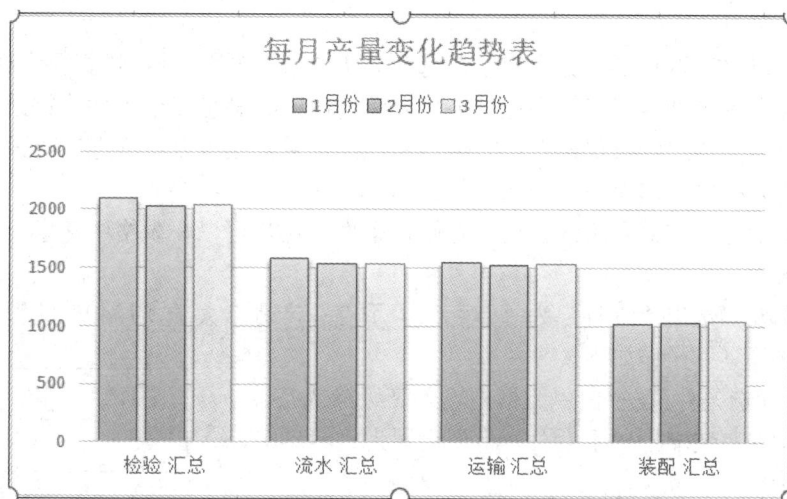

图 4-103　图表编辑效果图

4.3.5　冻结窗格

在 WPS 表格中，冻结窗格的功能是用于实现锁定表格的行和列。当我们在制作一个 WPS 表格时，如果列数和行数均较多，则一旦向下滚屏，上面的标题行也会跟着滚动，在处理数据时往往难以分清各列数据对应的标题，而使用"冻结窗格"功能可以很好地解决这一问题。具体操作步骤如下。

(1) 打开表格，将光标定位到要冻结的标题行(可以是一行或多行)的下一行单元格内。在本实例中可以将光标定位至 A3 单元格内。

(2) 在"视图"选项卡功能区中单击"冻结窗格"下拉按钮，弹出下拉列表，如图 4-104 所示。可以按照需要对表格数据进行冻结，如"冻结首行""冻结首列"及"自定义冻结"行或列。在本实例中，标题行位于第二行，因此选择"冻结至第 2 行"，即可冻结第一行和第二行。此时在表格中滚屏时，被冻结的标题行总是显示在最上面，这大大增强了表格编辑的直观性。

(3) 冻结窗格设置完成后，我们往往还可能需要取消窗格的冻结，操作方法是：在"视图"选项卡功能区中单击"冻结窗格"下拉按钮，在弹出的下拉列表中单击"取消冻结窗格"命令，如图 4-105 所示。

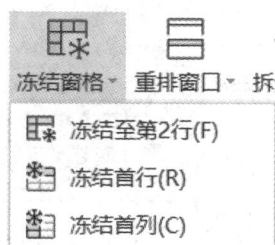

图 4-104　"冻结窗格"下拉列表

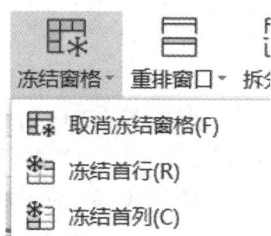

图 4-105　取消冻结窗格

4.3.6　高级筛选

在 WPS 表格中,筛选操作分为自动筛选和高级筛选。如需对数据进行更为详细的筛选,就需要使用高级筛选功能。高级筛选功能可以筛选出同时满足多个条件的数据。此外,高级筛选除了可以把筛选结果保留在原有数据所在的位置,还可以将筛选出的数据置于用户自选的任意单元格位置,而不影响原有数据。

使用高级筛选操作需要用户自己设置筛选条件,用户可以在表格中任意空白的单元格内设置筛选条件。

本实例中要筛选出"工种"为"装配"、"季度总产量"大于"1540"的数据,就需要用到高级筛选。具体操作如下。

(1) 设置筛选条件,在空白单元格内输入高级筛选条件:"工种"设置为"装配","季度总产量"设置为">1540",如图 4-106 所示。

工种	季度总产量
装配	>1540

图 4-106　高级筛选设置界面

(2) 选定单元格区域 A2:G14,在"开始"选项卡功能区中单击"自动筛选"下拉按钮,在下拉列表中单击"高级筛选",弹出"高级筛选"对话框,如图 4-107 所示。"高级筛选"对话框中各选项的功能说明如下。

• 在原有区域显示筛选结果:将符合条件的数据筛选至原表单元格区域,不符合条件的数据行被暂时隐藏,如果此时需要查看整个工作表的所有数据,可以通过单击"开始"→"自动筛选"→"全部显示"命令显示所有的数据(即筛选前的数据)。

• 将筛选结果复制到其它位置:该方式将筛选后符合条件的数据单独显示,不影响筛选前的数据,用户可以直观地进行对比。

• 列表区域:列表区域的数据即为需要进行高级筛选的原数据,需要用户按照需求进行选择。

• 条件区域:设置高级筛选条件的单元格区域。使用高级筛选前必须完成条件的设定。

• 复制到:显示符合高级筛选条件数据的单元格区域。

本实例中需要将筛选出的数据单独显示,因此在"高级筛选"对话框中应该勾选"将筛选结果复制到其它位置"。

(3) 在"高级筛选"对话框的"方式"栏中勾选"将筛选结果复制到其它位置",则(2)中选定的单元格区域会自动显示在"列表区域",如果没有提前选定单元格,在"条件区域"对话框内也可自行选择单元格区域;在"条件区域"文本框中输入已设定的筛选条件的单元格区域 I2:J3;在"复制到"框内可以选择任意单元格,此处选择 A16 单元格。具体设置如图 4-107 所示。

(4) 设置完成后单击"确定"按钮,即可在 A16 单元格处筛选出符合筛选条件的数据,而不影响原数据表。效果如图 4-108 所示。

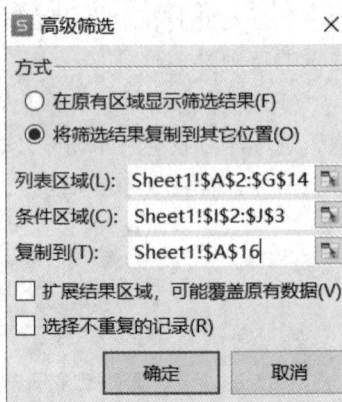

图 4-107　"高级筛选"对话框

编号	姓名	工种	1月份	2月份	3月份	季度总产量
CJ-0109	王潇妃	检验	515	514	527	1556
CJ-0113	王冬	检验	570	500	486	1556
CJ-0111	张敏	检验	480	526	524	1530
CJ-0116	吴明	检验	530	485	505	1520
CJ-0119	赵菲菲	流水	528	505	520	1553
CJ-0124	刘松	流水	533	521	499	1553
CJ-0121	黄鑫	流水	521	508	515	1544
CJ-0115	程旭	运输	516	510	528	1554
CJ-0123	郭永新	运输	535	498	508	1541
CJ-0118	韩柳	运输	500	520	498	1518
CJ-0110	林琳	装配	520	528	519	1567
CJ-0112	程建茹	装配	500	502	530	1532

工种	季度总产量
装配	>1540

筛选条件

符合筛选条件的数据

编号	姓名	工种	1月份	2月份	3月份	季度总产量
CJ-0110	林琳	装配	520	528	519	1567

图 4-108　"高级筛选"效果

4.3.7　制作数据透视表

数据透视表是一种交互式报表，可以按照不同的需要和关系来提取、组织和分析数据，进而得到所需的数据分析结果。数据透视表综合了数据排序、筛选、分类汇总等常用功能，是 WPS 表格数据分析和处理的重要工具。

数据透视表可以根据数据分析需求，灵活地设置字段列表的行和列方式，还可以自定义设置汇总方式，如求和、计数、平均值、最大值、最小值等，以多种不同方式展示数据特性，方便用户分析数据。

例如在本实例中，可以将不同工种每个月的平均产量进行统计，具体操作步骤如下。

(1) 打开"一季度员工绩效表"，选定单元格区域 A2:G14，在"插入"选项卡功能区中单击"数据透视表"按钮，弹出"创建数据透视表"对话框，如图 4-109 所示。该对话框的参数设置分为两大部分：选择要分析的数据和选择放置数据透视表的位置。

(2) 由于前面我们已经选择了单元格区域 A2:G14，因此在对话框的"请选择单元格区域"中会自动显示已选择的单元格区域。如果前面步骤未选定单元格，则可在此处选择 A2:G14 单元格区域。放置数据透视表的位置为"新建"工作表，设置完成后单击"确定"按钮，进入数据透视表设置窗口，如图

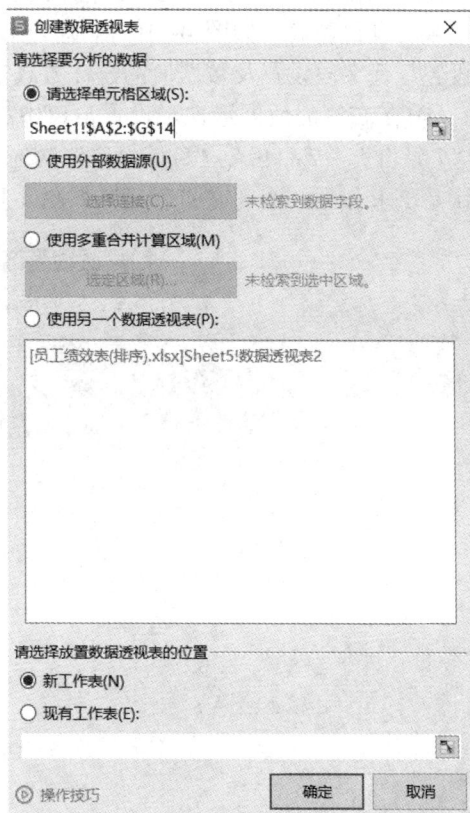

图 4-109　"创建数据透视表"对话框

4-110 所示。可以观察到，WPS 新建了一个"Sheet4"的工作表来存放数据透视结果。

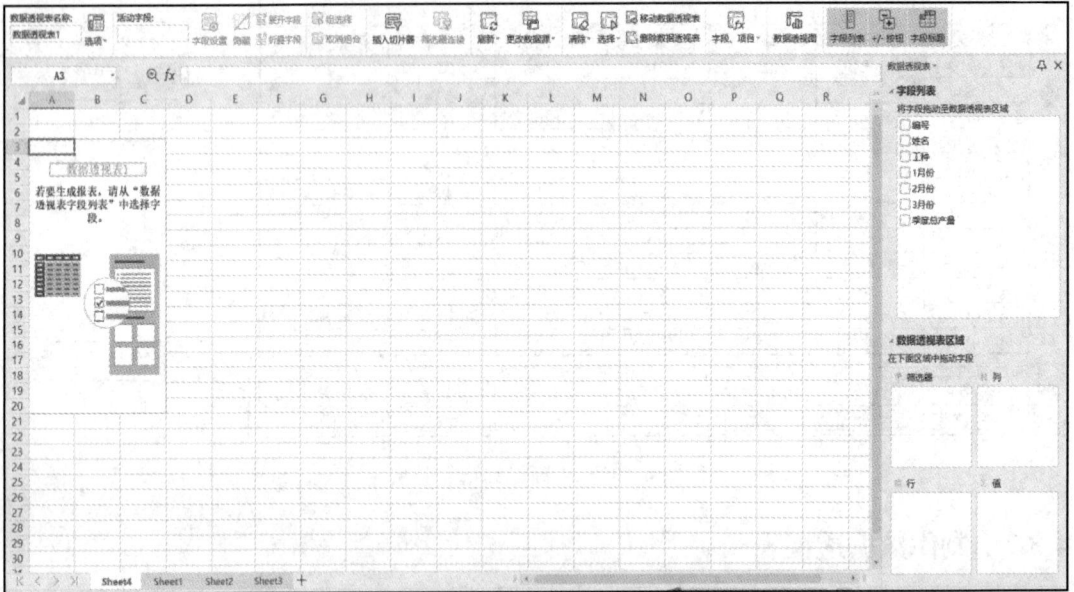

图 4-110　数据透视表设置区域

(3) 将光标置于数据透视表设置区域内的任意单元格内，均可以调出工作表右侧的数据透视表设置窗口，如图 4-110 所示。用户在此窗口可以设置数据透视表的布局，如列字段设置、行字段设置及数据值的统计方式设置。

(4) 在右侧的数据透视表设置窗口中将"工种"字段拖动至下方的"行"区域框内，将"1 月份""2 月份""3 月份"依次拖动到下方的"值"区域框内，"值"的统计方式默认是"求和"，拖动完成后设置如图 4-111 所示。

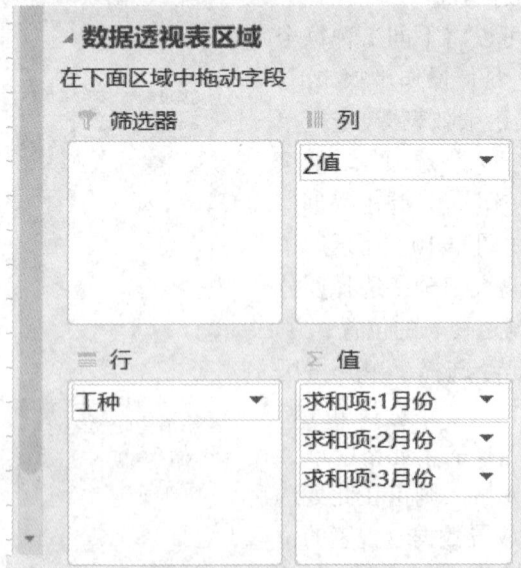

图 4-111　数据透视表字段设置

（5）在如图 4-111 所示界面中单击"求和项：1月份"会弹出如图 4-112 所示的快捷菜单，单击"值字段设置"命令后，弹出"值字段设置"对话框，如图 4-113 所示。在此对话框的"值汇总方式"中将计算类型选定为"平均值"，将"数据格式"设置为"数值"型，小数点位数为 2 位。设置完成后，单击"确定"按钮即可完成第一个值字段的设置。

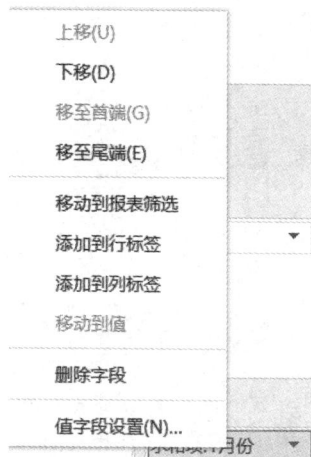

图 4-112　值字段右键快捷菜单　　　图 4-113　"值字段设置"对话框

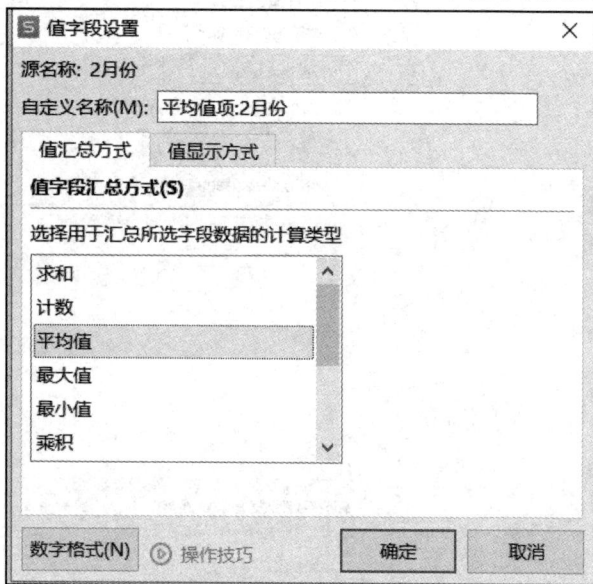

（6）按照上述步骤，依次完成 2 月份和 3 月份的值字段统计方式的修改设置。完成后，数据透视表效果图如图 4-114 所示。

工种	平均值项：1月份	平均值项：2月份	平均值项：3月份
检验	523.75	506.25	510.50
流水	527.33	511.33	511.33
运输	517.00	509.33	511.33
装配	510.00	515.00	524.50
总计	520.67	509.75	513.25

图 4-114　数据透视表效果图

4.3.8　制作数据透视图

数据透视图为关联数据透视表中的数据提供了图形表示形式。数据透视图也是交互式的。其作用与数据透视表类似，但数据透视图通过图表的方式呈现数据会更加直观。

数据透视图的创建与数据透视表的创建相似，关键在于数据区域字段的选择和值字段的统计方式设置。在创建数据透视图的同时也会创建数据透视表，数据透视图和数据透视表是关联存在的，无论哪一个对象发生了变化，另一个对象也会随之发生变化。

本实例中，我们以"工种"为分类项，统计不同工种的季度总产量的柱形图。具体操作步骤如下。

（1）打开"一季度员工绩效表"，将光标置于任意单元格内，在"插入"选项卡功能区中单击"数据透视图"按钮 ，弹出"创建数据透视图"对话框，如图 4-115 所示。

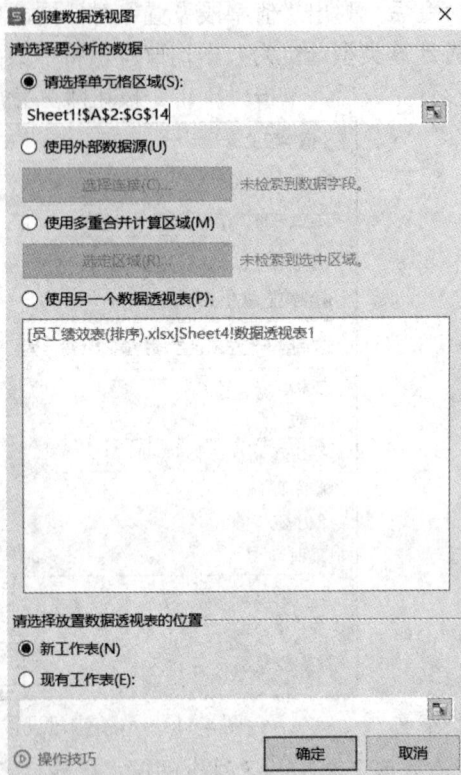

图 4-115　"数据透视图"对话框

(2) 在"请选择单元格区域"下方的框内选择需要创建透视图的数据区域 A2:G14，在"请选择放置数据透视表的位置"下方勾选"新工作表"。设置完成后，单击"确定"按钮，进入新创建的"数据透视图"设置区域，如图 4-116 所示。

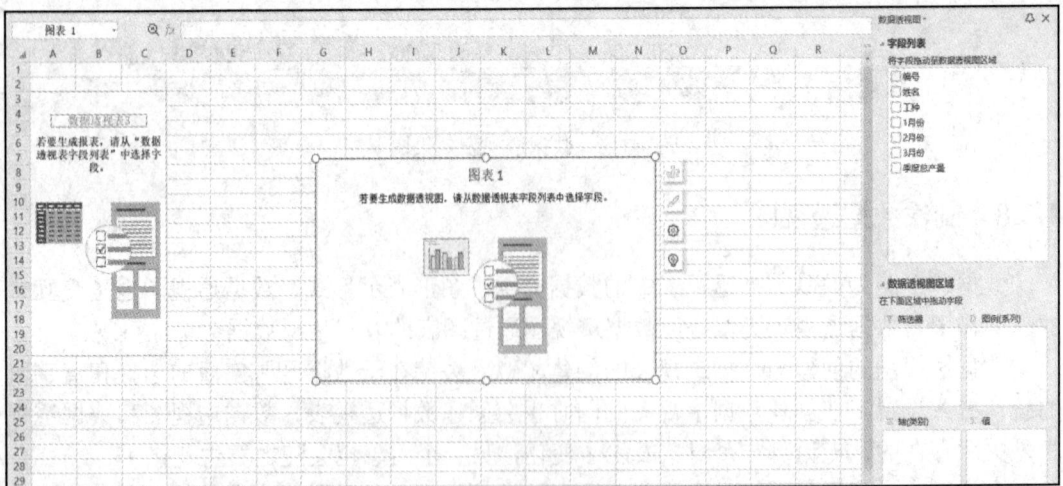

图 4-116　"数据透视图"设置区域

(3) 在如图 4-116 所示界面中右侧的数据透视图设置窗口中将"工种"字段拖动至下

方的"轴(类别)"区域框内,将"季度总产量"拖动至下方的"值"区域框内。

(4) 编辑数据透视图。数据透视图是一类特殊的图表,创建数据透视图后会自动激活"分析""绘图工具""文本工具""图表工具"选项卡功能区,通过这些选项卡功能区可以对图表的格式进行设置,方法与设置图表格式相同。此外,数据透视图还具有筛选功能。在数据透视图的图表区中单击"工种"右侧的"筛选"按钮 工种 ▼ ,在弹出的列表框中可以自定义对图表中显示的项目进行筛选。编辑完成后的数据透视图效果图如图 4-117 所示。

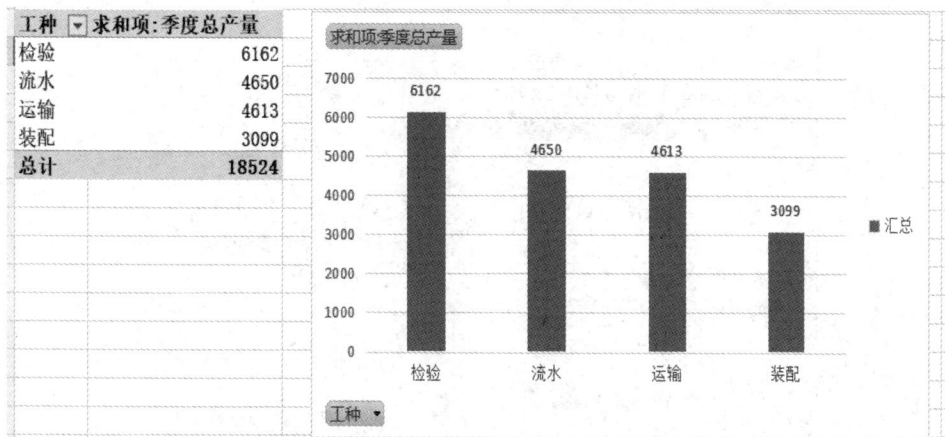

图 4-117　数据透视图效果图

4.3.9　设置表格的打印页面

在完成 WPS 表格的编辑后,要进行页面设置,然后打印输出。

本实例中,设置 WPS 表格的打印页面的具体操作步骤如下。

(1) 打开"一季度员工绩效表",在"快速访问工具栏"中单击"打印预览"按钮 ,进入打印预览界面,如图 4-118 所示。

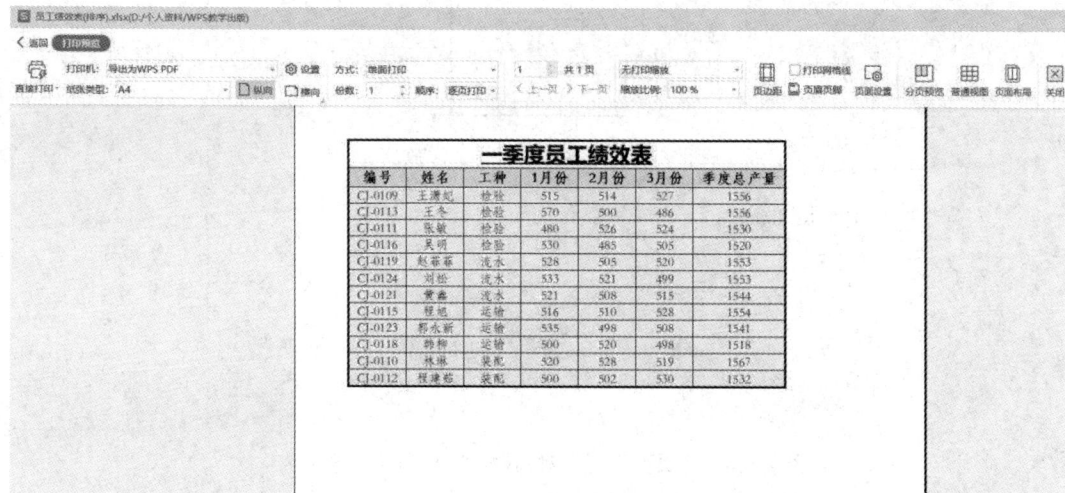

图 4-118　打印预览界面

（2）在"打印预览"菜单栏中单击"横向"按钮 📄横向，设置纸张的打印方向为横向，单击"页面设置"按钮 ⚙，打开"页面设置"对话框，在"页面"选项卡中将"缩放比例"设置为"150%"，如图 4-119 所示。单击"确定"按钮即可完成设置。

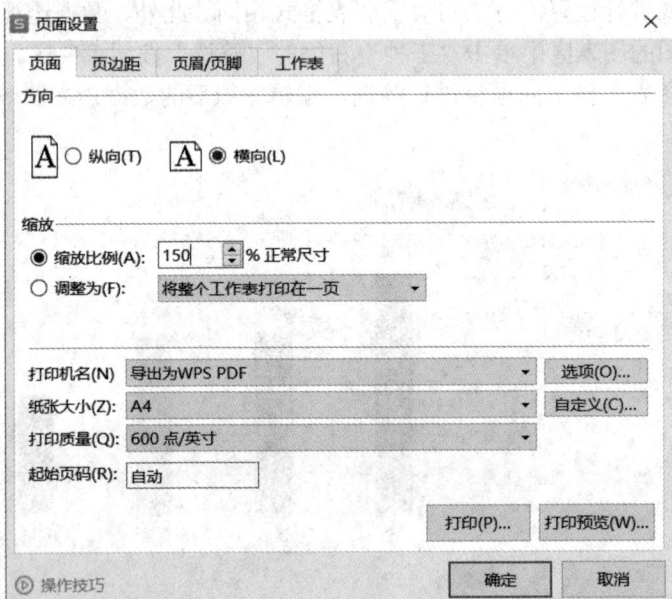

图 4-119　"页面设置"对话框之"页面"选项卡

（3）单击"页边距"选项卡，在"居中方式"栏中勾选"水平"和"垂直"复选框，如图 4-120 所示，单击"确定"按钮即可完成设置。

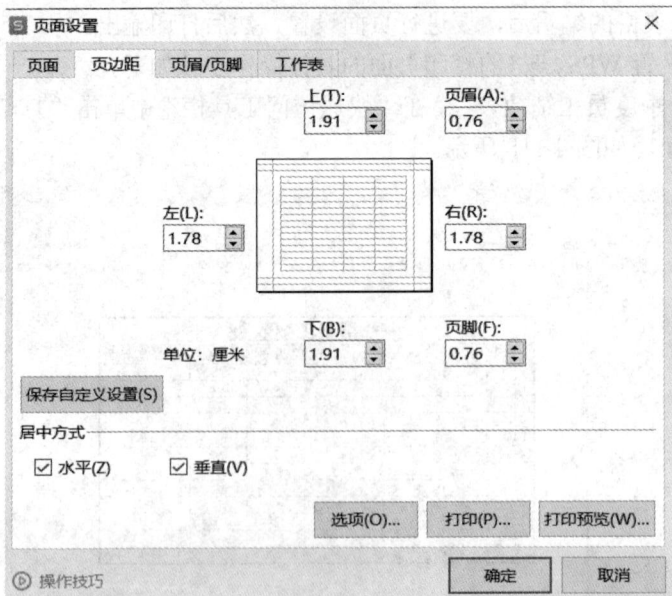

图 4-120　"页面设置"对话框之"页边距"选项卡

完成上述设置后，整体效果如图 4-121 所示。

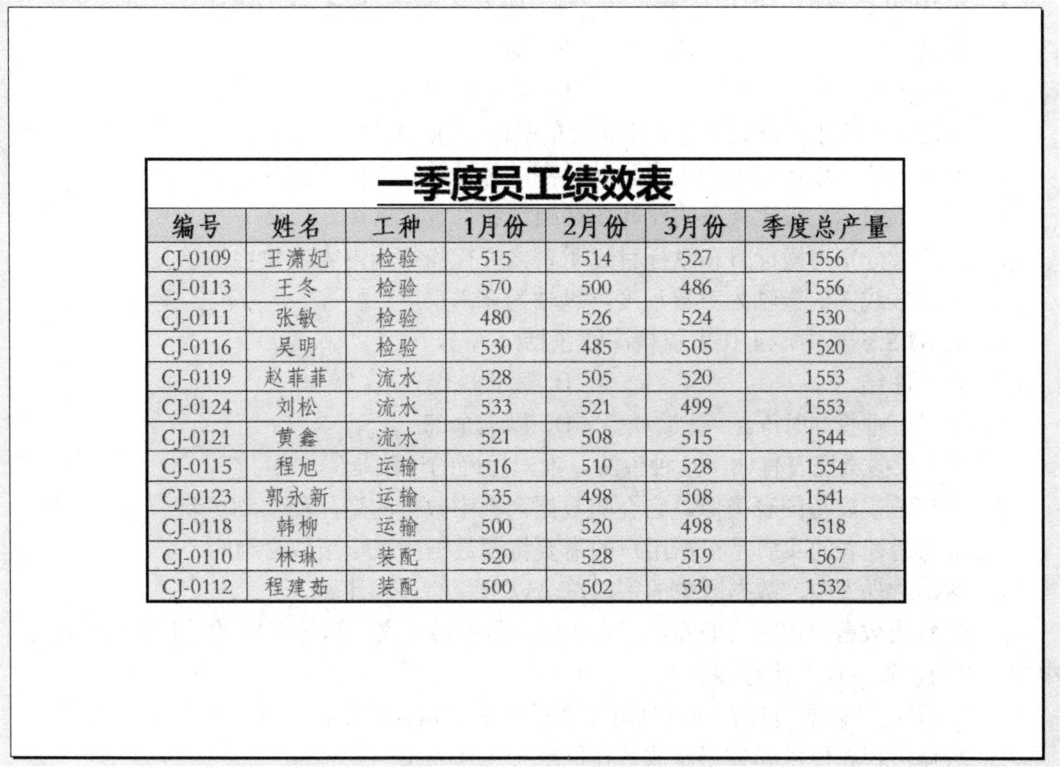

一季度员工绩效表

编号	姓名	工种	1月份	2月份	3月份	季度总产量
CJ-0109	王潇妃	检验	515	514	527	1556
CJ-0113	王冬	检验	570	500	486	1556
CJ-0111	张敏	检验	480	526	524	1530
CJ-0116	吴明	检验	530	485	505	1520
CJ-0119	赵菲菲	流水	528	505	520	1553
CJ-0124	刘松	流水	533	521	499	1553
CJ-0121	黄鑫	流水	521	508	515	1544
CJ-0115	程旭	运输	516	510	528	1554
CJ-0123	郭永新	运输	535	498	508	1541
CJ-0118	韩柳	运输	500	520	498	1518
CJ-0110	林琳	装配	520	528	519	1567
CJ-0112	程建茹	装配	500	502	530	1532

图 4-121　设置后的打印效果

【训练场】

1. 以下关于 WPS 表格的排序功能，说法不正确的是(　　)。

A. 可以按数值大小排序　　B. 可以按单元格颜色进行排序

C. 可以按字体颜色排序　　D. 不可以按单元格图标进行排序

2. 在 WPS 表格中进行排序操作时，最多可以按(　　)个关键字进行排序。

A. 3　　B. 8　　C. 32　　D. 64

3. 在 WPS 表格中，关于“自定义排序”，以下说法错误的是(　　)。

A. 默认只有一个排序条件　　B. 只能有一个排序条件

C. 可以添加多个排序条件　　D. 只有一个主关键字

4. 下列有关“自动筛选”下拉列表中的“前十项”选项叙述不正确的是(　　)。

A. (前十项)显示的记录用户可以自选

B. (前十项)是指显示最前面的 10 个记录

C. (前十项)显示的不一定是排在前面的 10 个记录

D. (前十项)可能显示后 10 个记录

5. 在 WPS 表格中，使用高级筛选时，以下说法错误的是(　　)。

A. 要先确定筛选方式　　B. 要先确定列表区域

C. 要先确定条件区域　　D. 要先进行排序

6. 在 WPS 表格中，进行分类汇总之前，要先对数据进行( )操作。

A. 筛选　　　　　　　　　　　B. 排序

C. 确定条件区域　　　　　　　　D. 确定筛选方式

7. 下列关于统计图表的描述，不正确的是( )。

A. 统计表的标题放在表的上方，统计图的标题放在图的下方

B. 适用于表示构成比关系的统计图是圆图和百分比条图

C. 统计表分别用横标目和纵标目说明表格每行和每列内容或数字的意义

D. 半对数线图的横轴为对数尺度，纵轴为算术尺度

8. 在 WPS 表格中，工作表窗格冻结包括( )。

A. 水平冻结　　　　　　　　　　B. 垂直冻结

C. 水平、垂直同时冻结　　　　　D. 以上全部

9. 关于数据透视表有如下几种说法，唯一正确的说法是( )。

A. 数据透视表与图表类似，它会随数据列表中数据的变化而自动更新

B. 数据透视表的实质是根据用户的需要将源数据列表重新取舍组合

C. 数据透视表中，数据区中的字段总是以求和的方式计算

D. 要修改数据透视表页面布局，应选定该数据透视表，然后选择"页面布局"选项卡中的"页面设置"命令进行设置

10. 以下关于数据透视表和数据透视图的说法中错误的是( )。

A. 数据透视表可以和数据源放置在同一个工作表中

B. 数据透视图是数据来源于数据透视表的图表

C. 数据透视表的行标签和列标签都可以设置筛选条件

D. 数据透视表的数据来源发生变化时，数据透视表会自动更新

模块 5 WPS 演示处理

WPS 演示是金山公司出品的 WPS 办公软件中的一个幻灯片软件，简称为 WPS 演示。它可以制作工作总结、企业公司宣传片、项目演讲、培训课件、产品介绍短片、咨询方案、婚庆礼仪、音乐动画、电子相册等。本模块详细讲解了 WPS 演示文稿基本操作、WPS 演示媒体、幻灯片操作、动作按钮与超链接及设置幻灯片模板和母版等。适合于公司管理人员、文秘、教师、国家公务员，企业宣传片人员等从业人员。

5.1 演示文稿基本操作

本节以制作演示文稿为例，介绍演示文稿的相关基本操作。

【实例描述】ahead 是某软件大学的体育老师，由于疫情原因，学校安排她线上教学，ahead 第一次在线上进行体育教学。为了让同学们适应线上体育课，她开始紧锣密鼓地查找资料了，准备好相关文档、图片等素材后，她开始认真琢磨 WPS 演示的用法。最终，ahead 老师制作出了体育项目所用的演示文稿，出色完成了线上教学工作。情景交融的演示文稿，为课程内容增色不少。体育项目简介演示文稿效果如图 5-1 所示。

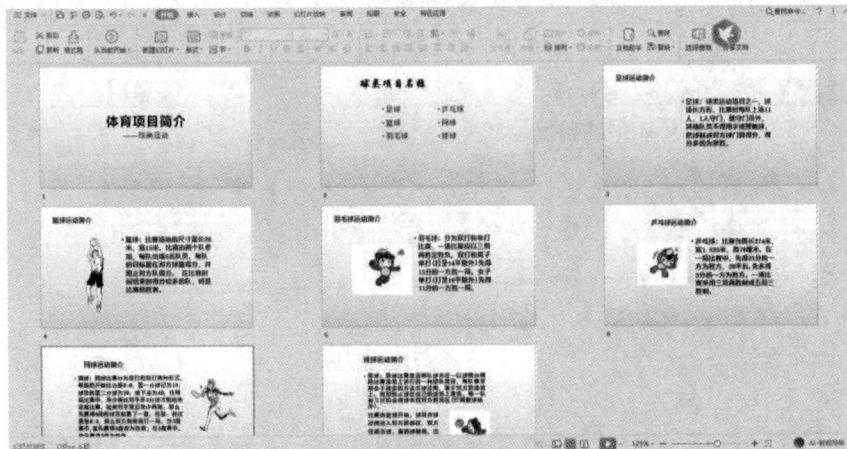

图 5-1 体育项目简介演示文稿效果图

演示文稿包含演讲者的演讲内容，如文字、声音、图片、表格、图表等。通过本实例的实践，用户应能掌握幻灯片的添加方法，幻灯片的调整换位，熟悉文字内容的增减，图片、艺术字、声音等对象的添加等操作，能使用 WPS 演示软件最基本方法，独立制作并演示精彩的幻灯片。

5.1.1 创建和删除幻灯片

在桌面上双击 WPS 演示图标 或者通过屏幕左下角单击"开始程序 WPS Office"菜单，启动 WPS Office。

1. WPS 演示文稿的创建

WPS 演示文稿的创建，一般有三种方法：可通过新建空白演示文稿；根据现有演示文稿创建(更新)演示文稿；使用模板新建演示文稿。演示文稿的默认扩展文件名为.pptx。

(1) 在 WPS Office 主界面上单击"新建演示"选项，如图 5-2 所示，单击"新建空白文档"选项即可建立一个空白的 WPS 演示文档，软件将切换到 WPS 演示编辑界面，并自动将文稿命名为"演示文稿 1"，如图 5-3 所示。此时如果单击标题选项卡"演示文稿 1"字样旁的"＋"按钮，可以进入到 WPS Office 主界面，继续单击"新建空白文档"执行新建操作，可以依次新建名字为"演示文稿 2""演示文稿 3"等空白文稿。

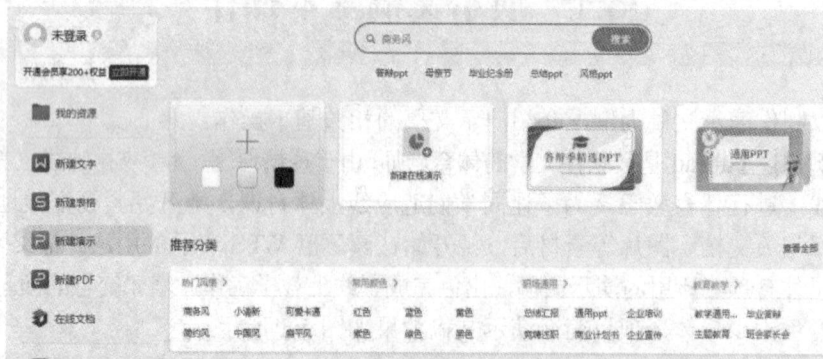

图 5-2　WPS 演示初始界面

图 5-3　新建空白演示

(2) 根据现有演示文稿创建(更新)演示文稿。用户可用以前制作好的演示文稿来创建(更新)演示文稿，在原文稿的基础上进行编辑修改(如增加说明文字、修改配音、增加表格、增加动漫三维立体等)。

(3) 利用模板新建(修改)演示文稿。在 WPS 演示主窗口中，在"推荐模板"中显示各种类别的模板，诸如"企业培训""毕业答辩""教学课件"等，可根据自己的需要选择其中任何一种类型的"模板"，如图 5-4 所示。

图 5-4　WPS 演示模板

在实际操作中采用这种方法最为省时省力，因为模板已经做了许多预备工作，只需做适量修改即可。

通常情况下，打开的演示文稿窗口都是在"普通视图"方式下显示的。在该视图中，演示文稿窗口包括标题栏、目录区、选项卡、幻灯片编辑区和工具栏等，如图 5-5 所示。

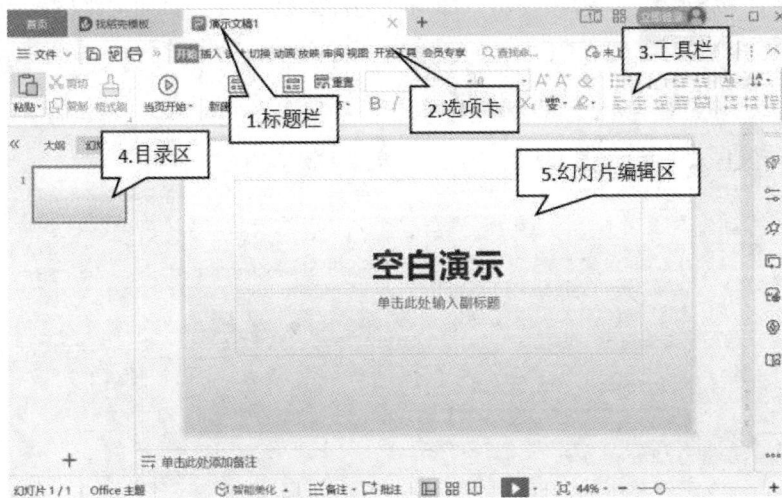

图 5-5　WPS 演示文稿界面

在起步阶段，首先要学习的就是演示文稿的创建及在幻灯片中输入最基本的内容，即文字内容。下面，我们将通过对"体育项目简介"演示文稿的制作，具体示范怎样创建一个演示文稿和在幻灯片中添加基本的文字内容。

本实例使用第 1 方式来新建"体育项目简介"演示文稿。创建一个空白的幻灯片，分别单击两个"标题文本占位符"，输入主、副标题内容。分别选中主副标题文字，单击格式工具栏的"加粗"按钮 B，以修改字体粗细，修改字体、字号等。如图 5-6 所示。

图 5-6　新建第 1 副

将光标停留在目录区第一张幻灯片之后，按【Enter】键，将自动插入一页"标题和文本的幻灯片"，完成第 2 副的创建。

也可以通过快捷菜单，在导航窗格中使用鼠标右键单击某张幻灯片，在弹出的快捷菜单中选择"新建幻灯片"命令，即可在当前幻灯片下方添加一张同样版式的空白幻灯片，如图 5-7 所示。

还可以通过快捷按钮，在导航窗格中使用鼠标指向某张幻灯片，该幻灯片下方会出现"新建幻灯片"按钮，单击该按钮，即可在当前幻灯片下方添加一张同样版式的空白幻灯片，如图 5-7 所示。

图 5-7　新建空白幻灯片

将光标停留在目录区最后一张幻灯片之后，依次按【Enter】键，即可完成 8 张幻灯片的创建。

2. 删除幻灯片

在编辑演示文稿的过程中，如果要删除多余的幻灯片，可通过以下两种方法实现。

(1) 通过快捷菜单：选中需要删除的幻灯片，单击鼠标右键，在弹出的快捷菜单中选择"删除幻灯片"命令即可。

(2) 通过快捷键：选中需要删除的幻灯片，按下【Delete】键即可。

5.1.2　选择、移动和复制幻灯片

1. 选择幻灯片操作

对幻灯片进行相关操作前必须先将其选中，选中要操作的幻灯片时，主要分选择单张幻灯片、选择多张幻灯片和选择全部幻灯片三种情况。

(1) 选择单张幻灯片。在左侧的目录区中单击某张幻灯片的缩略图，即可选中该幻灯片，同时会在幻灯片编辑区中显示该幻灯片。或者将鼠标指向幻灯片编辑区，滚动鼠标滚轮，即可在幻灯片之间切换。

还可以单击幻灯片编辑区右侧滚动条下端的"上一张幻灯片"按钮 或"下一张幻灯片"按钮 ，可切换到上一张或下一张幻灯片，如图 5-8 所示。

图 5-8　幻灯片选择

(2) 选择多张幻灯片。选择多张幻灯片时，可选择多张连续的幻灯片，也可以选择多张不连续的幻灯片，操作方法如下。

选择多张连续的幻灯片：在目录区中，选中第一张幻灯片后按住【Shift】键不放，同时单击要选择的最后一张幻灯片，即可选中第一张和最后一张之间的所有幻灯片。

选择多张不连续的幻灯片：在目录区中，选中第一张幻灯片后按住【Ctrl】键不放，然后依次单击其他需要选择的幻灯片即可。

(3) 选择全部幻灯片。在目录区中按下【Ctrl + A】组合键，即可选中当前演示文稿中的全部幻灯片。

2. 移动和复制幻灯片

移动幻灯片即调整幻灯片的位置，而复制幻灯片即创建一张相同的幻灯片，移动和复制幻灯片均可跨文档操作，操作如下。

(1) 复制幻灯片操作。复制到任意位置：在目录区中用鼠标右键单击要复制的幻灯片，在弹出的快捷菜单中选择"复制"命令，或在选中幻灯片后按下【Ctrl＋C】组合键进行复制，然后用鼠标右键单击目标位置的前一张幻灯片，在弹出的快捷菜单中选择"粘贴"命令，或在选中目标位置的前一张幻灯片后按下【Ctrl＋V】组合键进行粘贴即可。

(2) 移动幻灯片操作。可以通过命令操作：在目录区中用鼠标右键单击要移动的幻灯片，在弹出的快捷菜单中选择"剪切"命令，或在选中幻灯片后按下【Ctrl＋X】组合键进行剪切，然后用鼠标右键单击目标位置的前一张幻灯片，在弹出的快捷菜单中选择"粘贴"命令，或在选中目标位置的前一张幻灯片后按下【Ctrl＋V】组合键进行粘贴即可。

此外，还可以通过鼠标拖动操作：在目录区选中要移动的幻灯片，按住鼠标左键不放并拖动鼠标，拖动到需要的位置后释放鼠标左键即可。

5.1.3　更改幻灯片版式

幻灯片版式是指占位文本框在幻灯片中的默认布局方式，WPS 演示中内置了 10 种幻灯片版式。新建的演示文稿的第一张幻灯片默认为"标题幻灯片"版式，新建的第二张及其后的幻灯片默认使用"标题与内容"版式，在"开始"选项卡中单击"版式"下拉按钮，在弹出的下拉列表中即可查看或更改幻灯片版式，如图 5-9 所示。

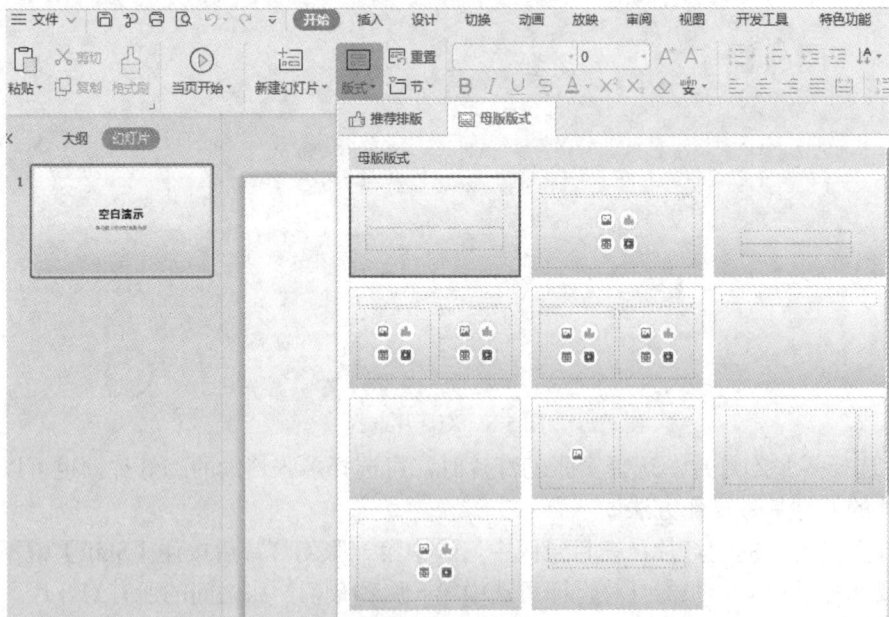

图 5-9　幻灯片版式

选中第二张幻灯片把它修改为第 4 个版式，选中第三张幻灯片把它修改为第 2 个版式，选中第四、五、六、七张幻灯片把它修改为第 8 个版式，选中第八张幻灯片把它修改为第 2 个版式。

5.1.4　绘制文本框

在幻灯片中，占位文本框其实是一个特殊的文本框，它出现在幻灯片中的固定位置，包含预设的文本格式。在编辑幻灯片时，用户除了可以通过鼠标调整占位文本框的位置和大小之外，还可以在幻灯片中绘制新的文本框，然后在其中输入与编辑文字，以满足不同的幻灯片设计需求。

在幻灯片中插入文本框的方法为：选中要插入文本框的幻灯片，切换到"插入"选项卡，在"文本"组中单击"文本框"按钮下方的下拉按钮，在弹出的下拉列表中根据需要选择"横向文本框"命令或"竖排文本框"命令，此时光标呈"＋"形状，在幻灯片中按住鼠标左键拖动，到适当位置释放鼠标左键，即可绘制文本框，如图 5-10 所示。插入文本框后，将光标定位在其中，即可输入文字内容。

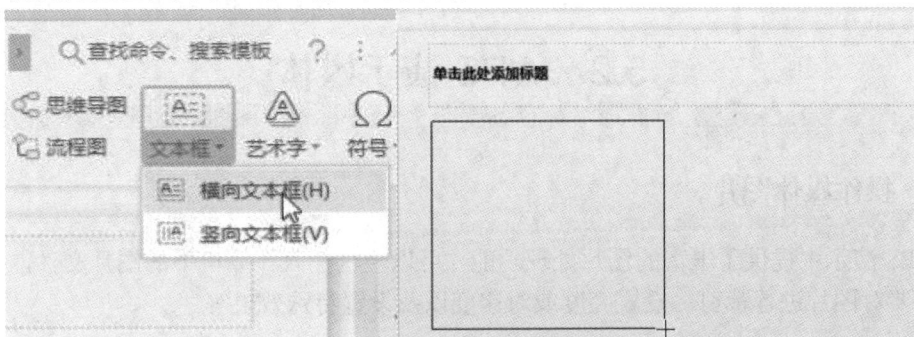

图 5-10　绘制文本框

分别选中第二、三、四、五、六、七、八张幻灯片分别单击标题占位符和文本占位符，输入它们相应的内容。如图 5-11 所示。

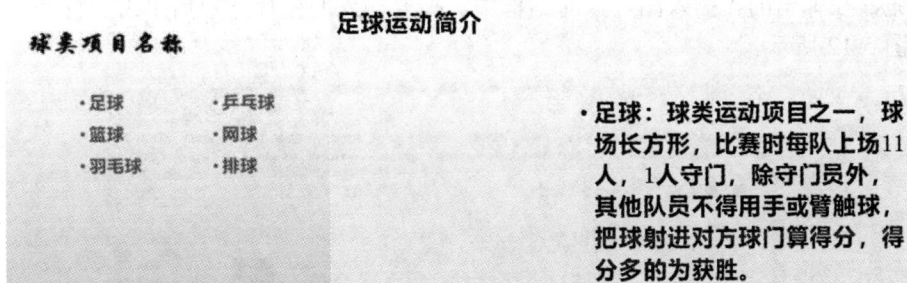

图 5-11　输入文本内容

【训练场】

1. WPS 演示最适合用于以下( )的设计。

A. 某单位的网页　　　　　　　　B. 公司产品介绍

C. 图像处理工具　　　　　　　　D. 管理信息系统

2. 在 WPS 演示中设置文本字体加粗，应在"开始"选项卡中选择( )。

A. A　　　　　　B. B　　　　　　C. I　　　　　　D. U

3. 在 WPS 演示文稿的空白版式幻灯片中添加文本框，可选择的选项卡是( )。

A. 文件   B. 视图   C. 设计   D. 插入

4. 将所有幻灯片更改配色方案，应选择的选项卡是( )。

A. 开始   B. 插入   C. 设计   D. 切换

5. WPS 演示的"文件"选项卡下的"新建"( )命令的功能是建立。

A. 一个演示文稿   B. 一张幻灯片

C. 一个新的备注文件   D. 一个幻灯片母版

6. 在( )视图方式下能实现在一屏显示多张幻灯片？

A. 幻灯片视图   B. 大纲视图

C. 幻灯片浏览视图   D. 备注页视图

7. WPS 演示文稿可存为多种文件格式，不包括下面( )格式。

A. pptx   B. psd   C. dps   D. pot

5.2   WPS 演示媒体

5.2.1   操作媒体图片

WPS 演示中提供了丰富的图片处理功能，可以轻松插入计算机中的图片文件，并可以根据需要对图片进行裁剪，设置亮度或对比度以及设置特殊效果等。

1. 插入图片

插入图片的方法有以下三种。

(1) 在幻灯片内插入图片的方法与文档类似，只需切换到"插入"选项卡，单击"图片"按钮，在弹出的"插入图片"对话框中选择要插入的图片，然后单击"打开"按钮即可，如图 5-12 所示。

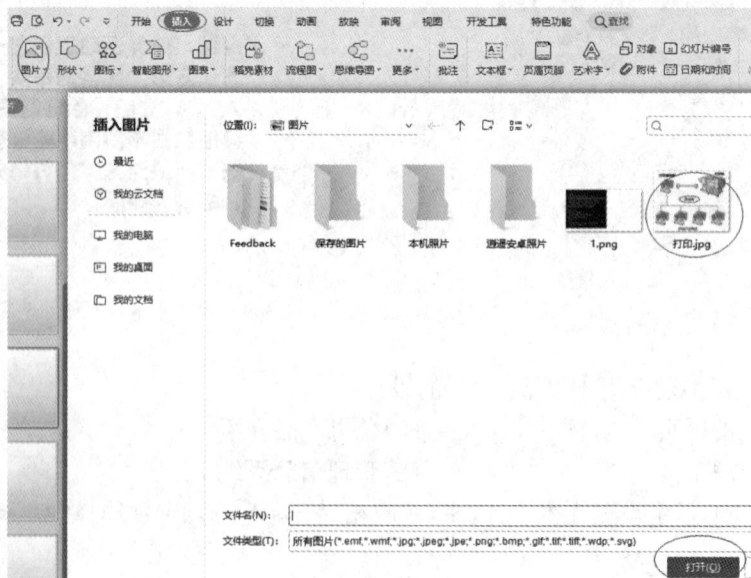

图 5-12   插入图片

(2) 单击占位符图标插入：单击占位文本框中的"图片"图标 ，在弹出的对话框中选择图片并插入即可。

(3) 直接复制粘贴：打开图片存放的文件夹，选择需要插入的图片后执行"复制"操作，然后切换到演示文稿中执行"粘贴"操作即可。

2．调整图片

插入图片后，可以直接拖动图片调整图片位置，拖动图片四周的控制点可以调整图片大小，拖动图片上方的旋转按钮可以旋转图片，如图 5-13 所示。

图 5-13　旋转图片

分别选中实例中第四、五、六、七、八张幻灯片，单击占位文本框中的"图片"图标 ，在弹出的对话框中选择相应的图片并插入即可，效果图如图 5-14 所示。

图 5-14　演示文稿效果

5.2.2　操作媒体音频

　　演示文稿并不是一个无声的世界，为了突出整个演示文稿的气氛，可以为演示文稿添加背景音乐。

　　1. 为演示文稿添加音频

　　为了增强播放演示文稿时的现场气氛，经常需要在演示文稿中加入背景音乐。WPS演示支持多种格式的声音文件，例如MP3、WAV、WMA、AIF和MID等。下面介绍如何在幻灯片中插入计算机中的声音文件。

　　(1) 打开演示文稿，切换到"插入"选项卡功能区，单击"音频"按钮，弹出"插入音频"对话框，选中要插入的音频文件，单击"打开"按钮，所选声音即可插入到幻灯片中，再将幻灯片中的声音模块拖放到文档适合的地方即可，如图5-15所示。

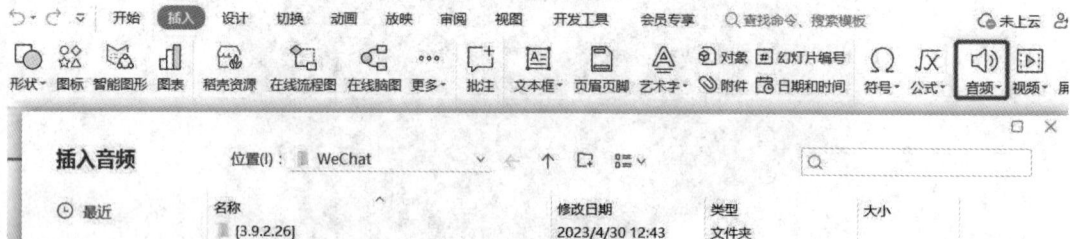

图 5-15　插入音频

　　(2) 插入的音频默认只会在当前幻灯片中播放，如果希望将其设置为背景音乐在所有幻灯片中播放，可以在选中音频图标后单击"音频工具"选项卡中的"设为背景音乐"按钮即可，如图5-16所示。

图 5-16　设置背景音乐

2. 播放音频

添加音频后，可以播放音频，试听音频效果，除了通过放映幻灯片来试听音频效果外，还可以通过以下两种方法直接播放音频。

(1) 选中声音图标，即可出现音频控制面板，单击"播放"按钮即可播放音频。

(2) 选中声音图标，切换到"音频工具"选项卡，单击"播放"按钮即可。

3. 音频的设置

在幻灯片中插入音频后，还可以根据需要对音频的播放进行设置，例如让音频自动播放、循环播放或调整声音大小等。选中声音图标，切换到"音频工具"选项卡，在其中即可对播放选项进行设置，如图 5-17 所示。

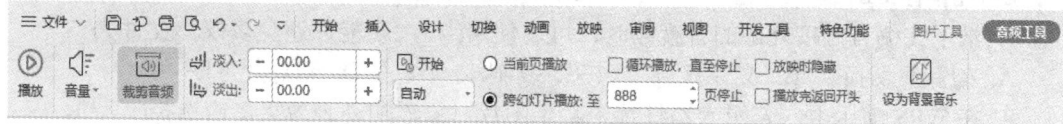

图 5-17   播放选项设置

(1) 音量：单击"音量"下拉按钮，在弹出的下拉列表中可以设置音量大小。

(2) 裁剪音频：单击"裁剪音频"按钮，在弹出的对话框中可以对音频文件进行裁剪。

(3) 淡入和淡出：在该选项组中可以设置声音由小变大开始播放以及由大变小结束播放。

(4) 设置开始方式：单击"开始"按钮，可以选择音频开始方式，如果选择"自动"，则会在进入该幻灯片时自动播放。若选择"单击"选项，则需要单击音频图标才能播放。

(5) 跨幻灯片播放：勾选"跨宽灯片播放"单选框，则在切换到下一张幻灯片时音频不会停止，而是播放到音频结束。

(6) 循环播放：勾选"循环播放，直到停止"复选框，则音频会一直循环播放，直到幻灯片播放完毕。

(7) 放映时隐藏：勾选"放映时隐藏"复选框，则可以在放映幻灯片时不显示声音控制面板。

(8) 设为背景音乐：单击该按钮，可以使音频文件在所有幻灯片中播放。

【训练场】

1. 要想在 WPS 演示中插入(   )，计算机必须能够访问互联网。

A. 本地图片　　　　B. 艺术字　　　　C. 在线图片　　　　D. 自选图片

2. 在 WPS 演示中，不属于文本占位符的是(   )。

A. 中字　　　　　　B. 英文字　　　　C. 数字　　　　　　D. 图表

3. 在 WPS 演示中，关于图片边框设置，描述错误的是(   )。

A. 图片边框的颜色可以使用取色器获取

B. 图片边框可以设置线型

C. 图片边框的线型不可以设置为双线

D. 图片边框颜色可以自定义

4. 在 WPS 演示中，关于音频的设置，下列说法正确的是(   )。

A. 可以设置为背景音乐　　　　　　　B. 可以只在当前页播放

C. 可以放映时隐藏   D. 可以跨页播放

5. 在 WPS 演示中，将音频的淡入选项设置为 5.00，表示(　　)。

A. 在音频结束的 5 秒内使用淡入效果

B. 在音频结束的 5 分钟内使用淡入效果

C. 在音频开始的 5 秒内使用淡入效果

D. 在音频开始的 5 分钟内使用淡入效果

6. 在 WPS 演示中需要选中幻灯片中多个图形时需(　　)然后用鼠标单击要选定的图形对象。

A. 先按住 Alt 键   B. 先按住 Tab 键

C. 先按住 Ctrl 键   D. 先按住 Enter 键

7. 演示文稿有链接外部的音视频时，可以使用(　　)功能以避免多媒体文件失。

A. 幻灯片切换   B. 文件打包   C. 复制   D. 幻灯片放映

8. 在 WPS 演示中，若想为幻灯片中某个图片对象添加动画效果，应选择(　　)。

A. 普通视图   B. 幻灯片浏览视图

C. 阅读视图   D. 以上均可

5.3　幻灯片操作

5.3.1　设置幻灯片的动画效果

可以对幻灯片中的文本信息按纲目结构设置段落级别动画效果，包括进入、强调和退出等。

设置进入动画效果，进入动画效果可以让文本或对象以某种效果进入幻灯片放映演示文稿，操作步骤如下。

(1) 选择第一张"标题版式"的幻灯片中的主标题，再单击"动画"选项卡，设置动画为"飞入"，单击"预览效果"，如图 5-18 所示。

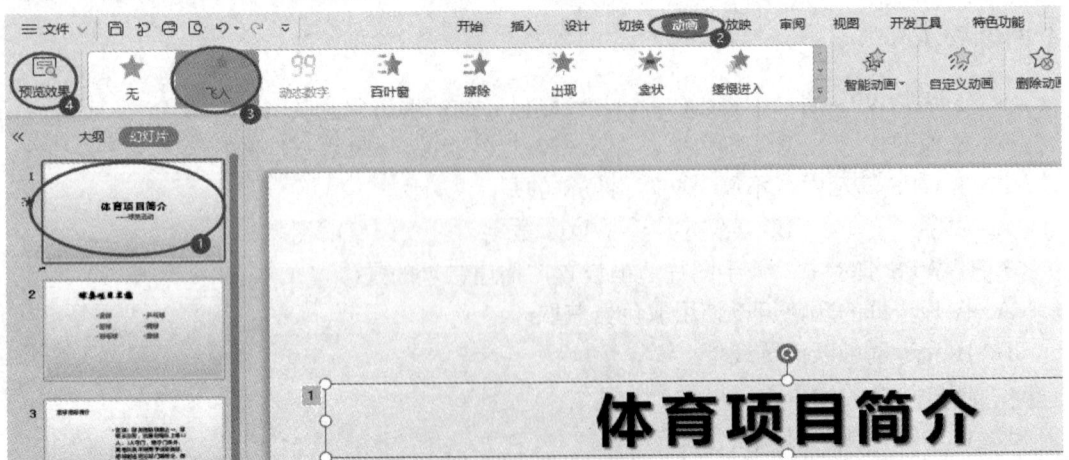

图 5-18　设置进入动画效果

（2）这样做出来的动画是默认进入动画，从底部飞入，如果需要改变飞入方向，单击"动画"选项卡中"自定义动画"，在"自定义动画"窗格中"方向"下拉框中选择需要的飞入方向，如图 5-19 所示。

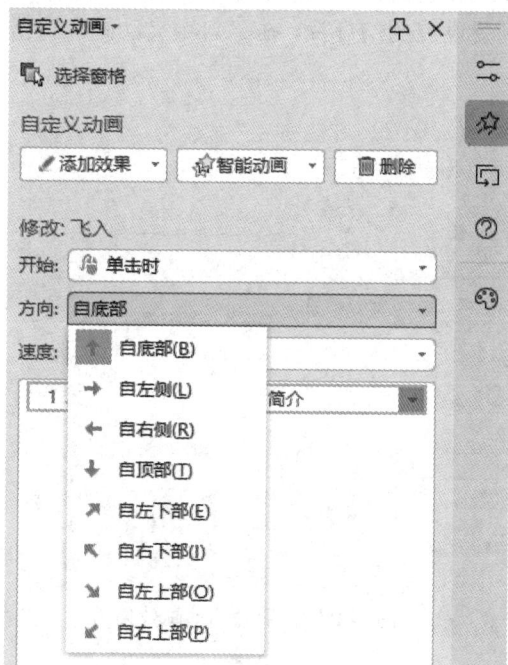

图 5-19　自定义动画飞入方向

（3）可以设置飞入的速度及动画开始的方式，自定义动画窗格中"开始"下拉框中的"单击时"的意思是指只有播放这张幻灯片时单击，动画才发生；"之前"的意思是指当你播放这张幻灯片的时候，动画效果就已经开始了；"之后"的意思就是这张幻灯片开始播放后，动画自动开始。如图 5-20 所示。

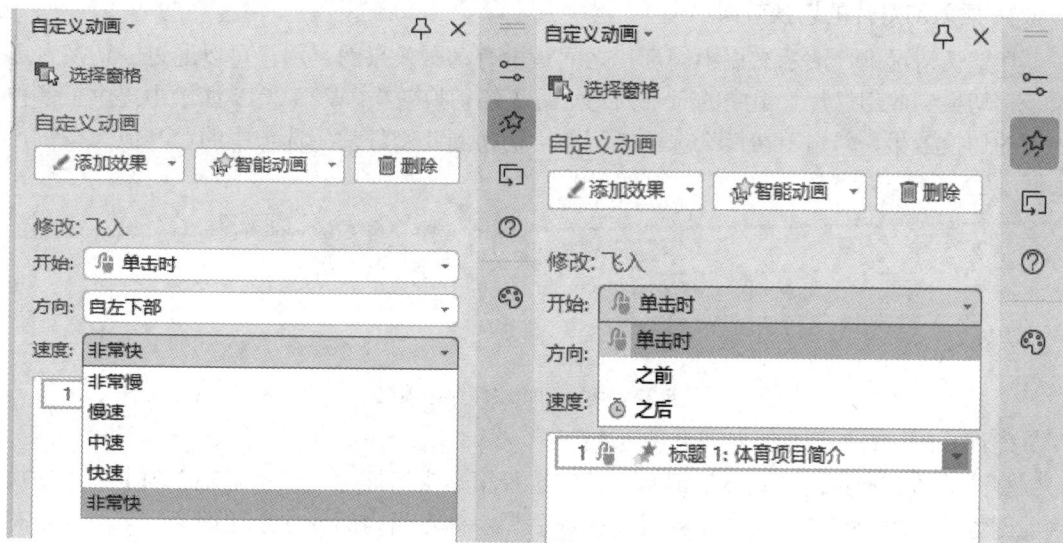

图 5-20　自定义动画进入方式及速度

5.3.2　设置强调动画效果

强调动画效果可以突出幻灯片中的某部分内容,设置放映时的特殊效果,具体操作如下。

在普通视图中切换到要设置的幻灯片,在"自定义动画"窗格中,单击"添加效果"。如图 5-21 所示。

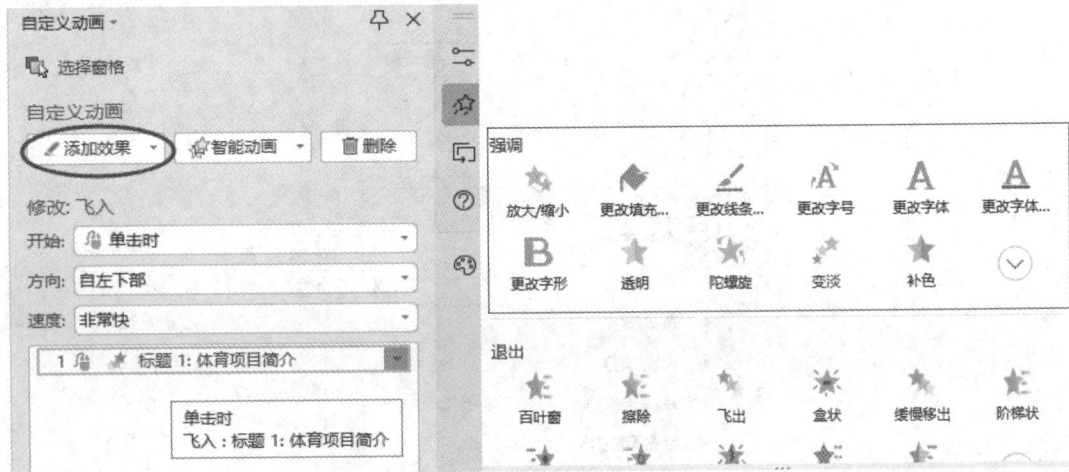

图 5-21　设置强调动画效果

5.3.3　设置幻灯片的切换效果

幻灯片的切换方式是指在放映幻灯片时,一张幻灯片从屏幕上消失,另一张幻灯片显示在屏幕上的一种动画效果。一般为对象添加动画后,通过"切换"选项卡来设置幻灯片的切换方式。

1. 插入幻灯片的切换效果

在默认情况下,演示文稿中幻灯片之间是没有动画效果的。用户可以通过"切换"选项卡"切换到此幻灯片"组中的命令为幻灯片添加切换效果。WPS 2019 演示中提供了多种内置的切换效果,单击"切换"选项卡下的"切换到此幻灯片"选项中的"其他"按钮,如图 5-22 所示。

图 5-22　切换到此幻灯片选项组

幻灯片的切换设置的具体操作方法如下。

打开"体育项目简介.pptx"演示文稿,选择第一张幻灯片,在"切换"项卡下"切换到此幻灯片"组中单击"溶解"效果。完成后显示标志当为幻灯片添加切换效果后,在左侧的幻灯片目录列表中该幻灯片中多出一个标志,采用同样的方法可以依次设置其他页面的切换效果。

2. 编辑切换声音和速度

WPS 2019 演示默认的切换动画效果都是无声的，需要手动添加所需声音。其方法为：选择需要编辑的幻灯片，然后选择"切换"选项卡下的"计时"组，在"声音"下拉列表中选择相应的选项(如爆炸)，即可改变幻灯片的切换声音。

切换速度的方法为：选择需要编辑的幻灯片，然后选择"切换"选项卡下的"计时"组，在"持续时间"数值框中输入具体的切换时间，或直接单击数值框中的微调按钮即可改变幻灯片的切换速度。

此外，如果不想将切换声音设置为系统自带的声音，那么可以在"声音"下拉列表中选择"来自文件"选项，打开"添加声音"对话框，通过该对话框可以将电脑中保存的声音文件应用到幻灯片切换动画中。

3. 设置幻灯片切换方式

设置幻灯片的切换方式也是在"切换"选项卡中进行的，其操作方法为：首先选择需要进行设置的幻灯片，然后选择"切换"选项卡下的"计时"组，在"换片方式"栏中显示了"单击鼠标时换片"和"自动换片"两个复选框，选中它们中的一个或同时选中这两个选框均可完成对幻灯片换片方式的设置。在"自动换片"复选框右侧有一个数值在其中可以输入具体数值，表示在经过指定秒数后自动移至下一张幻灯片。

注意：若在"计时"组中同时选中"单击鼠标时"复选框和"设置自动换片时间"复选框，则表示满足两者中任意一个条件时，都可以切换到下一张幻灯片并进行放映。

5.3.4 设置幻灯片的播放方式

设置放映时间与方或幻灯片的最终目标就是为观众进行放映。幻灯片的放映设置包括幻灯片的放映控制、设置放映时间、设置放映方式及使用演示者视图等。

1. 幻灯片的放映控制

考虑到演示文稿中可能包含不适合播放的半成品幻灯片，但将其删除又会影响以后再次修订。此时，切换到普通视图，在幻灯片目录区中选择不进行演示的幻灯片，右键选中的幻灯片，从快捷菜单中选择"隐藏幻灯片"命令，将它们进行隐藏，接下来就可以播放幻灯片了。

(1) 自动放映幻灯片。在 WPS 2019 演示中，按【F5】键或者单击"幻灯片放映"选项卡中的"从头开始"按钮，如图 5-23 所示，即可开始放映幻灯片。

图 5-23 幻灯片放映选项卡

如果不是从头放映幻灯片，可以单击工作界面右下角的"从当前幻灯片开始"按钮，或者按【Shift＋F5】组合键。

当演示者在特定场合下需要使用黑屏效果时，直接按【B】键使屏幕黑屏，按键盘上的任意键则恢复，或者单击鼠标左键，都可以继续放映幻灯片。假如觉得插入黑屏会使演示气氛变暗，可以按【W】键或【<】键，这样插入的是一张纯白图像。

(2) 手动放映幻灯片。查看整个演示文稿最简单的方式是移动到下一张幻灯片，可以使用以下任意一种方法：

- 单击鼠标左键；
- 按【Space Bar】键；
- 按【Enter】键；
- 按【N】键；
- 按【Page Down】键；
- 按【↓】键；
- 按【→】键；
- 单击鼠标右键，从快捷菜单中选择"下一页"命令。

回到上一张，可以使用以下任意方法：

- 按【Backspace Bar】键；
- 按【Page Up】键；
- 按【↑】键；
- 按【←】键；
- 单击鼠标右键，从快捷菜单中选择"上一页"命令。

在幻灯片放映时，要切换到指定的某一张幻灯片，可以单击鼠标右键，从快捷菜单中选"定位"菜单项，然后在级联菜单中选择"幻灯片漫游"或者"按标题"来选择目标幻灯片，另外，如果要快速回转到第一张幻灯片，可以按【Home】键。

在播放幻灯片左下角左起第一个按钮 ✏，点开级联菜单中的"圆珠笔"命令，可以实现画笔功能，在屏幕上"勾画"重点，以达到突出和强调的作用。如果要清除涂写的墨迹，可以在播放幻灯片左下角左起第四个按钮"橡皮擦"级联菜单中选择"橡皮擦"命令擦除指定墨迹。按【E】键清除当前幻灯片上的所有墨迹。另外，如果现场没有提供激光笔，而演示者又需要提醒观众留意幻灯片中的某些地方，可以按住【H】键，再按住鼠标左键不放，即可将使鼠标实现激光笔的功能。

(3) 退出幻灯片放映。如果想退出幻灯片的放映，可以使用下列方法：

- 单击鼠标右键，从快捷菜单中选择"结束放映"命令；
- 按【Esc】键。

2. 设置放映时间

利用幻灯片可以设置自动切换的特性，能够使幻灯片在无人操作的展台前，通过大型投影仪进行自动放映。

用户可以通过两种方法设置幻灯片在屏幕上显示时间的长短：第一种方法是人工为每张幻灯片设置放映时间，再运行幻灯片放映查看设置的时间是否恰到好处；另一种方法是使用排练计时功能，在排练时自动记录时间。

(1) 人工为每张幻灯片设置放映时间。如果要人工设置幻灯片的放映时间(例如每隔 6 秒自动切到下一张幻灯片)，参照如下方法进行操作。

首先，切换到普通视图中，选定要设置放映时间的幻灯片，单击"切换"选项卡，选中"自动换片"复选框，然后在右侧的微调框中入幻灯片在屏幕上显示的秒数，单击"全部应用"按钮，所有幻灯片的切片时间间隔将相同；否则，设置的是选定幻灯片切换到下一张灯片的时间。

接着，设置其他幻灯片的换片时间。此时，在幻灯片浏览视图中，会在幻灯片缩略的右下角显示每张幻灯片的放映时间。

(2) 使用排练计时功能。使用排练计时可以为每张幻灯片设置放映时间。使幻灯片能够按照设置的排练计时自动放映，操作步如下。

首先，切换到"放映"选项卡，单击"排练计时"向下小三角弹出级联菜单，选择"排练全部"按钮，系统将切换到幻灯片放映视图在放映过程中，屏幕上会出现"录制"工具栏，如图 5-24 所示。单击左上角工具栏中的"下一项"按钮，即可播放下一张幻灯片，并在"灯片放映时间"框中开始记录幻灯片的时间。

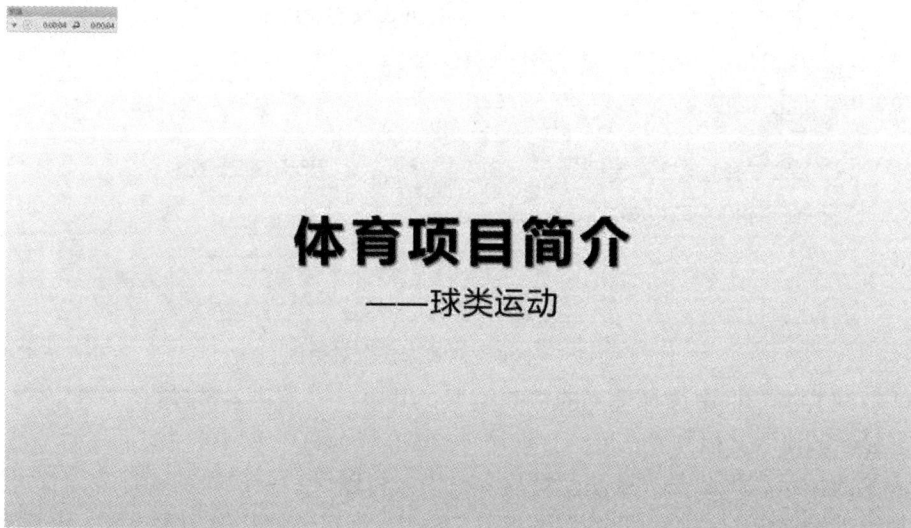

图 5-24　排练计时界面

排练结束放映后，在出现的对话框中单击"是"按钮，即可接受排练的时间，要取消本次排练，请单击"否"按钮。如图 5-25 所示。

图 5-25　排练计时完成界面

3. 设置放映方式

默认情况下，演示者需要手动放映演示文稿。用户也可以创建自动播放演示文稿，设置幻灯片放映方式的操作步骤如下。

切换到"放映"选项卡中，单击"放映设置"向下小三角弹出级联菜单中选择"放映设置"，打开"设置放映方式"对话框，如图 5-26 所示。

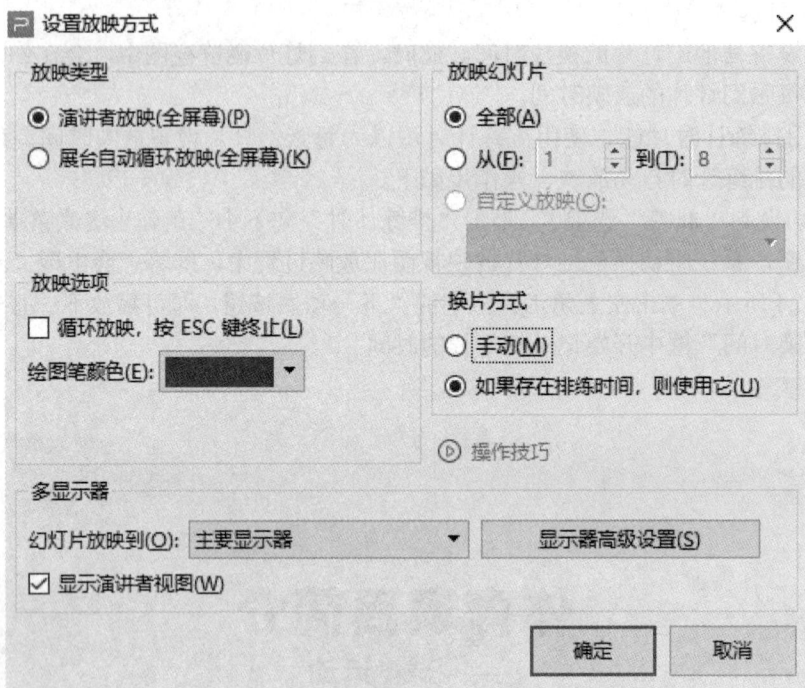

图 5-26 "设置放映方式"对话框

在"放映类型"栏中选择适当的放映类型，其中，"演讲者放映(全屏幕)"选项可以运行全屏显示的演示文稿；"在展台自动循环放映(全屏幕)"选项可使演示文循环播放，并防止读者更改演示文稿。在"放映幻灯片"栏中，可以设置要放映的幻灯片。在"放映选项"栏中根据需要进行设置。在"换片方式"栏中，指定幻灯片的切换方式。设置完成后，单击"确定"按钮。

4. 使用演示者视图

连接投影仪后，演示者的笔记本电脑就拥有两个屏幕，Windows 系统默认二者处于复制状态，即显示相同的内容。当演示者播放幻灯片时，需要查看自己屏幕中的备注信息，使用控制演示的各种按钮，也就是将两个屏幕显示为不同的内容，使用演示者视图时，可以按【Win + P】组合键，显示投影仪及屏幕的设置画面，单击其中的"扩展"按钮，将当前屏幕扩展至投影仪。切换到"放映"选项卡，选择"显示演讲者视图"复选框即可。

【训练场】

1. 在 WPS 演示中，"插入"选项卡中不能插入的选项是(   )。

A. 表格　　　　　　　　　　B. 图片

C. 艺术字　　　　　　　　　D. 动画效果(正确答案)

2. 在 WPS 演示中，如要终止幻灯片的放映，可直接按(   )键。

A. Alt + F4　　　　B. Esc　　　　C. Ctrl + C　　　　D. End

3. 在 WPS 演示中，进行排练计时设置使用的选项卡是(　　)。

A. 文件　　　　　B. 开始　　　　　C. 设计　　　　　D. 幻灯片放映

4. 在 WPS 演示文稿中，下列关于动画的叙述，不正确的是(　　)。

A. 动画出现的顺序不可以调整

B. 动画出现的顺序可以调整

C. 同一个对象可以添加多个动画

D. 动画可以设置满足一定条件时才能出现

5. 下列(　　)不属于 WPS 演示文稿中动画的效果？

A. 退出　　　　　B. 进入　　　　　C. 强调　　　　　D. 切换

6. 在 WPS 演示文稿中，下列对于动画的叙述错误的是(　　)。

A. 不可以改变动画播放时间

B. 可以对一个对象添加多个动画

C. 可以对一个对象添加一个自定义路径动画

D. 可以对多个动画调整播放顺序

7. 在 WPS 演示中"换方式"设置使用的选项卡是(　　)。

A. 文件　　　　　B. 开始　　　　　C. 设计　　　　　D. 切换

8. 在 WPS 演示文稿放映时，下列哪个操作不能切换到下一张幻灯片(　　)。

A. Enter 键　　　　B. 鼠标单击　　　　C. 空格键　　　　D. Tab 键

9. 在 WPS 演示中，只需要放映全部幻灯片中的 1、3、5、7、9 五张幻灯片，采用的操作是(　　)。

A. 幻灯片放映选项卡下从头开始按钮

B. 幻灯片放映选项卡下自定义放映按钮

C. 幻灯片放映选项卡下排练计时按钮

D. 幻灯片放映选项卡下演讲者备注按钮

5.4　动作按钮与超链接

通过"插入"选项卡中的"形状"在幻灯片中绘制图形按钮，然后为其设置动作，能够在幻灯片中起到指示、引导或控制播放的作用。

5.4.1　设置动作按钮

在普通视图中创建动作按钮时，要切换到"插入"选项卡，单击"形状"按钮，从下拉列表中选择"动作按钮"组内的一个按钮，如图 5-27 所示。将动作按钮插入幻灯片中后，会弹出"动作设置"对话框，如图 5-28 所示，在其中选择该按钮将要执行的动作，然后单击"确定"按钮。

动作按钮

图 5-27　动作按钮

图 5-28　"动作设置"对话框

（1）在"动作设置"对话框中选择"超链接到"单选按钮，然后在下面的下拉列表框中选择要链接的目标选项即可。

（2）如果在"动作设置"对话框中选择"运行程序"单选按钮，然后再单击"浏览"按钮。在打开的"选择一个要运行的程序"对话框中选择一个程序后，单击"确定"按钮，将建立运行外部程序的动作按钮。

（3）在"动作设置"对话框中选择"播放声音"复选框，并在下方的下拉列表框中选择一种音效，可以在单击动作按钮时增加声音效果。

用户也可以选中幻灯片中已有的文本等对象，切换到"插入"选项卡，单击工具栏上最右边的"动作"按钮，在打开的"动作设置"对话框中进行适当的设置。

5.4.2　使用超链接

通过在幻灯片内插入超链接，可以直接跳转到其他幻灯片、文档或 Internet 的网页中。

1. 创建超链接

在普通视图中，选定幻灯片内的文本或图形对象，切换到"插入"选项卡，单击"超链接"按钮，打开"插入超链接"按钮。在"链接到"列表框中选择超链的类型：

(1) 选择"原有文件或网页"选项，在右侧选择要链接到的文件或 Web 页面的地址，可以通过"当前文件夹"从文件列表中选择所需链接的文件名，也可以在地址栏中输入 URL 地址。

(2) 选择"本文档中的位置"选项，可以选择跳转到某张幻灯片上，如图 5-29 所示。

(3) 选择"电子邮件地址"选项，可以在"电子邮件地址"文本框中输入要链接的邮件地址，如输入"1234567890@qq.com"，在"主题"文本框中输入邮件的主题，即可创建一个电子邮件地址的超链接。

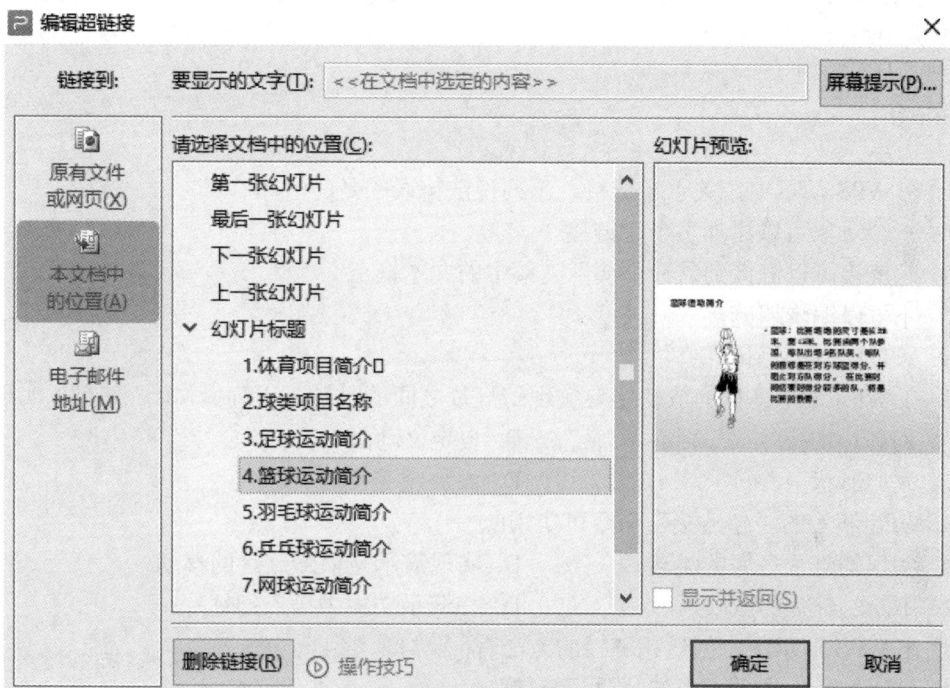

图 5-29　本文中的链接位置

单击"屏幕提示"按钮，打开"设置超链接屏幕提示"对话框，设置当鼠标指针位于超链接上时出现的提示内容，如图 5-30 所示。单击"确定"按钮，超链接即可创建完成。

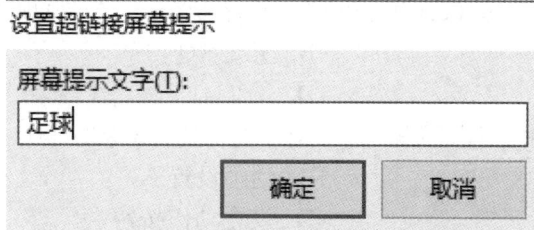

图 5-30　屏幕提示文字

放映幻灯片时，将鼠标指针移到超链接上，指针将变成手形，单击鼠标即可跳转到相应的链接位置。

2. 编辑超链接

更改超链接目标时，要选定包含超链接的文本或图形、右键选中的对象，在弹出的菜单中单击"超链接"按钮，在级联菜单中选择"编辑超链接"，在"编辑超链接"对话框中输入新的目标地址或者重新指定跳转位置即可。

3. 删除超链接

如果仅删除超链接，可右击要删除超链接的对象，从快捷菜单中选择"超链接"按钮，在级联菜单中选择"取消超链接"。

选定包含超链接的文本或图形，然后按【Delete】键，超链接以及代表该超链接的对象将全部被删除。

【训练场】

1. 在 WPS 演示中，关于超链接，下列说法错误的是(　　)。

A. 一个对象可以添加多个超链接

B. 超链接可以链接到另一个演示文稿中的文本框上

C. 不可以编辑超链接

D. 可以删除超链接

2. 在 WPS 演示文稿的放映中要实现幻灯片之间的跳转，下列操作(　　)可以实现。

A. 幻灯片切换　　　　　　　　B. 自定义动画

C. 添加形状　　　　　　　　　D. 添加超链接

3. WPS 演示的"超链接"命令可实现(　　)。

A. 实现幻灯片之间的跳转　　　B. 实现演示文稿幻灯片的移动

C. 中断幻灯片的放映　　　　　D. 在演示文稿中插入幻灯片

4. 在 WPS 演示中，创建超链接的方法有(　　)。

A. 从"插入"选项卡中选择"超链接"

B. 从"设计"选项卡中选择"超链接"

C. 从"视图"选项卡中选择"超链接"

D. 从"动画"选项卡中选择"超链接"

5. 在 WPS 演示文稿中，能用来创建超链接的对象有(　　)。

① 文字　② 图片　③ FLASH 动画　④ 自选图形　⑤ 视频

A. ①②③④⑤　　　　　　　　B. ①②③④

C. ①②③　　　　　　　　　　D. ①②④

6. 在一个演示文稿中，若要从第 7 个幻灯片跳转到第 3 个幻灯片，可采用的操作有(　　)。

A. 超链接　　　　　　　　　　B. 动画设置

C. 动作设置　　　　　　　　　D. 设置动作按钮

7. 在幻灯片中添加动作按钮是为了(　　)

A. 实现演示文稿中幻灯片的跳转　　B. 利用动作按钮制作幻灯片

C. 使其具有更好的动画效果　　　　D. 利用动作按钮控制幻灯片的外观

5.5　幻灯片的模板和母版

5.5.1　使用模板设计幻灯片

为了使幻灯片的整体效果美观大方，用户可以对幻灯片外观进行设置。

1. 使用程序提供的在线模板

WPS 演示提供了丰富的在线设计模板文件，用户可以直接下载使用。在线模板分为收费和免费两类，下面以使用免费模板为例，应用设计模板的操作步骤如下。

(1) 单击"设计"选项卡，出现"设计"工具栏选项组，在设计选项卡中单击　智能美化　选项中的向下三角形，再单击"全文换肤"，在"全文换肤"对话框中列出了可以应用的设计模板，如图 5-31 所示。

图 5-31　"全文换肤"对话框

(2) 选中其中的一个主题，单击"预览"完成，按照用户的需要也可以单击"整齐布局"。

配色方案是一组可用于演示文稿的预设颜色。整个幻灯片可以使用一个色彩方案，也可以分成若干个部分，每个部分使用不同的色彩方案。

(3) 单击"设计"选项卡，出现"设计"工具栏选项组，在设计选项卡中单击　配色方案，选项中的向下三角形，再单击"更多颜色"，显示出主题，"配色文案"与"主题色"选择界面如图 5-32 所示。

图 5-32　"配色文案"与"主题色"选择界面

选择自己喜欢的配色方案，下载并使用，整个文稿都应用了这种配色。

2. 使用专业 PTT 模板

除了使用程序提供的在线模板外，用户还可以从一些专业的 PPT 设计网站下载模板文件供我们使用。将模板文件导入演示文稿的方法如下。

(1) 打开或新建演示文稿，在"设计"选项卡中单击"导入模板"按钮，如图 5-33 所示。

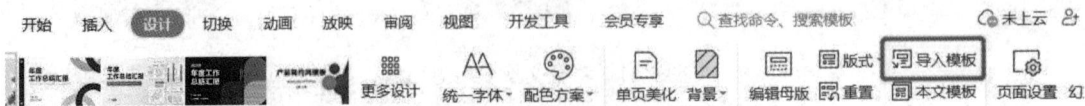

图 5-33　导入模板

(2) 弹出"应用设计模板"对话框，选中要导入的模板文件，单击"打开"按钮，如图 5-34 所示。

图 5-34　应用设计模板

5.5.2　使用母版设计幻灯片

前面我们学习了幻灯片模板的使用，模板中那些统一的背景以及插图等元素是如何实现的呢？这就需要了解幻灯片母版的相关知识。

1. 认识幻灯片母版

幻灯片母版是一种视图方式，它类似于演示文稿的"后台"，通过它可以对幻灯片中的各个版式进行编辑。我们在编辑幻灯片时，输入的内容或插入的对象只会在某一张幻灯片中显示，而通过母版对版式进行编辑，其内容则会应用到所有使用该版式的幻灯片中。在"视图"选项卡中单击"幻灯片母版"按钮，即可进入母版视图。

进入母版视图后，在目录区中可以看到 1 张主幻灯片及 10 张子幻灯片，其中 10 张子幻灯片分别对应幻灯片的 10 个版式。对主幻灯片进行的所有编辑，均会应用到这 10 张子幻灯片中，我们也可以分别对每个子幻灯片母版进行单独编辑，如图 5-35 所示。

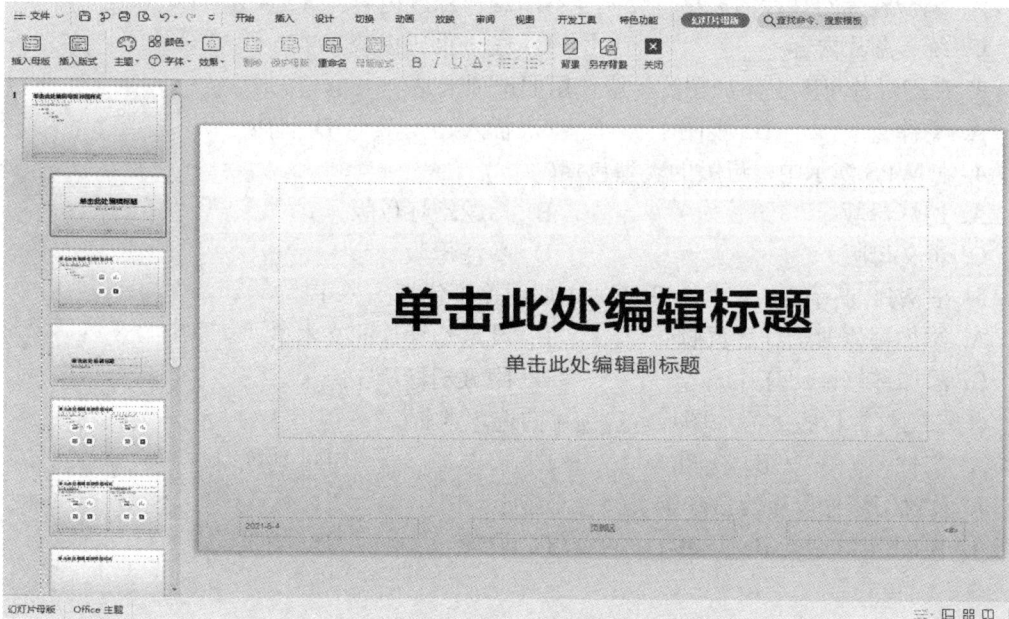

图 5-35　幻灯片母版

2. 编辑母版

下面我们通过实例介绍幻灯片母版的基本使用方法以及如何将母版保存为模板。

进入母版视图，单"设计"项卡中的"编辑母版"按钮，如图 5-36 所示。

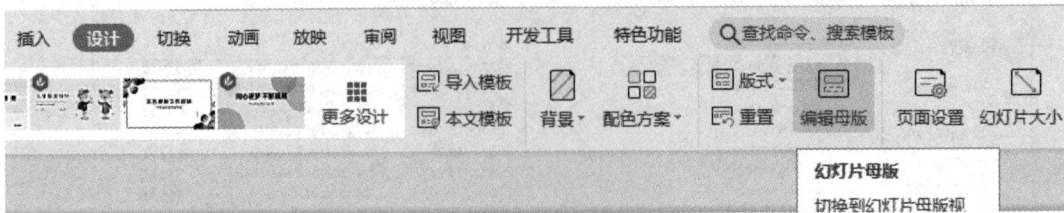

图 5-36　编辑母版

在目录区中选中主幻灯片母版，单击"幻灯片母版"选项卡中的"背景"按钮。弹出"填充"窗格，选择填充方式为"渐变填充"，分别设置渐变样式、角度和色标颜色。

母版制作完成后，可以将其保存为模板以便日后使用。选择"文件"→"另存为"→"WPS 演示模板文件(*.dpt)"命令。

【训练场】

1. 在 WPS 演示中，关于幻灯片母版，描述正确的是(　　　)。

A. 可以在幻灯片母版视图中插入多个版式

B. 可以将演示文稿另存为模板文件

C. 可以在幻灯片母版视图中插入多个母版

D. 可以为幻灯片母版应用已有的主题

2. 在幻灯片母版设置中，可以起到(　　　)的作用。

A. 统一整套幻灯片的风格　　　　　B. 统一标题内容

C. 统一图片内容　　　　　　　　　D. 统一页码内容

3. 在幻灯片母版上添加图片，应使用的选项卡是(　　　)。

A. 文件　　　　　B. 视图　　　　　C. 插入　　　　　　D. 切换

4. 在 WPS 演示中，母版的类型包括(　　　)

A. 幻灯母版　　　　　　　　　　　B. 标题幻灯母版

C. 讲义母版　　　　　　　　　　　D. 备注母版

5. 在 WPS 演示中，幻灯片母版的主要用途不包括(　　　)

A. 添加并修改幻灯片页脚　　　　　B. 设定幻灯片的文本格式

C. 添加并修饰幻灯片编号　　　　　D. 隐藏幻灯片

6. 在幻灯片母版上添加图片，应使用的选项卡是(　　　)。

A. 文件　　　　　B. 视图　　　　　C. 插入　　　　　　D. 切换

7. 设置幻灯片母版的命令位于(　　　)选项卡中。

A. 视图　　　　　B. 开始　　　　　C. 设计　　　　　　D. 插入

模块 6 计算机网络与信息安全

计算机网络是计算机和通信技术紧密结合并不断发展的产物。它的理论发展和应用水平直接反映了一个国家高新技术的发展水平，也是一个国家现代化程度和综合国力的重要标志。在以信息化带动工业化和工业化促进信息化的进程中，计算机网络扮演了越来越重要的角色。

ISO(国际标准化组织)对信息安全的定义是：在技术上和管理上为数据处理系统建立的安全保护，保护计算机硬件、软件以及数据不因偶然和恶意的原因而遭到破坏、更改和泄露。

随着网络技术的发展，生活方式呈现出简单和快捷性，但其背后也伴有诸多信息安全隐患。例如诈骗电话、大学生"裸贷"问题、推销信息以及人肉搜索信息等均对个人信息安全造成影响。不法分子通过各类软件或者程序来盗取个人信息，并利用信息来获利，严重影响了公民生命、财产安全。此类问题多集中于日常生活，比如无权、过度或者是非法收集信息等情况。除了政府和得到批准的企业，还有部分未经批准的商家或者个人对个人信息实施非法采集，甚至部分调查机构建立调查公司并肆意兜售个人信息。上述问题使得个人信息安全受到极大威胁，严重侵犯了公民的隐私权。了解并重视计算机网络及信息安全相关知识，建立较强的信息安全意识至关重要。

6.1 计 算 机 网 络

6.1.1 计算机网络的概念

1. 计算机网络的定义及功能

计算机网络是指将地理位置不同的、具有独立功能的多台计算机及其外部设备，通过通信线路连接，在网络操作系统、网络管理软件及网络通信协议的管理和协调下，实现资源共享和信息传递的计算机系统。

计算机网络的功能包括：

(1) 数据通信。计算机之间可以进行数据传送，方便信息交换。

(2) 资源共享。用户可以共享网络中其他计算机中的软件、数据和硬件资源。

(3) 分布式处理。借助于网络中的多台计算机协同完成大型的信息处理问题；分散在各部门的用户通过网络合作完成一项共同的任务。

(4) 提高系统的安全性和可靠性。当某台计算机出现故障时，网络中的其他计算机可以作为后备；当计算机负载过重时，可以将任务分配给网络中其他空闲的计算机，从而提高网络的安全性和可靠性。

网络游戏、网上教学、网上书店、网上购物、网上订票、网上电视直播、网上医院、网上证券交易、虚拟现实以及电子商务已走进人们的生活、学习和工作当中。这些典型的事例正是计算机网络强大功能和巨大作用的体现。随着网络技术的不断发展，各种网络应用将层出不穷，并将逐渐深入到社会的各个领域，改变人们的工作、学习、生活及思维方式。

2. 计算机网络的分类

计算机网络的分类方法有很多，下面按不同的标准对计算机网络进行分类。

(1) 按网络节点分布的不同，计算机网络可分为局域网(Local Area Network，LAN)、广域网(Wide Area Network，WAN)和城域网(Metropolitan Area Network，MAN)。

局域网是一种在小范围内实现的计算机网络，一般在一个建筑物内，或一个工厂、一个单位内部，为单位独有。局域网结构简单，布线容易。广域网范围很广，可以分布在一个省内、一个国家或几个国家，结构比较复杂。城域网是在一个城市内部组建的计算机信息网络，提供全市的信息服务。

(2) 按照网络拓扑结构的不同，计算机网络可分为环形网络、总线型网络、星形网络、树形网络和网状形网络。

3. 计算机网络的组成

计算机网络由以下五部分组成。

1) 服务器

服务器(Server)是网络的核心控制计算机，主要作用是管理网络资源并协助处理其他设备提交的任务，它拥有可供共享的数据和文件，为网上工作站提供服务。服务器一般由一台高档计算机担任，配有大容量硬盘和内存。网络操作系统主要运行在服务器上。通常网络中可以有一个服务器，也可以有多个服务器。服务器的运行效率直接影响到整个网络的性能。

服务器在网络中有不同的角色。例如，在局域网中支持共享打印机工作的打印服务器、提供文件服务的文件服务器、运行应用系统的应用服务器，以及数据库服务器、通信管理控制服务器等。在 Internet 上，有大量的提供不同类型信息服务的服务器，如 Web 服务器、Mail 服务器、FTP 服务器等。

2) 网络适配器

网络适配器也称为网卡(Network Interface Card，NIC)。为了将网络的各个节点连入网络中，需要在通信介质和数据处理设备(如计算机)之间用网络接口设备进行物理连接。这个网络接口设备就是网卡。网卡通常插在计算机的扩展槽中。网卡与传输电缆的连接有多种标准类型的接口，如双绞线接口等。

网卡的主要作用是完成数据的转换、信息包的组装、网络介质的访问控制、收发数据的缓存和网络信号的生成等。

3) 网络工作站

网络工作站是网络用户的工作终端，一般是指用户的计算机。网络工作站通过网卡向网络服务器申请获得资源后，用自己的处理器对资源进行加工处理，将信息显示在屏幕上或把处理结果送回服务器。网络中的工作站都是自治的，即本身是一台独立的计算机。

4) 网络互连设备

网络由网络互连设备互连而成。常用的网络互连设备包括交换机、路由器、网桥、网关等，如图 6-1 所示。

(a) 交换机   (b) 路由器

图 6-1 网络互连设备

5) 网络软件

网络软件是实现网络功能不可缺少的软件环境，主要包括网络协议软件、网络通信软件和网络操作系统。

网络协议软件是计算机网络中全部数据传输活动的规则和约定，用于规范和统一数据的传送和管理。

网络通信软件用于控制应用程序与各个站点进行的通信，并对大量的通信数据进行加工，管理各个工作站之间的信息通信。

网络通信软件是基于互联网的信息交流软件，如 QQ、微信、电子邮件程序、浏览器程序等。

网络操作系统是网络软件中最主要的软件，是网络的心脏和灵魂，能够管理整个网络的资源。从功能上讲，网络操作系统主要包括文件服务程序和网络接口程序。文件服务程序用于管理共享资源，即管理资源；网络接口程序用于管理工作站的应用程序对不同资源的访问，即管理通信。主流的网络操作系统有 Windows 服务器(如 Windows Server 2008 R2、Windows Server 2012、Windows Server 2019 等)、NetWare 系统、UNIX 系统、Linux 等。

4. IP 地址

1) IP 地址的概念

网络之间实现计算机的相互通信，必须有相应的地址标识，这个地址标识称为 IP 地址。IP 地址是唯一标识出主机所在的网络及网络中位置的编号。

2) IP 地址的组成

IP 地址采用了一种全局通用的地址格式。为每一个网络或每一台主机分配一个唯一的 IP 地址，以此屏蔽物理网络地址的差异。在 IPv4 标准中，IP 地址由 32 位二进制数组成。为了方便记忆，用 "." 将 32 位二进制数分成四段，每一段包含 8 个二进制位(一个字节)。例如：

11000100.10000001.00001000.01101100

为了书写和记忆方便，通常用点分十进制的形式来表示 32 位二进制数的 IP 地址，即把 IP 地址每 8 位以十进制数的形式表示出来，每段取值在 0～255 之间。所以，上述二进制数表示的 IP 地址用点分十进制表示为 196.129.8.108。

IP 地址唯一地标识了一台主机。一般情况下，IP 地址是唯一的，没有两台主机有相同的 IP 地址。但在特殊的情况下，例如，一台主机需要同时连入多个网络时，这台主机就可能有多个 IP 地址。

理论上，IPv4 标准可以提供 2^{32}(超过 40 亿)个地址，因此几乎可以为全球三分之二的用户提供一个唯一的 IP 地址。但随着 Internet 的发展，连入网络的设备越来越多，尤其是 PDA 设备、智能电器等逐渐成为 Internet 的用户终端时，IP 地址资源不足的问题就逐渐凸显出来。

3) IP 地址的分类

(1) A 类 IP 地址。一个 A 类 IP 地址是指在 IP 地址的四段号码中，第一段号码为网络号码，剩下的三段号码为本地计算机的号码。A 类 IP 地址中网络的标识长度为 8 位，主机的标识长度为 24 位。

一个 A 类 IP 地址由 1 字节的网络地址和 3 字节的主机地址组成，主要为大型网络而设计，网络地址的最高位必须是"0"，其中 0 代表任何地址，127 为回环测试地址，因此，A 类 IP 地址的实际范围是 1.0.0.0～126.255.255.255，默认子网掩码为 255.0.0.0。可用的 A 类网络有 127 个，每个网络能容纳 16 777 214 个主机。其中，127.0.0.1 是一个特殊的 IP 地址，表示主机本身，用于本地机器的测试。

(2) B 类 IP 地址。一个 B 类 IP 地址是指在 IP 地址的四段号码中，前两段号码为网络号码。B 类 IP 地址中网络的标识长度为 16 位，主机的标识长度为 16 位。B 类网络地址适用于中等规模的网络。可用的 B 类网络有 16 384 个，每个网络能容纳 6 万多个主机。B 类 IP 地址范围从 128.0.0.1 到 191.255.255.254。

(3) C 类 IP 地址。一个 C 类 IP 地址是指在 IP 地址的四段号码中，前三段号码为网络号码，剩下的一段号码为本地计算机的号码。C 类 IP 地址中网络的标识长度为 24 位，主机的标识长度为 8 位。C 类网络有 209 万余个。C 类网络地址适用于小规模的局域网络，每个网络最多只能包含 254 个主机。C 类 IP 地址范围从 192.0.0.1 到 223.255.255.254。

(4) D 类 IP 地址。D 类 IP 地址在历史上被叫作多播地址，也叫组播地址。在以太网中，多播地址的最高位必须是"1110"，IP 地址范围从 224.0.0.0 到 239.255.255.255。

(5) E 类 IP 地址。E 类 IP 地址是以"11110"开头的。E 类 IP 地址是保留地址，用于实验。

5. 网络测试

若要查看设置的 IP 地址等有关参数，可以通过 ipconfig 命令实现。

依次单击"开始"→"运行"命令，在"运行"对话框中键入"cmd"后确定将弹出虚拟 DOS 命令运行窗口。在命令提示符处输入 ipconfig 命令，按【Enter】键后即可看到目前各个连接的 IP 地址、默认网关等参数项目；如果需要更详细的信息(例如 DNS 地址、MAC 地址)，则可以使用 ipconfig/all 命令。

类似于"ipconfig"的网络测试命令，常用的还包括"ping"命令。

ping 命令用来检测网络是否连通以及测试与目的主机之间的连接速度。其格式如下：

    ping 目的主机的 IP 地址或主机名

例如，要测试与百度的连通状态，需要在命令提示符下输入命令：

    ping www.baidu.com

返回的测试结果如图 6-2 所示。

```
C:\Users\Administrator>ping www.baidu.com

正在 Ping www.baidu.com [36.152.44.96] 具有 32 字节的数据:
来自 36.152.44.96 的回复: 字节=32 时间=14ms TTL=56
来自 36.152.44.96 的回复: 字节=32 时间=15ms TTL=56
来自 36.152.44.96 的回复: 字节=32 时间=13ms TTL=56
来自 36.152.44.96 的回复: 字节=32 时间=14ms TTL=56

36.152.44.96 的 Ping 统计信息:
    数据包: 已发送 = 4, 已接收 = 4, 丢失 = 0 (0% 丢失),
往返行程的估计时间(以毫秒为单位):
    最短 = 13ms, 最长 = 15ms, 平均 = 14ms
```

图 6-2　测试结果

ping 命令自动向目的主机发送一个 32B 的测试数据包，并计算目的主机的响应时间。该过程在默认的情况下独立进行 4 次。响应时间低于 14 ms 即为正常；超过 400 ms 则表示较慢。

直接 ping IP 地址或网关，ping 会显示出图 6-2 所示的数据。其中，字节值表示数据包大小，也就是字节；时间值表示响应时间，这个时间越小，说明连接这个地址的速度越快。

6.1.2　设置计算机 IP 地址

在局域网的打印机共享网络设置中，经常需要用到静态 IP。下面在 Windows 10 系统下设置静态 IP 地址，也就是局域网中的电脑 IP 地址。具体操作步骤如下。

(1) 找到 Windows 10 系统右下角的无线网络标识，单击鼠标右键，在弹出的菜单中单击"打开'网络和 Internet'设置"，如图 6-3 所示。

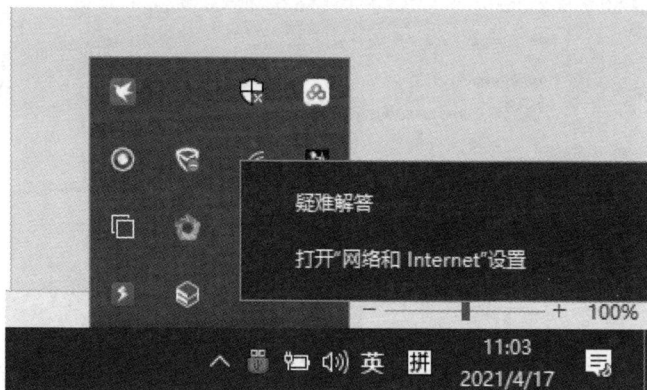

图 6-3　"打开'网络和 Internet'设置"选项

(2) 进入"网络状态"界面，如图 6-4 所示。

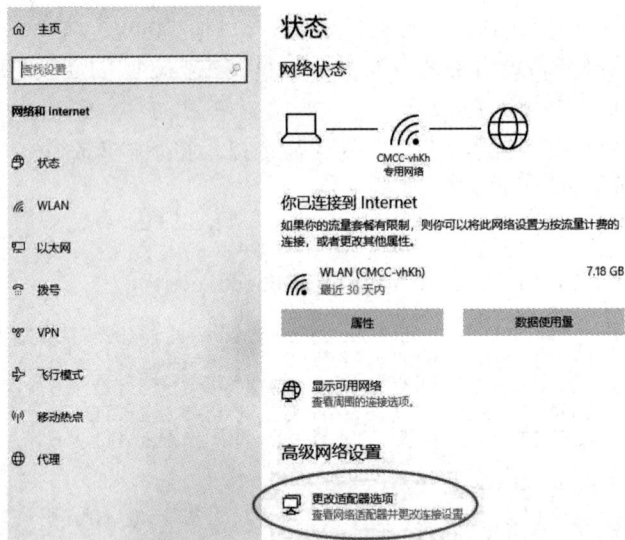

图 6-4　网络状态界面

(3) 单击"更改适配器选项"，弹出"网络连接"对话框，如图 6-5 所示。

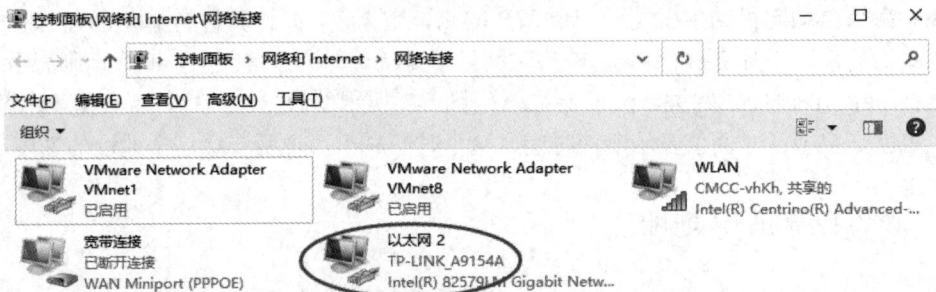

图 6-5　"网络连接"对话框

(4) 在弹出的"网络连接"对话框中右击以太网(这里是"以太网 2")，在弹出的级联菜单中选择"属性"，弹出"以太网 2 属性"对话框，如图 6-6 所示。

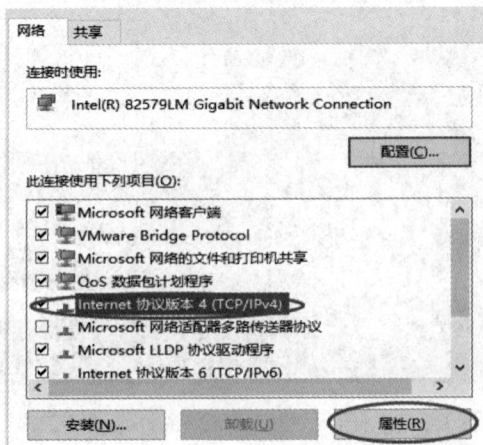

图 6-6　"以太网 2 属性"对话框

(5) 选中"Internet 协议版本 4(TCP/IPv4)"，再单击下方的"属性"，就可以看到 Windows 10 静态 IP 地址设置界面，默认状态是"自动获得 IP 地址"，这里勾选"使用下面的 IP 地址"和"使用下面的 DNS 服务器地址"，如图 6-7 所示，然后输入对应的 IP 和 DNS，完成后单击底部的"确定"保存即可。

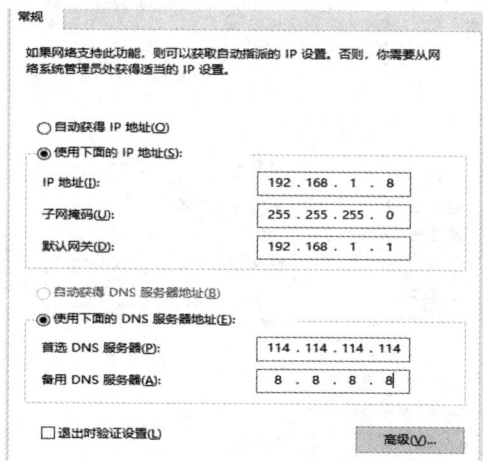

图 6-7　IP 地址设置

6.1.3　设置共享文件夹

通常情况下，Windows 10 系统用户都会使用 U 盘来共享文件资料。如果没有 U 盘，只要是在同一个区域网内(比如在家、宿舍或公司里等用同一个路由器以及同一 IP 段的情况)，就可以实现文件共享，便于计算机之间相互查看和下载文件。具体操作步骤如下。

1. 启用网络发现

(1) 直接按【Windows + E】组合键打开文件资源管理器(此电脑)。单击图 6-8 所示的左侧导航窗格底部的"网络"也可打开文件资源管理器(此电脑)。

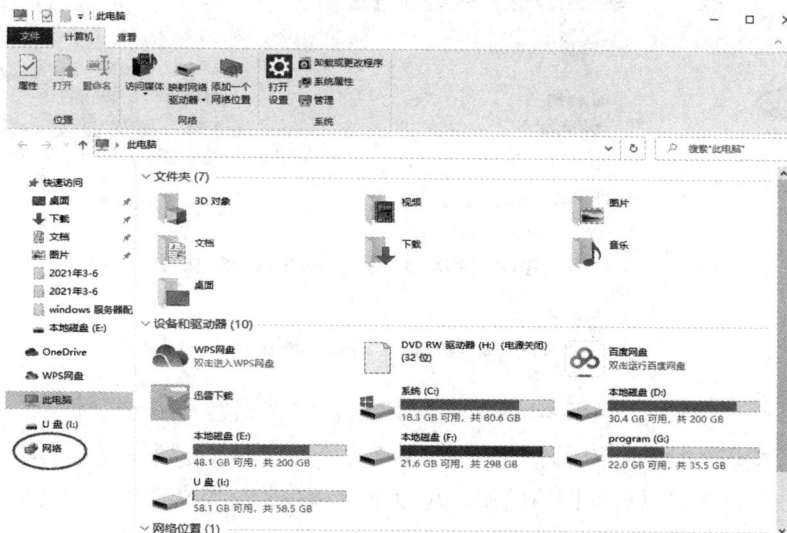

图 6-8　文件资源管理器

(2) 双击"网络"后弹出"网络文件"对话框,如图 6-9 所示。

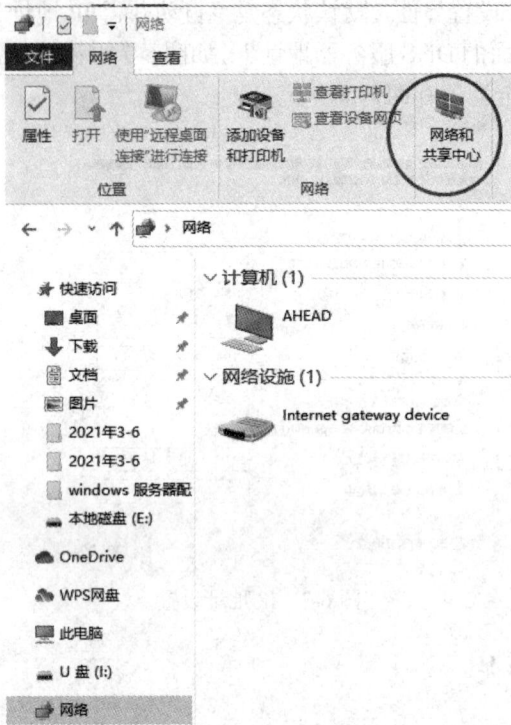

图 6-9　"网络文件"对话框

(3) 双击"网络和共享中心"后,弹出"网络和共享中心"对话框,如图 6-10 所示。

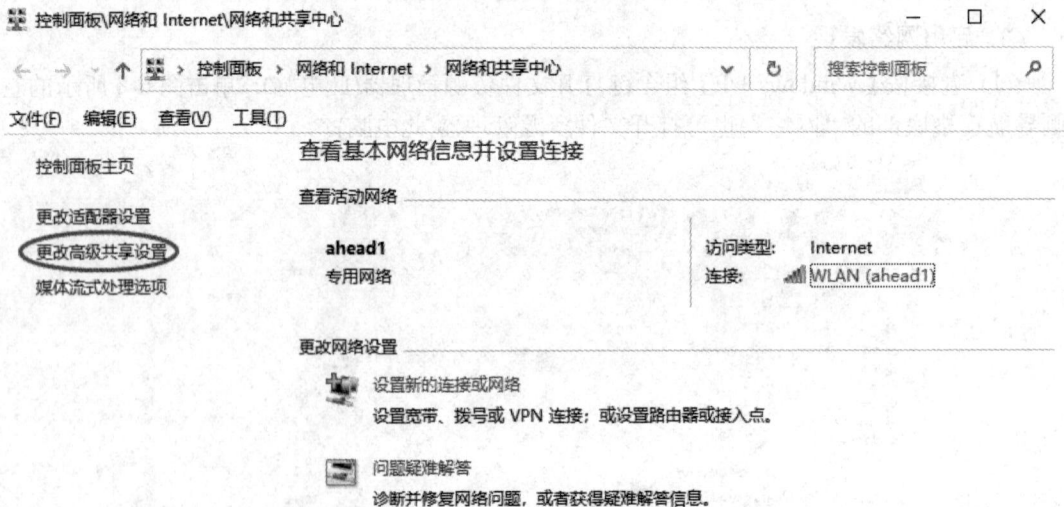

图 6-10　"网络和共享中心"对话框

(4) 双击"更改高级共享设置",打开"高级共享设置"对话框,如图 6-11 所示,分别选中"启用共享以便可以访问网络的用户可以读取和写入公用文件夹中的文件""无密码保护的共享"。

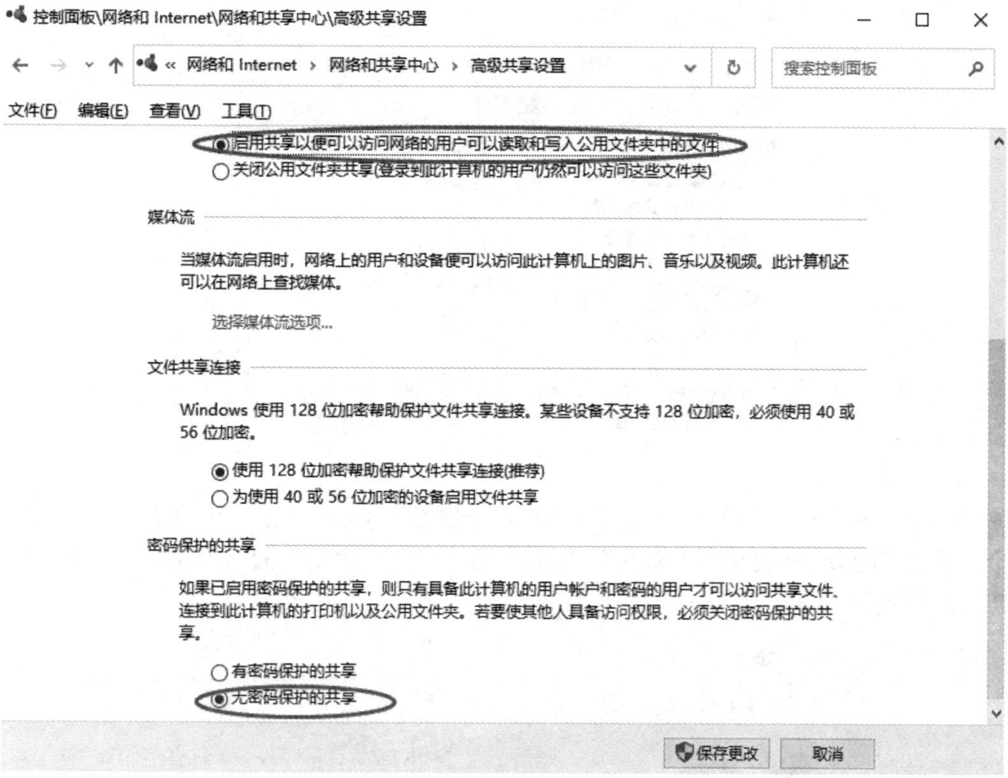

图 6-11　"高级共享设置"对话框

2. 开启 Guest 访客模式

(1) 鼠标右击"此电脑",选择"管理",如图 6-12 所示。

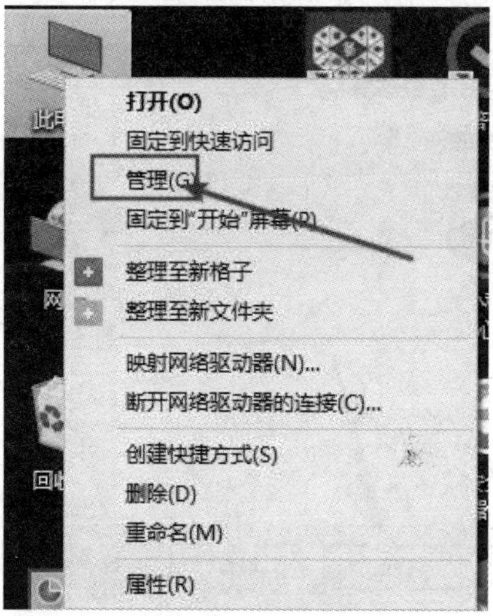

图 6-12　电脑管理

(2) 打开"计算机管理"页面,依次展开"系统工具"→"本地用户和组"→"用户",如图 6-13 所示。

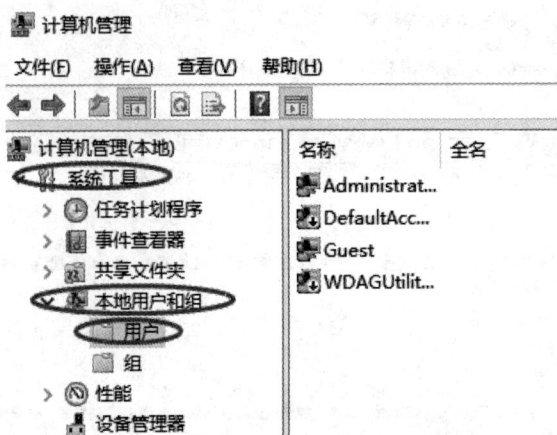

图 6-13　"计算机管理"页面

(3) 在图 6-13 的右侧可以看到全部用户，一般都有 Guest 账户，如果没有，需要添加一个。鼠标右击 Guest 再单击"属性"，然后取消"账户已禁用"的勾选状态，单击"确定"按钮，如图 6-14 所示。

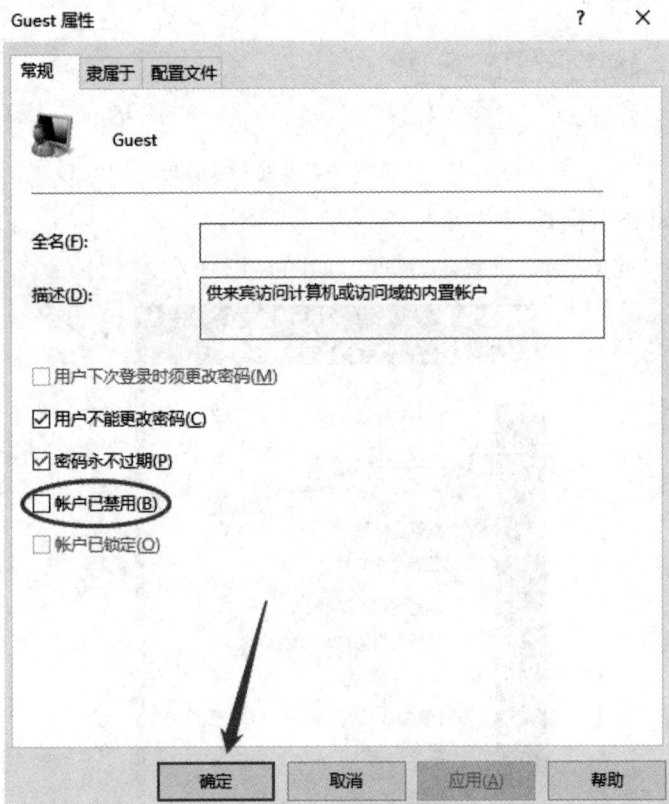

图 6-14　Guest 属性

3. 设置共享文件夹

(1) 鼠标右击需要共享的文件夹，单击"授予访问权限"→"特定用户"，如图 6-15 所示。

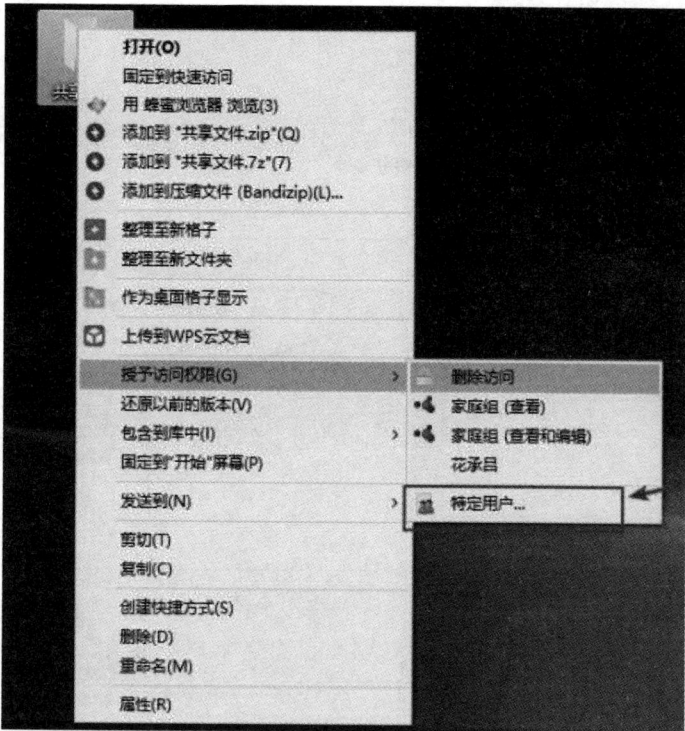

图 6-15　共享设置

(2) 出现搜索框，单击下拉图标，选择 "Everyone"，然后单击 "添加" 按钮，如图 6-16 所示。

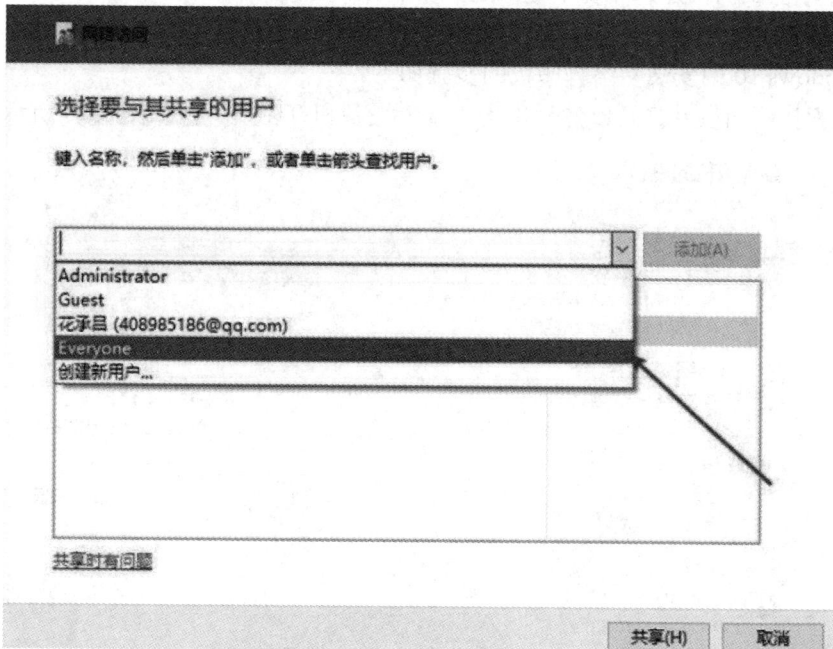

图 6-16　网络访问

(3) 设置权限是"读取"还是"写入",然后单击"共享"按钮完成文件夹共享,如图 6-17 所示。

选择要与其共享的用户

键入名称,然后单击"添加",或者单击箭头查找用户。

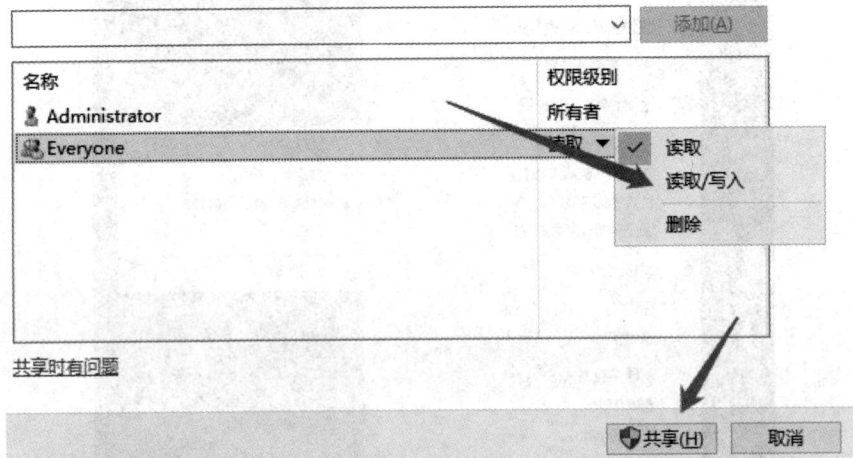

	添加(A)

名称	权限级别
👤 Administrator	所有者
👥 Everyone	读取 ▼

✓ 读取
读取/写入
删除

共享时有问题

🛡️共享(H)　　取消

图 6-17　设置权限

6.1.4　安装共享打印机

网络打印机在现代办公环境中越来越流行,它不依赖主机共享,是网络里独立的单元,可以随时恭候打印命令。连接打印机的电脑必须同打印机在同一网络下。

在 Windows 10 中安装网络打印机的步骤如下。

(1) 搜索控制面板并打开,然后单击"查看设备和打印机",如图 6-18 所示。

调整计算机的设置

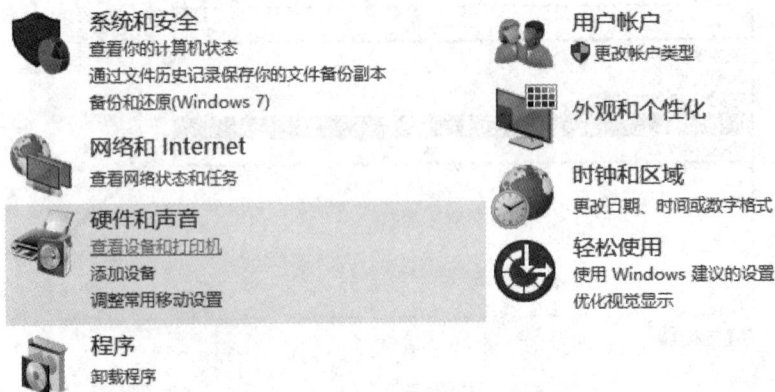

系统和安全
查看你的计算机状态
通过文件历史记录保存你的文件备份副本
备份和还原(Windows 7)

网络和 Internet
查看网络状态和任务

硬件和声音
查看设备和打印机
添加设备
调整常用移动设置

程序
卸载程序

用户帐户
🛡️更改帐户类型

外观和个性化

时钟和区域
更改日期、时间或数字格式

轻松使用
使用 Windows 建议的设置
优化视觉显示

图 6-18　控制面板

(2) 打开之后,再单击"添加打印机"选项,如图 6-19 所示。

文件(F)　编辑(E)　查看(V)　工具(T)

添加设备　添加打印机

∨ 打印机 (7)

Fax　打印机状态: 队列中有 0 个文档　icrosoft Print　Microsoft XPS　OneNote
　　状态: A4,纵向　to PDF　Document　(Desktop)
　　Pro MFP　　　　　　Writer
　　M226dw

∨ 设备 (3)

2.4G Mouse　AHEAD　MiniKing

10 个项目

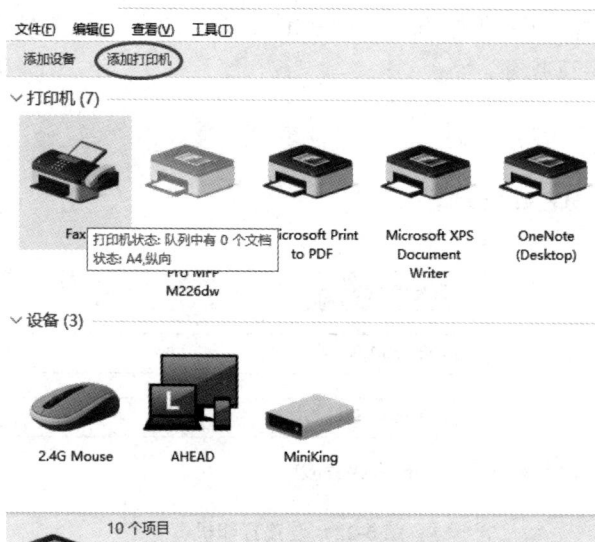

图 6-19　"添加打印机"选项

(3) 搜索打印机，并对比名称型号。如果未搜索到，则选择"我所需的打印机未列出"，如图 6-20 所示。

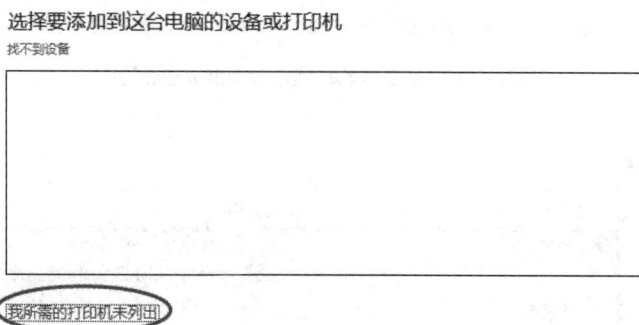

选择要添加到这台电脑的设备或打印机

找不到设备

我所需的打印机未列出

图 6-20　添加设备或打印机

(4) 如图 6-21 所示，选择"使用 TCP/IP 地址或主机名添加打印机"，再单击"下一步"。

按其他选项查找打印机

○ 我的打印机有点老。请帮我找到它。(R)

○ 按名称选择共享打印机(S)

　　　　　　　　　　　　　　　　　　　　　　　　　　浏览(R)...

示例: \\computername\printername 或
http://computername/printers/printername/.printer

◉ 使用 TCP/IP 地址或主机名添加打印机(I)

○ 添加可检测到蓝牙、无线或网络的打印机(L)

○ 通过手动设置添加本地打印机或网络打印机(O)

图 6-21　查找打印机

　　(5) 在"设备类型"下拉框中选择"TCP/IP 设备"，在"主机名或 IP 地址"中输入网络打印机的 IP，如图 6-22 所示。

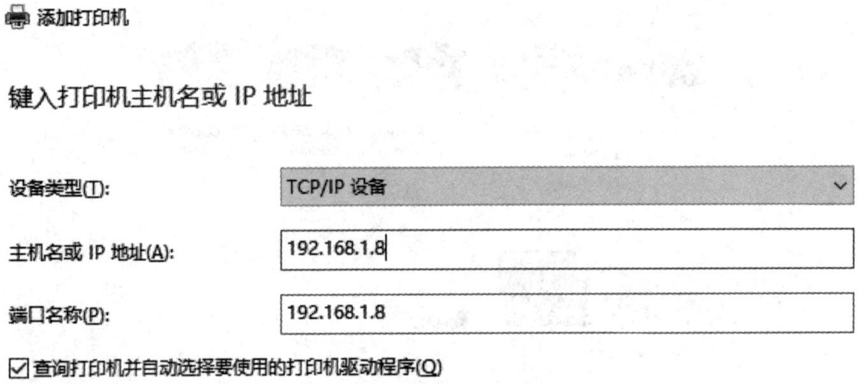

　　🖶 添加打印机

　　键入打印机主机名或 IP 地址

设备类型(T):	TCP/IP 设备 ⌄
主机名或 IP 地址(A):	192.168.1.8
端口名称(P):	192.168.1.8

　　☑ 查询打印机并自动选择要使用的打印机驱动程序(Q)

图 6-22　设置打印机

　　(6) 在安装打印机驱动界面中，可以先查找 Windows 中自带的驱动程序是否存在，如果不存在，可以去下载打印机驱动程序，解压后从磁盘安装，如图 6-23 所示。

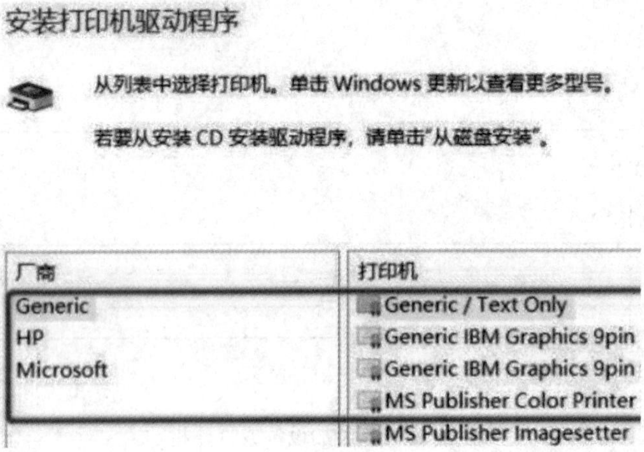

　　安装打印机驱动程序

　　🖨　从列表中选择打印机。单击 Windows 更新以查看更多型号。

　　　　若要从安装 CD 安装驱动程序，请单击"从磁盘安装"。

厂商	打印机
Generic	🖨 Generic / Text Only
HP	🖨 Generic IBM Graphics 9pin
Microsoft	🖨 Generic IBM Graphics 9pin
	🖨 MS Publisher Color Printer
	🖨 MS Publisher Imagesetter

图 6-23　安装打印机驱动程序

　　(7) 安装好打印机驱动程序后，在网络正常的情况下就可以打印了。

【训练场】

　　1. 计算机网络给人们带来了极大的便利，其基本功能是(　　)。
　　A. 安全性好　　　　　　　　　　B. 运算速度快
　　C. 内存容量大　　　　　　　　　D. 数据传输和资源共享
　　2. IP 地址是计算机在因特网中的唯一识别标志，IP 地址中的每一段使用十进制描述时其范围是(　　)。
　　A. 0～128　　　　B. 0～255　　　　C. −127～127　　　　D. 1～256
　　3. 表示局域网的英文缩写是(　　)。
　　A. WAN　　　　　B. LAN　　　　　C. MAN　　　　　D. USB

4. 计算机网络分为广域网、城域网、局域网，其划分的主要依据是网络的(　　)。

A. 拓扑结构　　　　B. 控制方式　　　　C. 作用范围　　　　D. 传输介质

5. 下列属于计算机网络所特有的设备是(　　)。

A. 光盘驱动器　　　B. 鼠标器　　　　　C. 显示器　　　　　D. 服务器

6. 计算机网络的重要功能是资源共享，这些资源包括(　　)。

A. 硬件资源　　　　B. 软件资源　　　　C. 数据资源　　　　D. 信道资源

7. 计算机网络的构成可以分为(　　)和网络硬件两类。

A. 计算机　　　　　B. 传输介质　　　　C. 网络软件　　　　D. 操作系统

8. 计算机网络使用的通信介质包括(　　)类型。

A. 电缆、光纤和双绞线　　　　　　　B. 有线介质和无线介质

C. 光纤和微波　　　　　　　　　　　D. 卫星和电缆

6.2　因　特　网

因特网(Internet)是目前世界上最大的国际性互联网络。只要经过有关管理机构的许可并遵守有关的规定，使用 TCP/IP 通过互连设备就可以接入因特网。

接入因特网需要向因特网服务供应商(Internet Service Provider，ISP)提出申请。ISP 的服务主要是指因特网接入服务，即通过网络连线把计算机或其他终端设备接入因特网，如中国电信、中国移动、中国联通等的数据业务部门。

6.2.1　域名系统

由于用 4 个十进制数表示的 IP 地址不便于记忆和使用，Internet 推出了域名。域名与 IP 地址的关系就如同一个人的名字和其身份证号码的关系一样。用户可以按 IP 地址访问主机，也可以按域名访问主机。一个 IP 地址可以对应多个域名，一个域名只能对应一个 IP 地址，主机从一个物理网络移到另一个网络时，其 IP 地址必须更换，但可以保留原来的域名。

通常 Internet 主机域名的一般结构为"主机名 + 域名"，其中域名包括四级域名、三级域名、二级域名、顶级域名，根域名依次递增，每一层构成一个子域名，其表示形式为"主机名.网络名.机构名.顶级域名"。顶级域名分为组织机构和地理模式两类。表示组织机构的域名有 ac(代表科研机构)、com(代表商业机构)、edu(代表教育机构)、gov(代表政府机构)、net(代表网络服务机构)等；地理域名表示使用国家或地区，如 cn 代表中国，uk 代表英国，jp 代表日本等。

Internet 的顶级域名由 Internet 网络协会域名注册查询负责网络地址分配的委员会进行登记和管理，它还为 Internet 的每一台主机分配唯一的 IP 地址。根域名服务器中记录了全世界中所有的顶级域名。全球只有 13 个这样的根域名服务器：1 个为主根服务器，放置在美国；其余 12 个为辅根服务器，其中 9 个放置在美国，英国、瑞典、日本各放置 1 个。

将主机域名翻译成主机 IP 地址的软件称为域名系统(DNS)。

6.2.2　因特网接入

1. xDSL 接入

DSL 是数字用户线技术，可以利用双绞线高速传输数据。现有的 DSL 技术已有多种，如 HDSL、ADSL、VDSL、SDSL 等。中国电信为用户提供了 HDSL、ADSL 接入技术。这里仅介绍 ADSL。ADSL(非对称式数字用户线路)采用了先进的数字处理技术，将上传频道、下载频道和语音频道的频段分开，在一条电话线上同时传输三种不同频段的数据，能够实现数字信号与模拟信号同时在电话线上的传输。主机通过 DSL Modem 连接到电话线，再连接到 ISP，通过 ISP 连接到 Internet。

2. 无线接入

由于铺设光纤的费用很高，对于需要宽带接入的用户，一些城市提供无线接入。用户通过高频天线和 ISP 连接，距离在 10 km 左右，带宽为 2～11 Mb/s。无线接入费用低廉，但是受地形和距离的限制，适合城市里距离 ISP 不远的用户。

3. 光纤接入

光纤能提供 100～1000 Mb/s 的宽带接入，具有通信容量大、损耗低、不受电磁干扰的优点，能够确保通信畅通无阻，是目前主流的接入方式。

6.2.3　WWW 服务

WWW 指万维网，是 World Wide Web 的英文缩写，意思是世界范围的网。万维网采用 B/S 工作模式。万维网的网页是一种"超文本文件"，是用超文本标记语言(HTML)编写的。在 WWW 中，每一信息资源都有唯一的地址，该地址就叫统一资源定位符(URL)。统一资源定位符表明某网页在网络中的位置。URL 是用来为 Internet 上的某个网页或某个文件定位的一串字符，完整的格式为"协议名称://主机名/目录名/文件名"。例如，http://www.baidu.com/index.html。

搜索引擎是一个提供信息检索服务的网站，它能从互联网提取各个网站的信息(以网页文字为主)并建立起数据库，还能检索与用户查询条件相匹配的记录，按一定的排列顺序返回结果。全文搜索引擎是目前广泛应用的主流搜索引擎，如 Google、百度等。

我们经常需要用百度来查找信息。但是，网上的信息非常多，如何才能快速找到我们需要的信息呢? 下面介绍一些百度搜索的技巧。

1. 搜索完整不可拆分的关键词

将关键词用双引号或者书名号括起来，这样，得到的搜索结果中会包含完整的关键词。例如搜索"笔记本电脑"和《笔记本电脑》，这样"笔记本电脑"是不会被拆分成"笔记本"和"电脑"两个词再检索的。

2. 指定搜索网站标题内容

在搜索框中添加关键词"intitle"，格式为"intitle：标题关键词"，这样，得到的搜索结果中网站的标题一定会包含标题关键词。如搜索"intitle：信息技术"。

3. 指定网址搜索

在搜索框中添加关键词"site"，格式为"关键词 site：网址"，这样，得到的搜索结果是限定在"网址"所示网站下的内容。如搜索"电脑 site：www.baidu.com"。

4. 指定文件类型搜索

在搜索框中添加关键词"filetype"，格式为"关键词 filetype：文件后缀名"，这样，得到的搜索结果是限定在指定的文件类型中的内容。如搜索"销售 filetype：xls"。

5. 增加、排除关键词

增加关键词需要在搜索框中添加一个标识符"+"，格式为"关键词+附加关键词"，这样，得到的搜索结果为有附加关键词和关键词同时存在的网站。如搜索"足球+篮球"。

排除关键词需要在搜索框中添加标识符"−"，格式为"关键词−排除关键词"，这样，得到的搜索结果不会出现有排除关键词的网站。如搜索"足球−篮球"。

6.2.4　FTP 服务

文件传输协议(FTP)是因特网上重要的服务之一。FTP 也是 TCP/IP 中的一种，使用 TCP。FTP 一般采用 C/S 工作模式。有三种途径可以进行 FTP：

(1) 使用 Windows 自带的 FTP 命令。

(2) 使用 IE 浏览器在 IE 地址栏中输入"ftp：//[用户名：口令@]FTP 服务器域名"格式的 URL 地址。

(3) 安装并运行专门的 FTP 客户程序。

6.2.5　Telnet 服务

Telnet 服务是指本地计算机通过 Internet 访问远程计算机上的硬件资源、软件资源和信息资源的过程。对于限制公开访问的远程主机，登录时要输入用户名和密码。Telnet 也是 TCP/IP 中的一种，采用 C/S 工作模式。

6.2.6　E-mail 服务

POP3(邮件协议版本 3)用来接收电子邮件。SMTP(简单邮件传输协议)用来发送电子邮件。E-mail 地址的统一格式是"用户名@域名"，其中"用户名"是用户申请的账号，"域名"是 E-mail 服务器的域名，如 apple123@163.com。电子邮件服务基于 C/S 模式，其工作过程如下：邮件客户端和邮件服务器通过 POP3 和 IMAP(Internet 邮件访问协议)收取邮件；通过 SMTP 传输邮件内容，实现邮件信息交换。SMTP 通过用户代理(UA)和邮件传输代理程序(MTA)实现邮件的传输。发送方编辑完毕的电子邮件发送给当地的邮件服务器，邮件服务器收到客户送来的邮件，根据收件人的邮件地址发送到对方的邮件服务器中。对方的邮件服务器接收到其他邮件服务器发来的邮件，并根据邮件地址分发到相应的电子邮箱中，这样接收方可通过电子邮箱来读取邮件，并对它们进行相关的处理。

【训练场】

1. 在计算机网络中，TCP/IP 是一组(　　)。

A. 支持异种类型的计算机(网络)互连的通信协议

B. 广域网技术

C. 支持同类型的计算机(网络)互连的通信协议

D. 局域网技术

2. 在 WWW 服务中,我们想用客户机浏览服务器提供的网页,则需要在客户机上安装(　　)。

A. Office　　　　B. 阅读器　　　　C. 浏览器　　　　D. 服务器

3. 在 Internet 中,某 WWW 服务器提供的网页地址为 http：//www.microsoft.com,其中的 "http" 指的是(　　)。

A. WWW 服务器主机名　　　　　　B. 访问类型为文件传输协议

C. 访问类型为超文本传输协议　　　D. WWW 服务器域名

4. Telnet 通过 TCP/IP 在客户机和远程登录服务器之间建立一个基于(　　)的连接。

A. TCP　　　　B. ARP　　　　C. RARP　　　　D. UDP

5. 邮件接收服务器是(　　)。

A. POP3　　　　B. WWW　　　　C. SMTP　　　　D. NAT

6. 某用户在域名为 mail.shangmao.edu.cn 的邮件服务器上申请了一个账号,账号名为 Xing,那么该用户的电子邮件地址为(　　)。

A. mail.shangmaoeaunaxing　　　　　B. mail.shangmao.edu.cn%Xing

C. Xing%mail.shangmao.edu.cn　　　 D. Xing@mail.shangmao.edu.cn

7. 因特网中用于文件传输的协议是(　　)。

A. telnet　　　　B. BBS　　　　C. WWW　　　　D. FTP

6.3　信　息　安　全

6.3.1　信息安全概述

信息安全的任务是保证信息功能的实现。信息安全的主要目标是保护信息的保密性、完整性、真实性和不可否认性。

1. 信息安全的要素

(1) 保密性：指网络中的信息不被非授权实体获取与使用。

保密的信息包括两方面：其一是存储在计算机系统中的信息,使用访问控制机制,也可以进行加密增加安全性；其二是网络中传输的信息,使用加密机制。

(2) 完整性：指数据未经授权不能进行改变的特性,即信息在存储或传输过程中保持不被修改、不被破坏和丢失的特性。数据的完整性还要求数据的来源具有正确性和可信性,即数据是真实可信的。解决手段是数据完整性机制。

(3) 真实性：保证以数字身份进行操作的操作者就是这个数字身份的合法拥有者,也就是说,保证操作者的物理身份与数字身份相对应。解决手段是身份认证机制。

(4) 不可否认性(或不可抵赖性)：指信息的发送方不能否认发送过信息,信息的接收方不能否认接收过信息。解决手段是数字签名机制。

2. 信息安全技术实施遵守的原则

为了达到信息安全的目标，各种信息安全技术的使用必须遵守一定原则。其中，最小化原则、分权制衡原则和安全隔离原则是最基本的原则。

(1) 最小化原则：受保护的敏感信息只能在一定范围内被共享，履行工作职责和职能的安全主体，在法律和相关安全策略允许的前提下，为满足工作需要仅授予其访问信息的适当权限。

(2) 分权制衡原则：在信息系统中，对所有权限应该进行适当划分，使每个授权主体只能拥有其中一部分权限，使他们之间相互制约、相互监督，共同保证信息系统的安全。

(3) 安全隔离原则：隔离和控制是实现信息安全的基本方法，而隔离是进行控制的基础。信息安全的一个基本策略就是将信息的主体与客体分离，按照一定的安全策略，在可控和安全的前提下实施主体对客体的访问。

3. 信息安全面临的威胁

信息安全所面临的威胁来自很多方面，这些威胁大致可分为自然威胁和人为威胁。自然威胁指那些来自自然灾害、恶劣的场地环境、电磁辐射和电磁干扰、网络设备自然老化等的威胁。自然威胁往往带有不可抗拒性。人为威胁包括人为攻击、安全缺陷、软件漏洞和结构隐患。

4. 信息安全防范

信息安全防范的基本方法包含物理防范和逻辑防范。物理防范可以从环境维护、防盗、防火、防静电、防雷击、防电磁泄漏几个方面着手。逻辑防范可以从访问控制和信息加密方面着手。访问控制通过用户身份的识别和认证，可以鉴别合法用户和非法用户，从而阻止非法用户的访问。也可以通过访问权限来控制，即对用户访问哪些资源，对资源的使用权限等加以控制。信息加密常用的方法有数据加密和数字签名。

6.3.2　计算机病毒及防范

1. 计算机病毒的定义

计算机病毒有很多种定义，从广义上讲，凡是能引起计算机故障，破坏计算机中数据的程序，统称为计算机病毒。《中华人民共和国计算机信息系统安全保护条例》中对计算机病毒的定义是："编制或者在计算机程序中插入的破坏计算机功能或者损坏数据，影响计算机使用，并能自我复制的一组计算机指令或者程序代码。"此定义在我国具有法律性和权威性。

2. 计算机病毒的特点

(1) 传染性。计算机病毒可以将自身的复制品或变种通过内存、磁盘、网络等传染到符合其病毒机制的文件数据或系统的某一部分中。

(2) 隐藏性、潜伏性。病毒进入机器和文件后一般不立刻激发，而是附在感染的文件上或插入文件中，满足激发条件时才被激发。未激发前，病毒可能在系统或文件中没有任何症状，不影响系统或文件的正常运行。

(3) 激发性、破坏性。不同的病毒，激发条件是不同的。激发条件可以是某个时间、日期或某个操作等。当满足病毒激发条件时，被感染的文件或系统将被破坏。病毒可以破坏系统的引导文件，可以删除、修改文件或数据，或者占用系统资源，干扰机器的正常运行。

3. 计算机病毒的分类

目前出现的计算机病毒种类繁多，同时，一种病毒也可能产生多种变形。根据计算机病毒的特征和表现的不同，计算机病毒有多种分类方法。常用的两种分类方法按传染方式和危害程度进行分类。

传染是计算机病毒的一个主要特征。计算机病毒按其传染方式可分为 3 种类型，分别是引导型病毒、文件型病毒和混合型病毒。引导型病毒指传染计算机系统磁盘引导程序的计算机病毒。它是一种开机即可启动的病毒，影响系统工作效率。文件型病毒指传染可执行文件(如.COM 和.EXE)的计算机病毒。在用户调用染毒的执行文件时，病毒被激活。混合型病毒指既传染可执行文件又传染引导程序的计算机病毒。它兼有文件型病毒和引导型病毒的特点。因此，混合型病毒的破坏性更大，传染的机会多，查杀病毒更困难。

计算机病毒按其危害程度可分为 3 种类型，分别为良性病毒、恶性病毒和中性病毒。良性病毒又称为表现型病毒，它不破坏计算机系统的资源，对系统的危害较小，但它会干扰计算机的正常运行，或将文件的长度增加以占用内存或磁盘空间。恶性病毒又称为破坏型病毒，它的目的就是对计算机的软件和硬件进行恶意攻击，使系统遭到严重的破坏。中性病毒是指那些既不对计算机系统造成直接破坏，又没有表现症状，只是疯狂地复制自身的计算机病毒，也就是常说的蠕虫病毒。

4. 计算机病毒的传染途径

计算机病毒的传播主要通过文件拷贝、文件传送、文件执行等方式进行，文件拷贝与文件传送需要传输媒介，文件执行则是病毒感染的必然途径(Word、Excel 等宏病毒通过Word、Excel 调用间接地执行)，因此，病毒传播与文件传播媒体的变化有着直接关系。

计算机病毒的传染途径主要有以下几种。

(1) 磁介质。磁介质一般是硬盘、U 盘、移动硬盘，它是传染计算机病毒的主要渠道。病毒先是隐藏在其上，当使用染有病毒的硬盘、U 盘、移动硬盘时，病毒首先进入系统，寻找符合传染条件的文件，将病毒传染到硬盘、U 盘、移动硬盘上。

(2) 光介质。光介质是光盘中存储了大量的可执行文件，大量的病毒就有可能藏身于光盘。对只读式光盘，不能进行写操作，因此光盘上的病毒不能清除。

(3) 网络。网络是传染计算机病毒的主要桥梁，病毒可以通过计算机网络传染到网上的计算机。例如，计算机病毒可以附着在正常文件中，当用户从网络另一端得到一个被感染的程序，并在用户的计算机上未加任何防护措施的情况下运行它时，病毒就传染开来了。

5. 计算机中毒的症状

从目前发现的病毒来看，当计算机出现以下症状时，说明计算机有可能感染了病毒。

(1) 计算机动作比平常迟钝，程序载入时间较长。

(2) 硬盘的指示灯无缘无故地亮了。

(3) 系统存储容量忽然大量减少。

(4) 磁盘可利用空间突然减少。

(5) 可执行文件的长度增加了。

(6) 坏磁道增加。

(7) 死机现象增多或系统异常动作。

(8) 文档奇怪地消失,文档内容被加一些奇怪的资料。文档名称、扩展名、日期或属性被更改过。

(9) 破坏键盘输入程序,使用户的正常输入出现错误。

(10) 占用 CPU 运行时间,使运行效率降低。

6. 预防病毒的措施

(1) 经常对硬盘上的文件、数据进行备份。

(2) 加强对网络中病毒的检测与查杀,并对下载文件进行一定的管理。

(3) 严禁在计算机上玩盗版游戏。

(4) 经常对系统中的文件、程序的长度进行检测。

7. 病毒的检测和清除预防

一旦发现了计算机病毒,应立即清除。清除计算机病毒的方法有使用杀毒软件和人工处理两种。

(1) 使用杀毒软件。使用杀毒软件可以检测出机器系统或磁盘中是否有病毒,并清除检测出的病毒。常用的查杀病毒软件有 360 杀毒软件、瑞星、金山毒霸、百度杀毒、卡巴斯基、小红伞等。由于新的病毒不断出现,杀毒软件也在不断更新,版本不断升级。到目前为止,还没有一个万能的杀毒软件。随着病毒种类的不断出现,相关软件的杀毒能力也在不断提高。

(2) 人工处理。有些情况下需要人工清除计算机中的病毒,如将有毒文件删除,将有毒磁盘重新格式化,用 DEBUG 等工具软件把被病毒修改的部分复原。如果计算机病毒感染严重,可考虑将其低级格式化,再做高级格式化,以彻底清除病毒。

【训练场】

1. 下列选项中,不属于计算机病毒特征的是(　　)。

A. 破坏性　　　　B. 潜伏性　　　　C. 传染性　　　　D. 自生性

2. 下列防范计算机病毒的措施中,(　　)是不恰当的操作方法。

A. 及时修复操作系统漏洞　　　　B. 定期对数据进行备份

C. 不随意查看陌生邮件　　　　D. 定期维护硬件

3. 下列关于病毒的描述中,错误的是(　　)。

A. 使用防病毒软件后,计算机仍可能感染病毒

B. 计算机病毒可能影响应用程序的运行速度

C. 计算机病毒均可事先防范

D. 计算机病毒能通过 U 盘进行传播

4. 下列操作中,不能完成清除文件型计算机病毒的是(　　)。

A. 删除感染计算机病毒的文件

B. 将感染计算机病毒的文件更名

C. 格式化感染计算机病毒的磁盘

D. 用杀毒软件进行清除

5. 计算机病毒的主要来源不可能是(　　)。

A. 黑客组织编写　　　　　　　　B. 恶作剧

C. 计算机自动产生　　　　　　　D. 恶意编制

6. 防病毒软件(　　)所有病毒。

A. 是有时间性的，不能消除　　　B. 是一种专门工具，可以消除

C. 有的功能很强，可以消除　　　D. 有的功能很弱，不能消除

7. 计算机病毒是指(　　)。

A. 生物病毒感染　　　　　　　　B. 细菌感染

C. 被损坏的程序　　　　　　　　D. 特制的具有破坏性的程序

8. 使计算机病毒传播范围最广的媒介是(　　)。

A. 硬盘　　　　　B. U盘　　　　　C. 内部存储器　　　D. 互联网

模块 7　多媒体基础知识

在计算机技术飞速发展的过程当中，多媒体概念已经被提出。在计算机中的多媒体，融合文字、声音、动画或影片等多种功能于一体，极大地丰富和改变了信息的表现形式，使计算机得到了广泛的应用。

本模块主要通过对多媒体概述和了解多媒体计算机系统及多媒体信息，掌握多媒体相关的基础知识。

7.1　多媒体概述

本节主要帮助读者了解多媒体技术中的媒体元素、媒体分类、多媒体的特点及多媒体相关技术。

7.1.1　多媒体技术中的媒体元素

在计算机领域中媒体有两种含义：一种是指用以存储信息的实体，如磁带、磁盘、光盘等；另一种是指信息的载体，如文字、声音、图形、图像、动画、视频等。多媒体计算机技术中的"媒体"是指后者。多媒体(Multimedia)是指组合两种或两种以上媒体的一种人机交互式信息交流和传播媒体。多媒体使用的媒体包括文字、图片、照片、声音、动画和影片等，以及程序所提供的互动功能。

利用多媒体技术可以对声音、文本、图形、图像等进行处理，这些多媒体处理对象称为媒体元素。媒体元素是指多媒体应用中可显示给用户的媒体组成部分。目前，多媒体技术处理的媒体元素主要包括文本、图像、动画、声音和视频影像五类信息。

1. 文本

文本是以文字和各种专用符号表达的信息形式，它是现实生活中使用得最多的一种信息存储和传递方式。用文本表达信息给人充分的想象空间，如阐述概念、定义、原理和问题以及显示标题、菜单等内容。

2. 图像

图像是多媒体软件中最重要的信息表现形式之一，它是决定一个多媒体软件视觉效果的关键因素。

3. 动画

动画是利用人的视觉暂留特性，快速播放一系列连续运动变化的图形图像，也包括画面的缩放、旋转、变换、淡入淡出等特殊效果。通过动画可以把抽象的内容形象化，使许多难以理解的教学内容变迁生动有趣。合理使用动画可以达到事半功倍的效果。

4. 声音

声音是人们用来传递信息、交流感情最方便、最熟悉的方式之一。在多媒体课件中，按其表达形式，可将声音分为音乐和音效。

5. 视频影像

视频影像具有时序性与丰富的信息内涵，常用于说明事物的发展过程。视频非常类似于我们熟知的电影和电视，有声有色，在多媒体中充当重要的角色。

7.1.2　媒体分类

根据国际电信联盟的定义，媒体可分为感觉媒体，表示媒体、显示媒体、存储媒体和传输媒体五大类。

感觉媒体：感觉媒体指的是能直接作用于人们的感觉器官，从而能使人产生直接感觉的媒体。如文字、数据、声音、图形、图像等。

表示媒体：表示媒体指的是为了传输感觉媒体而人为研究出来的媒体。借助于此种媒体，能有效地存储感觉媒体或将感觉媒体从一个地方传送到另一个地方。如语言编码、电报码、条形码等。

显示媒体：显示媒体指的是用于通信中使电信号和感觉媒体之间产生转换用的媒体。如输入、输出设备，包括键盘、鼠标器、显示器、打印机等。

存储媒体：存储媒体指的是用于存放表示媒体的媒体，即存储介质。如磁带、磁盘、光盘等。

传输媒体：传输媒体指的是用于传输某种媒体的物理媒体。如双绞线、电缆、光纤等。

7.1.3　多媒体的特点

多媒体技术是利用计算机技术把声、文、图像等多媒体集合成一体的技术，它具有集成性、交互性、多样性、非线性、实时性等特点。

1. 集成性

多媒体技术的集成性包括两个方面的含义，一方面是指通过多媒体技术可以将原来独立的媒体如文本、图形、图像、声音、动画和视频等融合为一个有机的整体。另一方面是指需要处理这些媒体信息的硬件系统和软件系统的集成。

2. 交互性

交互性是多媒体应用有别于传统信息交流媒体的主要特点之一，也是多媒体技术的关键特征。交互性是指在多媒体信息的传播过程中可实现人对信息的主动选择、使用、加工和控制，不再像传统信息交流媒体那样单向，被动地传播信息。多媒体技术的交互性为用户选择和获取信息提供了灵活的手段和方式。

传统信息交流媒体只能通过广播、电视、报纸等媒介单向地、被动地传播信息，而多媒体技术则可以通过计算机实现人对信息的主动选择和控制。

3. 多样性

多样性使多媒体可以同时以图、文、声、像等多种媒体形式传递和表达信息，丰富了它的信息表现力和表现效果，使计算机变得更加人性化。

4. 非线性

多媒体技术的非线性特点将改变人们传统顺序性的读写模式。以往人们读写方式大都采用章、节、页的框架，循序渐进地获取知识，而多媒体技术将借助超文本链接(Hyper Text Link)的方法，把内容以一种更灵活、更具变化的方式呈现给读者。

5. 实时性

实时性是指在人的感官系统允许的情况下进行的多媒体的处理和交互。多媒体技术中的很多元素，如声音、视频、动画等都与时间密切相关，这就对多媒体技术在时序性上提出了很高的要求，实时性也正是应对于这一要求而发展起来的新的特性。当用户给出操作命令时，相应的多媒体信息都能够得到实时控制。

7.1.4 多媒体相关技术

1. 多媒体数据压缩/解压缩技术

在多媒体计算系统中，信息从单一媒体转到多种媒体；若要表示，传输和处理大量数字化了的声音、图片、影像视频信息等，数据量是非常大的。例如，一幅具有中等分辨率(1920 × 1080 像素)、真彩色图像(24 位/像素)，它的数据量约为每帧 47.46 Mb。若要达到每秒 30 帧的全动态显示要求，每秒所需的数据量为 1423.83 Mb，而且要求系统的数据传输速率必须达到 1423.83 Mb/s，这在目前是几乎无法达到的速率。

多媒体计算机系统要显示、传输和处理声音、图像等信息，因此需要占用大量的存储空间。数据压缩技术可以有效地减少多媒体数据量，缩短传输时间，从而实现对音频、视频信息的实时处理。因此，高效的压缩和解压缩算法是多媒体系统运行的关键。

数据的压缩实际上是一个编码过程，即把原始的数据进行编码压缩。数据的解压缩是数据压缩的逆过程，即把压缩的编码还原为原始数据。因此数据压缩方法也称为编码方法。根据解码后数据与原始数据是否完全一致进行分类，压缩方法可被分为有损压缩和无损压缩两大类。

无损压缩方法是通过统计被压缩数据中重复数据的出现次数来进行编码的。由于无损压缩能确保解压后的数据不失真，一般用于文本数据、程序以及重要图片和图像的压缩。典型的无损压缩软件是 WinZip、WinRAR 等。

有损压缩方法是为获得较高的压缩比，以牺牲某些信息(这部分信息基本不影响对原始数据的理解)为代价。有损压缩往往具有高达几十到几百的压缩率。有损压缩具有不可恢复性，也就是还原后的数据与开始数据存在差异。

衡量数据压缩技术的好坏有以下四个重要指标。

(1) 压缩比。压缩比是指压缩前后所需的信息存储空间之比，其值越大，表明压缩算法的性能越好。

(2) 还原效果。压缩后的数据应该尽可能恢复到原始数据，恢复的效果越高越好。

（3）压缩、解压缩的速度。压缩、解压缩的速度要快，尤其解压缩速度更为重要，因为解压缩是实时的。

（4）压缩开销。为实现压缩的功能所消耗的软硬件的资源，其开销越小越好。

2. 数字多媒体输入、输出技术

多媒体数据的特点是数据量巨大、数据类型多、数据类型间区别大、多媒体数据的输入和输出复杂。数字多媒体输入与输出技术主要是指媒体变化技术，即改变媒体的表现形式，如当前广泛使用的视频卡、音频卡都属于媒体变化设备。多媒体数据的输入与输出过程需要三个基本步骤，即媒体识别、媒体理解、媒体综合，分别需要相应的技术完成其对应的功能。

媒体识别技术是指对信息进行一对一的映像过程，如语音识别技术和触摸屏技术等。媒体理解技术是指对信息更进一步地分析处理和理解信息内容，如自然语言理解、图像理解、模式识别等技术。媒体综合技术是把低维信息表示映像成高维模式空间的过程，如语音合成器可以把语音的内部表示综合为声音输出。

3. 数字多媒体软件技术

数字多媒体在加工、处理过程中需要软件技术的支持。为解决各种不同的问题，需要不同的软件，其中数字多媒体操作系统是多媒体软件的核心，它负责多媒体环境下多任务的调度，保证音频、视频同步控制。

多媒体软件技术是多媒体技术的灵魂，作用是使用户能方便而有效地组织和运用多媒体数据。多媒体的软件按其功能可分为以下四种。

（1）系统软件，是个人计算机的基本操作系统，如 Windows 系列软件；

（2）编辑软件，是用于采集、整理和编辑各种媒体数据的软件，如文字处理软件、声像处理软件等；

（3）创作软件，是用于集成汇编多媒体素材、设置交互控制的程序，包括语言型创作软件、工具型合作软件等；

（4）多媒体应用软件，是指应用上述软件编制出来的多媒体产品，用于教学的多媒体产品称多媒体教学教材或多媒体课件。

【训练场】

1. 下列硬件设备中，多媒体硬件系统必须包括的设备中不含(　　)。

A. 计算机最基本的硬件设备　　　　　B. 多媒体通信传输设备

C. 音频输入，输出和处理设备　　　　D. CD-ROM

2. 以下关于多媒体技术的描述中，正确的是(　　)。

A. 多媒体技术中的"媒体"概念特指音频和视频。

B. 多媒体技术就是能用来观看的数字电影技术。

C. 多媒体技术是指将多种媒体进行有机组合而成的一种新的媒体应用系统。

D. 多媒体技术中的"媒体"概念不包括文本。

3. 多媒体技术能处理的对象包括字符、数值、声音和(　　)。

A. 图像数据　　　B. 电压数据　　　C. 磁盘数据　　　D. 电流数据

4. 以下四组对多媒体计算机能处理的信息类型的描述中，最全面的一组是(　　)。

A. 文字、数字、图形及音频信息

B. 文字、数字、图形、图像、音频、视频及动画信息

C. 文字、数字、图形及图像信息

D. 文字、图形、图像及动画信息

5. 多媒体和电视的区别在于(　　)。

A. 有无声音　　　B. 有无图像　　　C. 有无动画　　　D. 有无交互性

6. 音频和视频信息在计算机内的表示形式是(　　)。

A. 模拟信息　　　　　　　　B. 数字信息

C. 模拟信息和数字信息交叉　　D. 高频信息

7. 下列说法中，不属于计算机多媒体的主要特征的是(　　)。

A. 多样性和集成性　　　　　　B. 交互性

C. 隐蔽性　　　　　　　　　　D. 实时性

8. 多媒体计算机的功能有捕获、存储和处理(　　)。

A. 文字、图形　　　　　　　　B. 图像、声音

C. 动画和活动影像等　　　　　D. 以上都是

9. 以下关于多媒体技术的描述中，错误的是(　　)。

A. 多媒体技术将各种媒体以数字化的方式集中在一起

B. "多媒体技术"是指将多媒体进行有机组合而成的一种新的媒体应用系统

C. 多媒体技术就是能用来观看的数字电影技术

D. 多媒体技术与计算机技术的融合开辟出一个多学科的崭新领域

10. 多媒体计算机中除了通常计算机的硬件外，还必须包括四个硬部件，分别是(　　)。

A. CD-ROM、音频卡、MODEM、音箱

B. CD-ROM、音频卡、视频卡、音箱

C. MODEM、音频卡、视频卡、音箱

D. CD-ROM、MODEM、视频卡、音箱

7.2　多媒体计算机系统

本节主要帮助读者了解多媒体计算机系统概念，了解多媒体计算机硬件和软件系统。

7.2.1　多媒体计算机系统概述

多媒体计算机系统是指能把视、听和计算机交互式控制结合起来，对音频信号、视频信号的获取、生成、存储、处理、回收和传输综合数字化所组成的一个完整的计算机系统。

多媒体计算机系统由两部分组成，即多媒体硬件系统和多媒体软件系统。其中硬件系统主要包括计算机主要配置和各种外部设备以及与各种外部设备的控制接口卡(其中包括多媒体实时压缩和解压缩电路)；软件系统包括多媒体驱动软件、多媒体操作系统、多媒体

数据处理软件、多媒体创作工具软件和多媒体应用软件。

7.2.2 多媒体计算机硬件系统

从硬件上看，多媒体计算机除了传统计算机最基本的硬件要求，还需要具有处理和存储多媒体信息的能力。为了能够表现和处理声音，多媒体计算机还需要配置声卡和音箱。以及许多媒体的输入、输出设备，如扫描仪、手写板、视频采集卡等输入设备，投影机等输出设备。

多媒体计算机硬件系统主要包括以下六部分。

(1) 多媒体主机，如个人机、工作站、超级微机等。

(2) 多媒体输入设备，如摄像机、电视机、麦克风、录像机、视盘、扫描仪等。

(3) 多媒体输出设备，如打印机、绘图仪、音响、电视机、喇叭、录音机、录像机、高分辨率屏幕等。

(4) 多媒体存储设备，如硬盘、光盘、声像磁带等。

(5) 多媒体功能卡，如视频卡、声音卡、压缩卡、家电控制卡、通信卡等。

(6) 操纵控制设备，如鼠标器、操纵杆、键盘、触摸屏等。

多媒体计算机结构如图 7-1 所示。

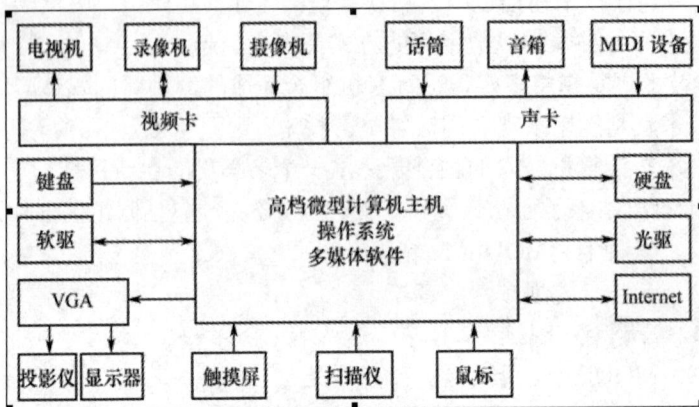

图 7-1　多媒体计算机组成结构图

7.2.3 多媒体计算机软件系统

从软件上看，多媒体计算机要求具有支持多媒体的操作系统和多媒体输入、输出设备的驱动程序，以及多媒体处理软件，多媒体制作软件等。按照上述标准，现在市场上销售的个人计算机都具有了多媒体的特征，都属于多媒体计算机。

多媒体软件系统包括多媒体驱动软件和接口程序、多媒体操作系统、多媒体创作工具、多媒体素材编辑软件、多媒体应用软件。

【训练场】

1. 通常的多媒体计算机应该包括(　　)。

A. 功能强、速度快的中央处理器

B. 高性能的声音、图形处理硬件

C. 具有较大的存储空间

D. 以上都是

2. 多媒体计算机主要特点是(　　)。

A. 较大的体积　　　　　　　　B. 较强的联网功能和数据库能力

C. 大多数基于 Client/Server 模型　　D. 较强的音视频处理能力

3. 用多媒体的教学手段来进行教学，从计算机应用分类的角度来看是(　　)。

A. 人工智能方面的应用　　　　B. 计算机辅助教学方面的应用

C. 过程控制方面的应用　　　　D. 数据处理方面的应用

4. 只读光盘 CD-ROM 属于(　　)。

A. 表现媒体　　　B. 存储媒体　　　C. 传播媒体　　　D. 通信媒体

5. 多媒体计算机的声卡可以处理的主要信息类型是(　　)。

A. 音频与视频　　　　　　　　B. 动画

C. 音频　　　　　　　　　　　D. 视频

6. 多媒体计算机的显卡可以处理的主要信息类型是(　　)。

A. 音频与视频　　　　　　　　B. 动画

C. 视频与图像　　　　　　　　D. 音频与文本

7. 在多媒体计算机系统中，不能用以存储多媒体信息的是(　　)。

A. 磁带　　　　　B. 光缆　　　　　C. 磁盘　　　　　D. 光盘

8. 下列设备中，多媒体计算机常用的图像处理设备不包括(　　)。

A. 数码照相机　　　　　　　　B. 触摸屏

C. 扫描仪　　　　　　　　　　D. 摄像机

9. 在多媒体计算机中常用的图像输入设备是(　　)。

A. 数码照相机和鼠标

B. 彩色扫描仪和键盘

C. 数码照相机、彩色扫描仪和彩色摄像机

D. 彩色摄像机和触摸屏

7.3　多媒体信息

　　本节主要帮助读者了解和掌握数字图像及存储、数字音频及存储、数字视频及存储和流媒体等相关知识。

7.3.1　数字图像及存储

1. 图形与图像

计算机绘制的图片有两种形式：图形和图像。

图形是多媒体系统中的可视元素，是图片的几何图形的表达形式，又称矢量图形或几何图形，用一组指令集合来描述图形的内容，如描述构成该图的各种图元位置维数、形状等。图形的元素是一些点、直线、弧线等。这种方法实际上是用数学方法来表示图形，然后变成许许多多的数学表达式，再编制程序，用语言来表达。图形是人们根据客观事物制作生成的，它不是客观存在的。计算机在显示图形时从文件中读取指令并转化为屏幕上显示的图形效果。当对矢量图进行放大操作后，图形仍能保持原来的清晰度，且色彩不失真。在存储图形时，存储其相应的表示指令，占用空间小，打开文件需要把相应指令转换成图形，因此打开速度相对较慢。

图像又称点阵图像或位图图像，图像是图片的像素的表达，它所包含的信息是用像素来度量的。它是指在空间和亮度上已经离散化的图像。对图像的描述是由分辨率和色彩的颜色组成，可以把一幅位图图像理解为一个矩形，矩形中的任一元素都对应图像上的一个点，在计算机中对应于该点的值为它的灰度或颜色等级。这种矩形的元素就称为像素，像素的颜色等级越多则图像越逼真。位图图像放大到一定倍数后，可以看到一个个方形的色块，整体图像也会变模糊。图像由一个个像素组成，存储空间较大，打开速度较快。

2. 图像的数字化

图像数字化是将连续色调的模拟图像经采样量化后转换成数字影像的过程，图像只有经过数字化后才能成为计算机处理的位图。图像数字化是进行数字图像处理的前提，且必须以图像的电子化作为基础，把模拟图像转变成电子信号，随后才将其转换成数字图像信号。从空间上看，一幅图像在二维空间上都是连续分布的，从空间的某一点位置的亮度来看，亮度值也是连续分布的。图像数字化就是把连续的空间位置和亮度离散，它包括两方面的内容：空间位置的离散和数字化，亮度值的离散和数字化。

图像的数字化过程主要分采样、量化与编码三个步骤。图像的分辨率是用于表达二维空间上的像，把一幅连续的图像分成 m 行 × n 列网格。每个网格用一个亮度值表示，这样一幅图像就要用 m × n 个亮度值表示，这个过程称为采样。

采样的图像亮度值，在采样的连续空间上仍然是连续值。量化是指要使用多大范围的数值来表示图像采样之后的每一个点。量化的结果是图像能够容纳的颜色总数，它反映了采样的质量。把亮度分成 k 个区间，某个区间对应相同的亮度值，共有 k 个不同的亮度值，这个过程称为量化。通常将实现量化的过程称为模数变换；相反，把数字信号恢复到模拟信号的过程称为数模变换，它们分别由 A/D 和 D/A 变换器实现。

数字化后得到的图像数据量巨大，必须采用编码技术来压缩其信息量。在一定意义上讲，编码压缩技术是实现图像传输与储存的关键。已有许多成熟的编码算法应用于图像压缩。经过模数变换得到的数字数据可以进一步压缩编码，以减少数据量。

图像分辨率指图像中存储的信息量，是每英寸图像内有多少个像素点，分辨率的单位为 PPI(Pixels Per Inch)，通常读作像素每英寸。图像分辨率的表达方式也是"水平像素数 × 垂直像素数"。由于在同一显示分辨率的情况下，分辨率越高的图像像素点越多，图像的尺寸和面积越大，所以往往有人会用图像大小和图像尺寸来表示图像的分辨率。常见图像数字化过程如图 7-2 所示。

图 7-2 图像数字化过程

颜色深度是指记录每个像素所使用的二进制位数。对于彩色图像来说，颜色深度决定了该图像可以使用的最多颜色数量；对于灰度图像来说，颜色深度决定了该图像可以使用的亮度级别数目。颜色深度值越大，显示的图像色彩越丰富，画面越自然、逼真，但数据量也随之激增。实际应用中，彩色图像或灰度图像的颜色分别用 4 位、8 位、16 位、24 位和 32 位等二进制数表示。

图像文件的大小是指在磁盘上存储整幅图像所需的字节数，它的计算公式是：图像文件的字节数 = 图像分辨率 × 颜色深度/8。例如：

(1) 图像的分辨率为 1024 × 768 像素，颜色深度为 32 位，其占用空间大小的字节数 = 1024 × 768 × 32/8 = 3 MB。

(2) 图像的分辨率为 1024 × 768 像素，颜色深度量化级别为 256 级，其占用空间大小的字节数 = 1024 × 768 × 8/8 = 0.75 MB。

3. 图像的文件格式

(1) BMP 格式。BMP 文件格式是 Windows 环境中交换与图有关的数据的一种标准，因此在 Windows 环境中运行的图形图像软件都支持 BMP 图像格式。位图(BitMaP, BMP)BMP 是一种与硬件设备无关的图像文件格式，使用非常广。它采用位映射存储格式，不采用其他任何压缩，因此，BMP 文件所占用的空间很大。BMP 格式与现有 Windows 程序(尤其是较旧的程序)广泛兼容。BMP 图像如图 7-3 所示。

图 7-3 BMP 图像

(2) TIF 格式。标签图像文件格式(Tag Image File Format，TIFF)是由 Aidus 和 Microsoft 公司为桌上出版系统研制开发的一种较为通用的图像文件格式。TIFF 支持多种编码方法，其中包括 RGB 压缩、RLE 压缩、JPEG 压缩等。

TIFF 是现存图像文件格式中最复杂的一种，它具有扩展性、方便性、可改性，可以提供给 IBMPC 等环境中运行、图像编辑程序。

(3) GIF 格式。图形交换格式(Graphics Interchange Format，GIF)，是 CompuServe 公司在 1987 年开发的图像文件格式。GIF 文件的数据，是一种基于 LZW 算法的连续色调的有损压缩格式。其压缩率一般在 50%左右，它不属于任何应用程序。几乎所有相关软件都支持它，公共领域有大量的软件在使用 GIF 图像文件。

GIF 图像文件的数据是经过压缩的，而且是采用了可变长度等压缩算法。所以 GIF 的图像深度从 1bit 到 8bit，也即 GIF 最多支持 256 种色彩的图像。GIF 格式的另一个特点是其在一个 GIF 文件中可以存多幅彩色图像，如果把存于一个文件中的多幅图像数据逐幅读出并显示到屏幕上，就可构成一种最简单的动画。GIF 格式文件既支持动态图像，也支持静态图像。

(4) JPEG 格式。联合照片专家组(Joint Photographic Expert Group，JPEG)JPEG 也是最常见的一种图像格式，文件后缀名为".jpg"或".jpeg"，是最常用的图像文件格式，由一个软件开发联合会组织制定，它用有损压缩方式去除冗余的图像数据，在获得极高的压缩率的同时能展现十分丰富生动的图像，换句话说，就是可以用最少的磁盘空间得到较好的图像品质。JPEG 格式压缩的主要是高频信息，对色彩的信息保留较好，适合应用于互联网，可减少图像的传输时间，可以支持 24 bit 真彩色，也普遍应用于需要连续色调的图像。各类浏览器均支持 JPEG 这种图像格式，因为 JPEG 格式的文件尺寸较小，下载速度快。

(5) PSD 格式。PhotoShopDocument(PSD)这是 Photoshop 图像处理软件的专用文件格式，文件扩展名是.psd，可以支持图层、通道、蒙板和不同色彩模式的各种图像特征，是一种非压缩的原始文件保存格式。扫描仪不能直接生成该种格式的文件。PSD 文件有时容量会很大，但由于可以保留所有原始信息，在图像处理中对于尚未制作完成的图像，选用 PSD 格式保存是最佳的选择。

(6) CDR 格式。CDR 格式是著名绘图软件 CorelDRAW 的专用图形文件格式。由于 CorelDRAW 是矢量图形绘制软件，所以 CDR 可以记录文件的属性、位置和分页等。但它在兼容度上比较差，所有 CorelDraw 应用程序中均能够使用，但其他图像编辑软件打不开此类文件。

(7) PNG 格式。便携式网络图形(Portable Network Graphics，PNG)，是网上接受的最新图像文件格式。PNG 能够提供长度比 GIF 小 30%的无损压缩图像文件。它同时提供 24 位和 48 位真彩色图像支持以及其他诸多技术性支持。由于 PNG 非常新，所以并不是所有的程序都可以用它来存储图像文件，但 Photoshop 可以处理 PNG 图像文件，也可以用 PNG 图像文件格式存储。

4. 图像处理软件

图像处理软件是用于处理图像信息的各种应用软件的总称，专业的图像处理软件有 Adobe 的 Photoshop 系列；基于应用的处理管理、处理软件 Picasa 等，还有国内很实用的大众型软件彩影，非主流软件有美图秀秀，动态图片处理软件有 Ulead GIF Animator，GIF Movie Gear 等。

(1) AutoCAD。AutoCAD(Autodesk Computer Aided Design)是 Autodesk(欧特克)公司首次于 1982 年开发的自动计算机辅助设计软件，用于二维绘图、详细绘制、设计文档和基本三维设计，现已经成为国际上广为流行的绘图工具。

(2) 3D MAX。3DS MAX 是世界上应用最广泛的三维建模、动画、渲染软件，完全满足制作高质量动画、最新游戏、设计效果等领域的需要。

(3) Maya。Maya 软件是 Autodesk 旗下的著名三维建模和动画软件。Maya 集成了先进的动画及数字效果技术，可以大大提高电影、电视、游戏等领域开发、设计、创作的工作流效率，同时改善了多边形建模，通过新的运算法则提高了性能，多线程支持可以充分利用多核心处理器的优势，新的 HLSL 着色工具和硬件着色 API 则可以大大增强新一代主机游戏的外观，另外在角色建立和动画方面也更具弹性。

(4) Flash。Flash 是美国的 Macromedia 公司于 1999 年 6 月推出的优秀网页动画设计软件。它是一种交互式动画设计工具，用它可以将音乐、声效、动画以及富有新意的界面融合在一起，以制作出高品质的网页动态效果。Flash 动画广泛应用于多媒体网站制作、广告制作、多媒体课件制作中，此外其还有制作 MTV、游戏、贺卡、动画短片等多种用途。

(5) Photoshop。Adobe Photoshop，简称"PS"，是由 Adobe Systems 开发和发行的图像处理软件，其功能是平面图像设计，处理软件，它的强大功能和易用性得到了广大用户的喜爱。在图像处理领域，计算机的图形图像数字化处理技术已经得到普及，而图像处理及特效是 Photoshop 最突出的功能。Adobe 支持 Windows 操作系统、Android 与 Mac OS，但 Linux 操作系统用户可以通过使用 Wine 来运行 Photoshop。

7.3.2 数字音频及存储

计算机数据的存储是以"0""1"的形式存取的，那么数字音频就是首先将音频文件转化，接着再将这些电平信号转化成二进制数据保存，播放的时候就把这些数据转换为模拟的电平信号再送到喇叭播出，数字声音和一般磁带、广播、电视中的声音就存储播放方式而言有着本质区别。相比而言，它具有存储方便、存储成本低廉、存储和传输的过程中没有声音的失真、编辑和处理非常方便等特点。

1. 音频的基本要素

声波是随时间连续变化的模拟量，它有以下三个重要指标。

(1) 振幅。声波的振幅通常是指音量，它是声波波形的高低幅度，表示声音信号的强弱程度。

(2) 周期。声音信号的周期是指两个相邻声波之间的时间长度，即重复出现的时间间隔，以秒为单位。

(3) 频率。声音信号的频率是指信号每秒钟变化的次数，即为周期的倒数，以赫兹(Hz)为单位。

2. 音频的数字化

声音是一种连续的波动信号，把模拟声音信号转变为数字声音信号的过程称为声音的数字化，通常采用 PCM(脉冲编码调制)方式。它同样要经历采样、量化、编码三个步骤。

(1) 采样。时间轴上对信号数字化。也就是，按照固定的时间间隔抽取模拟信号的值，这样，采样后就可以使一个时间连续的信息波变为在时间上取值数目有限的离散信号。采样频率越高，声音的保真度越好，但采样获得的数据量也越大。在 MPC 中，采样频率标准定为 11.25 kHz、22.05 kHz、44.1 kHz。

(2) 量化。在幅度轴上对信号数字化。也就是，用有限个幅度值近似还原原来连续变化的幅度值，把模拟信号的连续幅度变为有限数量的有一定间隔的离散值。把采样得到的信号幅度的样本值从模拟量转换成数字量。数字量的二进制位数是量化精度。在 MPC 中，量化精度标准定为 8 位、16 位。采样和量化过程称为模/数(A/D)转换。如图 7-4 所示。

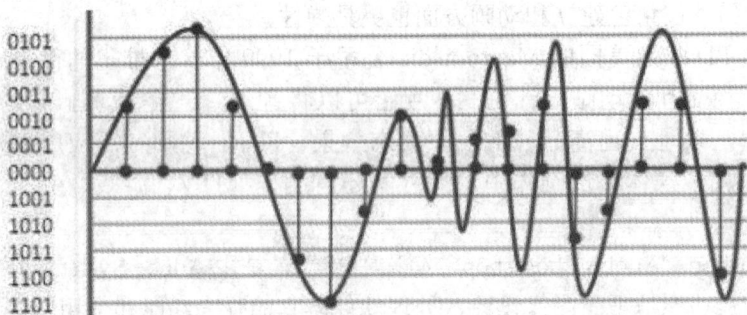

图 7-4 音频量化

(3) 编码。编码是指用二进制数表示每个采样的量化值(十进制数)。声音是有方向的，而且通过反射会产生特殊的效果。当声音到达左右两耳的相对时差和方间不同时，将产生立体声的效果。单声道只记录和产生一个波形，立体声也就是双声道，是指两个声音通道，会产生两个波形，所以存储空间是单声道的两倍。

音频数据文件空间的大小计算每秒的信息量公式为：

每秒数据量(字节数) = 采样频率(Hz) × 采样精度(bit)/8 × 声道数

例如，要将一段一分钟的音乐进行数字化，采用 44.1 kHz 的采样频率，8 位量化位数，立体声效果，则生成的音频文件的存储量为：

$44100 \times 8/8 \times 2 \times 60 = 10\,584\,000$ Byte≈ 5 MB

3. 音频文件的格式

音频格式即音乐格式。音频格式是指要在计算机内播放或是处理音频文件，是对声音文件进行数、模转换的过程。常见的音频文件格式有以下五种。

(1) WAV 格式。WAVE(*.WAV)是微软公司开发的一种声音文件格式，它符合 PIFF "Resource Interchange File Format" 文件规范，用于保存 Windows 平台的音频信息资源，被 Windows 平台及其应用程序所支持。这是 Microsoft 和 IBM 共同开发的 PC 标准声音格式。由于没有采用压缩算法，因此无论进行多少次修改和剪辑都不会产生失真，而且处理速度也相对较快，但其占用空间大。

(2) WMA 格式。WMA 全名为 Windows Media Audio，是微软公司新推出的一种音频格式。WMA 相比 MP3 来说有着更高的压缩率，其压缩率一般可以达到 1：18，音质要好于

MP3 格式。

(3) MP3 格式。MP3 也就是指的是 MPEG Audio layer 3 音频层。MPEG 音频文件的压缩是一种有损压缩，MPEG3 音频编码具有 10∶1～12∶1 的高压缩率，同时基本保持低音频部分不失真。直到现在，这种格式还是很流行，作为主流音频格式的地位难以被撼动，在 Internet 环境得到广泛的应用。

(4) MIDI 格式。MIDI(Musical Instrument Digital Interface，乐器数字接口)，是把电子乐器与计算机相连而制定的一个规范，是数字音乐的国际标准。格式被经常玩音乐的人使用，MIDI 允许数字合成器和其他设备交换数据。

(5) CD 格式。CD 格式的音质是较高的音频格式。在大多数播放软件的"打开文件类型"中，都可以看到*.cda 格式，这就是 CD 音轨了。CD 格式的音频文件扩展名为.cda。标准 CD 格式的采样频率为 44.1 kHz，量化位数为 16 bit，速率为 176 Kb/S，CD 音轨是近似无损的，因此它的声音基本保真度高。

4. 音频处理软件

(1) Adobe Audition。Adobe Audition 是美国 Adobe Systems 公司(前 Syntrillium Software Corporation)开发的一款功能强大、效果出色的多轨录音和音频处理软件。主要用于对 MIDI 信号的处理加工，它具有声音录制、混音合成、编辑特效等功能。它集成了几乎全部主流音乐工作站软件的功能，可以完成音频录制和提取、声音编辑、混音、效果处理、降噪等工作，还可以为视频作品配音、制作流行歌曲，并与同类软件协同工作，完成音乐的创作过程。

(2) GoldWave。GoldWave 是一个集声音编辑、播放、录制和转换的音频工具。它还可以对音频内容进行转换格式等处理。支持许多格式的音频文件，包括 WAV、OGG、VOC、IFF、AIFF、AIFC、AU、SND、MP3、MAT、DWD、SMP、VOX、SDS、AVI、MOV、APE 等音频格式。利用该软件可以进行录音、编辑、合成数字声音，结果可以保存为 WAV 或 MP3 格式。

(3) Windows 自带的"录音机"。"录音机"是 Windows 提供的一种具有语音录制功能的工具。用"录音机"录制音频的文件类型为 WMA 格式。

7.3.3 数字视频及存储

数字视频就是以数字形式记录的视频，视频信息是连续变化的影像，通常是指实际场景的动态演示，为了存储视觉信息，模拟视频信号必须通过模拟/数字(A/D)转换器来转变为数字的"0"或"1"。

1. 视频的概念

视频(Video)泛指将一系列静态影像以电信号的方式加以捕捉、记录、处理、储存、传送与重现的各种技术。连续的图像变化每秒超过 24 帧(Frame)画面时，根据视觉暂留原理，人眼无法辨别每幅单独的静态画面，看上去是平滑连续的视觉效果，这样的连续画面叫作视频。当连续图像变化每秒低于 24 帧画面时，人眼有不连续的感觉，叫作动画(Cartoon)。动画及视频的表达，如图 7-5 所示。

単画面矢量动画

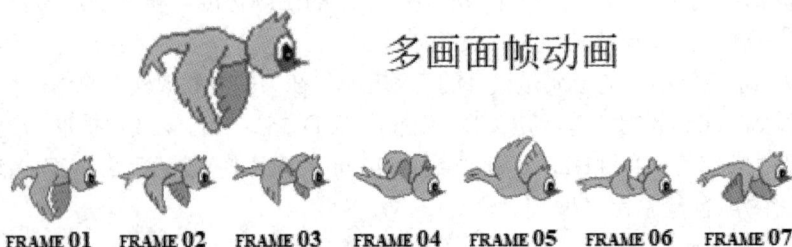

多画面帧动画

FRAME 01　FRAME 02　FRAME 03　FRAME 04　FRAME 05　FRAME 06　FRAME 07

图 7-5　动画及视频

2. 视频的数字化

由于计算机只能处理和显示数字信号，对于模拟信号来说，必须先进行视频数字化。视频数字化就是将视频信号经过视频采集卡转换成数字视频文件存储在数字载体(一般为磁盘中)。

视频数字化过程同音频、图像相似，需要三个基本步骤采样、量化、编码。视频是由一幅幅静止图像组成的，是在一定的时间内，以一定的速度对单帧视频信息进行等处理，实现模/数转化、彩色空间变换和编码压缩等，这需要通过视频捕捉卡和相应的软件来实现。

视频数字化后采用文件的形成存储，如果对视频信号不进行压缩，数据量大小的计算方法是：帧数×每幅图像的数据量。

例如，要在计算机上连续显示分辨率为 1920×1024 的 32 位"真彩色"高质量的图像，按照每秒 25 帧计算,显示 1 分钟需要占用 $1920 \times 1024 \times 32 \div 8 \times 25$ 帧/秒 $\times 60$ 秒 ≈ 10.98 GB。

3. 视频文件的格式

(1) AVI 格式。AVI 是英文 Audio Video Interleave 的缩写，该格式由微软开发。AVI 视频格式，文件名以".avi"结尾。在所有 Windows 系统都能运行这种格式。一般用于保存电影、电视等各种影像信息。

(2) WMV 格式。WMV 是英文 Windows Media 的缩写，WMV 视频格式的文件名的扩展名为".wmv"。该格式也是由微软开发，需要安装微软组件才能正常播放，也正因为这个原因，在非 Windows 系统上是不能正常播放该格式视频。WMV 是一种独立编码的在 Internet 上实时传播多媒体的技术标准。

(3) MOV 格式。MOV 即 QuickTime 格式，是 Apple 公司用于 Macintosh 计算机上的一种图像视频处理软件，它提供了两种标准图像和数字视频格式，即可以支持静态的 PIC 和 JPG 图像格式，动态的基于 Indeo 压缩法的 MOV 和基于 MPEG 压缩法的 MPG 视频格式。只要在电脑上安装相应的播放组件，基本上都能正常播放。

(4) RM 格式。RealVideo 视频格式是 Real Networks 公司所制定的音频/视频压缩规范

Real Media 中的一种，是网络上的常用格式，对网络带宽要求比较低，能实现快速播放，但其视频画质没有其他格式视频高。在 Real Media 规范中主要包括三类文件，即 Real Audio，Real Video 和 Real Flash。

(5) Mpeg-4 格式。Mpeg-4 视频格式，文件名以 ".mp4" 结尾。该格式是网络上的新视频格式，很多视频网站都会使用 MP4 视频格式，是比较流行的一种视频格式。Flash 播放器、HTML5 网站都能正常播放该视频格式视频。

4．视频处理软件

(1) Adobe Premiere。PR 是美国 Adobe 公司出售的一款强大的视频编辑软件，也是目前市场上应用最广泛的视频编辑软件，目前最新版为 Adobe Premiere Pro CC 2019。它有较好的兼容性，且可与 Adobe 公司推出的其他软件相互协作。目前这款软件广泛应用于广告制作和电视节目制作中。该软件功能齐全，用户可以自定义界面按钮的摆放，只要你的电脑配置足够强大，可以无限添加视频轨道。

(2) Windows Movie Maker。Windows Movie Maker 是 Windows 系统自带的视频制作工具，可以在 PC 上创建、编辑和分享自己制作的家庭电影。通过简单的拖放操作精心筛选画面，然后添加一些效果、音乐和旁白，家庭电影就初具规模了。

(3) 快剪辑。360 公司推出的免费视频剪辑软件，该软件和爱剪辑差不多，一样简单易学，上手容易，也带有一定的特效，只是该软件没有爱剪辑自带的特效多，也没有爱剪辑的功能齐全。快剪辑的缺点就是只适合用于简单的视频拼接剪辑，不适合做复杂的视频编辑，而且，在导出视频时，无法修改视频的宽高尺寸。

(4) 爱剪辑。中国首款免费视频剪辑软件，该软件的简单易学，不需要掌握专业的视频剪辑知识也可轻易上手，支持大多数的视频格式，自带字幕特效、素材特效、转场特效以及画面风格，如果对于软件自带的特效不满意，官网还提供其他的特效下载，而且，该软件运行时占用资源少，所以对于电脑的配置要求不高，目前市面上的电脑一般都可以完美运行。不过爱剪辑也不是没有缺点的，这个软件最大的缺点，就是在视频导出时，会强制添加爱剪辑的片头和片尾。

7.3.4　流媒体

流媒体是指将一连串的媒体数据压缩后，经过网上分段发送数据，在网上即时传输影音以供观赏的一种技术与过程，此技术使得数据包得以像流水一样发送；如果不使用此技术，就必须在使用前下载整个媒体文件。流式传输可传送现场影音或预存于服务器上的影片，当观看者在收看这些影音文件时，影音数据在送达观看者的计算机后立即由特定播放软件播放。

1．流媒体

流媒体(streaming media)是指将一连串的媒体数据压缩后，经过网上分段发送数据，在数据网络上按时间先后次序传输和播放的连续音/视频数据流，此技术使得数据包得以像流水一样发送(传输)。流媒体实际指的是一种新的媒体传送方式，有声音流、视频流、文本流、图像流、动画流等，而非一种新的媒体。

2. 流媒体的特点

流媒体数据流具有三个主要特点，即连续性、实时性、时序性，表明其数据流具有严格的前后时序关系。具体特征如下：

(1) 内容主要是时间上连续的媒体数据(音频、视频、动画、多媒体等)。

(2) 内容可以不经过转换就采用流式传输技术传输。

(3) 具有较强的实时性、交互性。

(4) 启动延时大幅度缩短，缩短了用户的等待时间；用户不用等到所有内容都下载到硬盘上才能开始浏览，在经过一段启动延时后就能开始观看。

(5) 对系统缓存容量的要求大大降低。

3. 流媒体的传输技术

流式传输是指通过网络传送媒体(音频、视频等)技术的总称。实现流式传输主要有两种方式，即顺序流式传输(progressive streaming)和实时流式传输(real time streaming)。

(1) 顺序流式传输。顺序流式传输是顺序下载，用户在观看在线媒体的同时下载文件，在这一过程中，用户只能观看下载完的部分，而不能直接观看未下载部分。也就是说，用户总是在一段延时后才能看到服务器传送过来的信息。由于顺序流式传输能够较好地保证节目播放的质量，因此比较适合在网站上发布的、可供用户点播的、高质量的视频。

(2) 实时流式传输。在实时流式传输中，音视频信息可被实时观看到。在观看过程中，用户可快进或后退以观看前面或后面的内容，但是在这种传输方式中，如果网络传输状况不理想，则收到的信号效果比较差。实时流式传输总是实时传送，因此特别适合现场事件。

4. 流媒体的应用领域

流媒体的应用主要有视频点播(VOD)、视频广播、视频监视、视频会议、远程教学、交互式游戏、广电直播中的应用、航空探测中的应用等。

【训练场】

1. 要把一台普通的计算机变成多媒体计算机，要解决的关键技术不包括(　　)。

A. 视频音频数据的输出技术

B. 多媒体数据压编码和解码技术

C. 视频音频数据的实时处理和特技

D. 数据共享

2. 与传统媒体相比，多媒体的特点有(　　)。

A. 数字化、结合性、交互性、分时性

B. 现代化、结合性、交互性、实时性

C. 数字化、集成性、交互性、实时性

D. 现代化、集成性、交互性、分时性

3. 下列(　　)格式的文件不被 Windows Media Player 所支持(或打开)。

A. mpg　　　　　　　B. wav　　　　　　　C. jpg　　　　　　　D. midi

4. 以下四个软件中，不能播放 mp3 格式的文件的是(   )。

A. Winamp
B. Windows Media Player
C. Realplayer
D. Word

5. 下列四种文件格式中，属于音频文件的格式是(   )。

A. WAV 格式
B. JPG 格式
C. DAT 格式
D. MIC 格式

6. MIDI 格式的文件，其重要特色是(   )。

A. 占用的存储空间少
B. 乐曲的失真度少
C. 读写速度快
D. 修改方便

7. 下列选项中，属于音频播放软件的是(   )。

A. Photoshop
B. Windows Media Player
C. Authorware
D. ACDSee

8. 下列四种文件格式中，不属于多媒体动态文件格式的是(   )。

A. MP3 格式
B. MID 格式(或 MIDI 格式)
C. JPG 格株式
D. WAV 格式

9. 下列选项中，不能处理图像的媒体工具是(   )。

A. Photoshop
B. 记事本
C. 画图
D. Authorware

10. 下面 4 个工具中，属于多媒体创作工具的是(   )。

A. Photoshop
B. Fireworks
C. PhotoDraw
D. Authorware

参 考 文 献

[1] 蒋宗礼，傅连仲. 计算机应用基础(基础模块)(Windows 7 + Office 2010)[M]. 2 版. 北京：电子工业出版社，2015.

[2] 眭碧霞. 计算机应用基础任务化教程：Windows 7 + Office 2010[M]. 3 版. 北京：高等教育出版社，2019.

[3] 董国良. 江西省专升本必刷 2000 题信息技术[M]. 北京：光明日报出版社，2018.

[4] 董国良. 江西普通高校统招专升本计算机基础(2020 年版)[M]. 北京：首都师范大学出版社，2020.

[5] 曾陈萍，陈世琼，钟黔川. 大学计算机应用基础(Windows 10 + WPS Office 2019)(微课版)[M]. 北京：人民邮电出版社，2021.

[6] 互联网＋计算机教育研究院. WPS Office 2016 商务办公全能一本通[M]. 北京：人民邮电出版社，2019.

[7] 姜文波. 大学计算机基础(Windows 7 + WPS 2012 版)[M]. 4 版. 北京：人民邮电出版社，2013.

[8] 鼎翰文化. Windows 10 从入门到精通[M]. 北京：人民邮电出版社，2020.

[9] 文杰书院. WPS Office 高效办公入门与应用(微课版)[M]. 北京：清华大学出版社，2022.